Rekonstruktive Bildungsforschung

Band 45

Reihe herausgegeben von

Martin Heinrich, Wissenschaftliche Einrichtung Oberstufen-Kolleg, Universität Bielefeld, Bielefeld, Nordrhein-Westfalen, Deutschland

Andreas Wernet, Hannover, Deutschland

Die Reihe ‚Rekonstruktive Bildungsforschung' reagiert auf die zunehmende Etablierung und Differenzierung qualitativ-rekonstruktiver Verfahren im Bereich der Bildungsforschung. Mittlerweile hat sich eine erziehungswissenschaftliche Forschungstradition gebildet, die sich nicht mehr nur auf die Rezeption sozialwissenschaftlicher Methoden beschränkt, sondern die vielmehr eigenständig zu methodischen und methodologischen Weiterentwicklungen beiträgt. Vor dem Hintergrund unterschiedlicher methodischer Bezüge (Objektive Hermeneutik, Grounded Theory, Dokumentarische Methode, Ethnographie usw.) sind in den letzten Jahren weiterführende Forschungsbeiträge entstanden, die sowohl der Theorie- als auch der Methodenentwicklung bemerkenswerte Impulse verliehen haben. Die Buchreihe will diese Forschungsentwicklung befördern und ihr ein angemessenes Forum zur Verfügung stellen. Sie dient vor allem der Publikation qualitativ-rekonstruktiver Forschungsarbeiten und von Beiträgen zur methodischen und methodologischen Weiterentwicklung der rekonstruktiven Bildungsforschung. In ihr können sowohl Monographien erscheinen als auch thematisch fokussierte Sammelbände.

Kathrin Maleyka

Der Praxiswunsch Lehramtsstudierender revisited

Eine Untersuchung studentischer Identifikation mit (Aus-) Bildungsansprüchen des Lehramtsstudiums

 Springer VS

Kathrin Maleyka
Institut für Erziehungswissenschaft
Leibniz Universität Hannover
Hannover, Deutschland

Überarbeitete Fassung meiner der Philosophischen Fakultät der Gottfried Wilhelm Leibniz Universität Hannover vorgelegten Dissertation Der Praxiswunsch Lehramtsstudierender revisited. Eine Untersuchung studentischer Identifikation mit (Aus-) Bildungsansprüchen des Lehramtsstudiums. Tag der Disputation: 06.05.2022.

ISSN 2512-1375   ISSN 2512-1405 (electronic)
Rekonstruktive Bildungsforschung
ISBN 978-3-658-43432-8   ISBN 978-3-658-43433-5 (eBook)
https://doi.org/10.1007/978-3-658-43433-5

Die Deutsche Nationalbibliothek verzeichnet diese Publikation in der Deutschen Nationalbibliografie; detaillierte bibliografische Daten sind im Internet über http://dnb.d-nb.de abrufbar.

Planung/Lektorat: Marija Kojic
Springer VS ist ein Imprint der eingetragenen Gesellschaft Springer Fachmedien Wiesbaden GmbH und ist ein Teil von Springer Nature.
Die Anschrift der Gesellschaft ist: Abraham-Lincoln-Str. 46, 65189 Wiesbaden, Germany

Das Papier dieses Produkts ist recyclebar.

Vorwort

Diese Dissertation wäre nicht entstanden, hätte ich nach dem Lehramtsstudium an meiner ursprüng-lichen Absicht, Lehrerin zu werden, festgehalten. Dass ich einen anderen Weg gegangen bin, verdanke ich nicht zuletzt Prof. Dr. Johannes Bastian, Prof. Dr. Angelika Paseka und Prof. Dr. Jan-Hendrik Hinzke.

Der Frage nachzugehen, mit welchen Haltungen Lehramtsstudierende dem begegnen, womit sie im Studium konfrontiert sind und was sich hinter dem beständigen Ruf nach mehr Praxis verbirgt, war für mich in vielerlei Hinsicht eine erkenntnisreiche Reise. Prof. Dr. Andreas Wernet und Prof. Dr. Uwe Hericks danke ich für kritische und konstruktive Gespräche im Rahmen der Betreuung dieser Arbeit, die zum Gelingen der Studie und damit zu einer erfolgreichen Erreichung des Reiseziels beigetragen haben. Ebenfalls danken möchte ich Edwina Albrecht, Dr. Jessica Dzengel, Dr. Hannes König, Dr. Imke Kollmer, Sandra Kwasniok, Dr. Julia Labede, Verena Pohl, Kai Schade, Christian Stichweh, Prof. Dr. Sven Thiersch, PD Dr. Thomas Wenzl und Dr. Eike Wolf für das gemeinsame Interpretieren in der Hannove-raner Fallwerkstatt, von der diese Arbeit sehr profitiert hat.

Profitiert hat die Arbeit auch davon, dass sie in verschiedenen anderen Kontexten diskutiert werden konnte: Prof. Dr. Julia Košinár, Prof. Dr. Sabine Leineweber und allen anderen Teilnehmerinnen und Teilnehmern des Brugger Doktorandenkolloquiums danke ich ebenso herzlich für ihre kritischen An-merkungen, wie allen Teilnehmerinnen und Teilnehmern des Doktorandenkolloquiums am Marburger Institut für Schulpädagogik. Ein besonderer Dank gilt auch der Interpretationsgruppe ‚Objektive Her-meneutik' Dr. Tim Böder, Carola Hübler, Dr. Marlene Kowalski und Prof. Dr. Anna Moldenhauer für ihre Kommentierungen und das gemeinsame „Knacken" von Fällen.

Die Reise der Dissertation wäre vermutlich beschwerlicher gewesen ohne den Austausch mit Gleich-gesinnten: Ich danke Dr. Susann Hofbauer, Dr. Karola Cafantaris, Anke Schürmann, Dr. Matthias Gint-zel, Jonas Kohlschmidt, Moritz Schwerthelm und Arne Wohlfarth für viele bereichernde und anregende Gespräche, an denen die Arbeit gewachsen ist.

Ein großer Dank gebührt allen Studierenden, von denen ich in bemerkenswert offenen Gesprächen sehr viel über sie selbst, ihre Sicht auf den Lehramtsberuf und das Studium erfahren durfte. Ohne sie wäre die Arbeit nicht möglich gewesen.

Schließlich möchte ich mich von Herzen bei meiner Familie sowie bei Tina und Dr. Wolfgang Sappert, Dr. Malte Klein und bei Andreas Reichel für ihre Unterstützung, aufmunternde Worte, sehr viel Ver-ständnis und Geduld sowie für die Korrektur der Dissertationsschrift danken.

Hamburg   Kathrin Maleyka
im Winter 2023

Inhaltsverzeichnis

Der Praxiswunsch Lehramtsstudierender revisited. Entfaltung des Problems und Anlage der Studie

1

Spätestens mit Beginn der Neustrukturierung der Studiengänge im Zuge der Bologna-Reform gegen Ende der 1990er Jahre und unter dem Eindruck solcher Forschungsprogramme wie der seit 2015 durch das BMBF geförderten ‚Qualitätsoffensive Lehrerbildung' steht die Wirkung universitärer Lehrerbildung unter dem Aspekt ihrer ausbildungslogischen Zuständigkeiten auf dem Prüfstand. Auffällig ist, dass die Frage, ob die Lehramtsstudiengänge diesen Zuständigkeiten, an die sie als berufsorientierte Studiengänge gebunden sind, in angemessener Weise nachkommen, sowohl im alltäglichen als auch in wissenschaftlichen Diskursen über Lehrerbildung gleichermaßen verneint wird. Verneint wird diese Frage auch deshalb, weil trotz der Bemühungen seitens universitärer Lehrerbildung, Berufsorientierung durch Praxisbezüge in Lehre und durch Schulpraktika zu herzustellen, Lehramtsstudierende die subjektiv wahrgenommene Praxisferne ihres Studiums monieren (vgl. u. a. Schubarth et al. 2011, Monitor Lehrerbildung 2013, Schüssler & Günnewig 2014, Wenzl et al. 2018). Auf den ersten Blick scheint die Ursache, aus der heraus diese studentische Kritik hervorgebracht wird, schnell gefunden. Die Unzufriedenheit Lehramtsstudierender mit dem, womit sie im Studium konfrontiert sind, resultiert – sofern man dem ZEIT Campus Magazin folgt – daraus, dass

„Erwartung und Studienrealität nur wenig übereinstimmen. Ambitionierte junge Leute ziehen aus, um Lehrer zu werden, stattdessen landen sie an Universitäten, die sie zu Wissenschaftlern machen wollen. Folgerichtig sind […] die Abläufe des Studiums nur wenig auf die Bedürfnisse der angehenden Lehrkräfte ausgerichtet. Aus beidem ergibt sich dann ein Studium, das an Praxisferne kaum zu überbieten und zudem ein organisatorisches Desaster ist." (ZEIT Campus 52/ 2019)

© Der/die Autor(en), exklusiv lizenziert an Springer Fachmedien Wiesbaden GmbH, ein Teil von Springer Nature 2023
K. Maleyka, *Der Praxiswunsch Lehramtsstudierender revisited*, Rekonstruktive Bildungsforschung 45, https://doi.org/10.1007/978-3-658-43433-5_1

In einer solchen Bestandsaufnahme sind gleich mehrere miteinander verbundene implizite Vorwürfe enthalten, unter anderem erstens der Vorwurf, universitäre Lehrerbildung verfehle ihr Ziel, indem sie „ambitionierte" angehende Praktikerinnen und Praktiker nicht als solche adressiere; zweitens der Vorwurf, mit ihr werde in erster Linie das Ziel verfolgt, den eigenen wissenschaftlichen Nachwuchs zu rekrutieren; insofern drittens der Vorwurf, Universitäten seien kein angemessener Ort für die Ausbildung von Lehrpersonen. Es ist offensichtlich, dass eine solche Interpretation lehramtsstudentischer Kritik am Studium unmittelbar in die Frage mündet, wie viel Wissenschaft die Lehrerbildung benötigt (vgl. Scheid & Wenzl 2020). In ihr spiegelt sich der Tendenz nach gar eine Abkehr vom „Mythos Bildung" wider (El-Mafaalani 2020). Es ist erst auf den zweiten Blick erkennbar, dass diese Interpretation über die Ursachen lehramtsstudentischer Unzufriedenheit mit dem Studium zugleich auf ein sozialisatorisches Problem verweist.

Genau an diesem Punkt setzt die vorliegende Untersuchung an: Die Rufe Lehramtsstudierender nach ‚mehr Praxis' erscheinen angesichts des signifikanten Ausmaßes von Praxisanteilen und -bezügen in der universitären Lehrerbildung nicht plausibel und werden zunehmend als Ausdruck eines subjektiv wahrgenommenen Passungsproblems bzw. als sozialisatorisches Problem interpretiert (vgl. Makrinus 2013, Wenzl et al. 2018). Das sozialisatorische Problem, das hinter den artikulierten Praxiswünschen Lehramtsstudierender vermutet wird, steht in engem Zusammenhang mit der Frage, wie viel Wissenschaft notwendig ist, um Lehrpersonen auszubilden, denn Forderungen nach ‚mehr Praxis' können ebenso als kehrseitige Forderungen nach ‚weniger Theorie' gelesen werden.

Ausgehend von solchen Interpretationen ist mit der vorliegenden Studie folgende übergeordnete Fragestellung verbunden: *Aus welcher Identifikation mit Bildungsansprüchen ihres Studiums, d. h. aus welchen Haltungen gegenüber ihrem Studium heraus artikulieren Lehramtsstudierende den Wunsch nach ‚mehr Praxis'?*

Diese übergeordnete Fragestellung lässt sich ausgehend von *drei* Arbeitshypothesen präzisieren und ausdifferenzieren:

Die *erste* Arbeitshypothese schließt unmittelbar an Befunde oben genannter Studien an. Angenommen wird, dass das ‚Praxiswunschphänomen' als Fingerzeig auf ein sozialisatorisches Problem und als spezifische Konfiguration des Zusammenwirkens von Subjekt (Lehramtsstudierende) und Objekt (Lehramtsstudium) zu verstehen ist. Überspitzt formuliert: Wer äußert, das Lehramtsstudium sei zu wenig wissenschaftlich oder zu wenig praxisorientiert, der sagt vordergründig nicht nur etwas über das Objekt, sondern gibt implizit auch etwas über sich selbst als das Subjekt preis, das zu einer Deutung dessen kommt, womit es konfrontiert wird. Diese Deutungen des Objekts ‚Lehramtsstudium', so die Annahme, bilden das Resultat eines individuell durchlaufenen Sozialisationsprozesses und die entsprechende Haltung, aus der heraus der Sprechakt hervorgebracht wird.

1. Die sich hieran anschließende Fragestellung lautet: *Welche Rückschlüsse lassen sich aus den einzelfallspezifischen Haltungen Lehramtsstudierender im Hinblick auf deren jeweilige Identifikation mit dem Objekt ‚Lehramtsstudium' ziehen?*

Die *zweite* Arbeitshypothese wiederum schließt an die besondere Stellung des Lehramtsstudiums in der Hochschule an und berücksichtigt zugleich Überlegungen zu den idealtypischen Merkmalen Lehramtsstudierender. Sie besteht in der Annahme, dass das Lehramtsstudium, weil es auf einen konkreten Beruf zugeschnitten ist und den Weg in eine entsprechende höhere Beamtenlaufbahn eröffnet, in der Regel einen spezifischen Typus Studierender „anzieht", der sich eher nicht durch ein Interesse an Wissenschaft, sondern primär durch ein Interesse an einem erfolgreichen Studienabschluss bzw. an ‚praxisnahen' Inhalten auszeichnet. Hieraus ergibt sich eine andere Perspektive auf die vermutete Sozialisationsproblematik, die sich in lehramtsstudentischen Praxiswünschen ausdrückt: Je nachdem, inwieweit die an universitärer Lehrerbildung beteiligten fachwissenschaftlichen, fachdidaktischen und erziehungswissenschaftlichen Disziplinen sich vor dem Hintergrund ihres jeweils disziplinären Selbstverständnisses an ausbildungslogische Ansprüche gebunden sehen, werden Lehramtsstudierende in Lehrveranstaltungen mit unterschiedlich viel ‚Praxis' konfrontiert und dadurch als wissenschaftlicher oder als pädagogischer Nachwuchs adressiert.

2. Die sich hieran anschließende Fragestellungen lautet: *Mit welchen Haltungen begegnen Lehramtsstudierende dem Umstand, in ihrem Studium sowohl als wissenschaftlicher Nachwuchs als auch als angehende Lehrpersonen adressiert zu werden?*

Die *dritte* Arbeitshypothese spannt noch einmal den Bogen zu dem eingangs konzeptualisierten Wirkungsgefüge von Subjekt ‚Lehramtsstudierende' und Objekt ‚Lehramtsstudium' und knüpft an den Praxisanspruch an, der an die universitäre Lehrerbildung gerichtet ist. Es wird vermutet, dass dieser Praxisanspruch, der sich nicht zuletzt in Kulturen der Lehre bzw. Strukturen der Interaktion in Lehre niederschlägt, das Potenzial besitzt, auf Sozialisationsprozesse Lehramtsstudierender im akademischen Raum einzuwirken. Anders gesagt: Wer äußert, das Lehramtsstudium sei zu wenig praxisbezogen, der gibt damit möglicherweise nicht nur etwas über sich selbst als Subjekt preis, das das Objekt ‚Lehramtsstudium' als praxisfern wahrnimmt, sondern reproduziert damit unter Umständen zugleich ein wesentliches Strukturmerkmal universitärer Lehrerbildung: den ihr innewohnenden Anspruch eines (zu erhöhenden) Praxisbezugs, dem die an ihr beteiligten Disziplinen allerdings in unterschiedlicher Weise verpflichtet sind.

3. Die sich hieran anschließende Fragestellung lautet: *Inwieweit lassen sich Praxiswunschartikulationen Lehramtsstudierender als Reproduktionsfigur des Praxisanspruchs universitärer Lehrerbildung und damit als sozialisatorisches Problem interpretieren, das die Universität teilweise selbst erzeugt?*

Die vorliegende Arbeit leistet einen Beitrag zur Erhellung des ‚Praxiswunschphänomens‘ im Kontext der universitären Lehrerbildung. Dabei geht es vor allem um die Frage, wie das Subjekt ‚Lehramtsstudierender‘ auf Strukturen des Objekts ‚Lehramtsstudium‘ antwortet – im Sinne einer sozialisatorischen Wirkung universitärer Lehrerbildung – und weniger um ihren professionalisierungsbezogenen Outcome. Die Stärken der Studie liegen darin, erstens zu einer theorie- und empiriegestützten Skizzierung eines lehramtsstudentischen Idealtypus‘ zu gelangen, der den Referenzrahmen für die typologischen Besonderungen bildet, die sich in den rekonstruierten Fällen zeigen. Hieran anschließend begründet sich die Relevanz der Untersuchung darin, zu einem tieferen Verständnis über die strukturellen Rahmenbedingungen lehramtsstudentischer Hochschulsozialisation beizutragen. Mit dem Vorgehen wird intendiert, Lehramtsstudierende und deren Haltungen ernst zu nehmen, die sie gegenüber ihrem Lehramtsstudium und gegenüber implizit an sie gerichteten und teilweise widersprüchlichen Bildungsansprüchen einnehmen. Zum anderen ist mit dem Vorgehen ein Forschungsprogramm beschrieben, das lehramtsstudentische Haltungen gegenüber dem Objekt ‚Lehramtsstudium‘ als Ausdruck eines individuell durchlaufenen, jedoch durch konstitutive Merkmale des Studiengangs beeinflussten Sozialisationsprozesses konzeptualisiert. Weil mit dem Vorgehen die Typik des sozialisierten Subjekts und Sozialisationsbedingungen, die das Objekt Lehramtsstudium hervorbringt, in einen Erklärungszusammenhang gerückt werden, leisten die Ergebnisse der Untersuchung einen wichtigen Beitrag zur Erhellung möglicher Ursachen hinter studentischen Praxiswünschen, die möglicherweise in den Strukturen der universitären Lehrerbildung zu finden sind.

Entlang der Arbeitshypothesen und den dazu formulierten Fragestellungen ist die Arbeit wie folgt aufgebaut:

Kapitel 2 dient einer Annäherung an konstitutive Merkmale des Lehramtsstudiums, um zunächst die Frage zu klären, mit welchen Bedingungen Lehramtsstudierende während ihres Studiums konfrontiert sind. In einem ersten Schritt wird unter Abschnitt 2.1 skizziert, dass sich nicht nur das Lehramtsstudium, sondern auch die deutsche Universität zwischen Ansprüchen zweckorientierter und zweckfreier Bildung bewegt. Unter ihrem Dach nimmt das Lehramtsstudium als akademische Ausbildung mit einem klaren Zuschnitt auf einen konkreten Beruf eine Sonderstellung ein. In Abschnitt 2.2 wird die historische Genese skizziert, die zugleich als ein Ringen um ein angemessenes Verhältnis von zweckfreier und zweckorientierter Bildung gelesen werden kann. Eine Besonderheit universitärer Lehrerbildung als erste Phase einer zweiphasigen Ausbildung für den Lehrberuf ist die mit ihrem Ausbildungscharakter verbundene und je nach wissenschaftlicher Disziplin mehr oder weniger ausgeprägte Verpflichtung auf Praxisbezogenheit. In Abschnitt 2.2.1 wird dargestellt, wie sich Praxisphasen als curriculare Antwort auf ausbildungslogische Ansprüche zeigen, die jedoch zugleich eine Unterbrechung des Hochschulstudiums Lehramtsstudierende sind. Ein weiteres Merkmal von Praxisbezogenheit sind spezifische Lehrkulturen bzw. seminaristischen Settings, die teilweise strukturelle Ähnlichkeiten zum Schulunterricht aufweisen und insofern im deutlichen Kontrast zu einer universitären Lehre stehen, die sich durch eine reine Wissenschaftsorientierung auszeichnet. Das Nebeneinander praxisnaher und praxisdistanzierter Lehre ist, wie unter Abschnitt 2.2.2 skizziert wird, eine weitere Besonderheit des Lehramtsstudiums, mit der sich Lehramtsstudierende konfrontiert sehen. Im Anschluss an ein Resümee unter Abschnitt 2.3 folgt eine Annäherung an das Subjekt ‚Lehramtsstudierende‘, die sich mit strukturellen Merkmalen des Objekts ‚Lehramtsstudium‘ auseinandersetzen müssen.

Die Annäherung an das Subjekt in Kapitel 3 dient zweierlei Zwecken: Zum einen soll ein Verständnis darüber entwickelt werden, was Lehramtsstudierende als spezifischen Typus konstituiert, den wir in Universitäten finden. Hierzu erfolgt im Abschnitt 3.1 unter der Berücksichtigung dessen, dass es sich bei dem Lehramtsstudium um einen berufsorientierten Studiengang handelt, ein erster, theoriegestützter Entwurf eines lehramtsstudentischen Idealtypus. Ausgehend hiervon werden unter Abschnitt 3.2 die spezifischen Merkmale wie Studien- und Berufswahlmotive Lehramtsstudierender analysiert. Wie in diesem Zusammenhang deutlich wird, wählen Lehramtsstudierende – wie vermutlich andere Studierender berufsorientierter Studiengänge auch – ihren Studiengang in der Regel nicht aus einem Interesse an Wissenschaft. Ihr Studium ist in erster Linie auf einen Studienabschluss ausgerichtet, der den Weg in die zweite Phase der Lehrerbildung und damit in den Beruf bzw. in die höhere Beamtenlaufbahn ebnet. Ausgehend von diesem Befund soll der lehramtsstudentische Ruf nach ‚mehr Praxis‘ bzw. die Klage darüber, das Lehramtsstudium sei zu praxisfern, untersucht werden. Wie sich zeigt, drückt sich hierin ein sozialisatorisches Problem aus, das – so die Annahme – durch das Ineinandergreifen struktureller Merkmale des Lehramtsstudiums und eines spezifischen Typus Lehramtsstudierender erst entsteht. Dieser Annahme folgend erscheint eine Interpretation lehramtsstudentischer Praxiswünsche als Aufforderung wenig zielführend, Praxisbezüge und -anteile in den Lehramtsstudiengängen zu erhöhen. Im Anschluss an ein Resümee in Abschnitt 3.3 wird in Kapitel 4 die theoretische Perspektivierung erläutert, aus der heraus der Forschungszugriff auf das erhobene Datenmaterial erfolgt.

Es ist davon ausgehen, dass Lehramtsstudierende – wie jeder Mensch, der an einer sozialen Praxis partizipiert – sich zu dem, womit sie im Studium konfrontiert sind, verhalten müssen. Gleichzeitig ist aus sozialisatorischer Perspektive zu konstatieren, dass jeder Mensch, der einen für ihn unbekannten sozialen Raum betritt, in Bezug auf diesen Raum zunächst nicht als ‚sozialisiert' bezeichnet werden kann. Dieser Befund trifft auch auf Lehramtsstudierende zu, die mit Aufnahme ihres Studiums lediglich aus formaler Sicht Studierende sind. Die Herausbildung einer studentischen Identität vollzieht sich erst im Prozess der Konfrontation mit Strukturen des sozialen Raums, in dem sie sich bewegen. George Herbert Meads Erklärungsmodell individuierter Identität, das unter Abschnitt 4.1 ausführlich erläutert wird, und Ulrich Oevermanns Konzeptualisierung von Sozialisation als Krisenbewältigungsprozess, die unter Abschnitt 4.2 dargestellt ist, sind zwei geeignete theoretische Erklärungsrahmen, die ein Verständnis dafür schaffen, in welchen Prozessen sich die Auseinandersetzung des Subjekts mit den sozialen Strukturen des Objekts vollzieht und wie sich Lehramtsstudierende eine studentische Identität aneignen. Insofern bieten beide sich ergänzende Modelle die Möglichkeit eines forschungsanalytischen Zugriffs auf das Gewordensein des Subjekts unter dem Eindruck seiner Konfrontation mit dem, was ihm als Objekt ‚Lehramtsstudium' begegnet. In einem abschließenden Resümee werden die Fruchtbarkeit beider Modelle im Hinblick auf das Erkenntnisinteresse und die der vorliegenden Untersuchung zugrundeliegenden Forschungsfragen diskutiert (Abschnitt 4.3), bevor im Kapitel 5 die methodologischen Fundierungen des methodischen Vorgehens und das Vorgehen erläutert werden.

Das Erkenntnisinteresse der vorliegenden Untersuchung richtet sich auf die Rekonstruktion von Haltungen Lehramtsstudierender, aus denen heraus sie über ihr Studium sprechen. Es wird der Frage nachgegangen, ob spezifische typologische Eigenschaften Lehramtsstudierender, die sich in jenen Haltungen niederschlagen, in einem Zusammenhang mit Praxiswunscharticulationen stehen. Hierfür bedarf es eines forschungsmethodischen Vorgehens, das einen Zugriff die innere Verfasstheit des empirisch in Erscheinung tretenden Subjekts eröffnet. In Kapitel 5 wird mit der Objektiven Hermeneutik ein geeignetes qualitatives Analyseverfahren vorgestellt, mit dem es möglich ist, über die Rekonstruktion der

Strukturiertheit der jeweiligen Lebenspraxis hinaus Aussagen über die Typik des Studierenden-Seins zu treffen. In einem ersten Schritt ist unter Abschnitt 5.1 eine Annäherung an die methodologische Fundierung der Objektiven Hermeneutik vorgesehen. Diese Grundannahmen sind eng mit dem in Kapitel 4 beschriebenen sozialisationstheoretischen Theorieprogramm von Oevermann, aber auch mit Meads identitätstheoretischem Erklärungsmodell verbunden. Sie bilden die theoretische Rahmung und methodologische Fundierung des Analyseverfahrens, das in der vorliegenden Untersuchung angewandt wird (Abschnitte 5.1.1–5.1.3). In Abschnitt 5.1.4 wird auf die Annahme eines sozialisatorischen Prozesses rekurriert, in dem sich die Herausbildung einer studentischen Identität vollzieht, bevor in Abschnitt 5.1.5 die kritische Auseinandersetzung mit den methodologischen Annahmen folgt, auf denen das objektiv hermeneutische Verfahren basiert. Nachdem in Abschnitt 5.2 wesentliche Prinzipien des Interpretationsverfahrens dargestellt werden, schließt das Kapitel in Abschnitt 5.3 mit einem Resümee und einer Überleitung zum empirischen Teil der vorliegenden Untersuchung.

Das „Herzstück" der vorliegenden Untersuchung führt im Kapitel 6 zu der ausführlichen Interpretation zweier im Hinblick auf das Erkenntnisinteresse aus dem erhobenen Datenmaterial ausgewählter Fälle. Nachdem unter Abschnitt 6.1 in einem ersten Schritt der Prozess des Feldzugangs, das Erhebungssetting und die Überlegungen hinsichtlich der Fallauswahl aufgezeigt werden, geht es in den Abschnitten 6.2 und 6.3 zunächst um die objektiven Daten, die den jeweiligen Fall rahmen skizziert, bevor die beiden Fälle unter dem Blickwinkel der erkenntnisleitenden Fragestellung in den Abschnitten 6.2.1 und 6.3.1 rekonstruiert werden. Ausgehend von der Zusammenfassung wesentlicher Erkenntnisse aus den Interpretationen geht es in Abschnitt 6.4 um die Kontrastierung der beiden Fälle im Hinblick auf ihre typologischen Eigenschaften. Im Mittelpunkt steht die Frage, mit welchen Typen Lehramtsstudierender wir es vor dem Hintergrund ihrer Haltungen gegenüber dem Objekt ‚Lehramtsstudium', ihres Umgangs mit dessen Diskontinuitäten des Studiums und ihrer Artikulation bzw. Nichtartikulation von Forderungen nach mehr Praxis zu tun haben.

Konstituierende Merkmale des Lehramtsstudiums

2

In der folgenden Studie wird danach gefragt, aus welchen Haltungen Lehramtsstudierende ihrem Studium gegenüber den Wunsch nach mehr Praxis äußern. Indem auf Figuren des Ineinanderwirkens individueller Haltungen und Praxiswunschartikulationen geblickt wird, erscheint es angemessen, sich mit zwei Gesichtspunkten zu befassen: einerseits mit dem Lehramtsstudium als Objekt, mit dem Lehramtsstudierende konfrontiert sind; andererseits mit Lehramtsstudierenden als die mit dem Objekt konfrontierten Subjekte. Flader und Geulen näherten sich bereits Ende der 1980er Jahre über biographische Erzählungen dem Verhältnis von Studierenden und Universität an und konstatierten in dem Zusammenhang: „Die Verknüpfung beider Gesichtspunkte eröffnet eine besonders interessante heuristische Möglichkeit" (Flader & Geulen 1989: 91). In diesem Kapitel geht es um eine erste Annäherung an den Gegenstand ‚Lehramtsstudium'; eine erste Annäherung an das Subjekt des bzw. der Lehramtsstudierenden erfolgt in Kapitel 3. Abschnitt 2.1 befasst sich mit einer Skizzierung des Ortes, an dem Lehramtsstudiengänge verbindlich seit den 1970er Jahren situiert sind; der Universität als Institution zwischen Ansprüchen sowohl zweckfreier als auch zweckorientierter Bildung. Diese Analyse erscheint notwendig, weil sich aus der Historie und der Besonderheit der deutschen Universität strukturelle Eigenschaften der Lehramtsstudiengänge einordnen lassen. Jene strukturellen Eigenschaften sollen in Abschnitt 2.2 in den Blick genommen werden. Ein wesentliches Strukturmoment der Lehramtsstudiengänge ist das Nebeneinander sowohl spezifisch berufsorientierter Studienelemente als auch solcher, die den wissenschaftlich universitären Bildungsanspruch abbilden und insofern als praxisdistanziert bzw. zweckfrei bezeichnet werden können. Universitäre Lehrerbildung ist mit ausbildungslogischen Ansprüchen konfrontiert, weil sie Zugang zum Lehrberuf und der höheren Beamtenlaufbahn eröffnet, vor allem aber: weil von ihr erwartet wird,

„berufsfertige" Lehrpersonen hervorzubringen. Es erscheint aufschlussreich, den Blick auf die Frage zu richten, wie diesen Ansprüchen begegnet wird (Abschnitte 2.2.1 und 2.2.2). Das Kapitel schließt unter Abschnitt 2.3 mit einem Zwischenresümee, in dem die zentralen Erkenntnisse vor dem Hintergrund des heuristisch leitenden Interesses zusammengefasst werden.

2.1   Die Universität als Institution zwischen zweckfreier und zweckorientierter Bildung

Das Wesen der deutschen Universität nachzuzeichnen ist, zumindest wenn es einen vergleichsweise kleinen Abschnitt einer Forschungsarbeit einnimmt, angesichts einer nahezu unüberschaubaren Fülle historischer, bildungs-, gesellschafts- und wissenschaftstheoretischer Publikationen zu diesem Thema ein äußerst ambitioniertes Unterfangen. Ihre Geschichte ist in ihrer Dimension ein „Thema von ähnlichem Gewicht wie die Geschichte der Stadt, die Geschichte der Kirche, der Landwirtschaft oder der politischen Verfassung" (Boockmann 1999: 7). Wenn im Folgenden also die Besonderheit der deutschen Universität näher beleuchtet wird, dann ist dies nur ausschnitthaft und insofern ohne Anspruch auf Vollständigkeit möglich. Die Schwerpunktsetzung soll im Folgenden darauf liegen, das Verhältnis zu skizzieren, wie die Humboldt'sche ‚Idee der Universität' (Habermas 1986) als Ideal zweckfreier Bildung und als Grundlage der deutschen Universität als Ort von Forschung und Lehre einerseits und die Realität der Universität als staatlich finanzierte und nicht zuletzt deshalb um ihre gesellschaftliche Reputation bemühte Institution zweckorientierter Bildung andererseits zueinanderstehen. Mit dieser Schwerpunktsetzung wird die Differenz zwischen der Idee und der Realität deutlich. Diese Differenz, so die Annahme, kommt in den Lehramtsstudiengängen, die fachwissenschaftliche, aber auch fachdidaktische und erziehungswissenschaftliche Studienelemente umfassen, besonders zum Ausdruck. Sie scheint zudem spätestens mit der verbindlichen Integration der ersten Phase der Lehramtsausbildung in Universitäten Kristallisationspunkt des „Ringen(s) darum, wer sich an wen anzupassen hätte: die Universität an die neue Aufgabe, oder die Lehrerbildung an ihre neue Umgebung" (Radtke 1996: 232).

Die Idee eines Nutzens von Hochschule für Staat und Gesellschaft, wie wir sie heute kennen, ist nicht neu. Sie spielt im Gegensatz zu dem weit verbreiteten „Mythos Humboldt" (Mittelstraß 1994: 19, Ash 1999) und der Idee einer Universität, die ihre Freiheit von Forschung und Lehre jenseits von staatlichen Interessen beansprucht, bereits weit vor der Entstehung der Humboldt'schen Universität und der damit verbundenen Idee eines zweckfreien Studiums im Zusammenhang mit der Herausbildung der Professionen als an kultiviertes, kodifiziertes, vertextetes und akademisch lehrbares Expertenwissen gebundene Berufe (vgl. hierzu Abbott 1988, Evetts 2003, zit. n. Terhart 2011, Stichweh 1996, 2005) eine Rolle.

Zu Beginn des 19. Jahrhunderts werden auf Initiative des preußischen Kabinettsrats Beyme entscheidende Meilensteine für das Aufkommen einer Idee der Bildung durch eine zweckfreie Wissenschaft an Universitäten gesetzt: Beyme strebt eine Trennung von Studium und „Brodstudium"[1] (Boockmann 1999: 186) an, die entsprechend ihrer gesellschaftlichen Funktionen bzw. Bindung an öffentliche Ämter an voneinander getrennten Orten situiert sein sollten, nämlich an Universitäten und an höheren Schulen[2]. Johann Gottlieb Fichte treibt dieses Projekt mit seinem „Deducirte(n) Plan einer zu Berlin zu errichtenden höhern Lehranstalt, die in gehöriger Verbindung mit einer Akademie der Wissenschaften stehe" (1807), als Rektor der zu gründenden Berliner Universität voran. Sein Anliegen ist nicht nur, die Notwendigkeit einer Unabhängigkeit der Wissenschaften hervorzuheben, sondern auch, die „praktischen Fertigkeiten" (Boockmann 1999: 187) aus der Universität auszulagern. Vermutlich nicht ganz uneigennützig konzeptualisiert Fichte die Philosophische Fakultät[3] als Kern der Universität. Sie soll es sein, die die Instrumentarien für alle anderen Wissenschaften bereitstellt und die später zur Fakultät des höheren Lehramts wird. Nachdem Fichtes Rektorat endet, gerät das Anliegen einer neu zu errichtenden Berliner Universität zunächst aus dem Blick, bis 1809 Wilhelm v. Humboldt mit der Verantwortung für Unterricht und Kultur in Preußen betraut wird.

Humboldt schreibt Fichtes Gedanken einer vom praktischen Nutzen freien Universität insofern fort, als er die Notwendigkeit einer inneren Freiheit der Universität gegen staatliche Interessen hervorhebt und – vom Geist der Aufklärung[4] getragen – davon ausgeht, ein allgemein gebildeter und kritischer Mensch handele automatisch moralisch im Sinne des Staates[5]. Insofern war Humboldts

---

[1] Hiermit sind zunächst die Theologie, die Jurisprudenz und die Medizin gemeint.

[2] In dem Zusammenhang ist zu betonen, dass an den höheren Schulen kein „Zunftzwang" (Boockmann 1999: 186) im Sinne einer allein auf Nützlichkeit zielenden Lehre herrschen sollte.

[3] Der Gedanke findet sich bereits in Kants „Streit der Facultäten" 1789.

[4] Vgl. hierzu Kants Fassung des Aufklärungsbegriffs als „Ausgang des Menschen(s) aus seiner selbst verschuldeten Unmündigkeit" (Kant 1784).

[5] Humboldts Vorstellungen, inwieweit der Staat überhaupt in die Angelegenheiten und die sittliche Erziehung seiner Bürger eingreifen sollte, entfaltet er in seinen Schriften: ‚Wie weit darf sich die Sorgfalt des Staates um das Wohl seiner Bürger erstrecken?' (Humboldt 1792a/ 2017) und ‚Über die öffentliche Staatserziehung' (Humboldt 1792b/2017). In ihnen zeichnet

Anliegen auch politisch motiviert: Er strebte mit der Errichtung einer neuen Universität nicht nur an, das Wissenschaftssystem aus der Einflussnahme von Staat und Kirche als Hüterin des Wissens herauszulösen, sondern auch eine grundlegende Reform des gesamten Bildungswesens – also auch des Schulwesens[6]. Ausgehend von diesem Emanzipationsgedanken werden Universitäten bei Humboldt explizit nicht als Orte „praktische(r) Übungen" (Humboldt 1809b/2017: 146), in denen man es „mit fertigen und abgemachten Kenntnissen" (Humboldt 1809a/2017: 153) wie in Schulen zu tun habe, sondern vielmehr als Orte konzeptualisiert, an denen freie Forschung und Lehre zu einer Einheit verschmelzen und allein auf den wissenschaftlichen Fortschritt ausgerichtet sind, durch den der Mensch zur Bildung kommen soll (vgl. Habermas 1986, v. Brocke 2001). Humboldts Bildungsideal findet im Studium Generale seine Entsprechung.

Der Student als wissenschaftliche Novize, den Humboldt als Bildungsideal vor Augen hat, wählt den Weg in die Universität allein um der Entfaltung seiner Persönlichkeit willen und verpflichtet sich, wie sein wissenschaftlicher Lehrer auf das „Verstehen, Wissen und geistige Schaffen" (Humboldt 1809a/2017: 159), ohne nach der Zweckdienlichkeit seines wissenschaftlichen Tuns jenseits der akademischen Welt zu fragen. Die Einheit von Forschung und Lehre entspricht insofern auch einer Einheit von Lehrenden und Lernenden (vgl. Habermas 1986). Trotz dessen er Wissenschaften also nicht in einer Funktion als Dienstleistende für den Staat versteht, konzeptualisiert er „Universität […] immer in engerer Beziehung auf das praktische Leben und die Bedürfnisse des Staats" (Humboldt 1809a/2017: 164). Was sich zunächst als Widerspruch liest, erklärt sich aus Humboldts Menschenbild: Er geht davon aus, dass jegliche staatliche Einmischung das behindert, was ohne „ihn (den Staat, K.M.) unendlich besser gehen würde" (Humboldt 1809a/2017: 154). Insofern sei ein allgemein gebildeter Mensch den Zwecken des Staats „von einem viel höheren Gesichtspunkte aus" (Humboldt 1809a/2017: 158) und aus seinem durch die Beschäftigung mit Wissenschaft nun aufgeklärten Wesen heraus wie selbstverständlich dienlich. Ort einer solchen Bildung könne nach Humboldt allein die Universität als Ort der Einheit von zweckfreier Forschung und Lehre sein. Diese Idee ist die Geburtsstunde des „Deutungsmusters" (Groppe 2012) ‚Bildung durch Wissenschaft'.

Humboldts Konzeptualisierung der Universität ist jedoch ein Mythos, der bereits der damaligen Realität entgegensteht und im Grunde – abgesehen davon, dass unter ihrem Dach Forschung und Lehre stattfinden – nie Realität wurde.

---

sich ein positiv-anthroposophisches Bild des Menschen ab, der nur in seiner „ungebundensten Freiheit" (Humboldt 1972a/2017: 82) zur wahren Vernunft gelangt.

[6] Vgl. hierzu Humboldts Königsberger und Litauischer Schulplan (1809c/2017).

Seine Ideen stoßen letztlich eine Reform an, die in der Universität beide adressiert: wissenschaftliche Novizen, aber auch „Köpfe der zweiten Klasse" (Schleiermacher 1808/2010: 59). Die Universität, die ursprünglich von Humboldt erdacht wird und sich von den höheren Schulen abgrenzt, beheimatet unter dem Einfluss Schleiermachers auch diese höheren bzw. „Specialschulen" (Schleiermacher 1808/2010: 59). Sie rekrutiert insofern nicht nur den eigenen Nachwuchs, sondern bildet auch „tüchtige Arbeiter" (Schleiermacher 1808/2010: 59) für den Staat aus und damit auch die Professionen, zu denen das höhere Lehramt an den Philosophischen Fakultäten zählt. Bereits in Schleiermachers ‚Gelegentlichen Gedanken über Universitäten' (1808) finden sich Anklänge der Universität, wie wir sie heute kennen: Eine staatlich finanzierte Institution, die einerseits den eigenen Nachwuchs rekrutiert, der sich als solcher in Seminaren und Vorlesung etwa durch exzellente Leistungen und ein besonderes Interesse an Wissenschaft zu erkennen gibt, und andererseits Aspiranten auf staatliche Ämter wie das Lehramt und andere außeruniversitäre Beschäftigungsfelder durch Abschlüsse den Zugang dorthin eröffnet.

Einen bedeutsamen Meilenstein für die deutsche Universität als Ort der Forschung und der Lehre, dabei allerdings zunehmend zweckorientierter Bildung, bildet die Kopplung der höheren Beamtenlaufbahn im preußischen, später im gesamtdeutschen Berechtigungssystem an Universitätsabschlüsse. Infolgedessen kommt es im 19. Jahrhundert zu einem enormen Anstieg der Studentenzahlen (vgl. Titze 1995, Boockmann 1999, Groppe 2012). Den stärksten Anstieg verzeichnet die Philosophische Fakultät. Nicht allein das Interesse an Wissenschaft, sondern vielmehr ein „auf den sozialen Aufstieg" (Groppe 2012: 173) gerichteter Ehrgeiz treibt nun Aspiranten auf Beamtenstellen in Universitäten. Diese Entwicklung hat durchaus wünschenswerte, aber auch kritische Aspekte: Der institutionelle Ausbau führt zu internationalem Ansehen der deutschen Wissenschaft und des deutschen Universitätsmodells (vgl. Groppe 2012). Zudem ist mit dem neuen „Prüfungs- und Berechtigungswesen [der, K. M.] der Weg in die Universität und die akademischen Berufe auch für diejenigen (eröffnet, K. M.), die diesen bisher nicht gefunden hatten" (Boockmann 1999: 216). Zentral mit Blick auf das Modell der Universität als Ort zweckfreier und zweckorientierter Bildung ist, dass mit dem Übergang von der ständischen zu einer funktional differenzierten Gesellschaft Berufe nicht mehr vererbt, sondern bewusst gewählt werden können.

Gleichzeitig werden mit der Errichtung eines Universitätsmodells, in dem neben zweckfreien Studiengängen auch solche, die auf einen konkreten Beruf bzw. auf Professionen ausgerichtet sind, kritische Stimmen laut, die das Humboldt'sche Ideal der in Forschung und Lehre freien Universität bedroht sehen:

Bedeutsame Kristallisationspunkte der Entwicklung dieses Modells sind das Hochschulrahmengesetz 1976, das alle Hochschulen dazu verpflichtet, die berufliche Relevanz aller Studiengänge zu sichern sowie die Internationalisierung und Standardisierung von Studiengängen und -abschlüssen im Zuge der Bologna-Reform Ende der 1990er Jahre[7]. Durch sie bekommen kritische Stimmen Aufwind, die das Universitätsmodell, wie wir es heute kennen – wie es sich allerdings, das zeigt die historische Betrachtung, über einen langen Zeitraum schrittweise entwickelt hat – als Zeugnis für den Zerfall eines Ortes der geistigen Freiheit deuten. Nicht wenige dieser Stimmen sehen diesen Zerfall durch die Einmischung des Staates bzw. einer ‚Ökonomisierung der Bildung' (Hoffmann & Maack-Rheinländer 2001) begünstigt und sprechen insofern von einer „Krise der Universitäten" (vgl. etwa Stölting & Schimank 2005, Lohmann et al. 2011).

Bei aller Kritik stellt sich allerdings die Frage, ob allein der Staat bzw. seine politischen Entscheidungen eine Entwicklung verantworten, in der Hochschulen, wie so oft angenommen, hilflos einem Qualifikationsimperativ ausgesetzt sind. Möglicherweise tragen Universitäten selbst zur Zirkulation dieses Imperativs bei (vgl. hierzu Wimmer 2005, Stock 2013). Parsons' (1971) und Parsons' und Platts (1973) Professionalisierungstheorie und Überlegungen zum modernen Hochschulwesen folgend wäre für die Beantwortung dieser Frage mindestens zu bedenken, dass mit der Akademisierung von Berufen eine Ausdifferenzierung des Hochschulsystems und der wissenschaftlichen Disziplinen eingesetzt hat, von denen eine Vielzahl dieser Disziplinen ihre Legitimation den außeruniversitären Berufen bzw. Berufsfeldern verdankt. Die Folge ist: Wissenschaften, die ihre Legitimation dem außeruniversitären Beschäftigungssystem verdanken, generieren in erster Linie solches Wissen, mit dem sie wiederum sich selbst legitimieren[8]. Universitäre Lehre innerhalb dieser wissenschaftlichen Disziplinen

---

[7] Selbstverständlich ist mit der Auswahl jener Kristallisationspunkte nicht gesagt, dass das deutsche Hochschulwesen durch die Zeit der Weimarer Republik, des Nationalsozialismus und unter dem Einfluss zweier unterschiedlicher Besatzungsmächte im Anschluss an den Zweiten Weltkrieg unbeeinflusst geblieben ist. Auch hier wurde „Zweckgebundenheit" von Bildung sehr different und vor allem durch den Einfluss politischer Interessen definiert. Mit Blick auf das Erkenntnisinteresse, dem in der vorliegenden Arbeit gefolgt wird, erscheint es jedoch angemessen, in erster Linie auf solche Impulse zu blicken, die eine stärkere Praxisausrichtung von universitären Studiengängen zur Folge hatten.

[8] Vgl. hierzu etwa Röbken und Rürup (2011), die sich mit der Frage befassen, wie empirische Bildungsforschung einen Praxisbezug in ihren Publikationen konstruiert. Sie zeigen, dass die Konstruktion von Praxisbezug sich in erster Linie über Praxisforschung und über entsprechende Schlussfolgerungen (entweder in Form von anwendungsfähigem Wissen zur Verbesserung der Praxis oder in der Formulierung neuer Konzepte) orientiert.

orientiert sich erstens an dem Berufsfeld, der ‚Praxis', und adressiert in erster
Linie einen Studierendentypus, der sein Studium mit Blick auf einen abgestreb-
ten Beruf, nicht aber aus einem Interesse an Wissenschaft heraus gewählt hat.
Die „ausgefeilten Evaluations- und Testmaschinerie" (Stock 2013: 170), die die
Wissenschaft betreibt, scheint in dem Zusammenhang dazu zu dienen, sich selbst
den Erfolg der eigenen Akademisierungsbemühungen zu attestieren; etwa, dass
die „employability" (Teichler 2013: 3) der Absolventen durch die Vermittlung
bestimmten Wissens, das es bedarf, um im Beruf kompetent agieren zu können, hergestellt werden kann. Angesichts einer solchen Einheit von Forschung
und Lehre scheint es kaum verwunderlich, wenn Universitäten vonseiten außeruniversitärer Beschäftigungsfelder und Studierenden eine „Theorielastigkeit von
Ausbildungsgängen" (Wimmer 2005: 19) angekreidet und ihr insofern implizit
vorgeworfen wird, sie leiste nicht, was sie verspricht. Vor diesem Hintergrund gilt
es zu bedenken, dass gerade wenn Universität bzw. die in ihr beheimateten wissenschaftlichen Disziplinen sich um ihre Markt- bzw. Praxisrelevanz bemühen,
dabei jedoch angesichts der ihr zur Verfügung stehenden Instrumentarien oftmals
eine „Machbarkeitsillusion" (Wimmer 2005: 25) produzieren, sie es selbst sind,
die die Kritik, das Studium sei zu praxisfern, geradezu befeuern[9].

Halten wir also fest: Humboldts Ideal einer Einheit von Forschung und Lehre
unter einem Dach konstituiert den besonderen Charakter der deutschen Lehr- und
Forschungsuniversität. Dieser Charakter bedingt, dass nicht nur zweckfreie Studiengänge, die nicht auf einen spezifischen Beruf oder ein spezifisches Berufsfeld
zugeschnitten sind, dort situiert sind, sondern auch zweck- bzw. berufsorientierte
Studiengänge. Insofern ist Universität eine „Bildungsinstitution, die auf Karrieren
einer professionellen Tätigkeit vorbereitet" (Koring 1989: 65). Es muss angenommen werden, dass die berufsorientierten Studiengänge in erster Linie von
solchen Studierenden frequentiert werden, die sich mit Blick auf einen erfolgreichen Abschluss, der den Zugang zu einem angestrebten Beruf gewährt, und
nicht aus einem Interesse an Wissenschaft heraus immatrikulieren. Im Zuge
der Bindung eines immer größeren Funktionssystems gesellschaftlich relevanter
Berufsstände – Professionen – an die dazugehörigen Wissenssysteme ist insofern der Umbruch einer Universität für wenige hin zu einer „Massenuniversität"
für viele eingeleitet (Mittelstraß 1994: 18), die ein immer breiteres Spektrum
berufsorientierter Studiengänge unter ihrem Dach beheimatet. Insofern liegt die

---

[9] Ähnlich argumentiert Merzyn (2002), der vermutet, es sei den Universitäten zwar „eine
recht unerwünschte Aufgabe, Lehramtsstudenten auszubilden" (Merzyn 2002: 107), ein Ver-
zicht sei jedoch aus einem einfachen Grund nicht möglich: Die Ausstattung der Institute
mit Stellen und Sachmitteln ist an die Studierendenzahlen gebunden. Insofern gewinne die
Lehramtsausbildung eine – wenn auch zweifelhafte – Attraktivität.

Annahme nahe, dass wir in Universitäten überwiegend einen eher berufsorientierten Studierendentypus und weniger den mit einem wissenschaftlichen Lehrer gemeinsam forschenden und an Wissenschaft interessierten Typus finden, den Humboldt vor Augen hatte.

Diese Entwicklung einer Universität für wenige hin zu einer Massenuniversität für viele war seit jeher von Kritik begleitet, die insbesondere auf die Gefahr einer allzu intensiven staatlichen Regulierung des Hochschulwesens und eine „partielle Verschulung und Entwissenschaftlichung" (Mittelstraß 1994: 19) des Studiums zielt. Der eigene Beitrag der Universität und der in ihr situierten wissenschaftlichen Disziplinen zu dieser Verschulung scheint jedoch weitgehend in deren „totem Winkel" zu liegen. Zu dem breiten Spektrum berufsorientierter Studiengänge zählt auch das Lehramtsstudium, auf dessen besondere Stellung in der Universität im Folgenden näher eingegangen werden soll.

2.2   Das Lehramtsstudium als berufsorientiertes Studium zwischen zweckfreier und zweckorientierter Bildung

Die Lehramtsstudiengänge zeichnen sich wie viele andere Studiengänge in Universität auch durch ihre Zweckgebundenheit und Berufsorientierung aus. Sie sind auf konkrete Berufe bzw. Lehrämter zugeschnitten, sind der zweiten Ausbildungsphase, dem Referendariat vorangestellt und erst der Studienabschluss ermöglicht den Eintritt in die höhere Beamtenlaufbahn. Im Folgenden wird mit einem Überblick über die Geschichte der Lehramtsausbildung gezeigt, dass die universitäre Lehrerbildung, wie wir sie heute kennen, im Grunde jedoch seit ihren Ursprüngen, mit der Frage nach einer angemessenen Relationierung zweckfreier und zweckorientierter Bildung konfrontiert ist, die in Debatten über das ‚Theorie-Praxis-Problem‘[10] verhandelt wird.

---

[10] Obschon bekannt ist, dass dieser Begriff als eine Variante „unproduktive(r) Theorie-Praxis-Antagonismen" (Leonhard et al. 2016: 81) interpretiert wird, soll er dennoch verwendet werden, um auf Probleme eines zweckorientierten Studiums hinzuweisen, die sich insbesondere für solche wissenschaftlichen Disziplinen stellen, die in gesteigerter Weise mit ausbildungslogischen Ansprüchen konfrontiert sind, etwa in der Schulpädagogik. Mit ausbildungslogischen Ansprüchen sind diese Disziplinen, so die Annahme, konfrontiert, weil sie sich selbst durch die schulische Praxis legitimieren. Als problematisch werden in dem Zusammenhang Versuche verstanden, ‚Theorie-Praxis-Antagonismen‘ – etwa durch besonders praxisnahe Lehre – produktiv werden zu lassen. Problematisch sind solche Versuche aus zwei Gründen: Mit diesen Versuchen wird erstens im Grunde keine wirkliche Nähe zur ‚Praxis‘, sondern vielmehr eine Distanz zur ‚Theorie‘ hergestellt, durch die eine schulpraxisnahe Lehre ihre Dignität als wissenschaftliche Lehre jedoch schwächt (vgl. Wernet 2018).

Ein Blick auf die Entwicklungsgeschichte zeigt, dass das höhere Lehramt (später: Gymnasiallehramt) bis in das 20. Jahrhundert hinein eng mit dem Humboldt'schen Bildungsideal einer allgemeinen, zunehmend fachwissenschaftlich ausdifferenzierten Bildung verbunden ist, die in Universitäten erfolgt und auf den höheren Schulen wiederum vorbereiten. Das höhere Lehramt an Universitäten konstituiert zunächst keinen Bezug zur beruflichen Praxis des Schulunterrichts und insofern eine Zweckorientierung. Ganz anders verhält es sich in Bezug auf das niedere Lehramt, das von Beginn seiner Entwicklung an bis zu seiner verbindlichen Integration in Universitäten im Grunde als Praxis des Einübens berufspraktischer Fähigkeiten bezeichnet werden kann und sich insofern durch eine klare Zweckgebundenheit bzw. Berufsorientierung ausweist. Die Trennung von wissenschaftlicher Theorie und beruflicher Praxis bildet bis Mitte des 20. Jahrhunderts gewissermaßen die Distinktionslinie zwischen höherem und niederem Lehramt[11]. Historisch ruht jene Trennung von Theorie und Praxis in der Ausbildung von Lehrpersonen auf einer „Trennung einer körperlich arbeitenden, unterprivilegierten von einer privilegierten, sich theoretischer Reflexion widmenden Klasse" (Händle 1972: 4, vgl. auch Jeismann 1974). Analog hierzu besteht die Funktion der höheren Schulen (später Gymnasien) im 19. Jahrhundert darin, privilegierten Schichten Bildung in Distanz zu einer konkreten Berufspraxis zu ermöglichen, während die Elementarschulen (später Volksschulen) in erster Linie der „klassenspezifischen vorwissenschaftlichen Reproduktion dienten" (Homfeld 1978: 33). Deutlich wird also, dass eine dem Humboldt'schen Ideal entsprechende zweckfreie Bildung ein Exzellenzmerkmal war, das allein den Schülern höherer Schulen und entsprechend dem höheren Lehramt zukam. Analog hierzu kann die inhaltliche und formal getrennte Ausbildung beider Lehrämter gewissermaßen als Spiegel ständepolitischer Bestrebungen, aber auch als Spiegel der Institutionalisierung des Schul- und Bildungswesens interpretiert werden (vgl. etwa Sandfuchs 2004, Terhart 2004, Fend 2006). Das leitende Prinzip ‚Theorie vor Praxis' drückt sich einerseits durch die Analogie der Lehrämter zu den gesellschaftlichen Funktionen und Aufgaben der Schularten und andererseits durch die gemäß des „strukturellen Primats der höheren Bildung" (Herrlitz et al. 1984:

Problematisch erscheint eine praxisnahe Lehre zweitens, weil sie als Zugeständnis an ausbildungslogische Ansprüche interpretiert werden kann und insofern eine lehramtsstudentische Kritik, das Studium sei zu theorielastig, möglicherweise befeuert.

[11] Diese Distinktionslinie zeigt sich im Übrigen bis heute in unterschiedlichen Besoldungen der Lehrämter und der damit implizit verbundenen Anerkennung unterschiedlicher Wertigkeiten der Studienabschlüsse.

61) zeitlich verzögerte Entstehung der Ausbildungen von höherem und niederem Lehramt[12] aus. Das *höhere Lehramt* entsteht an der Wende vom 18. zum 19. Jahrhundert mit dem Versuch des Erlasses einer allgemeinen Schulpflicht und im Kontext der Ausdifferenzierung des Bildungssystems entsprechend differenter Berufsstände (vgl. Kolbe & Combe 2004). Analog zu den höheren Schulen, die der Vorbereitung auf ein Universitätsstudium dienen und mit dem erfolgreichen Abschluss entsprechend erlangte Befähigungen beglaubigen, besteht die Ausbildung des höheren Lehramts darin, Anwärter sowohl an eine selbstständige fachwissenschaftliche Arbeit heranzuführen als auch darin, ihnen „universale Bildung" (Paulsen 1902/1966: 543) angedeihen zu lassen[13]. Die Ausübung der beruflichen Praxis wird allerdings dem individuellen Geschick überlassen (vgl. Händle 1972)[14]. Als Studium an der Philosophischen Fakultät situiert ist das höhere Lehramt nicht zuletzt deshalb eine allgemeine wissenschaftliche Schulung bzw. eine „fachliche Spezialisierung" (Stock 2013: 163), weil die Wissenschaften des 19. Jahrhunderts erstens „noch kaum instrumentelles Wissen für berufspraktische Tätigkeiten bereitstellten" (Händle 1972: 5) und weil nicht pädagogisch-didaktische Anliegen an den Unterricht, sondern vielmehr Bestrebungen zur Sicherung von Privilegien[15] den Hintergrund für die Herausbildung des höheren Lehramts bildeten.

Indem der erfolgreiche Abschluss der höheren Lehranstalten dazu legitimiert, das Studium an der Universität aufzunehmen, kommt es zu einer „wechselseitigen

---

[12] In diesem Zusammenhang weist Sandfuchs (2004) darauf hin, dass die Frage unterschiedlich diskutiert wird, ob diese Entwicklung trotz der zeitlichen Verzögerung der Herausbildung beider Lehramtsausbildung grundsätzlich einen einheitlichen Professionalisierungsprozess beider Lehrämter markiert (vgl. auch Keiner & Tenorth 1981) oder ob die Ausbildung der niederen Lehrämter aufgrund mangelnder akademischer Fundierung, aber auch aufgrund mangelnder Autonomie in der Ausübung der Berufspraxis und schließlich aufgrund mangelnder gesellschaftlicher Anerkennung des Berufsstandes bis Ende des 19. Jahrhunderts lediglich einer Verberuflichung gleicht (vgl. Kuhlemann 1992).

[13] In der akzentuierten Befähigung zum selbstständigen, wissenschaftlichen Arbeiten sehen Kolbe und Combe den „Anspruch moderner professioneller Reflexivität und Autonomie des professionellen Bildungsprozesses [...] antizipiert" (Kolbe & Combe 2004: 854).

[14] Hieran ändert auch die Einführung der ersten berufsqualifizierenden allgemeinen Staatsprüfung 1809 in Bayern und 1810 in Preußen (dem „examen pro facultate docendi") als generelle Eignungsprüfung nichts, die zum Eintritt in den Schuldienst legitimierte.

[15] Jene Privilegien wurden durch die Bindung des höheren Lehramts an einen funktionalen Zuständigkeitsbereich innerhalb der Gesellschaft und durch das Verfügen des Berufsstandes über einen privilegierenden akademischen Wissenskorpus gesichert (vgl. Müller & Tenorth 1984, Stichweh 1996, Combe & Helsper 1996, Kolbe & Combe 2004).

Verstärkung der Bildungsnachfrage" (Stock 2013: 164). Sowohl die Zahl derjenigen, die ihren Bildungsweg in höheren Lehranstalten mit dem Abitur abschließen, als auch die Zahl derjenigen, die nun qua Zugangsberechtigung in die Universitäten strömen, erhöht sich, was letztlich den Ausbau des Bildungssystems vorantreibt (vgl. Titze 1995). Nicht zuletzt zum Zweck der Arbeitsmarktregulierung in Zeiten des Lehrerüberschusses wird mit dem 1890 eingerichteten Seminarjahr[16], das dem Probejahr vorgeschaltet ist, eine zweite Ausbildungsphase implementiert. Bis Anfang des 20. Jahrhunderts werden in Preußen mehr als 150 pädagogische Seminare an höheren Schulen eingerichtet, in denen Lehramtsanwärter eine geregelte pädagogische Ausbildung inklusive eines angeleiteten Probeunterrichts durchlaufen. Den Abschluss des Probejahres bildete die in die Preußische Ordnung von 1917 aufgenommene zweite Prüfung in Pädagogik einschließlich zweier Lehrproben (vgl. Sandfuchs 2004). Damit wird die Einübung in die unterrichtliche Praxis endgültig von der universitären Ausbildung getrennt: Während also die pädagogische Ausbildung im Seminar- und Probejahr verortet ist, findet die fachwissenschaftliche Ausbildung weiterhin in der Universität statt. Mit Sandfuchs lässt sich diese Entwicklung als „Konsequenz des Streites um die Berufsbezogenheit der Lehrerbildung an den Universitäten, in dem sich die Schulbehörden nicht durchsetzen können" (Sandfuchs 2004: 19) deuten. Nicht die Integration von Praxis in das Studium, sondern vielmehr deren Auslagerung an Schulen bildeten das Fundament eines Ausbildungsmodells, das in seinen formalen Grundzügen bis heute besteht (vgl. Merzyn 2004, Sandfuchs 2004).

Das *niedere Lehramt* findet seinen Weg erst deutlich später in die Universität. Das höhere und das niedere Lehramt entsprechen bis weit in das 19. Jahrhundert dem höheren und dem niederen Schulwesen: Während das höhere Schulwesen auf eine akademische Berufskarriere vorbereitet, ist das niedere Schulwesen auf die Erfordernisse einfacher Berufe zugeschnitten. Die Ausbildung des niederen Lehramts entspricht bis weit in das 19. Jahrhundert dem „kläglichen Zustand des Elementarschulwesens (Sandfuchs 2004: 20): Es unterrichten in erster Linie Küster und Handwerker, auch ehemalige Soldaten und Gastwirte sowie Studenten[17], deren Vorbildung zum Teil beklagenswert und deren Ausbildung zunächst zunftmäßig organisiert ist (vgl. Keck 1984, Sandfuchs 2004). Die Ausbildung, die dem staatlichen Hoheitsbereich untersteht, lässt sich im Wesentlichen

---

[16] Zu berücksichtigen ist, dass die Ausgestaltung der Seminare nicht im staatlichen Einflussbereich lag und insofern ein breites Spektrum durchaus differenter Konzeptualisierungen abdeckten, die vom Verfassen pädagogischer Abhandlungen bis zur „unreflektierten Meisterlehre" (Kolbe & Combe 2004: 855) reichten.

[17] Die männliche Form wird hier aus historischen Gründen verwendet.

als Einübung beruflicher Praxis zum Zweck der „klassenspezifischen vorwissenschaftlichen Reproduktion" (Homfeld 1978: 33) bezeichnen. Das Gelehrte
entspricht im Grunde dem „Niveau der Volksschule" (Beckmann 1968: 57). Die
staatliche Beeinflussung äußert sich nicht zuletzt in der mangelnden Bereitschaft
zu Reformen und einer verbesserten Ausstattung des Schulwesens aus Furcht vor
der „system- und hierarchiesprengenden Wirkung der Volksbildung" (Sandfuchs
2004: 19, vgl. auch Sandfuchs 2001[18]).

Die Ausbildung des niederen Lehramts lässt sich zunächst als seminaristische
Ausbildung für die Praxis bezeichnen, obwohl die Pädagogik als Wissenschaft
zu Beginn des 19. Jahrhunderts etwa durch Herbart, Schleiermacher und später Dilthey eine entscheidende Entwicklung erfuhr. Eine Auseinandersetzung
mit der Pädagogik erfolgte – nicht zuletzt aufgrund des mangelnden systematischen Ausbaus des Volksschulwesens – in den Lehrerseminaren bis zur Mitte
des 19. Jahrhunderts nicht. Versuche der Ausweitung einer allgemeinen Bildung in Lehrerseminaren – angestoßen durch Lehrerbildner wie etwa Natorp und
Diesterweg – prallen an harter Kritik ab, die lautet, mit ihnen sei lediglich ein
„Bildungsenzyklopädismus als Selbstzweck" (Sandfuchs 2004: 21) verbunden.
Forderungen nach einer universitären Ausbildung der Volksschullehrer werden
durch die Preußischen Regulative[19] zurückgewiesen und entsprechend Hoffnun-
gen auf eine Angleichung des sozialen Prestiges des niederen an das höhere
Lehramt zunichte gemacht. Daran ändern auch die 1872 erlassenen ‚Allgemei-
nen Bestimmungen' nichts, mit denen Möglichkeiten einer stärker theoretischen
Fundierung der Volksschullehrerausbildung eröffnet sind und durch die das Aus-
bildungsniveau sowie die Ausstattung der Seminare mit staatlichen Investitionen

---

[18] Sandfuchs verweist auf den Minister von Zedlitz, der 1776 gegenüber dem Schulreformer
F. E. Rochow seine Bedenken zum Ausdruck bringt, ob sich das Volk „länger der Obrigkeit
beugen" werde, wenn es verständig, also gebildet sei (vgl. Sandfuchs 2004).

[19] Die Preußischen Regulative als normierende Bestimmungen für die seminaristische Ausbildung von Volksschullehrern gehen auf den Oberregierungsrat F. Stiehl zurück und werden
entsprechend auch Stiehl'sche Regulative genannt. Die reduktionistische Maßnahme zielt
auf die Verstetigung bestehender gesellschaftlicher Strukturen und eine dementsprechende
Gesinnungsbildung der angehenden Lehrer ab. In den Seminaren sollte gelehrt werden, was
in der Schule zu vermitteln war – damit orientierten sich Ausbildungsinhalte nicht nur an
der beruflichen Praxis des Lehrers, sondern auch an beruflichen Perspektiven der Schüler.
Obwohl die Lehrerschaft deutliche Kritik äußerte, konnten jene Regulative erst durch die
„Allgemeinen Bestimmungen" 1972 ersetzt werden. Infolgedessen kam es zwar zu einer
Erhöhung des naturwissenschaftlichen Anteils in den Seminaren und zu der Einführung einer
fakultativen Fremdsprache. Dennoch führte die Zusammenlegung der Präparanden- und
Seminaristenausbildung zugleich zu einer Verstärkung der Institutionalisierung und damit
der staatlichen Einflussnahme (vgl. Schütze: 2014).

durchaus angehoben werden. Der „Schulungscharakter" (Beckmann 1968: 52) der Volksschullehrerbildung bleibt analog zur gesellschaftlichen Ordnung differenter Klassen, denen in deutlich unterschiedlichem Umfang Zugang zu einer allgemeinen Bildung gewährt ist, grundsätzlich stabil.

Erst mit dem schrittweisen Übergang von der ständisch-hierarchischen zu einer funktional differenzierten Gesellschaftsordnung mit dem Ende des Kaiserreichs 1919, bei der die neue demokratische Staatsordnung und die Besetzung von sachgebundenen Leistungsrollen eine entscheidende Rolle spielen, ist auch allmählich der Weg des niederen Lehramts in Universitäten geebnet: Der Lehrberuf als Berufsstand „mit funktionaler Zuständigkeit" (Stichweh 1996: 52) wird nicht mehr als Tätigkeit einer unproblematischen Weitergabe von Wissen und Werten aufgefasst, sondern als Tätigkeit, die „Beobachtung von Individualität voraussetzt" (Stichweh 1996: 51). Reflexivität als neue Strukturkategorie des Lehrberufs liefert nun die Voraussetzung dafür, ihn an einen akademisch lehrbaren „Wissenskorpus" (Stichweh 1996: 53) zu binden und damit Eigeninteressen der involvierten Praktiker zu blockieren, was sich nicht zuletzt in dem durch den Dresdner Bildungspolitiker und Pädagogen Richard Seyfert formulierten Artikel 143,2 der Weimarer Verfassung ausdrückt (vgl. Die Neuordnung der Volksschullehrerbildung in Preußen 1925). Zwar resultiert hieraus noch keine einheitliche Integration der Volksschullehrerbildung in Universitäten[20], es erscheint jedoch bemerkenswert, dass dort, wo sie entstehen, die berufspraktische Ausbildung bisweilen ein „Fremdkörper" (Beckmann 1968: 127) ist, wodurch etwa in Braunschweig Professuren für praktische Disziplinen und in Jena erste Praktikumsformate entstehen.

Im Zusammenhang mit der schrittweisen Integration der Ausbildung aller Lehrämter in Universitäten erfährt Pädagogik als Wissenschaft eine wachsende Anerkennung und Bedeutung als Berufswissenschaft[21]. Unter dem NS-Regime werden jene mit der Weimarer Verfassung angestoßenen Lehrerbildungsreformen

---

[20] Hiermit ist der Weg für ländereigene Lösungen im Bildungsföderalismus geebnet (ausgenommen das Gymnasiallehramt): In Bayern und Württemberg hält man an dem Seminarformat fest, während inPreußen pädagogische Akademien entstehen. In ihnen sind je nach persönlichen Einstellungen der Dozierenden differente pädagogische Konzepte handlungsleitend, die sich im Grunde als Fortschreibung einer Ausbildungspraxis lesen lassen, die sich mehr oder weniger an den Erfordernissen der Volksschulen orientiert (vgl. Beckmann 1968).

[21] Unter anderem drückt sich dies in differenten Positionierungen hinsichtlich einer Verhältnisbestimmung von wissenschaftlicher Theorie und Lehrberufspraxis aus. Wenn bei Herbart zu Beginn des 19. Jahrhunderts noch von einer Dichotomie von Theorie und Praxis die Rede ist, deren Vermittlung sich allein im pädagogischen Prozess durch den pädagogischen Takt vollzieht (vgl. Herbart 1964, vgl. Burghard & Zirfas 2019), kennzeichnen sich die Positionierungen des beginnenden 20. Jahrhunderts (etwa Litt, Weniger, Kroh) vielmehr durch

zunichte gemacht und die Ausbildung aller Lehrämter in eigens eingerichteten Hochschulen für Lehrerbildung integriert, deren primäres Vermittlungsziel in einer „weltanschauliche(n) Indoktrination" (Sandfuchs 2004: 23) besteht. An die Traditionen, die vor dem Zweiten Weltkrieg bestanden, wird nach 1945 in unterschiedlicher Weise wieder angeknüpft[22], bis sich schließlich ab 1970 das Konzept der Integration der Lehrerbildung in Universitäten flächendeckend durchsetzen kann (vgl. Keck 1984).

Der Weg zu dieser einheitlichen Integrationslösung verläuft jedoch nicht ohne Reibungen. Er wird durch differente Positionierungen gegenüber einer Angliederung der Ausbildung aller Lehrämter in der Universität und durch differente Überlegungen hinsichtlich der hierfür strukturellen Erfordernisse begleitet. Letztlich scheint die infolge des „Sputnik-Schocks" konstatierte „Bildungskatastrophe"[23] und die hierdurch angestoßene Reform des Schul- und Bildungssystems dafür ausschlaggebend, dass der Strukturplan für das Bildungswesens des Deutschen Bildungsrats 1970 die entscheidende Wegmarkierung für eine einheitliche Ausbildung aller Lehrämter an Universitäten[24] setzt (vgl. Deutscher Bildungsrat 1970). Auf dem Fundament formulierter gemeinsamer Aufgaben aller Lehrämter (Lehren, Erziehen, Beurteilen, Beraten und Innovieren) entsteht ein Konzept einer für alle Lehrberufe gemeinsamen universitären Grundausbildung, deren Elemente Erziehungs- und Sozialwissenschaften, Fachdidaktiken und Fachwissenschaften sowie die praktische Erprobung sind (vgl. Sandfuchs 2004). Damit werden nicht nur die Angleichung beider Lehrämter und die Implementierung einer zweiphasigen Struktur, die für alle akademischen Berufe im Staatsdienst typisch ist, vorangetrieben (vgl. Terhart 2001). Gleichzeitig richtet sich der Fokus auf den Bezug zur Praxis des Lehrberufs, für den insbesondere die Erziehungs- und Sozialwissenschaften Sorge zu tragen haben (vgl. Deutscher Bildungsrat 1970[25]).

Versuche, jene Dichotomie zu überwinden. Die stärkere Ausrichtung des Lehramtsstudiums am Beruf erhält mit der neuen Staatsordnung einen entscheidenden Anstoß.

[22] Während nach dem Zweiten Weltkrieg in der westlichen Besatzungszone eine den Interessen der Besatzungsmächte gegenläufige Anknüpfung an differente regionale Traditionen der Lehrerbildung zu verzeichnen ist, setzen sich in der sowjetischen Besatzungszone politische Disziplinierungs- und Reglementierungsinteressen durch (vgl. Sandfuchs 2004: 27 ff., vgl. auch Kemnitz 2004).

[23] Vgl. hierzu Picht (1964) und Dahrendorf (1965).

[24] Stock macht jedoch darauf aufmerksam, dass in Schleswig-Holstein, Baden-Württemberg und Berlin pädagogische Hochschulen und in Rheinland-Pfalz erziehungswissenschaftliche Hochschulen existieren (vgl. Stock 1979).

[25] In den Empfehlungen der Bildungskommission zum Strukturplan wird dem Bezug zur Praxis des Lehrberufs eine hohe Bedeutung beigemessen. Ein Ort, an dem „die Praxis in

Trotz des im Hochschulrahmengesetz von 1976 klar formulierten Ziels der Hochschule, Studierende auf deren berufliche Tätigkeiten hin auszubilden[26], gerät das Diktum einer stärkeren Zweck- und Berufsorientierung angesichts des fast zwei Jahrzehnte währenden Lehrerüberschusses allerdings weitgehend aus dem Blick. Der „academic drift" (Sandfuchs 2004: 29) der an universitärer Lehrerbildung beteiligten wissenschaftlichen Disziplinen und das „Desinteresse der Schulbehörden" (Sandfuchs 2004: 29) an Lehrerbildung – nicht zuletzt aufgrund eines Lehrerüberschusses – führen weitgehend zu einer inhaltlichen Abschottung der ersten universitären Phase der Lehrerbildung von der sich anschließenden zweiten Phase und vom Feld der beruflichen Praxis[27]. Ausbildungslogische Ansprüche werden erst gegen Ende der 1980er Jahre zunehmend lauter, als die inhaltliche und didaktische Organisation des Lehramtsstudiums als unzureichend wahrgenommen und wieder „vermehrt über die Ausbildung von Lehrern nachgedacht" (Plöger & Anhalt 1999: 9) wird (vgl. auch Flach 1994, Oelkers 1996, Hänsel & Huber 1996, Bayer et al. 1997). Ein zentraler Kritikpunkt in Bezug auf die universitäre Lehrerausbildung ist die als mangelhaft wahrgenommene Verzahnung des Studiums mit der sich anschließenden beruflichen Praxis, die sich auf Beurteilungen des Studiums durch Studierende[28], Referendare[29] und Lehrpersonen[30] stützt. Die Kritik wird auf eine Zusammenhanglosigkeit der fachwissenschaftlichen, fachdidaktischen, pädagogischen und schulpraktischen Anteile, aber auch auf ein mangelndes Interesse der Erziehungswissenschaft an

---

der Ausbildung durch theoretische Lehrangebote angemessen vorbereitet und eingeführt" (Deutscher Bildungsrat 1970: 223) wird, sollen die Erziehungs- und Sozialwissenschaften sein.

[26] So zumindest lässt sich § 7 des Hochschulrahmengesetzes interpretieren, in dem es heißt: „Lehre und Studium sollen den Studenten auf ein berufliches Tätigkeitsfeld vorbereiten und ihm die dafür erforderlichen fachlichen Kenntnisse, Fähigkeiten und Methoden dem jeweiligen Studiengang entsprechend so vermitteln, daß er zu wissenschaftlicher oder künstlerischer Arbeit und zu verantwortlichem Handeln in einem freiheitlichen, demokratischen und sozialen Rechtsstaat befähigt wird" (vgl. Westdeutsche Rektorenkonferenz 1976: 5).

[27] Dies zieht Überlegungen zu einem projektförmig bzw. einphasig organisierten Ausbildungsformat nach sich, das sich jedoch nicht etabliert (vgl. Ulich 1978, Homfeld 1978, Fichten et al. 1978, Fichten & Spindler: 1980).

[28] Vgl. Bargel & Ramm 1995, Flach et al. 1995, Rosenbusch 1988.

[29] Vgl. Müller-Fohrbrodt et al. 1978, Oesterreich 1987.

[30] Vgl. Steltmann 1986, Dick 1994.

Handlungsproblemen der Berufspraxis zurückgeführt (vgl. Terhart 1992, 2001)[31]. In der zweiten Hälfte der 1990er Jahre beginnt ein neues Zeitalter für die deutsche Hochschullandschaft. Diese Entwicklung bleibt nicht ohne Folgen für die Lehramtsstudiengänge. Die Entwicklung, in der die Lehramtsstudiengänge und mit ihnen ihr Bezug zur beruflichen Praxis von Lehrpersonen stehen, konstituiert sich aus einem komplexen Geflecht unterschiedlicher Einflussfaktoren, die wiederum durch bildungs-, hochschul- und arbeitsmarktpolitische Bestrebungen geformt sind. Mit der von den europäischen Bildungsministern im Juni 1999 unterzeichneten Bologna-Erklärung ist der Weg für eine Internationalisierung der Studienabschlüsse, aber auch für eine stärkere Passung von Studieninhalten und Erfordernissen der Arbeitswelt geebnet[32]. Die Bestrebung zur Stärkung von Berufsfeldbezügen in den Lehramtsstudiengängen spiegeln sich bereits in den zuvor veröffentlichten Empfehlungen zur Lehrerbildung der Hochschulrektorenkonferenz wider, die im Wesentlichen darauf zielen, „die Professionalität des Lehramtsstudiums und den notwendigen Wissenschaftsbezug des Lehrerberufs zu stärken und die Verknüpfung von fachtheoretischen und berufsbezogenen Qualifikationen in der Lehrerbildung zu verbessern" (vgl. Hochschulrektorenkonferenz 1998). Implizit wird also eine bessere Verschränkung praxisbezogener und wissenschaftlich-theoretischer Inhalte gefordert, um die Professionalisierung angehender Lehrpersonen zu verbessern.

Entsprechend jener Bestrebungen der Standardisierung und der stärkeren Ausrichtung der Studiengänge auf die außeruniversitär-berufliche Praxis finden die Stimmen ein Gehör, die seit der Akademisierung der ersten Phase der Lehrerbildung deren mangelhaften Bezug zum professionellen Handlungsfeld ‚Schule' in Forschung und Lehre anmahnen und den ‚academic drift' der an universitärer Lehrerbildung beteiligten wissenschaftlichen Disziplinen beklagen: Der als unzureichend wahrgenommene Bezug zur beruflichen Praxis ist der Hauptkritikpunkt an einer reformbedürftigen Lehrerbildung, der in den Abschlussbericht der von der Kultusministerkonferenz eingesetzten Kommission (KMK) eingeht (vgl. Terhart 2000). In dem Bericht wird die „Verwissenschaftlichung" (Terhart 2000:

---

[31] Durchaus kritisch argumentiert Mollenhauer, der durch die Zweckfreiheit von Wissenschaft deren Wirkungskraft für die Praxis nicht geschmälert sieht. Er vermutet den „Leistungsdruck der Gesellschaft" (Mollenhauer 1974: 69) und ökonomische Interessen an Verwertbarkeit des Studiums als entscheidenden Einflussfaktor auf die akademischen Ausbildungswege, auf die Interaktion zwischen Lehrenden und Studierenden und auf die Erwartungen Letztgenannter an die Hochschulausbildung (vgl. hierzu auch Becker 1976).

[32] Teichler (2003, 2013) spricht in diesem Zusammenhang davon, dass mit dem Reformprozess auch inhaltliche Ziele verbunden sind, die als Maßnahmen zur Herstellung von Berufsbefähigung zu interpretieren sind.

27) zwar als Steigerung des Niveaus von Lehrerbildung, gleichzeitig jedoch als Ursache ihrer „Praxisferne" (Terhart 2000: 27) interpretiert. Unter Berufung auf den Bologna-Beschluss und dem darin enthaltenen Aufruf, die inhaltliche und formale Ausgestaltung von Studiengängen an den Anforderungen des Beschäftigungssystems anzupassen, aber auch unter dem Eindruck der durch die OECD veröffentlichten Ergebnisse der ersten PISA-Vergleichsstudie (2000) – gewissermaßen der Sputnik-Schock der 2000er Jahre – entstehen mit den Empfehlungen des Wissenschaftsrats (2001) und den durch die Kultusministerkonferenz der Länder formulierten ‚Standards für die Lehrerbildung' (2004) weitere Meilensteine eines Entwicklungsprozesses in Richtung stärker auf die berufliche Praxis ausgerichtete Lehramtsstudiengänge.

Die Empfehlungen des Wissenschaftsrats richten sich in dessen Erklärung unter anderem auf eine Verkürzung der zweiten berufspraktischen Ausbildungsphase und eine entsprechend stärkere inhaltliche Ausrichtung der Lehramtsstudiengänge auf die sich anschließende berufliche Praxis. Hierzu wird eine klare Profilierung der Fachdidaktiken als „Vermittlungswissenschaft" zwischen Fachwissenschaft und Unterrichtsfach, eine stärkere Profilierung des erziehungswissenschaftlichen Studiums auf die Lehrerbildung sowie verbesserte Kooperationsstrukturen im Sinne eines stärkeren Bezugs pädagogischer Forschung auf pädagogische Praxis gefordert (vgl. Wissenschaftsrat 2001)[33]. In den durch die KMK formulierten Standards für die Lehrerbildung werden ausgehend von den in den Schulgesetzen der Länder formulierten Bildungs- und Erziehungszielen die Bedeutung der Kompetenzen, die sich aus den Anforderungen des beruflichen Feldes ergeben, hervorgehoben und curriculare Schwerpunkte der Bildungswissenschaften in der ersten Phase der Lehrerbildung gesetzt[34]. Zur Anbahnung erforderlicher berufspraktischer Kompetenzen werden in dem Zusammenhang u. a. hochschuldidaktische Methoden der Konkretisierung theoretischer Konzepte durch Beispiele, Rollenspiele oder Unterrichtssimulationen, aber auch durch hochschuldidaktische Settings des forschenden Lernens in Verbindung mit Praxisphasen empfohlen (vgl. KMK 2004).

---

[33] Die Forderung nach einem stärkeren Bezug pädagogischer bzw. erziehungswissenschaftlicher und fachdidaktischer Studien auf „die Organisation von Lehr-Lernprozessen" (Terhart 2000: 105) wird auch in dem Abschlussbericht der KMK-Kommission hervorgehoben.

[34] Ebenso wird in den durch die KMK formulierten gemeinsamen Anforderungen der Länder für die Fachwissenschaften und Fachdidaktiken in der Lehrerbildung (2008) darauf verwiesen, dass sich die inhaltlichen Anforderungen an das fachwissenschaftliche und fachdidaktische Studium aus den „Anforderungen im Berufsfeld von Lehrkräften" (KMK 2008: 3) ableiten.

Die mit der Bologna-Strukturreform des Bildungswesens angeschobenen
Maßnahmen für die Vergleichbarkeit von Studienabschlüssen, der Modularisierung von Studiengängen sowie deren Ausrichtung auf die sich verändernden
Anforderungen beruflicher Handlungsfelder wirken bis heute flächendeckend auf
die Ausgestaltung universitärer Lehrerbildung und begründen den „konstanten
Reformdruck" (Doff 2019: 7), unter dem sie nicht zuletzt im Hinblick auf
die Frage nach der quantitativen und qualitativen Verhältnisbestimmung von
Theorie und Praxis steht. Der Reformdruck wird unter anderem durch Forschungsprogramme wie die seit 2015 durch das Bundesministerium für Bildung
und Forschung geförderte „Qualitätsoffensive Lehrerbildung" geschürt, mit der
unter anderem das Ziel verfolgt wird, zu einer Verbesserung der Praxisbezüge
in universitärer Lehrerbildung beizutragen. Aus solchen Forschungsanreizen heraus sind hochschuldidaktische Konzepte entstanden, die eine bessere Verzahnung
von Theorie und Praxis in der universitären Lehre und damit einen Beitrag
zu einer verbesserten Professionalisierung[35] angehender Lehrkräfte versprechen
(vgl. etwa BMBF 2019, 2020). Insofern lässt sich trotz dessen, dass universitäre

---

[35] Weil der Schwerpunkt der vorliegenden Untersuchung nicht auf Möglichkeiten der Professionalisierung angehender Lehrpersonen in universitärer Lehrerbildung liegt, seien an
dieser Stelle die drei „Bestimmungsansätze von Professionalität im Lehrerberuf" (Terhart
2011: 205) in der gebotenen Kürze umrissen: Der *strukturtheoretische Bestimmungsansatz*
basiert im Wesentlichen auf Oevermanns revidierter Professionstheorie, in der die „Profes-
sionalisierungsbedürftigkeit" (Oevermann 1996b: 135) pädagogischer Praxis aus ihrer „the-
rapeutischen Dimension" (Oevermann 1996b: 148) – der prophylaktischen Krisenbearbeitung – abgeleitet wird, die für ihre Strukturbestimmung konstitutiv sei (vgl. auch Oevermann
2002b, hierzu kritisch Wernet 2003). Entsprechend ihrer Struktureigenschaften zeichne sich
pädagogische Praxis durch „Antinomien" (Helsper 2002) und „Nicht-Standardisierbarkeit"
(Helsper 2001: 10) aus (Vgl. zur Kritik am strukturtheoretischen Ansatz etwa Baumert &
Kunter 2006, vgl. auch die Replik von Helsper 2007). Entgegen dem strukturtheoretischen
wird mit dem *kompetenztheoretischen Bestimmungsansatz* der Lehrerprofessionalität nicht
ausgehend von der Strukturiertheit pädagogischer Praxis, sondern vielmehr ausgehend von
Kompetenzbereichen und solchen Wissensformen, die für den Lehrerberuf und das Handeln
von Lehrpersonen relevant wird, argumentiert (vgl. Shulman 2004, Baumert & Kunter 2006,
Kunter et al. 2011). Die Festlegung der Kompetenzen und der spezifischen Wissensbereiche
basiert sowohl auf Theorien als auch auf empirischer Forschung. So werden „die beruflichen
Fähigkeiten von Lehrern und deren Voraussetzungen […] auf ihren empirisch nachzuweisen-
den Beitrag zum Erreichen des Zwecks der Institution Schule/Unterrichten bezogen: nach-
weisbare fachliche und überfachliche Lernerfolge bei den Schülern." (Terhart 2011: 207).
Obwohl grundsätzlich eine Kontingenz pädagogischer Praxis in Rechnung gestellt wird, wird
erstens von einer „Erlernbarkeit erfolgreichen Lehrerhandelns" (Terhart 2011: 207) ausgegangen. Professionell im kompetenztheoretischen Verständnis ist ein Lehrer, wenn er in
den verschiedenen Anforderungsbereichen über möglichst hoch entwickelte Kompetenzen
verfügt. Der *berufsbiografische Bestimmungsansatz* des professionellen Lehrerhandelns versteht Professionalität als berufsbiografisches „Entwicklungsproblem" (Terhart 2011: 208)

Lehrerbildung nach wie vor föderalistisch organisiert ist und je nach Bundesland differenten Studien- und Prüfungsordnungen folgt[36], konstatieren, dass seit spätestens Ende der 1990er Jahre die Zweckgerichtetheit konstitutiv ist und ihr Bezug zur Praxis – nicht nur bei Studierenden – „hoch im Kurs" (Schüssler & Günnewig 2013: 197) steht.

Mit der zunehmend stärkeren Ausrichtung des höheren Bildungswesens an die Erfordernisse des Beschäftigungssystems stehen die an universitärer Lehrerbildung beteiligten wissenschaftliche Disziplinen, je mehr sie dem Segment der Berufswissenschaften zugezählt werden, unter dem Anspruch, ihre Praxisrelevanz unter Beweis stellen zu müssen. Wenn also im Grunde bis weit in das 20. Jahrhundert noch Praxisdistanz das Exzellenzmerkmal universitärer Lehrerbildung war, so ist es spätestens seit der Jahrtausendwende vielmehr ihre Praxisbezogenheit. Der Bezug zur Praxis in der universitären Lehrerbildung entspricht einem Imperativ, der von Universitäten bzw. von bestimmten, an universitärer Lehrerbildung beteiligten wissenschaftlichen Disziplinen in unterschiedlicher Weise formuliert wird. Er ist „als Norm kommuniziert [...] auf merkwürdige Weise unstrittig" (Oelkers 1999: 69) und führt dazu, dass nicht mehr von einem ‚academic drift', sondern von einem ‚professional drift' universitärer Lehrerbildung gesprochen werden muss, der sich nicht nur in der curricularen Ausgestaltung der Lehramtsstudiengänge (Abschnitt 2.2.1) niederschlägt, sondern sich zum Teil auch in universitärer Lehre (Abschnitt 2.2.2) ausdrückt.

---

bzw. erlangte berufliche Kompetenzen und jeweils herausgebildete berufsbezogene Identität als Ergebnis der erfolgreichen Bearbeitung professionsbezogener „Entwicklungsaufgaben" (Hericks 2006, vgl. auch Terhart et al. 1994, Kunze & Stelmaszyk 2004, Reh & Schelle 2006). Professionalisierung von Lehrpersonen ist aus berufsbiografischer Perspektive nur in den jeweiligen Phasen der Berufsbiografie möglich (vgl. zu Möglichkeiten der Professionalisierung im Studium Hericks & Kunze 2002). Ausgehend von einer solchen Konzeptualisierung könne das Lehramtsstudium Studierende dazu anregen, verinnerlichte Verständnisse hinsichtlich der Lehrerrolle zu reflektieren. Ein systematischer Überblick über den Ausbau der Professionalisierungsforschung findet sich etwa bei Drewek (2013).

[36] Einen Überblick liefert etwa der durch die KMK erhobene und veröffentlichte „Sachstand in der Lehrerbildung" (KMK 2019), der nicht nur die Profile der einzelnen Lehramtsstudiengänge der Bundesländer ausweist, sondern auch den Umfang und die Art der jeweils implementierten Praxisphasen.

2.2.1 Praxisphasen als curriculare Antwort auf ausbildungslogische Ansprüche

Als einer der „dezidiert berufsqualifizierenden Studiengänge" (Winter 2011: 27) bildet das Lehramtsstudium die erste Phase eines zweiphasigen Berufsausbildungsgangs. Es umfasst neben einem schulfernen, fachwissenschaftlichen Segment auch ein stärker schulbezogenes, fachdidaktisches und pädagogisches Segment. Ausgehend davon, dass der universitären Lehrerbildung die Aufgabe zugesprochen wird, angehende Lehrkräfte bestmöglich auf ihre Berufspraxis vorzubereiten, die wiederum durch Anforderungen einer sich stetig im Wandel befindlichen Gesellschaft, aber auch neue pädagogische Zielvorstellungen geprägt ist, rückt die Bedeutung von Praxisphasen als curriculare Antwort auf jene Forderungen in den Blick: Sie können als Maßnahme interpretiert werden, mit der versucht wird, der Anforderung zu entsprechen, das Verhältnis von universitärer und berufspraktischer Ausbildung so zu koordinieren, „dass ein systematischer, kumulativer Erfahrungs- und Kompetenzaufbau erreicht wird" (KMK 2019: 4).

Praxisphasen existieren, wie die historische Entwicklung der Lehramtsausbildung zeigt, nicht erst seit deren einheitlicher Integration in Universitäten und der Trennung in eine erste universitäre und eine zweite schulische Phase. Die Ausbildung des niederen Lehramts kann überspitzt formuliert als reine Praxisphase, als Ausbildung in schulischer Praxis für jene schulische Praxis verstanden werden. Der Bezug zur Praxis und mit ihm die Bedeutung von Praxisphasen im Zuge der Integration der Lehramtsausbildung in Universitäten hat dort zunächst aufgrund eines Lehrerüberschusses eine eher geringe Bedeutung. Erst vor dem Hintergrund der Kritik des mangelnden Praxisbezugs universitärer Lehrerbildung Ende der 1980er und im Laufe der 1990er Jahre wird im Bezug zur Praxis zunehmend ein Exzellenzmerkmal gesehen. Die durch die PISA-Befunde angestoßenen Reformen im Schulwesen, die Neustrukturierung der Lehramtsstudiengänge im Kontext der Bologna-Beschlüsse und die Reduzierung des zeitlichen Umfangs der zweiten Phase haben Praxisphasen wieder stärker in den Mittelpunkt bildungspolitischer Überlegungen und empirischer Forschung gerückt. Obschon die Ausweitung von Praxisphasen nicht explizit mit der Verkürzung der Referendariatszeit begründet bzw. hier und dort betont wird, Praxisphasen seien kein „vorgezogener Vorbereitungsdienst" (Stiller 2017: 7), finden sich dennoch Hinweise darauf, dass die Tendenzen immer umfangreicherer Praxisphasen und -bezüge in der ersten Phase der Lehrerbildung und der Verkürzung der zweiten Phase der Lehramtsausbildung nicht unabhängig voneinander bestehen. Diese Vermutung bestätigen mindestens die Befunde des Monitors Lehrerbildung (2013), die darauf weisen, dass in all denjenigen Ländern, die ein Praxissemester eingeführt haben, die Dauer des

Referendariats reduziert wurde. Der Umstand, dass bundesweit vielerorts Praxissemester kürzere Praktikumsformate ersetzen, kann ebenfalls als ein Hinweis
gesehen werden, dass auf Anforderungen des Beschäftigungssystems reagiert
wird, in kürzerer Zeit „einsatzfähige" Lehrpersonen bereitzustellen. Praxisphasen
und die damit verbundenen Erwartungen gelten mehr denn je und trotz durchaus
geäußerter Kritik an der Ausgestaltung als „zentral wichtiges Studienelement"
(Terhart 2000: 69), als „bedeutsame Ausbildungsabschnitte im Lehramtsstudium"
(Klingebiel et al. 2020: 181), als „Herzstück der Lehrerbildung" (Hascher 2006:
130) und als „Brücke zwischen Wissenschaft und Beruf" (Schulze-Krüdener &
Homfeldt 2001: 196, Patry 2014).

Außerdem sind Praxisphasen als Module einschließlich ihrer rahmenden
universitären Lehrveranstaltungen, die dem erziehungswissenschaftlichen oder
fachdidaktischen Teilstudium zugeordnet sind, ein integraler Bestandteil der Lehramtsstudiengänge. Ihr zentrales Merkmal als curriculares Element der Lehramtsstudiengänge ist, dass sie in der schulischen Praxis – dem künftigen Berufsfeld
Lehramtsstudierender – situiert, dabei von der universitären Praxis verantwortet
und durch Lehrveranstaltungen begleitet werden (vgl. Reinhoffer & Dörr 2008,
Winter 2011, Schüssler & Weyland 2014, KMK Sachstand in der Lehrerbildung
2019). Entsprechend des vielerorts konstatierten „Flickenteppichs" Lehrerbildung
(Keuffer 2010) ist die Gestaltung von Praxisphasen bundesweit von einer großen
Diversität gekennzeichnet (vgl. Gröschner & Schmitt 2010). Die Diversität der
Bedeutungen hinter dem Begriff ‚Praxisphasen' zeigt sich darin, dass sie etwa
als Orientierungs- oder Eignungspraktikum vor dem Studium stattfinden können;
sie können als Praxissemester angelegt sein oder als ein- bzw. mehrwöchige Praktika in der vorlesungsfreien Zeit bzw. während der Vorlesungszeit zu absolvieren
sein. Ihr Akzent kann entweder auf einer Forschungsorientierung (schulische Praxis als Gegenstand theoriegeleiteter Lehrforschungsprojekte, die Studierende in
begleiteten Seminaren durchführen) oder auf einer Praxisorientierung (schulische
Praxis als Ort erster Kontakte mit dem künftigen Berufsfeld im Rahmen von
Hospitationen und Blockpraktika) liegen (vgl. Winter 2011). Ganz unabhängig
von der Frage, wie Praxisphasen ausgestaltet sind und zu welchem Zeitpunkt im
Studium sie stattfinden, zeigt sich in ihnen ein gemeinsames Merkmal: Im Curriculum verankert sind Praxisphasen eine der Antworten auf den über viele Jahre
hinweg artikulierten Anspruch, angehende Lehrpersonen bereits im Studium auf
Anforderungen ihres künftigen Berufs vorzubereiten (vgl. Festner et al. 2018:
164).

Im Hinblick auf die Funktionen, die den Praxisphasen in der universitären
Lehrerbildung zugesprochen werden, fällt auf, dass analog zu den differenten
Formaten ebenfalls ein breites Spektrum vorliegt, anhand dessen sich „äußerst

heterogene und nicht selten unklare Zielsetzungen" (Schubarth et al. 2014: 202, vgl. auch Schulze-Krüdener & Homfeld 2001, Weyland 2012, Gröschner & Hascher 2019, Ulrich & Gröschner 2020) ableiten lassen. Es lässt sich festhalten, dass ein Bezugspunkt der Funktionen von Praxisphasen „als Lernort" (Schubarth 2011: 84) die Anforderungen des Berufsfeldes bzw. der Kompetenzen ist, die zur Bearbeitung berufspraktischer Anforderungen vorausgesetzt werden (vgl. KMK 2004: 7 ff.). Ein anderer Bezugspunkt ihrer Funktionen ist der Zeitpunkt, an dem sie gemäß Studienordnung stattfinden. Frühe Praxisphasen bilden in erster Linie den Anlass einer „strukturierten Erstbegegnung mit dem Arbeitsplatz Schule" (Reintjes & Bellenberg 2012: 189, vgl. Korthagen 2010, auch KMK 2013, Nolle et al. 2014); sie werden als Gelegenheit der Unterrichtsbeobachtung, zur Reflexion über subjektiv angeeignete Lehrerbilder und für die Überprüfung der Berufswahl konzeptualisiert (vgl. Knuth-Herzig et al. 2018, Porsch 2018, 2019). Die funktionalen Bestimmungen früherer Praxisphasen setzen insofern den Akzent darauf, ein Orientierungs- und Reflexionsanlass zu sein. Später im Lehramtsstudium verortete Praxisphasen wiederum dienen eher der forschenden Annäherung an das Praxisfeld Schule, der Vorbereitung auf das eigene Unterrichten und der Erprobung theoretisch gewonnener Kenntnisse in der Praxis und deren anschließender Reflexion. Dementsprechend fokussiert die funktionale Bestimmung späterer Praxisphasen einerseits die „schulpraktische Komponente" (König & Rothland 2018: 5) universitärer Lehrerbildung, indem Praxisphasen als Möglichkeit für die Einübung in die Unterrichtspraxis in Form „angeleitete[r] Versuche unterrichtlichen und erzieherischen Handelns" (Terhart 2000: 108, vgl. auch Topsch 2004) konzeptualisiert werden. Sie fokussiert andererseits auch die wissenschaftspraktische Komponente universitärer Lehrerbildung, indem Praxisphasen – durch entsprechend hochschuldidaktische Settings eingebettet – als „forschungsbezogene Praktika" (Schulze-Krüdener & Homfeld 2001: 204) konzeptualisiert werden (vgl. u. a. Weyland 2010, Schüssler et al. 2016). Entsprechend liegt der Akzent der funktionalen Bestimmung später im Lehramtsstudium verorteter Praxisphasen eher darauf, Vertiefungs- und Forschungsanlass zu sein. Für beide funktionalen Bestimmungen zeigt sich das übergreifende Ziel, das mit der Implementierung von Praxisphasen in universitärer Lehrerbildung verfolgt wird: Das Ziel, ‚Theorie' und ‚Praxis' durch einen ‚practical turn' der ersten Phase der Lehrerbildung besser zu verzahnen und damit die Anschlussfähigkeitsbehauptung zu unterstreichen, die mit ihrer stärkeren Praxisausrichtung gesetzt ist (vgl. Oelkers 1999, Neuweg 2007, Gröschner 2019).

Die Frage, inwieweit der angestrebte Brückenbau zwischen Theorie und Praxis gelingt, bildet den Ausgangspunkt für eine Vielzahl älterer und neuerer Untersuchungen, deren Erkenntnisinteresse sich vor allem auf die „Wirkungsüberprüfung von Praktika" (Hascher 2006: 131) im Sinne eines messbaren Kompetenzzuwachses aufseiten Studierender richtet. Aus diesen Untersuchungen ist eine Vielzahl von Publikationen hervorgegangen, deren Befunde an dieser Stelle nicht im Einzelnen referiert werden sollen (vgl. etwa Homfeld & Zander 1971, Zeichner 1980, Krüger et al. 1988, Egloff 2004, Hascher 2006, Gröschner & Schmitt 2010, Schubarth et al. 2011, Weyland 2012, Arnold et al. 2014, Artmann et al. 2018, König et al.2018, Ulrich & Gröschner 2020). Es zeigt sich allerdings, dass Praxisphasen unter den Lehramtsstudierenden ein hohes Ansehen genießen und von ihnen in erster Linie erwartet wird, sich des Berufswunsches vergewissern zu können sowie Praxiserfahrungen und Rezeptwissen für „gelingenden"[37] Unterricht zu sammeln (vgl. Hascher 2006, Liebsch 2013).

Allerdings wird Lehrveranstaltungsinhalten, die sich nicht durch unmittelbare Praxisrelevanz ausweisen, vonseiten Lehramtsstudierender eine geringere Bedeutung beigemessen – nicht zuletzt deshalb, weil den Wissensvermittlern als Theoretikern im Gegensatz zu Lehrkräften häufig mangelnde Expertise für die unterrichtliche Praxis unterstellt wird. Ähnliche Befunde wie Hascher liefern Bleck und Lipowsky (2020). Sie kommen ausgehend von den Befunden ihrer quasi-experimentellen Studie zum dem Schluss, dass sich die Überzeugungen Lehramtsstudierender, ihr wissenschaftliches Studium sei bedeutungslos, unmittelbar nach Praxisphasen verschärfen und die Differenz zwischen wissenschaftlichem Studium und schulischer Praxis als „Theorieschock" (Bleck & Lipowsky 2020: 119) wahrgenommen wird. Aus diesem Blickwinkel überrascht es wenig, dass ein Kritikpunkt, den Studierende im Zusammenhang mit Praxisphasen hervorbringen, deren subjektiv als mangelhaft wahrgenommene curriculare Einbettung und Anknüpfung an universitäre Lehre ist (vgl. u. a. Weyland 2012).

Welche weiteren Erkenntnisse lassen sich aus solchen Befunden ableiten? Einerseits gibt es Hinweise, dass der zentrale Bezugspunkt lehramtsstudentischer Aneignungen während des Studiums die antizipierte Berufspraxis ist. Anderseits zeigt sich gerade mit Blick auf die hervorgebrachte Kritik an Praxisphasen, dass Lehramtsstudierende die Erwartungen eines linearen Übergangs des wissenschaftlich-theoretischen Wissens in ein alltags- bzw. berufspraktisches Können hegen, die möglicherweise enttäuscht werden und in Klagen einer mangelhaften Verknüpfung universitärer Lehre und Schulpraxisphasen münden. Auf

---

[37] Solche Erwartungen werden etwa dann befriedigt, wenn die pädagogische Wissenschaft „Merkmale guten Unterrichts" (Meyer 2003) bereitstellt, diese dann als „Qualitätskraftwerk" (Meyer 2003: 37) im Form einer Handreichung für die pädagogische Praxis bündelt und damit dieser Praxis Normen setzt.

diese Bruchstelle verweisen bereits Luhmann und Schorr, die aus systemtheo-
retischer Perspektive das „Erziehungssystem [als, K. M.] strukturell durch ein
Technologiedefizit geprägt" (Luhmann & Schorr 1982: 14) beschreiben. Tech-
nologien als zweckgerichtete Ausführungsinstrumente scheitern nach Luhmann
und Schorr in Unterrichts- und Erziehungssystemen deshalb, weil es für soziale
Systeme keine „Kausalgesetzlichkeiten" (Luhmann & Schorr 1982: 19) gäbe, aus
denen heraus eine objektiv richtige Technologie anwendbar wäre, die garantieren
könnte, dass intendierte Wirkungen erzielt werden. Argumentationen, die sich auf
Luhmanns und Schorrs Erklärungsmodell beziehen, gehen von differenten Logiken differenter Wissenssysteme aus (vgl. u. a. Dewe et al. 1992, Bommes et al.
1996, Radtke 2004).

Es scheint, als bilde sich hinter der Kritik einer mangelhaften Einbettung oder
einer fehlenden Verknüpfung von universitärer Lehre und erlebter schulischer
Praxis in Form von Praktika also im Grunde ein strukturelles Problem ab, dass
durch curriculare und hochschuldidaktische Versuche der Erzeugung von Praxisbedeutsamkeit noch verschärft wird. Wenn dem so ist, dann ist zu vermuten,
dass eine Ausweitung von Praxisphasen keinen Beitrag zur Herstellung dieser
Verknüpfung leistet, sondern vielmehr dazu führt, dass eine solche Lehre, die
sich nicht durch expliziten Bezug zur Praxis als berufsrelevant ausweist, fatalerweise in Verruf gerät, sie leiste nicht, was sie zu leisten hätte. Möglicherweise
führt die Differenz eines akademischen Studiums, das mindestens mit Blick auf
das fachwissenschaftliche Studiensegment eher nicht durch Praxisbezogenheit
kennzeichnet ist, und der alltäglichen exemplarisch in Praxisphasen vor Augen
geführten Berufswelt aufseiten Studierender zu einer Diskontinuitätserfahrung im
zweifachen Sinne. Praxisphasen sind Diskontinuitätserfahrungen, weil sie als zeitlich befristeter Aufenthalt in der Sphäre der künftigen Berufspraxis analog zu
Hedtkes Auffassung des Studiums als „Unterbrechung der Schulpraxis" (Hedtke
2016) eine vorübergehende Unterbrechung der Hochschulpraxis darstellen[38]. Die
Diskontinuitätserfahrung zeigt sich auch darin, weil an ihnen die Differenz einer
handlungsentlastenden, zweckfreien Perspektive auf die Berufspraxis und einer
unter Handlungsdruck stehenden Berufspraxis erfahrbar wird.

Fassen wir an dieser Stelle zusammen: Praxisphasen können als Maßnahme
mit der Aufforderung an das Beschäftigungssystem, „bessere" Lehrpersonen
auszubilden, interpretiert werden. Als solche sind sie eines der Instrumente,
mit denen auf ausbildungslogische Ansprüche an die universitäre Lehrerbildung geantwortet wird. Sie können als kompensatorische Maßnahme verkürzter

---

[38] Auch Ulich kommt zu dem Schluss, dass Praktika einen „Theorie-Praxis-Bruch" (Ulich
1996: 87) sichtbar machen.

Vorbereitungsdienstzeiten und insofern durchaus als bildungspolitische Spar-
maßnahme interpretiert werden, die von Universitäten durch die curriculare
Ausgestaltung der Studiengänge unterstützt wird. Praxisphasen gelten als wichtiges Studienelement, an das die Erwartung eines Brückenschlags zwischen der
ersten wissenschaftlichen Phase und der zweiten praktischen Phase der Lehrerbildung geknüpft ist. Vor diesem Hintergrund sind sie eine Antwort auf
ausbildungslogische Ansprüche in Form von Forderungen nach ‚mehr Praxis‘.
Der intendierte Brückenschlag hängt nach Forschungslage davon ab, zu welchem
Zeitpunkt im Studium die jeweilige Praxisphase stattfindet: Frühe Praxisphasen
dienen in erster Linie dem Erstkontakt mit dem künftigen Berufsfeld und der
individuellen Überprüfung der Berufswahl, während später im Studium situierte
Praxisphasen eher der wissenschaftlich fundierten, forschenden Annäherung an
die berufliche Praxis dienen.

Praxisphasen bilden nicht nur ein als bedeutsam geltendes Studienelement. Die
Wirkungen, die mit ihnen jeweils erzielt werden sollen, sind zugleich Gegenstand
zahlreicher empirischer Untersuchungen, die zumindest einen einhelligen Befund
liefern: Praxisphasen sind ein Studienelement, das von Lehramtsstudierenden
hoch geschätzt wird. Gleichzeitig zeigt sich jedoch auch, dass die curriculare
Einbettung und die Verknüpfung schulischer Praxis mit universitärer Lehre subjektiv als weniger gelungen eingeschätzt wird. Insbesondere solche Befunde, die
darauf weisen, dass Lehramtsstudierende dazu tendieren, ihr wissenschaftliches
Studium nach absolvierten Praxisphasen als bedeutungslos einzuschätzen und
‚Theoretikern‘ weniger Expertise im Hinblick auf den künftigen Beruf zu unterstellen als ‚Praktikern‘, lassen jedoch aufhorchen: Ausgehend von den Annahmen
eines ‚Technologiedefizits‘ und differenter Wissensformen, die je nach Wissens-
system handlungsleitend sind, wäre zu fragen, ob mit Praxisphasen der intendierte
Brückenschlag zwischen wissenschaftlichem Studium und Berufspraxis vollführt
ist oder ob Praxisphasen nicht vielmehr mit Blick auf die Integrationsprobleme der Lehramtsstudierenden problematische Diskontinuitäten darstellen und
insofern Forderungen nach ‚mehr Praxis‘ befeuern.

2.2.2 Lehrkulturelle Antworten auf ausbildungslogische Ansprüche

Anhand weniger Studiengänge wie den Lehramtsstudiengängen zeigt sich so ein-
drucksvoll, dass den Hochschulen „verschiedene, keineswegs konfliktfrei harmo-
nisierende gesellschaftliche Funktionen" (Webler & Otto 1991: 10) zukommen,

zu denen sowohl die Gewinnung und Vermittlung wissenschaftlicher Erkenntnisse als auch die wissenschaftlich fundierte Berufsausbildung hochqualifizierter
Arbeitskräfte zählen. Im folgenden Abschnitt geht es um die Frage, wie innerhalb
der an universitärer Lehrerbildung beteiligten Disziplinen auf ausbildungslogische
Ansprüche geantwortet wird. Im Mittelpunkt stehen die differenten ‚Kulturen'
der Hochschulfächer, die sich wiederum in differenten ‚Kulturen' universitärer
Lehre abbilden[39]. Mit Blick auf die die Fragestellung der vorliegenden Untersuchung erscheint dieser Forschungszugriff insofern aussichtsreich, als sich die
an universitärer Lehrerbildung beteiligten wissenschaftlichen Disziplinen aus
ihren disziplinären Selbstverständnissen heraus in unterschiedlicher Weise dem
Anspruch verpflichtet sehen, praxisrelevant zu sein, der sich, so die Annahme, in
differenten Strukturen der Kommunikation in der universitären Lehre widerspiegelt (vgl. Paris 2001). Wenn sich also der Blick auf lehrkulturelle Antworten
auf ausbildungslogische Ansprüche richtet, mit denen universitäre Lehrerbildung konfrontiert ist, dann geschieht dies aus folgendem Grund: Universitäre
Lehre stellt als Ausbildungspraxis für Studierende ein bedeutsames sozialisatorisches Moment dar: Sie ist einerseits ein ‚Fenster zur akademischen Welt' und
andererseits mit einem Qualifikationsauftrag für die außerakademische Welt ausgestattet. Insofern differente Lehrkulturen differente Facetten der akademischen
Welt widerspiegeln – einer Welt, die sich durch einen Qualifizierungsauftrag
für die außeruniversitäre Welt und einen Selbstrekrutierungsauftrag konstituiert – muss angenommen werden, dass dies gerade im Kontext universitärer
Lehrerbildung folgenreich ist: Die an ihr beteiligten Disziplinen sind in unterschiedlicher Weise mit dem Anspruch ausgestattet, Praxisbezüge herzustellen.
Lehramtsstudierende sind innerhalb eines grundsätzlich berufsorientierten Studiengangs mit unterschiedlichen Lehrkulturen konfrontiert, sodass das Studium
als inkonsistent wahrgenommen wird. Mit Blick auf Möglichkeiten studentischer Identifikation mit dem Objekt ‚Studium', aber auch unter dem Aspekt
vielfach hervorgebrachter Wünsche der Lehramtsstudierenden nach ‚mehr Praxis' im Studium erscheint also die Differenz lehrkultureller Antworten auf
ausbildungslogische Ansprüche bedeutsam.

   Es besteht ein Konsens in der Fachkulturforschung, dass sich universitäre
Lehre nicht durch Homologie, sondern vielmehr durch Vielgestaltigkeit auszeichnet. Schaeper konstatiert im Anschluss an ihre Analyse fach- und geschlechtss-
pezifisch differenter Lehrkulturen, die kommunikative Interaktion in universitärer

---

[39] Multrus konstatiert aus historischer, aus soziologischer, aus anthropologischer, aus psychoanalytischer und aus philosophischer Perspektive, dass der Kulturbegriff je nach Verständnis und Verwendung „vielschichtig, vieldeutig und oft diffus" (Multrus 2004: 8) sei.

Lehre sei nicht ausschließlich, jedoch in bedeutsamem Ausmaß „durch Lehrende geprägt, die mit ihrem Lehrverhalten und ihren Lehr-/Lernzielen, kurz: ihrem Lehrhabitus und den von ihm erzeugten Praktiken, der Lernsituation eine spezifische Gestalt geben" (Schaeper 2008: 198). Eng an Bourdieus Modell der Reproduktion sozialer Strukturen gekoppelt[40], wird mit dem auf das Feld akademischer Praxis bezogenen Lehrkulturbegriff also beides bezeichnet: eine strukturierende Interaktionspraxis und eine strukturierte Praxis, die habitualisiert und reproduziert wird (vgl. hierzu auch Schaeper 1997). Als objektive Struktur und als strukturierte Praxis kann die Lehrkultur als ‚Gesicht' des Hochschulfachs bzw. als ein ‚Fenster' zur Identität der wissenschaftlichen Disziplin beschrieben werden, mit dem Studierende als Adressaten universitärer Lehre konfrontiert sind. Es deutet sich an: Dem Lehrkulturbegriff ist erstens die Idee der Abgrenzung differenter Kulturen der Lehre inhärent. Er ist zweitens mit dem Konzept differenter Fachkulturen verbunden.

Die seit den 1980er Jahren im deutschsprachigen Raum existierende Fachkulturforschung orientiert sich primär an Bourdieus Habituskonzept (vgl. u. a. Huber et al. 1983, Huber 1991a, 1991b, Friebertshäuser 1992, Engler 1993)[41]. Neben dem Aspekt der durch den Habitus vermittelten Distinktionen der Fächergruppen interessiert sich die Fachkulturforschung für die Hochschulsozialisation und deren „Einflußkulturen" (Friebertshäuser 1997: 285); die akademische Fachkultur, die studentische Kultur, die Herkunftskultur und die antizipierte Berufskultur (vgl. u. a. Frank 1990, Schmitt 2010, Haverich 2020). Unter dem Dach der Universitäten sind im Zuge der Ausdifferenzierung des Hochschulsystems im 19. und 20. Jahrhunderts zunehmend mehr wissenschaftliche Disziplinen und Hochschulfächer[42] beheimatet. Vor diesem Hintergrund wird in der Fachkulturforschung von differenten „Habitus der Wissenschaften" (Alheit 2016: 32) gesprochen, die sich auch in der Organisation der Lehre widerspiegeln (vgl. Scharlau & Huber 2019). Diese differenten Habitus lassen sich als „in sich systematisch verbundene Zusammenhänge von Wahrnehmungs-, Denk-, Wertungs- und Handlungsmuster"

---

[40] Vgl. insbesondere Bourdieu 1982, 1987, 1988.

[41] Nach Multrus (2004) ist das Konzept der Fachkulturen im deutschsprachigen Raum an Parsons Handlungstheorie und dem darin aufgehobenen Ansatz unterschiedlicher Aufgaben des Hochschulsystems angelehnt. Gerade mit Blick auf die Besonderheit der deutschen Universität, Ort der Lehre und der Forschung und insofern mit einem Selbstrekrutierungsanspruch und einem Ausbildungsauftrag ausgestattet zu sein, erscheint Parsons' Perspektive für die Analyse differenter Kulturen von Hochschulfächern äußerst fruchtbar.

[42] Auf die häufig synonyme Verwendung der Begriffe ‚Fach' und ‚Disziplin' macht Mittelstraß aufmerksam (vgl. Mittelstraß 1996, zit. n. Multrus 2004).

(Liebau & Huber 1985: 315) voneinander unterscheiden[43]. Die Unterscheidung differenter Fach- und Lehrkulturen basiert einerseits auf Bechers (1981, 1987) Vorschlag einer Klassifizierung von Fächergruppen und -kulturen sowie zum anderen auf Bernsteins (1977) Konzeptualisierung ‚pädagogischer Codes'.

Becher nimmt anhand eines Modells epistemologischer Merkmale eine Klassifizierung der Fächergruppen vor[44]. Im Wesentlichen orientieren sich seine Unterscheidungen der Fächergruppen an den jeweiligen Theorien zur Wissenschaft, an der jeweiligen Anwendungsbezogenheit des gewonnenen Wissens sowie an hieraus jeweils resultierenden Formen der Lehr-Lern-Settings (vgl. Becher 1987). Je nachdem, in welchem Ausmaß die Fächer darauf verpflichtet bzw. darum bemüht sind, zweckungebundenes bzw. zweckgebundenes Wissen zu generieren, können sie auf einer Achse zwischen den Polen ‚reiner' und ‚angewandter' Wissenschaften verortet werden. Das Differenzierungskriterium ist also die Praxisbezogenheit des Wissens. Je nachdem, wie das gewonnene Wissen strukturiert ist – ob es auf universalistisch-quantifizierbaren und insofern objektiven Daten ruht oder ob es vielmehr anhand qualitativer Erkenntnisgewinnung die subjektiv-interpretierende Perspektive einschließt – kann zudem zwischen ‚harten' und ‚weichen' Dimensionen der Fächergruppen differenziert werden (vgl. auch Huber 1991b). Das Differenzierungskriterium ist also hier die Eindeutigkeit. Mit der Kombination der Kategorien ‚hart-weich' und ‚rein-angewandt' gelangt Becher zu einer Vier-Feld-Matrix, mit der sich nun die einzelnen Fächer je nach Art und Weise der fachspezifischen Erkenntnisgewinnung und fachtypischen Wissensstrukturen clustern lassen (vgl. Becher 1987)[45].

Den Befunden der Hochschulsozialisationsforschung folgend scheinen die Besonderheiten des Fachs, fachkulturelle Zugehörigkeiten und Distinktionslinien

---

[43] Mit Blick auf das Erkenntnisinteresse, das mit der vorliegenden Untersuchung verfolgt wird, soll an dieser Stelle nicht auf differente Rangordnungen der akademischen Fächer eingegangen werden (Bernstein 1977, Huber 1991). Der Schwerpunkt richtet sich vielmehr auf Implikationen, die sich aus der fach- und lehrkulturell determinierten Differenz von Interaktionsstrukturen in der universitären Lehre im Hinblick auf lehramtsstudentische Möglichkeiten der Identifikation mit dem, was ihnen als Objekt Studium bietet, ergeben.

[44] Ein heuristisches Modell zu Wissensstrukturen differenter Fächer liefert bereits Biglan (1973), das Becher in seinem Modell modifiziert.

[45] Eine übersichtliche Darstellung des Clusters findet sich etwa bei Alheit (2016). Kurz gefasst können mithilfe Bechers heuristischem Modell naturwissenschaftliche Fächer wie Physik, Mathematik oder Chemie im Clusterfeld der ‚harten-reinen' Fachkulturen, die Fächer Maschinenbau und Elektrotechnik im Clusterfeld der ‚angewandt-harten' Fachkulturen, Geschichte, Philosophie und Germanistik im Clusterfeld der ‚reinen-weichen' Fachkulturen und schließlich Sozialwissenschaft und Pädagogik im Clusterfeld der ‚angewandten-weichen' Fachkulturen verortet werden.

für Studierende insbesondere in der universitären Lehre spürbar zu werden (vgl. etwa Teichler 1987, Frank 1990, Huber 1991a, Lindblom-Ylänne et al. 2006). Das bedeutet: Was das Fach jeweils ausmacht, zeigt sich offenbar für Studierende in Lehrveranstaltungen – vermittelt durch Fachinhalte, aber auch durch die spezifische Strukturiertheit kommunikativer Praxis, die sich durch die fachkulturelle Verpflichtung auf eine spezifische Wissenschaftssprache konstituiert[46]. Mit Blick auf das studentische Erleben der Differenz der an universitärer Lehrerbildung beteiligten wissenschaftlichen Disziplinen scheint nun Bernsteins Erklärungsmodell der ‚pädagogischen Codes‘ von Bedeutung: Pädagogische Codes beschreiben als „hypothetische Konstrukte [...] in denen das pädagogisch vermittelte Wissen gefasst ist [...] den Entscheidungsspielraum, der Lehrenden und Lernenden bei der Kontrolle darüber zur Verfügung steht, was im Kontext der pädagogischen Beziehung übermittelt und rezipiert wird" (Multrus 2004: 60). Damit entsprechen differente pädagogische Codes zum einen Fachdisziplinen und deren Erkenntnisformen und determinieren zum anderen die Interaktionsstrukturen in der universitären Lehre (vgl. Huber 1991a). Bernstein unterscheidet entlang differenter Studienfächer, die sich durch die Entwicklung und Nutzung einer formalisierten Wissenschaftssprache von anderen Fächern abgrenzen, die eher für alltagssprachliche Kommunikation geöffnet sind. Seine entwickelte Typologie pädagogischer Codes greift die „Stärke der Klassifikation und der Rahmung" (Bernstein 1977: 131) auf. Der Klassifikationsbegriff bezieht sich auf den „Stärkegrad der Grenze zwischen den Inhalten" (Bernstein 1977: 129) und verweist insofern auf die Distinktion gegenüber anderen Fächern. Jede Organisation des pädagogisch vermittelten Wissens, die mit einer spezifischen Klassifikation – also einer sprachlichen Abgrenzung spezifischer Inhalte des Fachs – einhergeht, führt nach Bernstein zu einem ‚Sammlungscode‘, als kommunikatives Identifikationsmerkmal des Fachs. Demgegenüber werde jede Organisation des pädagogisch vermittelten Wissens, die durch ein deutliches Bemühen um Verringerung der Stärke der Klassifikation bzw. Abgrenzung zu anderen Inhalten gekennzeichnet ist, als ‚integrierter bzw. Integrationscode‘ bezeichnet. Dem Sammlungscode ordnet Bernstein all jene Fächer zu, die sich durch eine „starke Klassifikation des Wissens" (Bernstein 1977: 144) und eine entsprechend eindeutige Strukturiertheit der Wissensvermittlung (z. B. Chemie, Physik, Mathematik) und insofern eine „Eindeutigkeit" (Liebau & Huber 1985: 321) kommunikativer Praxis in Lehre

---

[46] In dem Zusammenhang erscheinen die Befunde der explorativen Studie von Lueddecke (2003) hilfreich: So scheinen Fachzugehörigkeit und die damit verbundene Idee einer fachspezifischen Lehrkultur den größten Einfluss auf die Gestaltung der Interaktionspraxis der Lehrenden in der universitären Lehre zu haben.

auszeichnen. Dem Integrationscode wiederum entspreche nach Bernstein die „Unterordnung zuvor getrennter Fächer oder Kurse unter ein Leitthema, wodurch die Grenzen zwischen den Fächern verwischt werden" (Bernstein 1977: 135). Einer klaren Rahmung des Fachs stehe nach Bernstein also eine – zumindest teilweise – Öffnung zu anderen Bezugsdisziplinen gegenüber, die die „spezifische Identitätsbildung" (Bernstein 1977: 144) des Fachs störe.

Wenn wir also vorläufig von differenten Fachkulturen ausgehen, die sich durch eine mehr oder weniger ausgeprägte Eindeutigkeit hinsichtlich der jeweiligen Erkenntnisweisen und Wissensstrukturen ausdrücken und in dem Zusammenhang festhalten können, dass sich die jeweilige Kultur des Fachs vermittelt über eine fachspezifisch kommunikative Praxis in universitärer Lehre spiegelt, dann ist aus hochschulsozialisatorischer Perspektive der Ort, an dem Studierende mit der Identität des Fachs konfrontiert werden. Universitäre Lehre – und dies umschließt alle Formen: Vorlesung, Seminar, Übung und Praxisphasen – ist dann ein entscheidendes Fenster zur akademischen Welt, durch das Studierenden Möglichkeitsspielräume der Identifikation mit jener Welt geöffnet sind. Mit Blick auf das Erkenntnisinteresse, dem in der vorliegenden Untersuchung gefolgt wird, ist folgende Schlussfolgerung bedeutsam:

Gerade mit Blick auf universitäre Lehrerbildung zeigt sich auf zwei Achsen, dass Universität „Ausbildungsinstitution […] und Organisationsform der Wissenschaft" (Paris 2001: 212) ist: Ihr Doppelcharakter drückt sich einerseits auf der Achse unterschiedlicher Herstellung von Bezügen aus, die zum Berufsfeld und zum Beruf innerhalb der an universitärer Lehrerbildung beteiligten Disziplinen der Fachwissenschaften, der Fachdidaktiken und der Erziehungswissenschaft hergestellt werden. Er drückt sich andererseits auf der Achse differenter Kommunikationsstrukturen aus, die sich (idealtypisch) an konstitutiven Prinzipien von Lehre (der Wissensvermittlung in einer asymmetrischen Interaktionssituation) bzw. von Forschung (der Erkenntnisgewinnung in einer egalitären Interaktionssituation) orientieren. Für die vorliegende Untersuchung werden zwei relevante Studien herangezogen werden, die die unterschiedlichen Bezugsetzungen von Wissenschaft und Berufsfeld aus der Perspektive von Leitbildern der Lehrenden und aus der Perspektive lehrkultureller Interaktionsmodi beleuchten. Die Studien zeigen einerseits, dass sich differente Beantwortungen ausbildungslogischer Ansprüche in spezifischen lehrkulturellen Interaktionsstrukturen ausdrücken (vgl. Kollmer et al. 2021) und andererseits, dass unterschiedliche Strukturen der Verhältnissetzungen von Wissenschaft und Berufsfeld in Lehrveranstaltungen auf die differenten Leitbilder der Lehrenden verweisen (vgl. Faust-Siehl & Heil 2001).

Faust-Siehl und Heil kommen nach Befundlage ihrer Interviewstudie zu dem Schluss, dass der Stellenwert, der ‚Praxis' im Lehramtsstudium eingeräumt wird, mit differenten ‚Leitbildern' bzw. Haltungen der Lehrenden an Universitäten korrespondieren[47]. Anhand der Strukturen der Relationierung von ‚Wissenschaftlichkeit' und ‚Berufsfeldbezug' als „spannungsvoll aufeinander bezogene Pole" (Faust-Siehl & Heil 2001: 107), die sich in jenen Leitbildern niederschlagen, rekonstruieren Faust-Siehl und Heil vier differente Ausgestaltungsformen von Praxisphasen innerhalb der Lehramtsstudiengänge, die auf unterschiedlichen Konzepten hinsichtlich der Aufgaben und Funktionen beruhen, die Lehrende der universitären Lehrerbildung unter dem Aspekt der Berufsorientierung zuweisen: Die erste Konzeptualisierung des *(selbst-)reflexiven Wissenschaftsbezugs* zeichnet sich dadurch aus, dass Theorie und Praxis als eigenständige Erfahrungsräume gedeutet werden. Entsprechend wird primär dem Ziel der Vermittlung gefolgt, „wie Wissenschaft funktioniert, um einen entsprechenden reflexiven Habitus aufzubauen" (Faust-Siehl & Heil 2001: 112). Diese Konzeptualisierung stützt sich auf die in der Wissensverwendungsforschung angenommene unüberbrückbare Differenz von Theorie und Praxis (vgl. Dewe et al. 1990). Im Kontrast dazu steht die zweite Konzeptualisierung eines *forschungstheoretischen Berufsfeldbezugs*, der sich darin ausdrückt, nicht von einer unüberwindbaren Differenz von Theorie und Praxis, wohl aber von deren jeweiliger Autonomie auszugehen. Praxisphasen dienen aus einer solchen Perspektive in einem „Forschungszusammenhang eingebunden" (Faust-Siehl & Heil 2001: 112) dem handlungsentlasteten „Erforschen der Praxis" (Faust-Siehl & Heil 2001: 112) unter dem Blickwinkel theoriegeleitet entwickelter Fragestellungen. Im Zentrum der dritten Konzeptualisierung, die Faust-Siehl und Heil als *didaktisch-vermittelnden Berufsfeldbezug* rekonstruieren, steht die Zielperspektive der Vermittlung, „wie Wissenschaft ‚an die Außenwelt [...] transformiert' werden kann" (Faust-Siehl & Heil 2001: 113), und zwar insbesondere über erste Praxiskontakte und Erprobungen des Unterrichtens, aber auch über eine didaktische Reduktion des (fach-)wissenschaftlichen Wissens auf grundlegende Aspekte des beruflichen Handelns. Die vierte Konzeptualisierung des *handlungskompetenten Berufsfeldbezugs* zeichnet sich durch eine Schwerpunktverlagerung – auch in theoretischen Phasen – auf die Schulpraxis und insofern durch eine Zielperspektive aus, Studierende durch möglichst viele Begegnungen mit ihrer künftigen Berufspraxis „handlungsfähig zu machen"

---

[47] Faust-Siehl und Heil stützen sich auf Befunde ihrer an der Universität Frankfurt durchgeführten Studie. Sie führten halbstandardisierte Interviews mit Professorinnen und Professoren des berufsorientierten Studiensegments – also der Erziehungswissenschaft, der Pädagogischen Psychologie und der Fachdidaktiken – durch. Das Erkenntnisinteresse der Studie richtet sich unter anderem auf „leitende Vorstellungen der einzelnen Lehrenden" (Faust-Siehl & Heil 2001: 109) über die Aufgaben der universitären Lehrerbildung, zu vermittelnde Kompetenzen, aber auch über Ziele schulpraktischer Studien.

(Faust-Siehl & Heil 2001: 113). Oelkers bezeichnet diesen Berufsfeldbezug auch als „Studium als Praktikum" (Oelkers 1999). Bemerkenswert ist, dass die Leitbilder der Lehrenden hinsichtlich der Relationierung von Wissenschaft und Berufsbezug in Praxisphasen und praxisbegleitender Lehre, die Faust-Siehl und Heil rekonstruieren, innerhalb des berufsorientierten Studiensegments variieren. Daraus folgen jenseits der Erklärung für die zuvor (Abschnitt 2.2.1) konstatierte Vielgestaltigkeit von Praxisphasen mehrere Implikationen: Erstens deutet sich an, dass Aussagen über Fachkulturen, die von einem spezifischen Fachhabitus ausgehen, zwar jeweils idealtypische Richtungen bezeichnen, dass jedoch hieraus resultierende Pauschalannahmen mit Vorsicht zu interpretieren sind. Zweitens ist zu vermuten, dass der geforderte Bezug zur beruflichen Praxis nicht fachkulturell spezifisch, sondern auch innerhalb der an universitärer Lehrerbildung beteiligten Disziplinen sehr unterschiedlich – vermutlich eher entsprechend spezifischer professionstheoretischer Positionierungen – hergestellt wird. Obschon die Studie von Faust-Siehl und Heil auf diesen Aspekt nicht eingeht, ist zu vermuten, dass die Heterogenität der Antworten auf ausbildungslogische Ansprüche in Praxisphasen aufseiten der Studierenden den Eindruck eines äußerst inkonsistenten Objekts ‚Lehramtsstudium' hervorruft – und zwar nicht aufgrund der verschiedenen Fächer, sondern aufgrund der unterschiedlichen Herstellung von Praxisbezügen im berufsorientierten Studiensegment. Es schließt sich die Frage an, inwieweit dieses mosaikartige Bild des berufsorientierten Studiensegments Studierende, die in erster Linie aus ihrer Berufswahl heraus den Weg in das Lehramtsstudium gefunden haben, dazu verleitet, ihr Studium nicht als subjektive Bereicherung zu deuten und nach ‚mehr Praxis' zu fordern.

Die zweite Studie, die für die vorliegende Untersuchung hilfreiche Anknüpfungspunkte bietet, ist die FAKULTAS-Studie[48] von Kollmer et al. (2021). Die Hannoveraner Forschungsgruppe verfolgt mit ihrer Untersuchung dem Anspruch, Hochschule als Ort wissenschaftlicher Ausbildung aus erkenntniswissenschaftlicher Perspektive und mit Blick auf kommunikative Strukturen zu untersuchen, die differente Lehrkulturen konstituieren. Ausgehend davon, dass im Kontext einer interdisziplinären universitären Lehrerbildung seit Langem von einem Integrationsproblem und einer fehlenden „Mitte" (Merzyn 2004) des Lehramtsstudiums die Rede ist, zeigen die Befunde allem eines: eine Heterogenität hergestellter Praxisbezüge in der universitären Lehre. Obwohl die Studie offen lässt, ob

---

[48] FAKULTAS – Zwischen heterogenen Lehrkulturen und berufspraktischen Ansprüchen: Fallrekonstruktionen zur universitären Ausbildungsinteraktion im Lehramtsstudium.

sich hierdurch subjektive Integrationsprobleme[49] aufseiten Lehramtsstudierender verschärfen, zeigt sich, dass die Heterogenität hergestellter Praxisbezüge eine Heterogenität der Beteiligungsrollen[50] mit sich führt, die Studierenden in seminaristischer Interaktion zukommen. Ohne an dieser Stelle die rekonstruierten Interaktionsmodi und die damit einhergehenden Beteiligungsrollen zu referieren, die den Lehramtsstudierenden damit implizit zugewiesen sind, erscheinen zwei Aspekte von Bedeutung: Erstens rekonstruieren Kollmer et al. wie auch Faust-Siehl und Heil im erziehungswissenschaftlichen Segment des Lehramtsstudiums, das im Allgemeinen als das berufs- bzw. ausbildungsorientierte Segment verstanden wird[51], unterschiedliche Kulturen der Lehre. Sie unterscheiden sich nicht zuletzt im Hinblick auf die jeweiligen hergestellten Bezüge auf die pädagogische Praxis. Zweitens lässt sich neben einem eher der Wissenschaft verpflichteten erziehungswissenschaftlichen Lehrkulturtypus und einem eher der pädagogischen Praxis verpflichteten pädagogischen Lehrkulturtypus ebenfalls ein Typus rekonstruieren, der die Ansprüche wissenschaftlicher Seminarinteraktion gerade durch die Vermeidung typischer Interaktionsmustern der akademischen Welt durch eine „ungewöhnlich[e] Regressivität kindliche[r] und schulische[r] Handlungsmuster" (Kollmer et al. 2021: 239) systematisch unterläuft. Anhand der Typologie differenter Lehrkulturen nach Kollmer et al. zeigt sich, dass unterschiedlich hergestellte Bezüge zur Praxis des Lehrberufs nicht nur entlang der Achse fachdisziplinärer Grenzen hergestellt werden. Praxisbezüge unterscheiden sich auch in der Art und Weise, wie sie hergestellt werden – etwa im Modus der Vermeidung von Wissenschaftssprache und des Aufführens schulischer Handlungsmuster in der Lehre[52] oder vermittelt über eine Diskurspraxis des engagierten Sprechens

---

[49] Dieser Aspekt wird bei Rudolph-Petzold (2018) im Kontext ihrer Untersuchung über Einflussfaktoren auf die akademische Integration und Hochschulbindung Studierender des Berufsschullehramts angeschnitten.

[50] Vgl. hierzu Hausendorfs Analyse zur Interaktion im Klassenzimmer, in der er in Bezug auf den Schulunterricht von einer „Asymmetrie der Beteiligungsrollen" (Hausendorf 2008: 942) spricht. Diese Rollen sind nach Hausendorf immer schon in der Logik der Institution mitenthalten und spiegeln ein institutions- und situationsspezifisches Machtgefälle der an der Unterrichtsinteraktion Beteiligten wider.

[51] Bei Drerup wird die Erziehungswissenschaft als Ausbildungs- bzw. Berufswissenschaft bezeichnet (vgl. Drerup 1987). Auf die Implikationen, die sich aus ausbildungslogischen Forderungen an die erziehungswissenschaftliche Lehre und aus einschlägigen Versuchen ergeben, diesen Forderungen zu entsprechen, macht König (2021) aufmerksam, indem er die Erziehungswissenschaft als „überlastete Disziplin" bezeichnet.

[52] Vgl. hierzu Dzengels (2017) fallrekonstruktive Studie zum Interaktionstypus des ‚Schule spielens' in Ausbildungsseminaren des Vorbereitungsdienstes.

über Praxis[53]. An Kollmers et al. wie auch an Faust-Siehls und Heils Studien schließt sich nun die Frage an, welchen Einfluss die Unterschiede hergestellter Praxisbezüge in den an universitärer Lehrerbildung beteiligten Disziplinen auf die Haltungen haben, die Lehramtsstudierende gegenüber dem Objekt ‚Studium‘ einnehmen. Wenn durch eine solche Lehre, die um die Herstellung von Praxisbezügen bemüht ist, suggeriert wird, dass universitäre Lehrerbildung dort ihr Ziel verfehlt, wo kein expliziter Bezug zur Praxis hergestellt ist, dann stellt sich die Frage: Legen die Praxisbezüge in der universitären Lehrerbildung die artikulierten Praxiswünsche der Lehramtsstudierenden sogar nahe oder stehen beide Forderungen per se in einem Widerspruch zueinander?

Die zusammenfassende Analyse des Forschungsstands zu lehrkulturellen Antworten auf ausbildungslogische Ansprüche an universitäre Lehrerbildung verweist erstens auf einen Zusammenhang fachkultureller Wissens- und Erkenntnisstrukturen und disziplinärer Selbstverständnisse hinsichtlich der Verpflichtungen bzw. Nichtverpflichtungen auf ausbildungslogische Ansprüche. Zweitens deutet sich an, dass die Herstellung von Praxisbezügen innerhalb des Lehramtsstudiums als Studiengang, der auf einen konkreten Beruf zugeschnitten ist, sehr unterschiedlich ausfällt. Drittens ist im Anschluss hieran zu vermuten, dass das Objekt ‚Lehramtsstudium‘ möglicherweise aus Sicht Lehramtsstudierender deshalb keine konsistente Identität hat, weil der inhaltliche, aber auch der performative Bezug zur Praxis in der universitären Lehre sehr unterschiedlich ausfällt und den Studierenden dort zum Teil zueinander im Widerspruch stehende Beteiligungsrollen zugewiesen werden. Mit Blick auf die Frage nach sozialisatorischen Wirkungen differenter, in universitärer Lehrerbildung vorfindlicher Lehrkulturen legt der Umstand, dass sich pädagogische Codes über deren „Eindeutigkeit" (Liebau & Huber 1985: 321) kommunikativer Praxis bzw. das Ausmaß ihrer Öffnung für die Thematisierung von Alltagsproblemen konstituieren, die Vermutung nahe, dass das Objekt ‚Studium‘, mit dem sich Lehramtsstudierende nicht zuletzt in der universitären Lehre konfrontiert sehen, von diesen nicht als kohärent, sondern vielmehr als ‚loosely coupled system‘ wahrgenommen wird[54]. Die Konfrontation mit differenten Lehrkulturen erweist sich für Lehramtsstudierende – analog zu Praxisphasen – als Diskontinuitätserfahrung. Mit Blick auf deren vielerorts

---

[53] Vgl. hierzu Flitners (1957) Argumentation zur Aufgabe und Verantwortung pädagogischer Theorie für die pädagogische Praxis.

[54] Kokemohr und Marotzki bezeichnen im Vorwort des 3. Tagungsbandes der Hamburger Symposienreihe „Interaktionen und Lebenslauf" im Zusammenhang mit studentischen Bildungsprozessen Sprache als das Medium, das jene Bildungsprozesse insofern initiiert, als sie eine „wirklichkeitskonstiuierende Kraft" (Kokemohr & Marotzki 1989: 9) besitzt, die Selbst und Welt in eine kommunikative Ordnung rückt.

artikulierte Forderungen nach mehr Praxis scheint noch eine andere Kategorie lehramtsstudentischer *Diskontinuitätserfahrungen* bedeutsam, und zwar jene, *die aus unterschiedlichen, in universitärer Lehre vorfindlichen Modi der Herstellung von Praxisbezügen resultieren.*

2.3 Resümee: Diskontinuität als strukturelles Merkmal des Lehramtsstudiums

Unter dem Dach der deutschen Universität, die spätestens mit der Kopplung von Universitätsabschlüssen an Beamtenlaufbahnen und akademisch lehrbare Berufe nicht nur Forschungs- und Selbstrekrutierungsort, sondern auch Lehr- und Ausbildungsort ist, versammelt sich eine Vielzahl berufsorientierter Studiengänge. Mit der Bologna-Reform Ende der 1990er Jahre sind Universitäten zunehmend aufgefordert, gerade die berufsorientierten Studiengänge in einer Art und Weise zu restrukturieren, dass sie inhaltlich stärker auf die Erfordernisse des außeruniversitären Beschäftigungssystems ausgerichtet sind. Das Lehramtsstudium ist einer dieser Studiengänge. Es umfasst neben dem fachwissenschaftlichen und insofern nicht einer konkreten beruflichen Praxis verpflichteten Studiensegment zugleich mit dem fachdidaktischen und dem erziehungswissenschaftlichen Studium auch berufsorientierte Elemente. Die an Universitäten spätestens mit der Bologna-Reform herangetragene Forderung, berufsorientierte Studiengänge stärker in Richtung der Erfordernisse des außeruniversitären Beschäftigungssystems auszurichten, wird in den Lehramtsstudiengängen entsprechend der an ihr beteiligten Disziplinen in unterschiedlicher Weise entsprochen.

Eine wesentliche Maßnahme der Entsprechung ausbildungslogischer Ansprüche auf curricularer Ebene sind Praxisphasen, die als Brückenschlag zwischen Wissenschaft und Beruf konzipiert werden. Wie sich zeigt, folgt die Ausgestaltung jedoch keineswegs einer einheitlichen Funktionsbestimmung: Praxisphasen werden sowohl als Möglichkeiten der Erstbegegnung mit dem Beruf als auch als Möglichkeiten studentischer Feldforschung konzeptualisiert. Entsprechend dieser differenten Konzeptualisierungen scheinen auch die Rollen der Lehramtsstudierenden in Praxisphasen sehr unterschiedlich zu sein. Ebenfalls wird deutlich, dass Studierende die Praxisphasen als curriculares Element ihres Studiums wertschätzen. Allerdings nennen die Studierenden zwei markante Kritikpunkte: Erstens wird die Verknüpfung von Praxisphasen mit universitärer Lehre als mangelhaft wahrgenommen. Zweitens nehmen Lehramtsstudierende offenbar jenen Typus universitärer Lehre, der sich nicht als praxisbezogen ausweist, unmittelbar nach den Praxisphasen als weniger bedeutsam wahr. Insofern stellen Praxisphasen als

a) Unterbrechungen der Hochschulpraxis und b) Möglichkeit für einen Einblick in eine unter Handlungsdruck stehende Berufspraxis eine *Diskontinuitätserfahrung* für Studierende dar, aus der heraus offenbar Kritiken an einer mangelnden Einbettung von Praxisphasen formuliert werden, die wiederum als Tendenzen der Abwertung zweckfreier Bildung interpretiert werden können.

Eine ganz andere Entsprechung ausbildungslogischer Ansprüche bzw. Ansprüche der Herstellung von Praxisbezügen zeigt sich in universitärer Lehre. Entscheidend ist die Frage, inwieweit in der Lehre ein Bezug zur Berufspraxis von Lehrpersonen entlang disziplinärer Selbstverständnisse bzw. entlang Kulturen der Fächer hergestellt wird. Dieser Praxisbezug scheint jedoch auch in Abhängigkeit zu professionalisierungstheoretische Positionen zu stehen, aus denen heraus Lehrende der ‚Praxis' einen unterschiedlichen Stellenwert im Lehramtsstudium einräumen. Wie unterschiedlich der Stellenwert ausfällt, dem der Bezug zur Berufspraxis in Lehre beigemessen wird, zeigt sich in der Rekonstruktion differenter Lehrkulturen. Gerade mit Blick auf differente Interaktionsmodi, die sich nicht zuletzt in der Entsprechung oder Nichtentsprechung konstitutiver Prinzipien akademischer Lehre wie etwa der Verwendung oder Vermeidung von Wissenschaftssprache ausdrücken, und mit Blick auf differente Beteiligungsrollen, die Lehramtsstudierenden im Kontext differenter Lehrkulturen zugewiesen werden, bestätigt sich die Einschätzung: Im Hinblick auf ihr Bestreben, ausbildungslogischen Ansprüchen zu entsprechen, unterscheiden sich nicht nur die an universitärer Lehrerbildung beteiligten wissenschaftlichen Disziplinen. Auch innerhalb dieser Disziplinen scheint der Bezug zur Praxis in der universitären Lehre keineswegs in einheitlicher Weise hergestellt zu werden. Es zeigt sich vielmehr, dass eine universitäre Lehre, die sich durch die Reproduktion schulischer Handlungsmuster als praxisnah ausweist, möglicherweise sogar zu einer impliziten Abwertung einer Lehre beiträgt, die sich nicht durch einen expliziten Bezug zur Praxis ausweist. Lehramtsstudierende stehen durch die Konfrontation mit einer äußerst heterogenen lehrkulturellen Vielfalt vor einem Dauerproblem. Sie werden entweder als wissenschaftlicher Nachwuchs oder als am pädagogischen Diskurs Interessierte und im Sinne einer zu verbessernden pädagogischen Praxis als Engagierte und zum Teil gewissermaßen als Schülerinnen bzw. Schüler adressiert und müssen insofern – je nach Lehrveranstaltung – unterschiedliche Haltungen bzw. Rollen einnehmen. *Es zeichnet sich mit Blick auf differente lehrkulturspezifische Entsprechungen ausbildungslogischer Ansprüchen erneut ab, dass das Lehramtsstudium für Studierende Diskontinuitätserfahrungen bereithält.*

Vor diesem Hintergrund kann die Frage präzisiert werden, was das Lehramtsstudium konstituiert. Aus hochschulsozialisatorischer Perspektive zeigt sich, dass das Lehramtsstudium kein homogenes Objekt darstellt, das eindeutige Anforderungsstrukturen für Studierende bereithält. Es ist vielmehr von Diskontinuitäten geprägt, die sich auf einer Achse zwischen den Endpolen ,zweckfreie' und ,zweckorientierte' Bildung bewegen. Wie sich jene Heterogenität auf Lehramtsstudierende, genauer: auf deren Haltungen, die sie gegenüber dem Objekt ,Studium' einnehmen, auswirkt, ist eine für die Lehrerbildungsforschung bislang nur unzureichend untersuchte Frage. Es wäre erstens die Frage zu untersuchen, inwieweit Möglichkeiten der Identifikation mit dem Objekt ,Studium' durch die ambivalente Herstellung von Praxisbezügen, aber auch durch ambivalente Adressierungen der Studierenden in der universitären Lehre eingeschränkt bzw. nicht eingeschränkt sind. Zweitens wäre die Frage zu untersuchen, inwieweit die ambivalente Bezugnahme in der universitären Lehre auf die außerakademische Welt und unterschiedliche Beteiligungsrollen, die Lehramtsstudierende einnehmen müssen, dazu führen, dass sie den Wunsch nach mehr Praxisnähe ihres Studiums artikulieren. Weil die vorliegende Studie darauf ausgerichtet ist, das Zusammenwirken studentischer Identifikation mit dem Objekt ,Lehramtsstudium' und die Artikulation von Praxiswünschen in den Blick zu nehmen, und deutlich wird, dass sich das Objekt nicht zuletzt dadurch konstituiert, in uneinheitlicher Weise Bezüge zur Berufspraxis herzustellen, ist nun auch eine Annäherung an das Subjekt erforderlich, das sich für ein Lehramtsstudium entscheidet. Hierzu wird in einem ersten Schritt ein lehramtsstudentischer Idealtypus entworfen. In einem zweiten und dritten Schritt werden Berufs- und Studienwahlmotive Lehramtsstudierender sowie deren häufig hervorgebrachter Wunsch bzw. Forderung nach ,mehr Praxis' in den Blick genommen.

Konstituierende Merkmale Lehramtsstudierender

3

Das folgende Kapitel dient einem Verständnis darüber, wen wir meinen, wenn wir von Lehramtsstudierenden sprechen. Im ersten Schritt sollen Merkmale herausgearbeitet werden, die für Lehramtsstudierende typisch sind (Abschnitt 3.1). Hierzu wird zunächst ein Konstrukt eines lehramtstudentischen Idealtypus' entworfen. Mit ihm ist die Idee der Entwicklung eines heuristischen Modells verbunden, mithilfe dessen erste Annahmen darüber getroffen werden können, was Lehramtsstudierende konstituiert. In einem zweiten Schritt gilt es, diese Annahmen mit ausgewählten Forschungsbefunden zu konfrontieren (Abschnitt 3.2). In diesem Zusammenhang interessieren insbesondere Studienwahlmotive Lehramtsstudierender und sich hieraus ableitenden Erwartungen, die sie an ein Studium richten (Abschnitt 3.2.1) sowie der vielerorts von Lehramtsstudierenden geäußerten Wunsch nach mehr Praxis und seine innere Verfasstheit (Abschnitt 3.2.2). Das Kapitel schließt mit Überlegungen zu einem sich andeutenden Zusammenhang zwischen lehramtsstudentischen Praxiswünsche und Diskontinuitätserfahrungen, die das Lehramtsstudium für Studierende bereithält (Abschnitt 3.3).

3.1 Annäherungen an den lehramtsstudentischen Idealtypus

Bevor der Frage nachgegangen wird, was Lehramtsstudierende ausmacht, gilt es, Folgendes klarzustellen: Mit einem solchen Vorhaben wird weder implizit unterstellt, alle Lehramtsstudierenden seien „gleich", noch ist mit ihm die Vorstellung verbunden, das tatsächlich in Erscheinung tretende Subjekt verfüge von

K. Maleyka, *Der Praxiswunsch Lehramtsstudierender revisited*, Rekonstruktive Bildungsforschung 45, https://doi.org/10.1007/978-3-658-43433-5_3

vornherein über ein spezifisches Set an Haltungen, das über die Dauer des Studiums unveränderlich bleibt. Mit der Frage danach, was Lehramtsstudierende ausmacht, ist vielmehr die Entwicklung eines gedanklichen Konstrukts im Sinne eines Idealtypus verbunden[1]. Es handelt sich bei diesem Entwurf nicht um einen empirisch ermittelten Typus, sondern vielmehr um ein abstraktes Gebilde, das eine erste Annäherung an das Subjekt ermöglichen soll; an seine Erwartungen an das Lehramtsstudium und an seine Haltungen gegenüber dem, womit es in diesem Studium konfrontiert wird.

Einen Ausgangspunkt für die Skizzierung des lehramtsstudentischen Idealtypus' finden wir in Bourdieus und Passerons ethnografischen Studien über das französische Bildungssystem (1971). Der Annahme folgend, dass es eine Reproduktionsstätte sozialer Ungleichheiten sei und insofern nur eine „Illusion der Chancengleichheit" biete, unterscheiden Bourdieu und Passeron differente Modi des Studierens, die herkunftsbedingt privilegierte von nicht privilegierten Studierenden unterscheiden. Auch wenn im Folgenden der These qua Herkunftshabitus determinierter Möglichkeiten, sich im akademischen Raum zu bewegen, nicht gefolgt wird, sind zwei von Bourdieu und Passeron angeführte Aspekte erkenntnisleitend:

Sie konzeptualisieren Studierende erstens nicht als „homogene, eigenständige und integrierte soziale Gruppe" (Bourdieu & Passeron 1971: 52) und sie gehen zweitens davon aus, dass sich Studierende als „Benutzer des Bildungssystems (und zugleich als, K. M.) dessen Produkt" (Bourdieu & Passeron 1971: 30) ausgehend von Berufs- und Studienfachmöglichkeiten im akademischen Raum „am richtigen Platz oder fehl am Platz" (Bourdieu & Passeron 1971: 31) fühlen. Außer Acht lassend, dass Bourdieu und Passeron die Berufs- und Studienfachwahl in einem engen Zusammenhang mit der sozialen Herkunft des Subjekts konzeptualisieren, erscheint der Aspekt eines Resonanzverhältnisses zwischen Subjekt und Objekt aufschlussreich: Es kann vermutet werden, dass Studierende, die ihr Studium in erster Linie aufgrund einer getroffenen Berufswahl aufnehmen, sich im akademischen Raum fehl am Platze fühlen, wenn sie dort mit Ansprüchen zweckfreier Bildung konfrontiert werden und sich mit diesen Ansprüchen nicht identifizieren können oder wollen. Bourdieu und Passeron entwerfen zweitens einen studentischen Idealtypus, der als Referenzfolie zu einem Verständnis des empirisch in Erscheinung tretenden Subjekts beitragen und dabei helfen soll, die Verschiedenheit Studierender typologisch zu erfassen: Sie bezeichnen diesen Idealtypus als ‚intellektuellen Novizen" (Bourdieu & Passeron 1971: 62)

---

[1] Vgl. hierzu insbesondere Webers Ausführungen zum Idealtypus als heuristisches Modell (1904/1988: 187 ff.).

bzw. „intellektuellen Lehrling" (Bourdieu & Passeron 1971: 70). Mit diesem gedanklichen Konstrukt korrespondiert die Konzeptualisierung eines idealtypisch „vollkommen rationalen Studentenverhaltens" (Bourdieu & Passeron 1971: 70): der „intellektuellen Schulung" (Bourdieu & Passeron 1971: 71). Was deutlich wird: Bourdieus und Passerons Konstruktionen des ‚idealtypischen Studierenden' bzw. des ‚idealtypischen Studienverhaltens' verweisen auf Grundgedanken über (Hochschul-)Bildung und die Rolle Studierender, wie sie etwa bei Humboldt, Fichte oder Schleiermacher formuliert werden: Zentral sind etwa Konzeptualisierungen des Hochschulstudiums als Ausgangspunkt und Möglichkeit der freien Persönlichkeitsentfaltung Studierender und begriffliche Fassungen Lehrender und Studierender als gleichsam der Wissenschaft Verpflichtete.

Der gedanklich konstruierte Idealtypus bildet bei Bourdieu und Passeron die Referenzfolie, vor deren Hintergrund sie darauf blicken, „inwiefern die Studentensituation die objektive Möglichkeit einer irrealen oder mystifizierenden Einstellung zum Studium und der Zukunft, auf die es vorbereitet, impliziert" (Bourdieu & Passeron 1971: 71). Sie rekonstruieren zwei Typen studentischer Annäherungen an Strukturen der Universität als Bildungs- und Ausbildungsinstitution, die sich als modi operandi des Studierens voneinander unterscheiden: Der erste Typus wird bei Bourdieu und Passeron als ‚Dilettant' (Bourdieu & Passeron 1971: 73) bezeichnet. Ihm entsprechen gerade solche Studierende, für die das Studium qua bürgerlicher Herkunft nicht in erster Linie dem sozialen Aufstieg dient und die ihrer sozialen Herkunft Gewohnheiten, Fähigkeiten und Einstellungen verdanken, die mit impliziten Regeln von (höheren) Bildungsinstitutionen korrespondieren. Gerade weil das Studium nicht primär der beruflichen Qualifikation dient und er entsprechend auf einen erfolgreichen Abschluss angewiesen ist, steht es dem Dilettanten zur Verfügung, „die Fernen intellektueller Abenteuer" (Bourdieu & Passeron 1971: 73) zu suchen. Im Gegensatz zu diesem Typus bewegt sich sein Gegenpart, der bei Bourdieu und Passeron „Musterschüler" (Bourdieu & Passeron 1971: 73) genannt wird, vielmehr mit „schulmäßige(m) Eifer und Gefügigkeit" (Bourdieu & Passeron 1971: 76) durch sein Studium. Ihm ist jedweder Dilettantismus, vor allem aber: die Identifikation mit Ansprüchen zweckfreier Bildung verstellt. Abgesehen davon, dass Bourdieu und Passeron diesen Modus des Studierens auf ein ungünstiges Passungsverhältnis habituell erworbener Fähigkeiten und Einstellungen des Subjekts und impliziter Strukturen des akademischen Feldes zurückführen, erscheint nachvollziehbar, dass sie diesen Studierendentypus am ehesten dort verorten, „wo der künftige Beruf klar und eindeutig aus dem gegenwärtigen Studium erwächst [und, K. M.] die Studienpraxis unmittelbar den Berufserfordernissen, die ihr Sinn und Berechtigung zusprechen, untergeordnet" (Bourdieu & Passeron 1971: 74) ist. Mit anderen Worten: Dem Musterschüler steht es nicht zur Verfügung, das Studium als Moratorium bzw. als Selbstzweck zu begreifen, weil es ihm in erster Linie als Qualifikation für die Ausübung eines Berufs dient. „Musterschüler" zu sein bedeutet nach dieser Lesart, sich dem Idealtypus eines Studierenden unter anderem durch Strebsamkeit anzunähern, weil das Studium einem außerhalb der akademischen Welt gelagertem Zweck dient: dem durch den erfolgreichen Studienabschluss eröffneten Zugang zum Beruf. Dieser Aspekt der Zuordnung, die Bourdieu und Passeron vornehmen, erscheint für die vorliegende Arbeit hilfreich. Sie schlussfolgern, dass genau dort, wo ein Studium für einen bestimmten Beruf qualifiziert, „eine Mystifizierung" (Bourdieu & Passeron 1971: 75), ein Ausblenden einer rationalen Zweckgerichtetheit des Studiums auf eine berufliche Praxis nicht vollständig gelingen kann.

Treten wir einen Schritt zurück und blicken wir auf Bourdieus und Passerons Entwurf eines Idealtypus des intellektuellen Novizen und auf ihre empirisch generierten Typen der Annäherung an jenen Idealtypus, so lassen sich hieraus zwei Überlegungen ableiten, die in Bezug auf das Vorhaben, sich einem lehramtsstudentischen Idealtypus anzunähern, aufschlussreich sind: Wenn wir Bourdieus und Passerons Annahme folgen, ein explizit berufsqualifizierendes Studium bringe einen anderen Studierendenhabitus hervor, als ein Studium, das nicht auf eine konkrete berufliche Praxis hin zugeschnitten ist, dann entspricht das Lehramtsstudium einem qualifikationsorientierten Studierendentypus. Weil das Lehramtsstudium auf einen konkreten Beruf bzw. ein konkretes Lehramt hin ausgerichtet ist, können wir – gewissermaßen als erste Skizzierung dieses Typus – festhalten, dass er sich tendenziell durch ein zweckorientiertes Studienverhalten kennzeichnet.

Ähnliche Überlegungen finden sich in Adornos Überlegungen zur „Mentalität" Studierender im Fach Philosophie für das höhere Lehramt, die ihm als Hochschullehrendem in Vorlesungen und Prüfungen begegnen (vgl. Adorno 1971). Adorno stellt aufseiten dieser Studierenden eine Beziehungslosigkeit zum Fach fest, die etwa in Prüfungssituationen dadurch zum Ausdruck kommt, dass lediglich Grundbegriffe des Philosophischen referiert werden, sich jedoch zeige, dass eine „Reflexion der Sache selbst" (Adorno 1971: 38), eine geistige Durchdringung philosophischer Denkfiguren aufseiten der Prüflinge nicht stattgefunden hat. Nach Adorno fehle eine „Aufgeschlossenheit, [...] überhaupt etwas Geistiges an sich herankommen zu lassen und es produktiv ins eigene Bewußtsein aufzunehmen, anstatt, [...] damit, bloß lernend, sich auseinanderzusetzen" (Adorno 1971: 40).

Gerade Lehramtsstudierende würden Prüfungssituationen als „Fachprüfungen" (Adorno 1971: 38) interpretieren und sich durch „beflissene Anpassung" (Adorno 1971: 39) an vermeintliche Tatsachen bzw. an Geltendes im Grunde

selbst degradieren. Den Grund für diese Beflissenheit, die Adorno als „Unfä-
higkeit, Erfahrungen zu machen" (Adorno 1971: 37) interpretiert, führt er auf
Wahl des Lehrerberufs zurück. In den Berufswahlmotiven zeige sich aus seiner
Sicht idealtypisch der Zweifel des künftigen Lehrers, es „ohne den Schutz einer
von Befähigungsnachweisen eingehegten Karriere" (Adorno 1971: 43) zu etwas
zu bringen. Allzu „bescheidene Ansprüche" (Adorno 1971: 44) an die eigene
Zukunft, hinter denen jene „Mißachtung des Lehrerberufs" (Adorno 1971: 44)
zum Ausdruck kommt, die Adorno bereits als eines der „Tabus über dem Lehrberuf" (1965) bezeichnet, würden letztlich einen „Habitus geistiger Unfreiheit"
(Adorno 1971: 44) befördern. Ein solcher Habitus fördere zwar einen verbisse-
nen Fleiß und die Aneignung eines vorgegebenen Wissens, er führe allerdings im
schlimmsten Fall dazu, dass die „Philosophie als ein Ballast empfunden wird, der
am Erwerb nützlicher Kenntnisse, entweder an der Vorbereitung in den Hauptfä-
chern und damit am Fortkommen oder an der Aneignung von Wissensstoff für
den Beruf hindert." (Adorno 1971: 45).

Bei einer vergleichenden Betrachtung von Bourdieus und Passerons Analyse
von Studierendentypen und Adornos Beobachtungen zu typischen Figuren lehramtsstudentischer Auseinandersetzung mit den Ansprüchen zweckfreier Bildung
lassen sich mehrerlei Anknüpfungspunkte finden, an die eine Annäherung an
einen lehramtsstudentischen Idealtypus ansetzen könnte. Aufschlussreich ist erstens das bei Bourdieu und Passeron vorgeschlagene Konzept differenter Passungs-
bzw. Resonanzverhältnisse, die sich aus dem Aufeinandertreffen von Subjekt
bzw. dessen habitualisierter Denk- und Wahrnehmungsmuster und aus den institutionellen, feldspezifischen Strukturen des Objekts ergeben. Zweitens ist die
Konzeptualisierung einer Kopplung von Studienmotivation (Qualifikation) an
den modus operandi des Studierens (zweckorientiert) ein Anknüpfungspunkt.
Eine solche Kopplung findet sich in Adornos Beobachtungen lehramtsstudentischer Beflissenheit in Studienprüfungen wieder, die den Blick der Studierenden
verstelle, eine an Wissenschaft um ihrer selbst willen interessierte Haltung
einzunehmen. Einen dritten Anknüpfungspunkt für den gedanklichen Entwurf
eines lehramtsstudentischen Idealtypus bildet schließlich der Habitus geistiger
Unfreiheit, den Adorno Lehramtsstudierenden ausgehend von deren Streben nach
Aneignung nützlicher Kenntnisse zuspricht.

Ausgehend von diesen Anknüpfungspunkten und von dem Erkenntnisinteresse, dem in der vorliegenden Untersuchung gefolgt wird, ließe sich der fiktive
lehramtsstudentische Idealtypus als berufsorientiert bzw. tendenziell desinteressiert an der Wissenschaft skizzieren. Dieser Typus findet seinen Weg in die
Universität nicht aus einem Bildungs-, sondern vielmehr aus einem Ausbildungs-
interesse heraus. Es geht ihm vor allem um einen erfolgreichen Abschluss, der

dazu legitimiert, den künftigen Beruf auszuüben. Gemäß seines Ausbildungsinteresses wird dieser Typus von seinem Studium erwarten, dort ein nützliches Wissen für zweckorientierte Kenntnisse zu erwerben. Als nützlich wird er insbesondere solche Studieninhalte deuten, die sich zu seinen Vorstellungen über die Praxis des Lehrerberufs als passförmig erweisen und die er im Hinblick auf die antizipierten Anforderungen des Berufs als angemessen deutet. Es ist durchaus denkbar, dass in ein solches Angemessenheitsurteil auch implizite Vorurteile der „Geringschätzung" (Adorno 1965/1971: 73) des Lehrerberufs einfließen.

Als nützlich wird dieser Typus in erster Linie solche Lehrveranstaltungen einschätzen, die sich durch die berufsrelevant und praxisnah erscheinende Bereitstellung von Materialien mit praktischen Tipps für einen ‚gelingenden' Unterrichts kennzeichnen. Denkbar ist auch, dass er einer solchen universitären Lehre Wertschätzung entgegenbringt, in der pädagogische Erklärungsmodelle vor dem Hintergrund von Problemkomplexen des Lehrerberufs als Beruf mit besonderer gesellschaftlicher Bedeutung reflektiert und diskutiert werden. Vermutlich wird dieser Typus jedoch, selbst wenn es das besondere Interesse an einem bestimmten Schulfach war, das ihn zu seiner Berufswahl bewogen hat, impliziten Aufforderungen, die Haltung eines Wissenschaftsnovizen einzunehmen, distanziert-befremdet begegnen. Der Grund für diese distanziert-befremdete Haltung, mit der er solchen Ansprüchen zweckfreier Bildung begegnet, scheint wiederum eng mit jenem Angemessenheitsurteil verbunden, das im Rückgriff auf jene impliziten Vorurteile über den Lehrerberuf getroffen wird, die Adorno als ‚Tabus' bezeichnet. Überspitzt formuliert: Wenn Lehramtsstudierende danach fragen, aus welchem Grund sie sich subjektiv wenig nützlich erscheinendes Wissen aneignen müssen, dann drückt sich darin möglicherweise nicht nur ein idealtypisches Denken an das „praktische Vorwärtskommen" (Adorno 1971: 46) aus. Diese Fragen können zugleich als Ausdruck eines durchaus problematischen Selbstbildes dieses Idealtypus interpretiert werden: Mit ihnen ist sinnstrukturell eine implizite Selbstabwertung als zukünftige Lehrpersonen realisiert. Außerdem deuten sie auf eine Haltung hin, aus der heraus eine implizite Selbstabwertung als Studierende zweiter Klasse vorgenommen wird, die mit „anspruchsvollem" Wissen nichts anfangen können.

Die Überlegungen zu einem lehramtsstudentischen Idealtypus schafft lediglich eine erste gedankliche Annäherung an die Frage, was Lehramtsstudierende konstituiert. Selbstverständlich müssen wir davon ausgehen, dass sich empirisch Abweichungen von diesem Bild zeigen: Wir treffen in der Realität auf Lehramtsstudierende, die Ansprüchen zweckfreier Bildung mit einer aufgeschlossenen Haltung begegnen. Wir treffen jedoch auch auf Lehramtsstudierende, die sich am Zertifikaterwerb orientiert zielgerichtet, dabei jedoch ohne gesteigertes Interesse

an der Auseinandersetzung mit wissenschaftlichen Fragestellungen und Erkenntnissen durch ihr Studium bewegen und in universitären Lehrveranstaltungen
weitgehend unauffällig bleiben. Jedoch haben wir es, wie im Folgenden noch
zu zeigen sein wird, auch mit Lehramtsstudierenden zu tun, die ihrem inneren
Befremden angesichts der Konfrontation durch Forderungen nach einer stärkeren
Praxisausrichtung ihres Lehramtsstudiums Ausdruck verleihen. Im Folgenden soll
der Frage, was Lehramtsstudierende bzw. deren Haltungen gegenüber dem Objekt
‚Studium' konstituiert, aus zwei weiteren Perspektiven nachgegangen werden:
Zum einen wird auf empirische Befunde zu Studienmotiven und -erwartungen
(Abschnitt 3.2.1) und zum anderen auf dem lehramtsstudentischen Wunsch nach
mehr Praxis (Abschnitt 3.2.2) eingegangen.

3.2 Lehramtsstudierende als Adressaten eines berufsorientierten Studiengangs

Im Folgenden soll das abstrakte Bild des lehramtsstudentischen Idealtypus mit
empirischen Befunden zu Studienwahlmotiven sowie mit Deutungen zu Forderungen nach einem stärker praxisbezogenen Studium konfrontiert werden. Wie sich
zeigt, verweist die Forschungslage zu Studien- und Berufswahlmotiven darauf,
dass die Berufswahl als zentrales Studienmotiv offenbar zugleich die Interes-
sensschwerpunkte von Lehramtsstudierenden in Bezug auf Studieninhalte formt
(Abschnitt 3.2.1). Als eine zentrale Erwartung Lehramtsstudierender an ihr Studium erweist sich ausgehend von ihren Studienmotiven der Wunsch nach einem
möglichst starken Bezug zur beruflichen Praxis. Eine spezifische Besonderheit
des Lehramtsstudiums besteht jedoch darin, insofern Diskontinuitätserfahrungen für Studierende bereitzuhalten, als es neben solchen Studienelementen, durch
die ein Bezug zur Berufspraxis hergestellt wird bzw. werden soll, auch solche
umfasst, die sich nicht durch eine Bezogenheit auf den Lehrerberuf auszeichnen. Praxisbezogene Studienelemente in Lehramtsstudiengängen sind – trotz
der Heterogenität der hochschulstandortbezogenen Konzeptionen der Lehramtsausbildung – insgesamt sehr umfangreich. Studierende werden daher bereits
frühzeitig mit professionsspezifischen Studienanteilen (in den Fachdidaktiken,
den Bildungswissenschaften und in Praktika) konfrontiert. Vor diesem Hintergrund ist es überraschend, dass eine Vielzahl der Lehramtsstudierenden das
eigene Studium als zu wenig praxisbezogen wahrnimmt. Aufgrund dieses Wider-
spruchs ist es naheliegend, den dahinterliegenden Motiven tiefer nachzuspüren
(Abschnitt 3.2.2). Die studentische Kritik an einer subjektiv wahrgenommenen
Praxisferne des Lehramtsstudiums ist nicht neu, vor allem aber ein Hinweis,

dass sie im Grunde nicht als Aufforderung gesehen werden muss, den Umfang von Praxiselementen und -bezügen auszuweiten, sondern vielmehr als ein sozialisatorisches Problem, das möglicherweise gerade durch praxisbezogene Lehre verschärft wird.

3.2.1 Studienwahlmotive Lehramtsstudierender

Die Motivlage für die Studienwahl Lehramtsstudierender erscheint auf den ersten Blick eindeutig zu sein, weil es sich bei den Lehramtsstudiengängen um Studiengänge handelt, die auf einen konkreten Beruf (etwa Gymnasial- oder Primarschullehramt) ausgerichtet sind. Die Vermutung erscheint naheliegend, dass es in erster Linie der angestrebte Beruf ist, der sie zur Aufnahme ihres Studiums bewegt. Einen differenzierteren Blick auf Merkmale Lehramtsstudierender ermöglichen empirische Studien, die der Frage nach Berufswahlmotiven (angehender) Lehrpersonen nachgehen (vgl. hierzu ältere Studien wie Steltmann 1980, Terhart et al. 1994, Oesterreich 1987, dargestellt bei Ulich 1998). Die Befundlage lässt vermuten, dass sich das Interesse Lehramtsstudierender ausgehend von deren genannten Hauptmotiven der Berufswahl – dem Interesse an der Arbeit mit Kindern und Jugendlichen, eine abwechslungsreiche Tätigkeit und ein sicheres Einkommen – weniger auf die Auseinandersetzung mit selbstreferenziellem, wissenschaftlichen Wissen, sondern eher auf den Erwerb von praxisnahem und insofern nützlich erscheinendem Wissen richtet.

Zu ähnlichen Befunden gelangt Rothland in seinen Meta-Analysen älterer und jüngerer, unterschiedlich großer und mit Blick auf ihre methodischen Vorgehensweisen unterschiedlichen Studien (Rothland 2014a, 2014b): Wie deutlich wird, zieht „der Lehrerberuf Menschen mit einem bestimmten Profil und typischen, personengebundenen Merkmalen und Eigenschaften an, die bei der Mehrzahl der Lehramtsstudierenden zu identifizieren sind" (Rothland 2014a: 319 f.). So weisen unterschiedliche Befunde übereinstimmend darauf hin, dass der Lehrerberuf im Vergleich zu anderen Berufen, die ein Studium voraussetzen (etwa Ärzte oder Juristen), am ehesten als Beruf des sozialen Aufstiegs bezeichnet werden kann. Ebenso wie Ulich kommt auch Rothland ausgehend von der Betrachtung einer „Vielzahl empirischer Untersuchungen, die auf der Basis etlicher, meist kleinerer, lokaler Gelegenheitsstichproben sowie unter Verwendung verschiedener methodischer Vorgehensweisen und Erhebungsinstrumentarien die Berufswahlmotive der (angehenden) Lehrerinnen und Lehrer erfasst haben" (Rothland 2014b: 355), zu dem Schluss, dass Lehramtsstudierende ein altruistisches Berufswahlmotiv für sich beanspruchen: das Interesse an der Zusammenarbeit mit Kindern und

Jugendlichen (vgl. Flach et al. 1995, Ulich 2004, Nieskens 2009, König et al. 2013, zit. n. Rothland 2014b, vgl. Boeger 2016).

Ergänzend hebt er ein „deutlich geringeres wissenschaftliches Interesse" (Rothland 2014b: 365) hervor, das Lehramtsstudierende von anderen Studierenden unterscheide. Lehramtsstudierende zeigen eher ein Interesse für praktisch-pädagogische Tätigkeiten (vgl. auch Fock et al. 2001, Treptow 2006, Denzler & Wolter 2008, Lerche et al. 2013). Allerdings zeigt sich diesbezüglich eine differenzierte Befundlage: Mit Blick auf die Wahl des künftigen Lehramts und entsprechend der Studiengangswahl spielen Neigungen und Begabungen sowie Fachinteressen eine entscheidende Rolle. Während bei angehenden Gymnasiallehrkräften das in der eigenen Schulzeit herausgebildete Interesse für ein bestimmtes Fach bei der Berufswahl im Vordergrund steht (vgl. Terhart et al. 1994, Thierack 2002, Ulich 2004, Gröschner & Schmitt 2008), ist es bei angehenden Grundschullehrkräften eher ein "altruistisch-pädagogisch-caritativer Motivkomplex" (Terhart 2001: 136), der das Motiv für die Berufswahl bildet[2] (vgl. u. a. Weiß et al. 2009, 2010, Retelsdorf & Möller 2012, Neugebauer 2013). Neben dieser Klassifikation, in der sich lehramtsstudentische Motive für die Berufs- und Studiengangswahl widerspiegeln, zeigt die Befundlage, dass auch pragmatische Gründe für Lehramtsstudierende eine Rolle spielen. Zu diesem Motivkomplex zählen etwa die Studien- und Berufswahl als Notlösung, das geregelte Einkommen bzw. der Beamtenstatus, aber auch die Erwartung eines leicht zu bewältigenden Studiums. Gerade wenn sich die Anforderungen, mit denen sich Studierende im Studium konfrontiert sehen, als anspruchsvoll erweisen, können sich diese Gründe als „Risikofaktoren" (Rothland 2014b: 371, vgl. auch Rauin & Meyer 2007) der Studien- und Berufswahl erweisen.

Keineswegs kann jedoch der Anspruch erhoben werden, die individuellen Motive für die Aufnahme eines Lehramtsstudiums vollständig zu erfassen. Dennoch lässt sich an dieser Stelle resümieren, dass Lehramtsstudierende ihr Studium in erster Linie ausgehend von ihrer getroffenen Berufswahl aufnehmen und eher nicht aus einer genuin wissenschaftsinteressierten Haltung heraus. Mit Blick auf die Frage, was Lehramtsstudierende ausmacht, ist der Befund erkenntnisleitend, dass sie sich im Studium durch ein tendenziell geringeres wissenschaftliches

---

[2] Analog zu dieser Befundlage steht die bei Caselmann (1949) vorgenommene Differenzierung eine ‚logotropen Lehrertypus' – also vor allem philosophisch und fachwissenschaftliche interessiertem Typus – gegenüber dem ‚paidotropen Lehrertypus' – einem Typus, dessen Interesse sich zuvörderst auf das Kind und dessen Förderung richtet.

Interesse von anderen Studierenden[3] unterscheiden. Wie sich zeigt, könnten sich Lehramtsstudierende zumindest idealtypischerweise eher mit Ansprüchen zweckorientierter Bildung als mit Ansprüchen zweckfreier Bildung identifizieren. Dieses Indiz wird durch die Annahme gestützt, dass Lehramtsstudierende vielerorts vehement einen stärkeren Praxisbezug ihres Studiums einfordern. In solchen Forderungen drückt sich aus, dass das vorrangige Interesse am Beruf andere Studieninteressen, vor allem aber: andere Ansprüche an universitäre Lehre hervorbringt als ein vorrangiges Interesse an Wissenschaft. Einer dieser Ansprüche ist, wie im Folgenden darzulegen sein wird, der Wunsch nach mehr Praxis.

3.2.2 Der lehramtsstudentische Wunsch nach mehr Praxis

Kaum etwas scheint unter Lehramtsstudierenden so sehr Konsens, wie deren Einschätzung, es mangele im Studium an ‚Praxis‘ (vgl. u. a. Schüssler & Günnewig 2013, Blömeke et al. 2006). ‚Praxis‘ steht offenkundig bei Lehramtsstudierenden „hoch im Kurs“[4] (Bräuer 2003) und der subjektiv wahrgenommene Bezug, der im Studium zu ihr hergestellt wird, scheint ein entscheidendes Kriterium für die Studienzufriedenheit Lehramtsstudierender darzustellen (vgl. u. a. Künsting & Lipowsky 2011 Garcia-Aracil 2012, Multrus et al. 2012, 2017; Arnold et al. 2014, Bernholt et al. 2018). Dass lehramtsstudentische Rufe nach mehr Praxis keineswegs eine Begleiterscheinung einer stärkeren Praxisausrichtung der Studiengänge im Zuge der Bologna-Reform darstellt, verdeutlicht ein Blick auf ältere Studien, die zu ähnlichen Befunden kommen (für einen Überblick: Ulich 1996). Flachs et al. (1995) Meta-Analyse kleinerer und größerer empirischer Studien zeigt, dass Lehramtsstudierende die Berufsbezogenheit der fachwissenschaftlichen Studiengänge als nicht ausreichend wahrnehmen und dem erziehungswissenschaftlichen Studium unter dem Aspekt der Berufsvorbereitung die geringste Bedeutung beimessen (vgl. auch Drerup 1987). Rosenbusch et al. 1988) kommen ausgehend den Befunden ihrer Fragebogenstudie zu dem Schluss, dass sich Lehramtsstudierende zwar in fachlicher Hinsicht gut vorbereitet, jedoch mit Blick auf pädagogische Anforderungen nur unzureichend ausgebildet fühlen.

Bei genauerer Betrachtung der Rufe nach mehr Praxis scheint sich anzudeuten, dass ihnen kein einheitliches, sondern unterschiedliche Praxiskonzepte

---

[3] In diesem Zusammenhang muss in Rechnung gestellt werden, dass unklar bleibt, ob Studierende eines ebenfalls berufsorientierten Studiengangs oder Studierende eines allgemeinbildenden Studium generale hier die Kontrastgruppe bilden.

[4] Sacher spricht gar von einem „Praxisfetischismus“ (Sacher 1988).

zugrunde zu liegen (vgl. Hedtke 2000, Weyland & Wittmann 2010, Schüssler et al. 2012, Schüssler & Günnewig 2013). ‚Praxis' scheint mal Erlösungsmythos, mal Leerformel; und zwar unabhängig davon, wie umfangreich die Bezüge zur Praxis tatsächlich sind, die im Studium hergestellt werden (vgl. Hedtke 2000). In ihrer Teilstudie des Potsdamer LAK-Projekts[5] konstatieren Wernet & Kreuter, dass unabhängig von dem tatsächlichen Umfang von Praxisanteilen und -bezügen kaum ein Phänomen in der Lehrerbildung so präsent sei, wie die „symbolische Anwesenheit des Praxisbezugs" (Wernet & Kreuter 2007: 184) – und zwar nicht nur bei Studierenden, die diesen Praxisbezug einfordern, sondern auch bei Lehrenden, die sich dieser Forderung verpflichtet fühlen. Ähnlich wie Schüssler et al. sprechen auch Wernet und Kreuter von einer „Diffusität" (Wernet & Kreuter 2007: 185) des Begriffs und vermuten, das Arbeitsbündnis zwischen Lehrenden und Studierenden gerate dann in eine Schräglage, wenn sich Erstgenannte einem Praxisanspruch weniger verpflichtet sehen, Letztgenannte ihn jedoch vehement einfordern. Ausgehend davon, dass Praxiswunschartikulationen offenbar kein konsistenter Praxisbegriff zugrunde liegt, scheint es lohnenswert, zwei Studien in den Blick zu nehmen, die darauf zielen, den semantischen Gehalt artikulierter Praxiswünsche Studierender zu dechiffrieren, anstatt sie schlicht als Aufforderung zu interpretieren, Theorie und Praxis durch geeignete hochschuldidaktische Formate besser zu verzahnen. Beide Studien, auf die im Folgenden näher eingegangen werden soll, führen uns zu der Annahme, dass es sich bei dem vielerorts von Lehramtsstudierenden artikulierten Wunsch nach mehr Praxis im Grunde um ein sozialisatorisches Problem handelt, dem gerade nicht mit der Ausweitung von Praxisbezügen und –anteilen im Studium beizukommen ist.

Makrinus fokussiert in ihrer Dissertationsstudie den „Gegenstandsbereich der Praxiserfahrungen" (Makrinus 2013: 101), die Lehramtsstudierende im und neben ihrem Studium machen. Ausgehend von der Frage danach, weshalb Lehramtsstudierende gerade Praxisphasen als so bedeutsames Studienelement einschätzen, rekonstruiert Makrinus anhand narrativer Interviews mit Lehramtsanwärtern und Lehramtsanwärterinnen des Sonderschullehramts, wie diese erstens ihr Studium, ihre Schulpraktika und ihre studienbegleitenden Praxiserfahrungen im Rückblick darstellen. Sie blickt zweitens darauf, wie sich für die Interviewten im Rückblick der Übergang vom Studium in den Vorbereitungsdienst dargestellt hat. Schließlich interessiert Makrinus drittens, inwiefern die gegenwärtige, berufliche Handlungspraxis als Kontrast zu den Praxiserfahrungen, die die Interviewten

---

[5] Anzumerken ist, dass die Studie den Fokus auf die Perspektive angehender Lehrpersonen im Vorbereitungsdienst, nicht aber die Perspektive von Lehrpersonen auf die Ausbildungsqualität des Lehramtsstudiums richtet.

während ihres Lehramtsstudiums in Praxisphasen gemacht haben, wahrgenommen wird. Ausgehend von ihren narrationsanalytisch generierten Befunden zum biographischen Hintergrund der Interviewten, zu deren Berufswahl zur Wahrnehmung der Studienzeit – insbesondere der Praxisphasen – sowie zum Übergang in den Vorbereitungsdienst und den Typologisierungen der Fälle kommt Makrinus zu dem Schluss, dass spezifische biographische Dispositionen dazu führen, dass das Studium im „Abwicklungs- bzw. Aneignungsmodus" (Makrinus 2013: 238) durchlaufen wird. „Einstellungen zu akademischen Lehrprinzipien und zur Auseinandersetzung mit Theorien" (Makrinus 2013: 238) seien jedoch hinsichtlich des jeweiligen Modus des Studierens weniger entscheidend als individuelle biographische Strategien, auf die im Krisenfall zurückgegriffen wird. Mit Blick auf obligatorische Schulpraktika rekonstruiert Makrinus anhand der Schilderungen der Interviewten neben Problemlagen, die etwa die Betreuungsbeziehung mit den Mentorenlehrkräften betreffen auch solche, die darauf weisen, dass die Anforderungen der Unterrichtsgestaltung als besonders herausfordernd erlebt wurden. Studienbegleitende Praxiserfahrungen jenseits „verordneter" Praktika jedoch wurden retrospektiv als „kreative Erfahrungs- und Entfaltungsräume" (Makrinus 2013: 246) bewertet – vor allem deshalb, weil die Freiwilligkeit den Leistungsdruck abzumildern vermochte und weil die Interviewten in diese Tätigkeiten, im Gegensatz zu ihren Schulpraktika, meist über einen längeren Zeitraum eingebunden waren.

Ausgehend von ihren Befunden schlussfolgert Makrinus ähnlich wie Wernet und Kreuter, es handele sich bei dem lehramtsstudentischen Wunsch nach mehr Praxis um ein „nicht klar fassbares Unbehagen" (Makrinus 2013: 253), welches Studierende gegenüber ihrem Studium hegen. Dieses Unbehagen gründe ihres Erachtens in erster Linie auf jeweils biographisch erworbene Möglichkeiten an „sinngebende Strukturen der Organisation" (Makrinus 2013: 253) Universität anknüpfen zu können oder nicht. Mit anderen Worten: Je eher sich das Subjekt selbst mit Blick auf das, womit es konfrontiert ist, als passförmig konzeptualisiert, desto unwahrscheinlicher erscheint es, dass Forderungen nach mehr Praxis artikuliert werden. Lehramtsstudentische Wünsche nach mehr Praxis stehen nach Makrinus' Befunden in engem Zusammenhang mit „Konflikte(n) und Krisen im Kontext des Studiums und der Praktika" (Makrinus 2013: 254). Sie interpretiert ihre Befunde als Aufforderung an universitäre Lehrerbildung, sich als „globalen Raum der Persönlichkeitsentfaltung" (Makrinus 2013: 255) zu verstehen und Studierenden darin – etwa durch kasuistische Lehrformate – Möglichkeiten zu verschaffen, könne „reflexiv […] mit der eigenen Biographie auseinander zu setzen" (Makrinus 2013: 255).

Makrinus' Befunde erscheinen trotz dessen, dass der ‚Wunsch nach mehr
Praxis' im Lehramtsstudium nicht aus der Perspektive von Lehramtsstudierenden, sondern aus Perspektive angehender Lehrpersonen im Vorbereitungsdienst in
den Blick genommen wird, interessant. Sie verweisen darauf, dass lehramtsstudentische Praxiswunschartikulationen in engem Zusammenhang mit subjektiven
Passungsproblemen und mit Krisenerfahrungen im Studium stehen: Als Krisenerfahrungen werden in Makrinus' Studie etwa erste Konfrontationen mit
berufspraktischen Anforderungen des Unterrichtens in Praxisphasen und die Konfrontation mit differenten ‚Kulturen'[6] der Praktikumsschulen aufgeführt. Auch
wenn dieser Aspekt bei Makrinus nicht weiter entfaltet wird, scheint es, als sei der
Wunsch nach mehr Praxis zumindest in der retrospektiven Betrachtung mit einer
enttäuschten Erwartung des Subjekts verbunden, vor solchen Krisen geschützt zu
sein. Die Frage danach, welchen Beitrag Lehre, die sich in gesteigerter Form als
praxisbedeutsam[7] auszuweisen versucht, und welchen Beitrag Praxisphasen als
Unterbrechungen der Hochschulpraxis als Krisenerfahrungen dazu leisten, dass
sich Lehramtsstudierende als nicht-passförmig wahrnehmen, wird bei Makrinus
allerdings nicht in den Blick genommen.

Der Aspekt des Einflusses von universitärer Lehre auf Praxiswunschartikulationen klingt in Wenzls et al. ‚Dekonstruktionen zum Praxiswunsch von
Lehramtsstudierenden' an (vgl. Wenzl et al. 2018). In der Studie, die sich als
Werkstattbericht versteht, wird explizit eine Gegenposition zu solchen pädagogischen Positionen eingenommen, die nicht zuletzt durch die Ausgestaltung
universitärer Lehre ‚Praxisparolen' Beifall zollen" (Wenzl et al. 2018: 3).
Ausgehend von der fallrekonstruktiven Erschließung der Sinnstrukturen, die studentischen Praxiswünschen zugrunde liegen, zeigt sich für Wenzl et al., dass
diesen Wünschen keine realitätstaugliche Vorstellung einer alternativen universitären Lehre innewohnt. Der Wunsch nach mehr Praxis sei vielmehr ein „trübes
diskursives Sammelbecken" (Wenzl et al. 2018: 4) für individuell gelagertes
Unbehagen Lehramtsstudierender an all dem, was das Universitäre[8] ihres Studiums ausmache. Wie sich nämlich anhand der acht Fälle, die Wenzl et al.

---

[6] Vgl. zum Schulkulturbegriff Helsper et al. (2001).

[7] Vgl. hierzu Abschn. 2.2.2

[8] Dass mit dem „Universitären" implizit auf das Humboldt'sche Bildungsideal rekurriert
wird, zeigt sich insbesondere daran, dass es implizit von dem Schulischen bzw. dem Ver-
schulten abgegrenzt wird, das sich in der Reproduktion schulischer Handlungsmuster in
universitärer Lehre ausdrückt – etwa durch das Verteilen und Halten von Referaten oder
Gruppenarbeitsphasen. (vgl. hierzu auch Kollmer 2022).

objektiv-hermeneutisch interpretieren, zeigt, ist das Unbehagen, das lehramtsstudentischen Praxiswünschen zugrunde liegt, zwar vielgestaltig; allerdings weisen alle rekonstruierten Fälle aus Sicht der Autoren auf ein

> „Problem der universitären Selbstbeheimatung im Sinne einer fehlenden Aneignung der Studierendenrolle. Der Wunsch, die universitäre Ausbildung möge berufspraktisch bedeutsam sein, entspricht eigentlich dem Wunsch nach einer nichtuniversitären Ausbildung, nach einer Form der Ausbildung, die in der Sphäre des Schulischen verbleibt" (Wenzl et al. 2018: 85)

Ausgehend von diesem Befund sehen Wenzl et al. universitäre Lehrerbildung in der Verantwortung, sich mit der Frage auseinanderzusetzen, ob eine universitäre Lehre, die sich interaktionslogisch der „Formsprache des Schulischen" (Wenzl et al. 2018: 85) anschmiegt, Studierenden, die nach mehr Praxis verlangen, womöglich keinen Gefallen erweist, sondern allenfalls verdeckt, dass der studentische Wunsch eine „leere Formel" (Wenzl et al. 2018: 4) darstellt. Mit dieser Perspektivierung ihrer Befunde reihen sich die Autoren explizit nicht in Diskurse darüber, welche Theorien und welches Wissen für welche Praxis relevant ist, ein[9]. Im Gegenteil: Diese Debatten sehen Wenzl et al. als wenig zielführend. Die mit ihnen verfolgte Absicht, mittels konstitutionslogischer Klärungen zu einer Überbrückung von Theorie und Praxis beizutragen, würden „bei floskelhaften Postulaten stehen bleib(en)" (Wenzl et al. 2018: 86) und insofern vielmehr Praxisimagerien bedienen. Mit Blick auf das Praxiswunschphänomen sei es stattdessen vonnöten, sich damit auseinanderzusetzen, wie diese Wünsche in Lehrpraxen beantwortet werden (vgl. hierzu Abschn. 2.2.2). Ausgehend von der Annahme eines „Theorie-Praxis-Legitimationsproblems" (Wenzl et al. 2018: 86) erkennen Wenzl et al. in Praxiswünschen Lehramtsstudierender Parallelen zu Schülerfragen, wozu man dieses oder jenes Wissen, das einem im Schulunterricht wird, benötige. Sie interpretieren beides als Ausdruck eines „Unbehagens an einer intellektuellen Praxis, an der man nicht partizipieren kann oder will" (Wenzl et al. 2018: 86).

---

[9] Eine Erklärung für dieses Scheitern der Überbrückungsbemühungen lässt sich in Röbkens & Rürups (2011) diskursanalytischem Untersuchung dazu finden, wie empirische Bildungsforschung Praxisbezug in ihren Publikationen konstruiert. Die Autoren zeigen unter anderem, dass die Konstruktion von Praxisbezug in erster Linie über Praxisforschung und über entsprechende Schlussfolgerungen für die pädagogische Praxis (entweder in Form von anwendungsfähigem Wissen zur Verbesserung der Praxis oder in der Formulierung neuer Konzepte) erfolgt.

Universitäre Lehre, die sich in Formsprache, also durch die Vermeidung von Wissenschaftssprache, und in Interaktionspraktiken wie Referaten und Gruppenarbeitsphasen dem Schulunterricht annähere und gerade durch diese performative Nähe zum Schulischen Praxisbezogenheit suggeriere, leiste aus Wenzls et al. Sicht nicht nur nicht, was sie verspricht – nämlich berufspraktisch relevant zu sein – sondern führe sich selbst, indem sie implizit ihren eigenen Wissenschaftlichkeitsanspruch diffamiert, aber auch Studierende in eine Zweitklassigkeit. Aus Sicht Wenzls et al. gehe mit einer universitären Lehre, die sich durch Anschmiegungen an den Schulunterricht selbst ihrer Wissenschaftlichkeit beraube, eine „Herabstufung der Studierenden" (Wenzl et al. 2018: 86) einher, denen eine sozialisatorische Hürde erspart werde; denen durch das Ausbleiben einer konsequenten Adressierung als Teilnehmende der scientific community allerdings auch eine Möglichkeit der Integration im universitären Handlungsraum genommen sei. Wenn also der Wunsch nach Praxis ein Hinweis als Hinweis darauf interpretiert wird, „sich mit der Bildung einer studentischen Identität schwer(zu)tun" (Wenzl et al. 2018: 2), dann ist ein entscheidender Beitrag, den universitäre Lehrerbildung dazu leisten kann, Studierende in diesem Bildungsprozess zu unterstützen, der, ihnen diesen Wunsch nicht zu erfüllen.

Wie sich zusammenfassend zeigt, stellt der lehramtsstudentische Wunsch nach mehr Praxis in der Lehrerbildungsforschung kein neues Phänomen dar. Er kann als Indikator für die Zufriedenheit Lehramtsstudierender interpretiert werden und als solcher Ausgangspunkt hochschuldidaktischer Bemühungen um Konzepte einer besseren Verzahnung von Theorie und Praxis sein, die dann von der scientific community rezipiert und diskutiert werden. Insofern man jedoch den Wunsch nach mehr Praxis in seiner sinnstrukturellen Verfasstheit betrachtet und feststellen muss, dass ihm trotz seiner Diffusität deutlich erkennbare Motive des subjektiven Fremdseins im universitären Handlungsraum bzw. Figuren der inneren Distanznahme von der akademischen Welt zugrunde liegen, scheint es, als münden gerade solche lehrkulturellen Verzahnungsversuche, die Praxisbedeutsamkeit über die Abkehr von Wissenschaftlichkeit herstellen, in eine Sackgasse. Makrinus' Studie liefert den entscheidenden Hinweis darauf, dass Praxiswünsche Lehramtsstudierender erstens mit Diskontinuitätserfahrungen im Studium zusammenfallen und zweitens Ausdruck eines subjektiv wahrgenommenen Passungsproblems zu sein scheinen. Wenzl et al. schlussfolgern, Praxiswünsche Lehramtsstudierender seien Ausdruck eines „Problems der universitären Selbstbeheimatung" (Wenzl et al. 2018: 85) und fänden ihr Pendant in einer universitären Lehre, die bemüht ist, durch das Einfließen schulischer Elemente Praxiswünschen nachzukommen. Eine solche Schlussfolgerung liefert einen entscheidenden Hinweis darauf, dass Praxiswünsche und Entsprechungen dieser Wünsche einen Reproduktionszirkel formen, der womöglich für Studierende dann zu einem Fallstrick wird, wenn sie Ansprüchen zweckfreier Bildung ohnehin mit einer distanzierten Haltung begegnen.

3.3 Resümee: Zweckorientierung als idealtypische Haltung Lehramtsstudierender

In den vorangegangenen Abschnitten wird analysiert, was Lehramtsstudierende als spezifischen Studierendentypus konstituiert, den wir in Universitäten finden. Dabei ist zu berücksichtigen, dass wir es mit Individuen zu tun haben, deren Gemeinsamkeit in der Wahl des Studiengangs besteht. Anknüpfungspunkte bilden Bourdieus und Passerons Typologisierungsvorschlag Studierender sowie Adornos Schlussfolgerungen zu seinen Betrachtungen der lehramtsstudentischen Auseinandersetzung mit Ansprüchen zweckfreier Bildung (Abschnitt 3.1). Dieser Idealtypus, der einen auf einen konkreten Beruf zugeschnittenen Studiengang wählt, zeichnet sich durch seine Qualifikationsorientierung bzw. seine Orientierung am späteren Beruf aus. Mit den Ansprüchen zweckfreier Bildung wird dieser Typus sich deshalb nicht identifizieren können, weil er sich nicht als wissenschaftlicher Novize konzeptualisiert. An anderer Stelle wird herausgearbeitet, dass er jedoch im Lehramtsstudium durchaus mit solchen Ansprüchen konfrontiert wird (Abschnitt 2.2.2). Hinweise darauf, mit welcher inneren Haltung der lehramtsstudentische Idealtypus jenen Ansprüchen begegnet, finden sich in Adornos Betrachtungen lehramtsstudentischer Auseinandersetzungen im Fach Philosophie. Adorno zieht die Schlussfolgerung, es seien die bescheidenen Bildungsansprüche der Lehramtsstudierenden, aber auch die gesellschaftliche Geringschätzung des Lehrerberufs, die es Lehramtsstudierenden verstellen, sich für mehr als nur für „nützliches" Wissen zu interessieren.

Dieses Konstrukt eines lehramtsstudentischen Idealtypus' konnte im Anschluss einer Prüfung auf seine Realitätstauglichkeit unterzogen werden (Abschnitt 3.2): Ausgehend von empirischen Befunden zu Studien- und Berufswahlmotiven zeigt sich, dass es nicht der genuine Wunsch nach einem wissenschaftlichen Studium ist, der Lehramtsstudierende in Universitäten führt, sondern der angestrebte Beruf bzw. der zu seiner Ergreifung erforderliche Abschluss. Mit einer solchen Motivlage korrespondieren solche Befunde, die auf eine zweckorientierte Haltung verweisen, mit der sich Lehramtsstudierende durch ihr Studium bewegen (Abschnitt 3.2.1). Dieser zweckorientierten Haltung wird im Studium bzw. in den an universitärer Lehrerbildung beteiligten wissenschaftlichen Disziplinen in unterschiedlicher Weise entsprochen, weshalb davon ausgegangen werden kann, dass das Lehramtsstudium für Lehramtsstudierende Diskontinuitätserfahrungen bereithält. Wie sich zeigt, machen Lehramtsstudierende die Erfahrung, in ihrem Studium auf unterschiedliche Weise adressiert und insofern mit unterschiedlichen impliziten Bildungsansprüchen konfrontiert zu werden. Dies führt uns zu zwei zentralen Schlussfolgerungen: Erstens ist anzunehmen, dass der lehramtsstudentische Idealtypus sich eher dann mit dem Studium identifizieren kann, wenn es sich für ihn als ‚berufsorientiert' darstellt. Zweitens ist anzunehmen, dass er sich weniger dann mit seinem Studium identifizieren kann, wenn es sich – insbesondere in universitären Lehrveranstaltungen – als ‚nicht berufsorientiert' darstellt, wenn es ihn mit Ansprüchen zweckfreier Bildung konfrontiert und ihm abverlangt, eine an Wissenschaft interessierte Haltung einzunehmen. Ausgehend von dem Lehramtsstudium als Objekt, mit dem sich Lehramtsstudierende konfrontiert sehen und was sie idealtypisch ausmacht, eröffnet sich die Perspektive auf den vehement eingeforderten stärkeren Praxisbezug des Studiums, diese Forderung nicht als negativer Wirksamkeitsbefund universitärer Lehrerbildung bzw. als Aufforderung zu interpretieren, das Lehramtsstudium stärker praxisorientiert zu gestalten, sondern die Rufe nach ‚mehr Praxis' in ihrer konstitutiven Verfasstheit zu analysieren. Dann zeigt sich, dass ihnen keine konsistenten Vorstellungen eines besseren, anderen Studiums zugrunde liegen, sondern sie vielmehr als Chiffre zu verstehen sind, hinter denen sich Probleme der universitären Selbstbeheimatung verbergen (Abschnitt 3.2.2). Unter diesem Aspekt deutet sich an, dass lehramtsstudentische Rufe nach ‚mehr Praxis' – denen sowohl in der curricularen Ausgestaltung der Lehramtsstudiengänge als auch in der universitären Lehre durchaus entsprochen wird – durch eine Erhöhung der Praxisbezüge bzw. Ausweitung der Praxisanteile im Studium nicht verstummen, sondern unter spezifischen Bedingungen eher befeuert werden.

Diesen spezifischen Bedingungen soll in der vorliegenden Untersuchung nachgegangen werden: *Gefragt wird nach Identifikationen mit Bildungsansprüchen des Studiums, aus denen heraus Lehramtsstudierende den Wunsch nach mehr Praxis artikulieren.* Das Lehramtsstudium zeichnet sich insofern durch eine strukturelle Diskontinuität aus, als es einerseits neben universitären Studienphasen auch schulische Praxisphasen umfasst. Der Bezug zur Praxis des Lehrerberufs spielt andererseits in den Fachwissenschaften, den Fachdidaktiken und im erziehungswissenschaftlichen Studiensegment eine jeweils andere Rolle und wird entsprechend in der universitären Lehre unterschiedlich hergestellt bzw. nicht hergestellt. Auch hieraus entstehen für Lehramtsstudierende, so die Annahme, Erfahrungen der Diskontinuität. *Erstens ist ausgehend von diesen Annahmen die Frage relevant, welche Rückschlüsse sich aus den einzelfallspezifischen Haltungen Lehramtsstudierender im Hinblick auf deren jeweilige Identifikation mit dem*

Objekt ‚Lehramtsstudium' ziehen lassen. Zweitens interessiert, wie Lehramtsstudierende mit Diskontinuitätserfahrungen, die ihr Studium für sie bereithält, umgehen. Drittens schließlich soll den Fragen nachgegangen werden, in welchen Zusammenhängen Praxiswunschartikulationen und Identifikationen mit Bildungsansprüchen des Lehramtsstudiums stehen und inwieweit sich jene Praxiswunschartikulationen als Reproduktion des Praxisanspruchs interpretieren lassen, den universitäre Lehrerbildung selbst erzeugt.

Ein zentrales Anliegen der vorliegenden Forschungsarbeit ist es, lehramtsstudentische Praxiswünsche insofern ernst zu nehmen, als sie weder als ‚Defizit' des Subjekts bzw. dessen mangelnden Vermögen, sich in der akademischen Welt zurechtzufinden, noch als Aufforderung, universitäre Lehre stärker an Erfordernissen des Beschäftigungssystems auszurichten, interpretiert werden. Im Anschluss an die Skizzierung struktureller Merkmale des Lehramtsstudiums deutet sich vielmehr an, dass lehramtsstudentische Praxiswünsche auf ein sozialisatorisches Problem verweisen: Sie sind das Produkt eines Aufeinandertreffens einer spezifischen Haltung des Subjekts gegenüber Ansprüchen zweckfreier Bildung und einer spezifischen Kultur der Lehre, die diese Ansprüche befriedigt. In der vorliegenden Arbeit wird von einem Resonanzverhältnis zwischen Subjekt (Lehramtsstudierende) und Objekt (Lehramtsstudium) ausgegangen. Es liegt nahe, um die Fragestellungen, die in der vorliegenden Untersuchung zu beantworten sind, einen theoretischen Deutungsrahmen zu spannen, der dem Anliegen Rechnung trägt, subjektive Haltungen und Objektstrukturen aufeinander zu beziehen.

Jedes Individuum ist, indem es mit anderen interagiert, dazu gezwungen, sich zu diesem sozialen Prozess zu verhalten, in den es qua Interaktion eingebunden ist. Diese Aussage trifft auch auf Lehramtsstudierende zu, die wie alle Studierende sich zu ihrem Studium verhalten und eine Haltung dazu einnehmen müssen. Das Forschungsinteresse, dem in der vorliegenden Untersuchung gefolgt wird, legt es nahe, die Herausbildung lehramtsstudentischer Haltungen gegenüber dem Objekt ‚Studium' und artikulierte Forderungen nach mehr Praxis als Resultat eines einzelfallspezifisch konfigurierten sozialen Prozesses zu interpretieren, in den Lehramtsstudierende eingebunden sind. Die Anlage der Untersuchung und die sich anschließenden Prämissen legen es also nahe, Hochschulsozialisation als Individualisierungsprozess zu deuten, der sich sequenziell, grundsätzlich zukunftsoffen und in einer fallspezifischen Weise vollzieht, die die eigentümliche Struktur der Identifikation mit dem Objekt ‚Studium' die ‚studentische Identität' bildet. Wenn für die Beantwortung der Frage nach Haltungen gegenüber dem Studium, aus denen heraus Lehramtsstudierende ihre Praxiswünsche formulieren, ein identitätstheoretischer Forschungszugriff erfolgt, dann eröffnet dies nicht nur die

Möglichkeit, diese Haltungen als einzelfallspezifische Spiegelungen der objektiven Gegebenheiten des sozialen Raums, der ‚faits sociaux' (Durkheim 1965) zu begreifen. Diese Perspektivierung erlaubt es zudem, artikulierte Praxiswünsche unter dem Aspekt ihrer Einbettung in fallspezifisch konfigurierte Möglichkeiten des Subjekts, sich mit dem Objekt ‚Lehramtsstudium' zu identifizieren, in den Blick zu nehmen.

Lehramt studieren – sich als Studierende konzeptualisieren

4

Im Vorangegangenen wurde herausgearbeitet, dass es sich bei dem Lehramts-studium um einen der berufsorientierten Studiengänge handelt, die unter dem Dach der Universität beheimatet sind. Das Lehramtsstudium zeichnet sich mit Blick auf dessen curriculare Segmentierung in Phasen, die an Universität und Phasen, die in Schulen stattfinden sowie mit Blick auf die lehrkulturelle Viel-gestaltigkeit des Bezugs zur Praxis durch eine strukturelle Diskontinuität aus (Kap. 2). Mit der Zielausrichtung des Lehramtsstudiums korrespondiert eine klare Zweck- bzw. Berufsorientierung als zentrales Motiv, das Lehramtsstudierende zur Studienaufnahme bewegt: Es wurde herausgearbeitet, dass Lehramtsstudie-rende idealtypischerweise nicht aus einer an Wissenschaft interessierten Haltung heraus, sondern im Grunde vor dem Hintergrund ihrer Berufswahl das Stu-dium aufnehmen. Im Anschluss an solche Positionen, die lehramtsstudentische Forderungen bzw. Wünsche nach ‚mehr Praxis' als sozialisatorisches bzw. als Passungsproblem deuten, sollen in der vorliegenden Untersuchung Figuren der Haltung gegenüber ihrem Studium, aus denen heraus Lehramtsstudierende Praxis-wünsche artikulieren bzw. nicht artikulieren rekonstruiert werden. Dabei wird ein Forschungszugriff gewählt, der es erlaubt, die individuelle Haltung, das ‚Selbst', aus dem heraus das empirische Subjekt über sein Studium spricht, sowohl als Ausdruck der spezifischen Individualität zu verstehen, als auch als Ausdruck einer sozial an der Konfrontation mit dem Objekt ‚Studium' erworbenen Identität. Mit einem solchen Vorgehen soll einem Verständnis von Hochschulsozialisa-tion Rechnung getragen werden, welches die Herausbildung von studentischer Identität als Zusammenspiel von Individuellem und Sozialen konzeptualisiert[1].

---

[1] Vgl. hierzu Sommerkorn (1981); darin insbesondere die Beiträge von Vogel und Reich-wein, die jeweils unterschiedliche identitätstheoretische Erklärungsmodelle in den Blick und

K. Maleyka, *Der Praxiswunsch Lehramtsstudierender revisited*, Rekonstruktive Bildungsforschung 45, https://doi.org/10.1007/978-3-658-43433-5_4

Wie im Folgenden zu zeigen ist, bilden George Herbert Meads Erklärungsmodell von Sozialisation als Herausbildung individuierter Identität (4.1) und Ulrich Oevermanns Theorie der Sozialisation als Strukturtransformationsprozess (4.2) geeignete theoretische Referenzrahmen für dieses Vorgehen. Die Relevanz beider Konzepte für die vorliegende Untersuchung wird abschließend erläutert (4.3).

4.1   Sozialisation als Herausbildung individuierter Identität (George Herbert Mead)

In der vorliegenden Untersuchung wird eine Perspektive auf Hochschulsozialisation eingenommen, in der sich einzelfallspezifische Haltungen, die das Subjekt gegenüber den sozialen Gegebenheiten, mit denen es konfrontiert ist, nur zum Teil aus individuellen Dispositionen ergeben. Zu einem anderen Teil sind die einzelfallspezifisch herausgebildeten Haltungen ein Resultat des sozialen Prozesses, in den das Subjekt eingebunden ist. Insofern erfolgt Individuierung durch Sozialität. Es liegt nahe, George Herbert Meads sozialbehaviouristisches Erklärungsmodell für die Entstehung individuierter Identität[2] als theoretischen Bezugsrahmen zu verwenden. Mead bindet die Herausbildung individuierter Identität unmittelbar an Sozialität und grenzt sich insofern von Erklärungsmodellen ab, die die Identitätsbildung des Einzelnen losgelöst von Gesellschaft konzipieren. Gerade weil sich das Individuum über die Dauer seines Lebens in zunehmend ausdifferenzierten sozialen Feldern bewegt und sich zu diesen Feldern entsprechend der inhärenten Logiken verhält, wird die Herausbildung von Identität bei Mead als grundsätzlich unabgeschlossener Prozess verstanden. Den sozialbehaviouristischen Erklärungsansatz zur Entstehung individueller Identität als theoretischen Bezugsrahmen für dieses Forschungsvorhaben anzulegen bedeutet, die individuelle Identität nicht als Gebilde ‚an sich‘ zu verstehen. Es bedeutet, die sich in Haltungen und Einstellungen abbildende sozialisierte Identität als Ausdruck

---

hinsichtlich ihrer Fruchtbarkeit bei der Untersuchung hochschulsozialisatorischer Fragestellungen diskutieren. Bemerkenswert ist Reichweins Schlussfolgerung, Studierende würden während des Hochschulstudiums noch nicht eine diesbezügliche soziale Identität im Sinne eines traditionellen Habitus herausbilden. Es komme vielmehr zu einer „Identifikation mit der Rolle und des Status des Studenten" (Reichwein 1981: 130). Eine Ablehnung der Studierendenrolle interpretiert er insofern als Ausdruck dessen, dass Studierende „ihre subjektiven Identitäten außerhalb von Schule und Hochschule suchen" (Sommerkorn 1981: 131).

[2] Der Begriff ‚Identität‘ wird in dieser Arbeit gewählt, gleichwohl der Verfasserin bewusst ist, dass mit einer solchen Übersetzung des Meadschen ‚self‘ eine Rezeption der Wissenschaftsgeschichte auf das Original zurückprojiziert wird (vgl. Tugendhat 1981).

individueller Deutungen von und Reaktionen auf objektive Gegebenheiten des Lehramtsstudiums zu verstehen. Damit werden die Identität des Einzelnen und der soziale Raum, in dem das Individuum sich bewegt und zu dem es sich verhält, in einen Implikationszusammenhang gerückt.

Identität, so könnte man sagen, ist die Antwort des Menschen auf die Frage: „Wer bin ich?". Der aus dem Spätlateinischen (identitās) entlehnte Begriff, der im Etymologischen Wörterbuch mit „Wesenseinheit" bzw. „völlige Übereinstimmung" übersetzt wird (vgl. Pfeifer et al. 1993), lässt zunächst an all jene unverwechselbaren und objektiven Daten eines Menschen denken, mit denen dieser sich – etwa im Reisepass – ausweisen kann als der, der er ist. Allerdings lässt sich Identität nicht allein anhand jener objektiven Daten festmachen, denn die Frage danach, wer man ist, wird vom Menschen auch im Rückgriff auf Empfindungen oder Einstellungen beantwortet, die sich durchaus ändern können, etwa dann, wenn scheinbar tragfähige Überzeugungen durch Krisenerfahrungen ins Wanken geraten, wenn sie eine Erschütterung des Selbst-Bewusstseins nach sich ziehen, wenn man nicht mehr der ist, der man einmal war. Aus dieser Perspektive wird deutlich, dass Identität brüchig werden kann und insofern etwas Dynamisches und durchaus Veränderliches darstellt. Der Begriff lässt sich nun nicht allein aus der Perspektive des Individuums beschreiben, sondern auch aus der Perspektive, wie es von anderen Individuen oder Gruppen wahrgenommen wird. Aus diesem Blickwinkel bezeichnet Identität gewissermaßen die Antwort auf die Frage: „Wie sehen mich andere?"

In einem ersten Zugriff auf den Terminus ‚Identität' deutet sich dessen Komplexität, aber auch dessen Unschärfe an: Die Frage danach, wer man ist, scheint zu unterschiedlichen Zeitpunkten unterschiedliche Antworten hervorzurufen. Auch die Frage danach, wie man von anderen gesehen wird, zieht die Frage nach sich, wer denn die anderen sind und in welcher Rollenbeziehung sie zu dem Individuum stehen. In dieser Perspektive deutet sich an: Die Bildung des eigenen Bewusstseins darüber, wer man ist, ist immer eingebettet in den sozialen Prozess, in den das Individuum eingebunden ist. Insbesondere diese Blickrichtung bildet gewissermaßen den Kern der sozialphilosophischen Sicht auf Sozialisation nach George Herbert Mead (geboren 1863, gestorben 1931). Um sein von ihm selbst als sozialbehaviouristisches bezeichnetes, später durch Herbert Blumer dem Symbolischen Interaktionismus zugeordnetes Sozialisationsmodell darzustellen, ist zunächst dessen Entstehungszusammenhang von Bedeutung:

Die Wende vom 19. zum 20. Jahrhundert als eine Zeit ökonomischer, technischer und kultureller Umbrüche infolge der Industrialisierung führt in der amerikanischen Bevölkerung zu sozialen Problemen. Gleichzeitig erstarkt das geistige Interesse an Evolutions- und darwinistischen Theorien. Beides, die soziale wie auch die geistige Situation, haben etwa soziologische Ideen eines Sozialdarwinismus, aber auch psychologische Annahmen über die Herausbildung von Bewusstsein durch das Zusammenspiel von Organismus bzw. Individuum und Welt hervorgebracht. Beeinflusst durch diese geistigen Strömungen entstand in Amerika mit dem Pragmatismus bzw. Pragmatizismus eine intellektuelle Strömung, deren bedeutendste Vertreter Charles Sanders Pierce, William James und John Dewey waren (vgl. Abels 2010). Der Pragmatismus als sozialphilosophische Lehre zieht das beobachtbare und auf den praktischen Nutzen gerichtete Handeln des Menschen als Grundlage für die Analyse des Bewusstseins heran. Die dahinterliegende Grundannahme ist ein Verständnis menschlichen Denkens als einer Tätigkeit, die darauf gerichtet ist, insofern zu einer „festen Überzeugung" (James: 1997: 437) zu gelangen, als Erfahrungen der Abduktion neuer Regeln für das praktische, sinnvolle Handeln dienen (vgl. auch Pierce 1878, zit. n. James 1997). Entsprechend dieser Auffassung, dass sich im Handeln das Bewusstsein des Menschen ausdrückt, wird es zum Analysegegenstand pragmatischer Lehre. Das Zentrum des Pragmatismus war Chicago, wo auch George Herbert Mead bis zu seinem Tod lehrte. Im Mittelpunkt seines Interesses standen philosophische und psychologische Fragestellungen, insbesondere die Frage nach dem Zusammenspiel von Individuum und Gesellschaft als Grundlage für die Herausbildung einer sich selbst bewussten Identität (‚self'). Mead verfolgte aus dieser Perspektive heraus die Identitätsentwicklung zur „kognitiven Seite" (Wittpoth: 1994: IX, vgl. auch Mead 1968: 216) und grenzte sich von einem psychoanalytischen Verständnis des durch sein Unbewusstes determinierten Menschen ab (vgl. Mead 1934: 255, zit. n. Abels 2010: 16). Er verstand die Entwicklung des Bewusstseins als „soziale Evolution" (Mead 1969: 81), mit der Individuum und Gesellschaft in ein dialektisches Verhältnis rücken, grenzt sich aber auch von solchen psychologischen Erklärungsmodellen ab, die die Herausbildung der Identität in das „Gefühls-Bewußtsein" (Mead 1968: 207) des Menschen hineinverlegen und sie losgelöst von der das Individuum umgebenden sozialen Welt konzipieren. Wenn im Folgenden eine Annäherung an Meads sozialbehaviouristisches Erklärungsmodell der Entstehung von Identität vorgenommen wird, gilt es, zwei Aspekte zu berücksichtigen: Mead selbst hat zu Lebzeiten keine Monografie, sondern lediglich einzelne Aufsätze veröffentlicht. Eine Darstellung wesentlicher Gedanken findet sich in posthum veröffentlichten Schriften und Übersetzungen, unter denen die von Charles W. Morris herausgegebenen Publikation „Mind, Self and Society. From the standpoint of a social behaviourist" (1934), die auf Vorlesungsmitschriften Meads Studierender basiert und die vielfach als Meads Hauptwerk bezeichnet wird (vgl. Mead 1968: Nachbemerkungen S. 441). Zudem ist zu berücksichtigen, dass die zentralen Begriffe in Meads Erklärungsmodell ‚self', ‚me' und ‚I', die

er von William James übernimmt, durchaus unterschiedlich übersetzt werden:
In „Geist, Identität und Gesellschaft" (1968) wird ‚self' mit ‚Identität', in der
von Anselm Strauss herausgegebenen Übersetzung „Sozialpsychologie" (1969)
hingegen als ‚Ich' übersetzt. Hansfried Keller wählt in „Philosophie der Sozialität" (1969) den Begriff des ‚Selbst' und in den von Hans Joas herausgegebenen
„Gesammelten Aufsätzen" (1987) wird von der ‚Ich-Identität' gesprochen. Insofern also in erster Linie Interpretationen über Meads Lehre vorliegen, kann die
an dieser Stelle vorzulegende Skizzierung wesentlicher Elemente seines Erklärungsmodells der Entstehung von Identität lediglich beanspruchen, ein weiterer
Interpretationsversuch zu sein. Dieser Versuch setzt an der Darstellung der Grund-
dannahmen an, auf denen Meads Erklärungsmodell errichtet ist, bevor dann
expliziert wird, wie sich nach seinem Verständnis Identität als ein Zusammenspiel
von Sozialem und Individuellem entfaltet.

4.1.1 Begriffe und Grundannahmen Meads Erklärungsmodells individuierter Identität

Meads Erklärungsmodell basiert im Wesentlichen auf der Annahme, dass der
Mensch erst durch soziale Interaktion in der Lage ist, ein Bewusstsein über sich
selbst und damit eine Identität herauszubilden. Indem er mit anderen interagiert
und versteht, wie andere ihn sehen, entsteht für einen Menschen ein Begriff von
sich selbst. Die Herausbildung von Identität ist also an Sozialität und an Bewusstsein gekoppelt. Diese Konzeptualisierung enthält zwei Prämissen: Der Mensch
muss erstens über Sprache als System signifikanter und damit allgemein bedeutungstragender Symbole verfügen, um sich seine Umwelt erschließen und mit
anderen sinnvoll interagieren zu können. Da Mead die Herausbildung einer Identität an Sozialität bzw. ein Verständnis des Menschen davon, wie andere ihn sehen,
bindet, muss er zweitens in der Lage sein, die Rollen anderer bzw. deren organisierte Haltungen und Einstellungen zu übernehmen. Aus Meads Sicht ermöglicht
erst die Sprache eine Bewusstseinsbildung im Sinne eines reflektierenden Denkens. Er bezeichnet die Entwicklung des Bewusstseins als „soziale Evolution"
(Mead 1969: 81). Sprache als sozialisatorisch erworbenes System solcher Symbole, die über die konkrete Situation hinausweisen und insofern intersubjektive
Gültigkeit haben, ermöglicht Kommunikation im Sinne sozialer Handlungen zwischen zwei oder mehreren Interaktionspartnern. Das Spezifikum jener sozialen
Handlungen ist deren Intentionalität: Nach Mead folgt menschliche Kommunikation dem Ablauf von signifikanten Gesten als „organisierte Einstellung" (Mead
1969: 94) des Sprechers und als „Stimulus" (Mead 1969: 93) für hierauf bezogene

Reaktionen des Gegenübers, um nun „seinen Teil der Gesamthandlung auszuführen" (Mead 1969: 93). Indem Individuen kommunizieren und gewissermaßen den Sinn der konkreten Situation teilen, sind sie in der Lage, das eigene Verhalten mit Blick auf abschätzbare Reaktionen anzupassen, die hierdurch aufseiten des Gegenübers hervorgerufen werden. Das Individuum ist in der Lage, etwas zu äußern, „das für eine bestimmte Gruppe eine gewisse Bedeutung hat. Aber es hat diese Bedeutung nicht nur für die betreffende Gruppe, sondern auch für uns. Es bedeutet für beide das gleiche" (Mead 1969: 77). Mit anderen Worten: Indem wir kommunizieren, adressieren wir gleichermaßen das Gegenüber wie uns selbst. Erst dann, wenn man „zu sich selbst genauso wie zu einer anderen Person spricht, haben wir ein Verhalten, in dem der Einzelne sich selbst zum Objekt wird" (Mead 1968: 181). Mead unterscheidet zwischen dem Symbol einerseits als Universalistischem, worauf sich die an der Interaktion beteiligten Individuen berufen können, und Sinn andererseits, der losgelöst von der Sprache in der Welt existiert und sich in seiner Spezifität erst in der Kommunikation zeigt bzw. durch sie erzeugt wird: „Die Natur hat Sinn, doch wird dieser Sinn nicht durch Symbole aufgezeigt. Das Symbol kann vom Sinn, auf den es hinweist, unterschieden werden. Der Sinn existiert in der Natur, das Symbol ist aber das Erbe der Menschheit" (Mead 1968: 118). Für seine Konzeptualisierung von sozial erworbener Identität ist diese Unterscheidung insofern von Bedeutung, als mit ihr auf die Möglichkeit verwiesen wird, durch soziales Handeln Reaktionen des anderen zu deuten bzw. vice versa hervorrufen zu können.

Meads Konzeptualisierung von Sprache als Voraussetzung für die Herausbildung individuierter Identität beinhaltet also zwei Grundannahmen: 1. Sprache als System bedeutungstragender Symbole lässt eine Distinktion zwischen der biogrammatisch determinierten Tierwelt und der zu intelligentem und kommunikativem Handeln befähigten humanen Gattung zu. Während Tieren nur ihre Instinkte zur Verfügung stehen, um auf Reize zu reagieren, ist es Menschen möglich, wechselseitig bezugnehmend und reflektiert zu handeln (vgl. Mead 1968). 2. Sprache ermöglicht es dem Menschen, durch die Interaktion mit anderen ein Bewusstsein dafür zu entwickeln, wer es ist. Sprache als System signifikanter Symbole, das es Individuen ermöglicht, sich in andere hineinzuversetzen, bildet nun den Ausgangspunkt für die zweite Prämisse, auf der Meads Erklärungsmodell basiert: Er sieht die Herausbildung von Identität an die menschliche Fähigkeit zur *Rollenübernahme* (‚role-taking') gebunden. Um zu verstehen, wie andere einen sehen, muss das Individuum in der Lage sein, „den Standpunkt des Kollektivs, dem es angehört, gegen sich selbst geltend machen und die Verantwortlichkeit, die diesem gebühren, auf seine eigenen Schultern zu laden" (Mead 1969: 72). Mit anderen Worten: „Wir müssen andere sein, um wir selbst sein zu können" (Mead

1969: 100). Wie der Spracherwerb wird auch die Fähigkeit zur Rollenübernahme sozial erworben, und zwar durch „spielerische Handlungen und Spielhandlungen" (Mead 1969: 277). Durch sie erlernt das Individuum, die Haltungen und Einstellungen anderer bzw. eines generalisierten Anderen in sich hineinzunehmen. Mead bezeichnet jene spielerischen Handlungen und Spielhandlungen als ‚play' und ‚game'.

Die frühe Entwicklung von Identität beschreibt Mead anhand von zwei sozialen Phasen: In der ersten Phase des ‚play' erlernt das Kind anhand noch relativ unterkomplexer Spielhandlungen, einzelne Rollen ‚signifikanter Anderer', also wichtiger Bezugspersonen einzunehmen. Indem das Kind im Spiel (etwa dem Mutter-Kind-Spiel) zwischen der eigenen und der Rolle des signifikanten Anderen wechselt, entwickelt es ein Bewusstsein dafür, sich in andere hineinzuversetzen. Es übernimmt die Reaktionen eines ‚signifikanten Anderen' und „organisiert sie zu einem Ganzen" (Mead 1968: 193). Nach Mead ist das frühe ‚play' die einfachste Art, sich selbst gegenüber ein anderer zu sein. Indem das Kind etwas aus Perspektive der einen Rolle sagt und aus Perspektive der anderen Rolle darauf reagiert, „entwickelt sich in ihm und in seiner anderen, antwortenden Identität eine organisierte Struktur" (Mead 1968: 193). Im Gegensatz zum ‚play' ist es dem spielenden Kind in der von Mead bezeichneten zweiten Phase des ‚game' nicht möglich, nach Belieben die Rollen zu wechseln. Es muss in komplexen, organisierten Spielhandlungen (etwa in einem Fußballspiel) zwar eine spezifische Rolle übernehmen, dabei jedoch die Rollen aller übrigen Mitspieler ebenso einnehmen können. Indem das spielende Kind gewissermaßen das Verhalten aller Spielerpositionen mitdenkt, übernimmt es nicht die organisierten Haltungen eines signifikanten, sondern eines ‚generalisierten Anderen'. Indem es seine Spielhandlungen gemäß allgemein gültiger Regeln und entsprechend dem übergeordneten Ziel ausführt, den Wettkampf zu gewinnen, ist die Perspektive sozialer Kontrolle eingestellt: Erst indem die Reaktion der Mitspielenden „in gewissem Ausmaß in der eigenen Handlung präsent sind" (Mead 1968: 194), ist das spielende Kind in der Lage, „sein eigenes Spiel erfolgreich spielen zu können" (Mead 1968: 193). Die grundlegende Differenz zwischen ‚play' und ‚game' als soziale Phasen der Herausbildung von Identität zeigt sich in der Übernahme der Reaktionen eines signifikanten Anderen versus in der Übernahme sozialer Haltungen eines generalisierten Anderen oder einer sozialen Gruppe, der das Individuum angehört. Außerdem erhöht sich der Grad sozialer Kontrolle, der das individuelle Verhalten unterliegt.

Mit der sozial erworbenen Fähigkeit des Individuums zur Verinnerlichung kollektiver Haltungen einer sozialen Gruppe und dem Fungieren jener verinnerlichten Haltungen als soziale Kontrollinstanz bereitet Mead nun sein Erklärungsmodell für die Entstehung der Gesamtidentität (‚self‘) in der Dialektik von sozial determinierter Teilidentität (‚me‘) und autonomer Handlungsinstanz (‚I‘) vor. Nach Mead bildet das Individuum eine Identität heraus, indem es die Haltungen und Einstellungen anderer einnimmt und auf diese Weise soziale Konventionen verinnerlicht. Entsprechend ist der Entstehungsort der Identität der soziale Prozess. Gleichzeitig ist der soziale Prozess der Ort, an dem Identität manifest wird. Dies geschieht durch das Zusammenwirken von ‚me‘ und ‚I‘ als wechselseitig aufeinander bezogene Handlungsphasen der Identität. ‚Me‘ und ‚I‘ determinieren sich gegenseitig, unterscheiden sich jedoch grundsätzlich. Sie sind im Prozess des sozialen Handelns zwar getrennt, gehören jedoch zusammen. Mead beschreibt die Gesamtidentität des Individuums als ein „im wesentlichen [...] gesellschaftlicher Prozeß, der aus diesen beiden unterscheidbaren Phasen besteht" (Mead 1968: 221) und das ‚me‘ als „Antwort des Menschen auf sein eigenes Sprechen" (Mead 1987: 239). Was ist damit gemeint? Erinnern wir uns zunächst an Meads Konzept der Rollenübernahme als Voraussetzung für die Herausbildung einer Identität: Soziales Handeln konstituiert sich aus der Perspektive durch solche Handlungen, die die Interaktionspartner gemäß verinnerlichter organisierter Haltungen und Einstellungen einer Gesellschaft bzw. einer sozialen Gruppe vollziehen. Indem die Interaktionspartner bewusst organisierte Haltungen des generalisierten Anderen verinnerlichen, sind sie dazu in der Lage, spezifische soziale Rollen zu übernehmen.

Nach Mead bildet das ‚me‘ gewissermaßen den Kristallisationspunkt der vom Individuum verinnerlichten kollektiven Haltungen und Einstellungen einer sozialen Gruppe, der es angehört. Der Prozess der Verinnerlichung ist – da er erst vermittelt über soziale Interaktion und insofern über Sprache stattfinden kann – ein kognitiver Akt. Dieser Prozess bedingt, dass das ‚me‘ dem Individuum ein Objekt bzw. dass es dem Individuum bewusst ist (vgl. Mead 1987: 240, 311, 317; Mead 1969: 74). Die dem Bewusstsein zugänglichen Haltungen und Einstellungen generalisierter Anderer kann das Individuum jedoch erst durch den sozialen Prozess verinnerlichen. Entsprechend existiert das ‚me‘ nur im Kontext einer sozialen Gruppe (vgl. Mead 1987: 311). Von entscheidender Bedeutung ist, dass Mead an keiner Stelle die sozialen Teilidentitäten, die ‚me's‘, an bestimmte soziale Milieus bindet, denen damit ein spezifisches Set an organisierten Haltungen und Einstellungen von vornherein zugeschrieben wäre. Wie weiter unten deutlich wird, sind organisierte Haltungen und Einstellungen einer jeden sozialen Gruppe ebenso wie die Gesamtidentität eines jeden Individuums aus seiner Sicht fragil und veränderlich. Entsprechend der differenten sozialen Teilidentitäten, die das Individuum also entsprechend der sozialen Prozesse, in die es verwickelt ist, herausbildet, geht Mead von einer „mehrschichtige(n) Persönlichkeit" (Mead 1969: 185) bzw. einer Gesamtidentität aus, die eine Vielzahl sozialer Teilidentitäten des Individuums umspannt. Indem der Mensch sich über die Dauer seines Lebens in verschiedenen sozialen Kontexten bewegt, verinnerlicht er die jeweils darin geltenden Konventionen. Sein implizites und im sozialen Handeln erworbenes Wissen darüber, wie er sich entsprechend dieser Konventionen zu verhalten hat, formt seine kontextgebundene Teilidentität, sein ‚me'. Die Aneignung dieses Wissens könnte man insofern als sozialisatorischen bzw. als Bildungsprozess bezeichnen. Das Individuum ist, so Meads Annahme, dazu in der Lage, sich selbst aus der Perspektive des generalisierten Anderen bzw. der sozialen Gruppe, in der es sich bewegt, zu sehen, und ruft die impliziten Erwartungen, die qua Gruppenzugehörigkeit an sein Handeln gerichtet sind, in sich selbst hervor[3]. Indem das Individuum entsprechend verinnerlichter Haltungen und Einstellungen der sozialen Gruppe handelt, dessen Teil es ist, wirkt das ‚me' gewissermaßen als soziale Kontrollinstanz (vgl. Mead 1968: 241). Mead unterstellt, dass differente Teilidentitäten die Gesamtidentität des Individuums selbst dann nicht unter Spannung setzen, wenn verinnerlichte Haltungen der einen Teilidentität bestimmten Haltungen einer anderen Teil-Identität entgegenstehen. Er sieht die in Teilidentitäten „aufgesplittert[e]" (Mead 1968: 185) Gesamtidentität vielmehr als Normalzustand und deren Struktur zugleich als Abbild des gesellschaftlichen Prozesses als Ganzen, in den das Individuum eingewoben ist. Damit geht Mead implizit von Gesellschaft als „systematische Ordnung von Individuen" (Mead 1969: 319) aus, die in der Lage sind, „mehrere Dinge gleichzeitig zu sein" (Mead 1969: 280)[4]. Zusammenfassend sind drei Erkenntnisse relevant: 1. Das ‚me' ist ein Aggregat kollektiver Haltungen und Einstellungen einer spezifischen sozialen

---

[3] Mead bezieht sich in diesem Zusammenhang auf Charles Horton Cooleys Konzept des ‚reflected or looking-glass self', das die Vorstellung des Individuums darüber beschreibt, wer es in den Augen anderer ist bzw. wie sein Auftreten durch andere beurteilt wird (vgl. Cooley 1922, vgl. Abels 2020).

[4] Hier schließt die Kritik von Krappmann (2010) an, der wie Mead interaktionstheoretisch argumentiert. Krappmann sieht in der Konzeptualisierung des Identitätsbegriffs das Individuum in verschiedenartigen Interaktionssituationen zwischen widersprüchlichen Erwartungen der anderen und den eigenen Bedürfnissen, aber auch im Verlangen nach Darstellung seiner Einzigartigkeit und der Notwendigkeit, Anerkennung der anderen für seine Identität zu erhalten. Es handelt sich nach Krappmann um eine ‚balancierenden Identität': Er versteht soziale Felder nicht als Teile einer grundsätzlich reibungsfreien sozialen Ordnung, sondern sieht das Individuum vielmehr darauf verpflichtet, divergierende Erwartungen anderer und unzureichende Bedürfnisbefriedigungen auszuhalten: allerdings nicht, weil es sich

Gruppe, der das Individuum, das das ‚me' herausbildet, angehört. 2. Das ‚me' existiert als soziale Teilidentität des Individuums entsprechend erst im Kontext sozialer Handlungen, die das Individuum vollzieht. 3. Als handlungsregulierende Instanz fungiert das ‚me', indem es verinnerlichte Konventionen im Bewusstsein des Individuums präsent hält und dafür sorgt, dass eine Identifikation mit der sozialen Gruppe bzw. deren kollektiven Haltungen besteht. Mead sieht das Individuum in der Lage, über die Dauer seines Lebens entsprechend der sozialen Kontexte, in denen es sich bewegt, differente ‚me's' herauszubilden, die keinesfalls in Konflikt zueinander stehen, sondern vielmehr den sozialen Prozess als Ganzes widerspiegeln.

Das ‚me', das allein im Bewusstsein des Individuums existiert, benötigt, um im sozialen Prozess sichtbar zu sein und damit gewissermaßen die Identität des Individuums auszuweisen, das ‚I' als Handlungsinstanz. Im Gegensatz zum ‚me', das dem Bewusstsein des Individuums zugänglich ist, bleibt das ‚I' immer „außerhalb der Reichweite unserer unmittelbaren Erfahrung" (Mead 1987: 239) und ist dem Bewusstsein daher im Moment seines Auftretens unzugänglich. ‚Me' und ‚I' wirken als Phasen der Gesamtidentität zusammen: Auf das ‚me' reagiert das ‚I' entsprechend der gesellschaftlichen Situation, jedoch in einer Art und Weise, die weder dem Individuum selbst noch dem Gegenüber vorher bekannt ist. Insofern ist die Reaktion des ‚I' auf die regulierende Instanz des ‚me' in situ für das Gegenüber, aber auch das Individuum selbst unvorhersehbar, bisweilen überraschend und führt dazu, dass der Einzelne „einen großen Teil dessen nicht ‚meint', was er sagt" (Mead 1968: 184). Das ‚I' antwortet also in situ auf das ‚me', jedoch in einer Art und Weise, die potenziell ein „neues Element" (Mead 1968: 221) enthält. Damit ist das ‚I' nicht nur „immer ein bisschen verschieden von dem, was die Situation selbst verlangt" (Mead 1968: 221). Es sorgt zugleich dafür, dass sowohl der gesellschaftliche Kontext und seine konstitutiven kollektiven Haltungen und Einstellungen als auch die Gesamtidentität des Individuums einem kontinuierlichen Veränderungsprozess unterliegen. Damit bezeichnet das ‚I' die Instanz, die es vermag, handelnd Neues zu generieren, das – sobald es als Erfahrung in den Objektbereich des ‚me' eintritt – gewissermaßen eine Strukturveränderung der Gesamtidentität herbeiführt. Fassen wir bis hierhin zusammen: Indem das Individuum in eine soziale Interaktion mit anderen tritt, wirkt das kontextspezifische ‚me' als Regulativ verinnerlichter organisierter Haltungen der sozialen Gruppe, in der es sich das Individuum in situ bewegt.

---

mit bestehenden sozialen Verhältnissen abfinden muss, sondern weil es gerade diese divergierenden Erwartungen und die teilweise nicht erfüllbaren persönlichen Bedürfnisse sind, die den „Handlungsspielraum" (Krappmann 2011: 30) für die Entfaltung individuierter Identität eröffnen.

Das Individuum handelt also rollenförmig und gemäß antizipierter gesellschaftlicher Erwartungen. Gleichzeitig entzieht sich das ‚I' trotz dessen, dass es auf das ‚me' reagiert, als kreativ und spontan handelnde Handlungsinstanz im Vollzug der Handlung dem Bewusstsein des Individuums und ist in der Lage, Unvorhersehbares und Neues hervorzubringen. Das ‚I' lässt sich als die Komponente der Gesamtidentität bezeichnen, die die unbewusst vollzogene Leistung vollbringt, im Handlungsvollzug differente ‚me's' auszubalancieren. Insofern ist nicht allein die kontextspezifische, sondern es sind alle Teilidentitäten im Bewusstsein des Individuums präsent, wenn das ‚I' handelt.

Das Zusammenwirken von ‚I' und ‚me' in der sozialen Handlung zeigt sich wie folgt: In der konkreten Handlungssituation, in der das Individuum als Teil einer spezifischen sozialen Gruppe adressiert ist, stehen sich ‚me' als verinnerlichte organisierte Haltungen des generalisierten Anderen (der sozialen Gruppe) und ‚I' als spontan handelnde Instanz gegenüber. Das ‚I' greift, indem es handelt, auf die im ‚me' aufbewahrten verinnerlichten Konventionen zurück, die in dem spezifischen sozialen Kontext gelten, in den es in situ eingebunden ist. Es antwortet auf diese Konventionen in einer spontanen und für das Individuum unvorhersehbaren Weise. Das Individuum vermag also nicht nur routinemäßig entsprechend geltender Konventionen zu reagieren, sondern ist auch dazu imstande, „eine neuartige Antwort auf die gesellschaftliche Situation innerhalb einer organisierten Gruppe von Haltungen" (Mead 1968: 241) zu geben. Hat das ‚I' seine Handlung vollzogen, tritt es im Bewusstsein als „historische Figur" (Mead 1968: 218) bzw. als Erinnerung einer vergangenen Handlung auf, die das Individuum ausgeführt hat. Indem es zur Erinnerung gerinnt und damit dem Bewusstsein des Individuums zugänglich wird, wird das ‚I' zum ‚me' (vgl. Mead 1987: 242). Mit Blick auf die Struktur der Gesamtidentität, die erst durch das Zusammenspiel von ‚I' und ‚me' ihren „vollen Ausdruck" (Mead 1968: 237) findet, bleibt festzustellen, dass jede Gesamtidentität eine soziale Identität ist. Sie wird im sozialen Prozess erworben und bildet sich durch die Verinnerlichung von kontextspezifischen, sozialen Konventionen heraus, mit denen das Individuum in sozialen Gruppen, in denen es sich bewegt, konfrontiert ist. Gleichzeitig ist jede Gesamtidentität einzelfallspezifisch konfiguriert, denn das Individuum bildet über die Dauer seines Lebens gemäß der sozialen Kontexte, in denen es sich bewegt, differente soziale Teilidentitäten heraus (vgl. Mead 1987: 328). Indem sich das Individuum mehr und mehr soziale Kontexte erschließt und entsprechend differente Teilidentitäten herausbildet, stellt die Gesamtidentität ein Spiegelbild des „ganze(n) Muster(s) des organisierten gesellschaftlichen Verhaltens (dar, K. M.), das diese Gesellschaft aufweist oder abwickelt" (Mead 1968: 246) und unterliegt einer ständigen Veränderung. Im Gegensatz zu den spezifischen sozialen

‚me's', die die gesellschaftlich determinierte Komponente der Gesamtidentität abbilden, ist das ‚I' als handelnde Instanz der potenzielle Entstehungsort des Neuen[5]. Insofern kann die Gesamtidentität als „Wirbel in der gesellschaftlichen Strömung und damit immer noch Teil dieser Strömung" (Mead 1968: 225) verstanden werden. Das Individuum selbst kann seine Gesamtidentität im Moment des Handelns nicht bewusst wahrnehmen. Sie tritt entsprechend der Flüchtigkeit des ‚I' im Bewusstsein des Individuums stets als ein ‚me' und als Erinnerung in Form von „Gedächtnisbildern[6]" (Mead 1987: 337) sowie in Form von Reflexionen vergangener Erfahrungen und Problemlösungen auf. Indem das Individuum im Handlungsvollzug innere Bilder in sich aufruft, fallen gewissermaßen Gegenwart und Vergangenheit zusammen: Die neue Gesamtidentität entfaltet sich im Handlungsvollzug mit Rückgriff auf die vergangene Gesamtidentität, die „jetzt zum Objekt der Beobachtung geworden ist und von gleicher Natur ist wie die Identität als Objekt, wie wir sie uns im Verkehr mit den Menschen unserer Umgebung vorstellen" (Mead 1987: 241). Insbesondere der zuletzt genannte Aspekt verweist auf die Fluidität der Gesamtidentität des Individuums, die sich aus der Wesenseigenschaft des ‚I' ergibt, spontan und kreativ aufzutreten, und damit in der Lage ist, Neues hervorzubringen. Doch unter welchen Bedingungen entsteht das Neue und wie geht es in die Struktur der Gesamtidentität ein?

In Meads Erklärungsmodell zeigt sich die Gesamtidentität des Individuums im Setzen bestimmter Handlungen, die notwendig sind, um überhaupt Teil einer Gesellschaft bzw. einer sozialen Gruppe zu sein. Dabei entspricht das Verhältnis von ‚I' und ‚me' nach Mead dem „Verhältnis einer Situation zu Organismus" (Mead 1969: 328) bzw. dem Verhältnis spontaner Reaktion auf verinnerlichte Haltungen, die angesichts der konkreten Handlungssituation relevant sind. Bei

---

[5] Nach Wittpoths Auffassung beschreibt Mead zwar, weshalb die Entwicklung der Identität in sozialem Handeln verankert ist. Sein Modell berücksichtige allerdings die Komplexität der Interaktionssituation nicht und unterstelle insofern eine „Illusion von Autonomie" (Wittpoth 1994: IX; vgl. auch Meyer-Drawe 1990), nach der die Entwicklung von Identität ohne Begrenzungen und Widerstände möglich ist. Meyer-Drawe (1990) vertritt die Auffassung, das Subjekt konstituiere sich vielmehr durch Praktiken der Unterwerfungen und durch Praktiken der Anpassung an die soziale Determination. Es bewege sich zwischen Autonomie und Heteronomie.

[6] Mead rekurriert auf Henri Bergsons Verständnis der Vergangenheit als „unaufhörlich anwachsende Ansammlung von ‚Bildern', gegen die uns unsere Nervensysteme durch ihre Selektionsmechanismen schützen" (Mead 1987: 337; vgl. auch Bergson 2015). Mead versteht diese Bilder gewissermaßen als Gewebestruktur der Vergangenheit, jedoch nicht als „Bürde" (Mead 1987: 337) die der Gegenwart aufgelastet wird, weil diese in einen kontinuierlichen „Überlappungsprozeß" (Mead 1987: 340) – von einer Gegenwart in die nächste – eingestellt ist.

oberflächlicher Betrachtung liegt die Annahme nahe, dass das Individuum, je mehr soziale Felder es sich erschlossen hat, umso eher in der Lage ist, soziale Handlungen entsprechend der feldgebundenen Konventionen gewohnheitsmäßig auszuführen. Mead stellt fest, dass die gewohnheitsmäßige Ausführung bestimmter Tätigkeiten innerhalb einer Welt, „an die wir so angepaßt sind, daß Denken nicht notwendig ist" (Mead 1968: 176), keine Identität voraussetzt. Vielmehr identifiziert das Individuum seine Erfahrungen derart mit der Identität, dass sie von ihr nicht bewusst wahrgenommen werde[7]. Die sich bewusste Identität des Individuums wird erst dann auf den Plan gerufen, sobald ein Handlungsproblem, d. h. etwas Unbekanntes auftaucht, das mit dem gewohnheitsmäßig ausgeführten Handeln nicht bearbeitet werden kann, sondern eine „Neuorientierung [...] durch aufmerksame Selektion von Reizen" (Mead 1969: 146) erfordert[8]. Hier zeigt sich Meads Bezugnahme auf Pierce´ pragmatistische Konzeption des menschlichen Denkens als eine auf Nützlichkeit gerichtete Tätigkeit: Er unterscheidet mechanisches von ungewohntem Handeln entlang einer Achse der Wahrscheinlichkeit, mit der das eigene Handeln prospektiv als erfolgreich einzuschätzen ist oder eben nicht einschätzen ist und kommt zu dem Schluss, dass letztlich alles Neue in dem Moment, in dem es in den Erfahrungshorizont des Individuums eintritt, „ein fundamentaler Bestandteil des Universums ist" (Mead 1969: 164). Für das Individuum war es zuvor schlicht deshalb nicht zu erkennen, weil die Bedingungen nicht gegeben waren, die für das Neue ein Grund gewesen wären zu erscheinen.

Neu ist das Handlungsproblem also nur, weil es dem Bewusstsein des Individuums zuvor nicht zugänglich und damit in dessen subjektiven Erfahrungsraum nicht vorhanden gewesen ist. Gleichzeitig ist nach Mead auch die Reaktion des

---

[7] Wittpoth (1994) kritisiert diese Verortung für die Durchführung gewohnheitsmäßiger Tätigkeiten im Bereich des rein impulsiven Handelns. Seine Kritik basiert auf der Annahme, auch routiniertes Handeln entspringe einem Erfahrungswissen unterhalb der Bewusstseinsschwelle, in das „viele Problemlösungen, die irgendwann einmal intelligent gewonnen wurden" (Wittpoth 1994: 82), herabgesunken sind. Doch auch Mead hat diesen Zusammenhang bereits erkannt, indem er Resultate von Handlungen, die das ‚I' vollzogen hat, dem Objektbereich des ‚me' zuordnet.

[8] Das von Mead als ‚Neuorientierung' bezeichnete Vorgehen kann sich nun entweder im Try-and-error-Modus und damit weitgehend *unreflektiert* vollziehen, was allerdings dazu führt, dass das Individuum nicht klar benennen kann, was letztlich zum Handlungserfolg geführt hat und es dem Individuum erschwert, sich mit einer „spezifischen Reaktion zu identifizieren" (Mead 1969: 147). Anders verhalte es sich, wenn sich die Neuorientierung *reflektiert* durch eine In-Bezug-Setzung von Reiz bzw. Handlungsproblem und Reaktion stützt. Indem das Individuum das Handlungsproblem in sich selbst indiziert und die Absicht entwickelt, es erfolgreich zu bearbeiten, greift es auf „Resultate früherer Erfahrungen in seiner Erinnerung" (Mead 1969: 147) zurück, um sich mit einer bestimmten Reaktion zu identifizieren und sie letztlich handelnd auszuführen.

Individuums auf das Handlungsproblem in Form gesetzter Gesten durch das ‚I'
als neu zu bezeichnen. Letzteres trägt, weil es auf bestehende Bedingungen reagiert und gleichzeitig etwas zuvor nicht Existentes hervorbringt, gleichermaßen
Eigenschaften des alten und des neuen Systems, weil das ‚I' auch im Rückgriff auf bereits vorhandene Erfahrungen handelt. Insofern bezeichnet Mead den
Übergang (‚passage') bzw. die subjektiv erfahrbare Gegenwart als einen strukturellen Entstehungsort des Neuen „und zwar sowohl im Lebewesen als auch in der
Umwelt" (Mead 1969: 317)[9]. Der Übergang als Bruch- und Evolutionsstelle der
Gesamtidentität ist gleichzeitig der Ort, an dem durch Elimination gescheiterter
und durch Integration neuer, sich als nützlich erwiesener Handlungselemente ein
neuer „Objektbereich" (Mead 1969: 149) entsteht. Dieser neue Objektbereich ist
das die Gesamtidentität neu strukturierende Element.

4.1.2 Zwischenfazit

Meads Erklärungsmodell individuierter Identität eröffnet eine Perspektive auf
Hochschulsozialisation, die im Gegensatz zu Bourdieus Habituskonzept nicht von
Passungsverhältnissen der Strukturen des Subjekts zu Strukturen des sozialen Feldes ausgeht, sondern in der die Strukturiertheit des Subjekts als Resultat zweier
Teilbereiche des Selbst bzw. der Identität, wie sie sich empirisch zeigt, konzeptualisiert wird. Das Selbst, wie Mead es beschreibt, besteht zum einen aus dem, was
das Subjekt durch die Konfrontation mit Konventionen spezifischer sozialer Teilbereiche der Gesellschaft, also auch dem Universitätsstudium, als soziale Identität
herausgebildet hat. Es besteht zum anderen aus dem Unverfügbaren und spontan
Handelnden, was das Subjekt in seiner Individualität ausmacht und was sich nicht
zuletzt im sprachlichen Handeln ausdrückt. Mead konzeptualisiert die Herausbildung der Identität bzw. des Selbst als grundsätzlich unabgeschlossenen Prozess,
weil das Individuum im Laufe seines Lebens eine Vielzahl sozialer Beziehungen
in eine Vielzahl sozialer Felder eingeht. Jede Konfrontation mit dem Neuen initiiert eine brüchige Identität des „alten" Selbst und die Genese des „neuen" Selbst.
Wenn wir in der vorliegenden Untersuchung davon ausgehen, dass Lehramtsstudierende, sobald sie ihr Studium aufnehmen, mit Konventionen des sozialen
Raums ‚Universität' konfrontiert sind, dann schließen sich gleich mehrere Fragen
an: Ist Mead nun dahingehend zu interpretieren, dass Studierende erst dann, wenn

---

[9] Meads Idealismus zeigt sich darin, dass er der Annahme folgt, die Gesamtidentität – weil
sie in der Lage ist, Neues hervorzubringen – wirke nicht nur auf das Individuum, sondern
auch auf die Gesellschaft, an der das Individuum partizipiert.

sie organisierte Haltungen und Einstellungen des sozialen Feldes übernommen haben, ein feldspezifisch-soziales bzw. ein studentisches ‚me' herausbilden, das deren Gesamtidentität neu konfiguriert? Und falls ja, wann bildet sich ein solches ‚me' heraus? Lässt es sich im Sinne einer Schnittmenge kollektiver Haltungen und Einstellungen des sozialen Feldes erfassen und wenn ja: Trägt eine solche Schnittmenge gleichsam individuellen Haltungen und Einstellungen Lehramtsstudierender gegenüber ihrem Studium angemessen Rechnung? Eine Antwort auf jene Fragen liefert die seit den 1970er Jahren entwickelte strukturtheoretische Interpretation des Meadschen Erklärungsmodells durch Ulrich Oevermann und Mitarbeitern.

4.2 Sozialisation als Strukturtransformationsprozess (Ulrich Oevermann)

In Oevermanns Interpretation Meads Erklärungsmodells individuierter Identität wird Individuierung nicht nur an soziales Handeln gebunden. Sie wird zugleich als Strukturtransformationsprozess begriffen, in den die autonome Lebenspraxis gestellt ist und aus dem heraus sie sich durch die Bewältigung von Krisen entwickelt. Oevermann stützt sein Sozialisationsmodell auf Meads Grundannahmen einer sozial erworbenen Identität. Er entlehnt Meads Verständnis von Interaktion als sozialem Handeln zugleich zentrale Elemente der methodologischen Grundannahmen Objektiver Hermeneutik als Interpretationsverfahren, das den latenten Sinn protokollierter Interaktionen rekonstruiert. Im Folgenden wird nachgezeichnet, auf welchen strukturtheoretischen Annahmen sich Oevermanns Vorschlag stützt, Individuierung als Strukturtransformationsprozess zu begreifen. Hierzu werden zunächst zentrale Begriffe Oevermanns Theoriearchitektonik – der Begriff der ‚autonomen Lebenspraxis' und deren Konstituierung durch die ‚Dialektik von Krise und Routine' – erläutert.

4.2.1 Begriffe und Grundannahmen Oevermanns Erklärungsmodells von Sozialisation als Prozess der Krisenbewältigung

Oevermann fasst die lebendige Einheit, in der sich „Somatisches, Psychisches, Soziales und Kulturelles synthetisiert" (Oevermann 2004a: 158), mit dem Begriff der ‚Lebenspraxis'. Eine Lebenspraxis können sowohl konkrete Personen, als auch sich als Einheit verstehende Gruppen sein (Oevermann 2004a, vgl. auch

Oevermann 2003). Autonomie gewinne eine jede Lebenspraxis durch ihr konstitutives Merkmal, sich erst durch die Bewältigung von Krisen entwickeln zu können[10]. Krisen, dies soll im Folgenden noch ausdifferenziert werden, zeigen sich nicht zuletzt in solchen Entscheidungssituationen, in denen das Individuum nicht auf bisherige Erfahrungen zurückgreifen kann, sondern im Grunde allein auf Basis eines „strukturellen Optimismus" (Oevermann 2004a: 164) handelt und aus einer Vielzahl von Entscheidungsalternanten eine Wahl trifft. Insbesondere diese Krisensituationen und diese Entscheidungen sind es, die die autonome Lebenspraxis kennzeichnen. Daher bezeichnet Oevermann sie auch als „widersprüchliche Einheit von Entscheidungszwang und Begründungsverpflichtung" (Oevermann 2004a: 160), die in der Lage ist, handelnd Krisen zu erzeugen und zu bewältigen. Ebenso wie Mead die Herausbildung der Gesamtidentität als lebenslangen Entwicklungsprozess im Zusammenspiel zweier Handlungsphasen, ‚I' und ‚me', versteht, konzeptualisiert Oevermann autonome Lebenspraxis als „dynamische Entität, die als kulturelle Amplifikation der Positionalität des biologischen Lebens gelten kann" (Oevermann 2016: 62) und sich in einem Sprechakt des „I" immer wieder neu erzeugt. Man kann zusammenfassend festhalten, dass Meads und Oevermanns Zugriffe auf Individuation in folgenden Punkten übereinstimmen: Beide konzeptualisieren Gesamtidentität bzw. Lebenspraxis erstens nur im Zusammenhang mit Sozialität. Sie verstehen Gesamtidentität und Lebenspraxis zweitens als Entität, in der Physis, Bewusstsein, Unbewusstes, aber auch Soziales gefasst sind. Beide sind drittens keine starren Einheiten, sondern insofern dynamisch, als dass sie sich viertens erst durch die Konfrontation mit Unbekanntem bzw. durch die subjektive Erfahrung von Krisen konstituieren und entwickeln.

Konstitutives Merkmal autonomer Lebenspraxis ist es aus Oevermanns Perspektive, in einer „Zukunftsoffenheit von Entscheidungsalternanten auswählen und diese Entscheidung begründen" (Oevermann 2009: 159) zu müssen – und zwar auch dann, wenn in actu noch nicht auf solches Wissen zurückgegriffen werden kann, das die Zweckdienlichkeit der getroffenen Entscheidung mit Blick auf das intendierte Ergebnis stützt. Solche Entscheidungssituationen, in denen sich die Tragfähigkeit der getroffenen Wahl erst im Nachhinein erweist, bezeichnet Oevermann als Krisen (vgl. Oevermann 2004). Er grenzt drei Krisentypen voneinander ab:

---

[10] Oevermann spricht in dem Zusammenhang von den vier großen Ablösungskrisen, die den Sozialisationsprozess kennzeichnen: der Geburt (in der sich, sofern diese problemlos verläuft jener strukturelle Optimismus als erste positive Erfahrung einer bewältigten Krise herausbildet), die Ablösung von der frühkindlichen Mutter-Kind-Symbiose, die Ablösung von der Alleinzuständigkeit der ödipalen Triade und schließlich der Herkunftsfamilie sowie die Bewältigung der Adoleszenzkrise (vgl. Oevermann 2004a: 164).

a) Den ersten Krisentypus bildet die ‚traumatische Krise', die durch unvorherseh-
    bare, überraschend eintretende Ereignisse der inneren oder äußeren Realität,
    durch „brute facts" die konkrete Lebenspraxis des handelnden Individuums
    berührt (vgl. Oevermann 2004; 2005). Oevermann ordnet diesem Krisenty-
    pus die Konstitution von Naturerfahrungen und leiblichen Erfahrungen zu, die
    nicht unmittelbar durch eigene Entscheidungen bedingt sind. Diese Ereignisse
    können entweder besonders schmerzhaft oder besonders beglückend sein –
    in jedem Fall werde ein bestimmtes Leben durch das Ereignis berührt, auf
    welches es nicht nicht reagieren kann. Die Bewältigung einer traumatischen
    Krise zeige sich bereits in der ersten mehr oder weniger spontanen Reak-
    tion des Individuums. Die Paarung der traumatischen Krise als „Natur- oder
    Leiberfahrung" (Oevermann 2005: 33) bezeichnet Oevermann als dominant
    für den ersten Focus der stellvertretenden Krisenbewältigung im Bereich der
    Aufrechterhaltung der somato-psycho-sozialen Integrität.

b) Der zweite Krisentypus, die ‚Entscheidungskrise' zeichnet sich gegenüber
    dem ersten Typus dadurch aus, dass er erst „durch die hypothetische Konstruk-
    tion von Möglichkeiten auf der Seite der Lebenspraxis selbst herbeigeführt
    wurde" (Oevermann 2004: 165) und sich dem Individuum insofern nicht von
    außen aufdrängt. Die hypothetische Konstruktion von Möglichkeiten besteht
    darin, Entscheidungen zu treffen, die sich erst langfristig bewähren kön-
    nen. Die Krisenhaftigkeit ergibt sich also aus einer Zukunftsoffenheit der
    Lebenspraxis und daraus, unter „sich ausschließenden Möglichkeiten einer
    hypothetisch konstruierten Zukunft" (Oevermann 2005: 33) eine Wahl treffen
    zu müssen, ohne hierbei auf bestehende Routinen zurückgreifen zu kön-
    nen. Analog zum ersten Krisentypus, der sich dadurch auszeichnet, nicht
    nicht reagieren zu können, kennzeichnet diesen Krisentypus, nicht nicht ent-
    scheiden zu können. (vgl. Oevermann 2004: 166). Die Entscheidungskrise
    entspreche insofern einer „Konstitution einer religiösen Erfahrung" (Oever-
    mann 2005: 33), als dass sich in ihr der Modus der sittlichen Bewährung
    einer autonomen Lebenspraxis zeige. Diese Paarung von Krise und Erfahrung
    entspreche dem zweiten Focus der stellvertretenden Krisenbewältigung, der
    „Aufrechterhaltung von Gerechtigkeit" (Oevermann 2005: 34).

c) Als dritten Krisentypus nennt Oevermann die ‚Krise durch Muße', die im
    Prinzip vermeidbar ist, die jedoch vom Individuum selbst durch die Wahrneh-
    mung der inneren oder äußeren Realität „um ihrer selbst willen" (Oevermann
    2004: 167, vgl. auch Oevermann 2005: 32) herbeigeführt wird insofern nicht
    auf einen spezifischen Zweck ausgerichtet ist. Das Individuum wird weder
    mit von außen wirkenden, unvorhersehbaren Ereignissen, auf die es reagieren
    muss, konfrontiert, wie beim ersten Krisentypus der Fall ist, noch ist es, wie

beim zweiten Krisentypus, durch hypothetische Konstruktion von Möglichkeiten angesichts einer zukunftsoffenen Lebenspraxis gezwungen, „richtige"
Entscheidungen zu treffen. Die Krise, die aus der Muße hervorgeht, entsteht also erst aus der handlungsentlasteten, zweckfreien Betrachtung eines
Gegenstandes, indem man auf etwas aufmerksam wird, das sich der vertrauten Routine entzieht und insofern überrascht. Die Spezifität des Krisentypus´
besteht nun darin, nicht nicht auf etwas reagieren zu können, „das der Bestimmung harrt" (Oevermann 2004: 167) und ist insofern dem dritten Krisenfocus
der stellvertretenden Krisenbewältigung, dem Focus der „Aufrechterhaltung
von Geltungsansprüchen" (Oevermann 2005: 34) und damit den Bereichen
der Wissenschaft bzw. der Kunst als Beruf zuzuordnen.

Im Anschluss an Mead, der das Aufscheinen einer sich bewussten Identität in
Zusammenhang mit der subjektiven Erfahrung von Handlungsproblemen konzeptualisiert, geht auch Oevermann davon aus, dass sich das Subjekt erst dann
als solches erlebt, wenn es sich in einer akuten Krise befindet (vgl. Oevermann
2016).
    Ausgehend von Charles Sanders Pierce´ Vorschlag einer Kategorisierung des
Erkenntnisprozesses[11] beschreibt Oevermann nun den Prozess des Auftretens
einer Krise bis zu deren Lösung durch das Individuum. Der krisenhafte Charakter
der Konstitution von Erfahrung ergibt sich aus dem „unaufhebbaren Dualismus
zweier Realitäten: der objektiven des unmittelbar gegebenen Hier und Jetzt der
Wahrnehmung bzw. der Konfrontation mit der unbekannten, erfahrbaren Welt
[…] und der prädikativ rekonstruierten Welt des erkannten bzw. erkennbaren
Begriffsallgemeinen" (Oevermann 2006: 93). Eine Krise tritt auf, wenn in die
prädikative – also sprachlich bestimmte – Welt des Individuums (bei Oevermann: des Erfahrungssubjekts) etwas bislang Unbekanntes, ein nicht prädizierter
Gegenstand X eintritt, der das Individuum beunruhigt, sobald er dessen Aufmerksamkeit erregt. Es wird deutlich, dass die Attribuierung „krisenhaft" nicht
zwangsläufig durch den Gegenstand selbst, sondern durchaus auch durch dessen
Relation zum Individuum hergestellt sein kann. Das Individuum wird allerdings,
indem es mit dem krisenauslösenden Unbekannten konfrontiert ist, zu der „Instanz, die als Praxis autonom eine Krise zu lösen" (Oevermann 2006: 94) hat. Es
kann als „sprachbegabte Lebensform […] auf [das Unbekannte, nicht Prädizierte,
K. M.] nicht nicht reagieren" (Oevermann 2016: 51). Hier argumentiert Oevermann ähnlich wie Mead, der eine Differenzierung von biologischer Determination
der Tierwelt und der Befähigung des Menschen vornimmt, qua Bewusstsein

---

[11] Charles S. Pierce (1968): On a New List of Categories.

intelligente Handlungen auszuführen. Solange ein unbestimmter Gegenstand unbestimmt bleibt, befindet sich das Individuum in der „akuten Krise" (Oevermann 2016: 57). Gelinge es ihm jedoch, die Krise im Sinne einer Prädizierung, einer sprachlichen Bestimmung des zuvor unbekannten Gegenstands zu lösen, so geht die Krisenlösung als epistemische Operation der Prädikation ‚X ist ein P' in die Bestände des routinierten Wissens ein (vgl. Oevermann 2006). Insofern stellen gewonnene Erkenntnisse und gewonnenes Wissen in dem Moment, in dem sie Resultat von Krisenlösungen und dem Bewusstsein zugänglich sind, ein Repertoire „gebildete[r] Prädikate im Wissensvorrat" (Oevermann 2006: 92). Jenes Repertoire des durch Erfahrung generierten Wissens kann allerdings jederzeit wieder in eine Krise geraten, und zwar dann, wenn Routinen angesichts neuer, unbestimmter Gegenstände X, die in die Aufmerksamkeit des Individuums treten, nicht mehr tragfähig sind.

Welche Erkenntnisse lassen sich nun aus Oevermanns Konzeptualisierung autonomer Lebenspraxis zur Dialektik von Krise und Routine ziehen? Oevermann geht ähnlich wie Mead davon aus, dass sich das Subjekt erst dann als solches wahrnimmt, wenn es mit Unbekanntem und mit Krisen konfrontiert wird (vgl. Oevermann 2004c). Konstitutives Merkmal einer jeden autonomen Lebenspraxis sei es, auf Krisen reagieren zu müssen. Daher kann Individuierung gleichsam als Krisenerfahrungs- und -bewältigungsprozess verstanden werden. Die Emergenz des Neuen vollzieht sich nun durch die sprachliche Sicherung neuer Prädikationen und Bewusstwerdung des gewonnenen Erfahrungswissens. Die Aufschichtung solcher Erfahrungsprozesse, die gleichermaßen eine Neurelationierung des Individuums zu der Welt darstellen, bilden nach Oevermann jenen Bildungsprozess, durch den die durch nachträgliche Rekonstruktion der Ausdrucksgestalt des ‚I' zu einem ‚me' wird. Die zum Ausdruck gebrachten Überzeugungen verweisen auf Routinewissen und darauf, dass das ‚I' auf ein ‚me' antwortet. Wissen und Überzeugungen als Derivate der Krisenbewältigung sind der Sphäre der Routine zuzuordnen, während subjektive Erfahrungen und das konkrete Handeln der Sphäre der Krise angehören. Entsprechend ihrer Verortung in einer Dialektik von Krise und Routine emergiert die autonome Lebenspraxis nach Oevermanns Verständnis also nicht nur aus der Bewältigung von Krisen. Sie gerät, wenn bestehende Routinen durch die Konfrontation mit ihr Unbekanntem brüchig werden, wieder in die Krise. Entsprechend beschreibt Oevermann Sozialisation gewissermaßen als Reproduktionszirkel von Emergenz und Determination.

Aufbauend auf seinem Verständnis der Entwicklung autonomer Lebenspraxis beschreibt Oevermann jegliche humane Sozialisation als „Prozesslogik bzw. Ablauffigur der systematischen Erzeugung des Neuen par excellence" (Oevermann 2004: 156; vgl. auch Oevermann 2005, 2009, 2016) und damit als Prozess der Krisenbewältigung. Die Bewältigung solcher Krisen, mit denen das Individuum im Laufe seines Lebens konfrontiert wird, zieht ein „Umschreiben der Vergangenheit des Selbst [nach sich, K. M.], aus dem sich wiederum zwingend eine veränderte Zukunftsprojektion ergibt, die ihrerseits Anlässe zur Emergenz von Krisenkonstellationen erzeugt" (Oevermann 2009: 39). Wie Mead geht also auch Oevermann von einem veränderbaren Selbst, einer brüchig werdenden und sich neu konfigurierenden Identität aus: Die Dialektik aus Emergenz und Determination, in der Lebenspraxis sich als autonom konstituiert, bildet gleichsam deren Sozialisations- und Bildungsprozess ab. Die Struktur der Lebenspraxis kann nun als Algorithmus getroffener Selektionsentscheidungen verstanden werden, die die objektive Identität des Falls ausmachen (vgl. Abschnitt 4.2, Oevermann 1993; 1991). Gleichzeitig muss davon ausgegangen werden, dass diese Struktur aufgebrochen und durch ein neues Element verändert wird, wenn bestehende Routinen in die Krise geraten und deren Bewältigung neue Überzeugungen und damit auch neu gewonnene Selbstverständnisse generieren lässt. Ausgangspunkt jeglicher Strukturtransformation autonomer Lebenspraxis ist der einmal erworbene strukturelle Optimismus, der dazu führt, „Krisenkonstellationen nicht ängstlich auszuweichen" (Oevermann 2009: 39), sondern sie stattdessen als „Möglichkeiten der Emergenz" (Oevermann 2009: 39) zu deuten. Mit seiner Konzeptualisierung einer rekonstruierbaren Fallstrukturgesetzlichkeit als Algorithmus getroffener Selektionsentscheidungen, die den Fall objektiv ausmachen, ergänzt Oevermann gewissermaßen den Zwischenschritt, den es zur Rekonstruktion einzelfallspezifischer Haltungen bedarf, wie sie sich textlich protokollieren. Er fügt damit der Meadschen Konzeptualisierung einer Gesamtidentität, die sich in Handlungsphasen des ‚I' und des ‚me' ausdrückt, die entscheidende methodologische Komponente hinzu, die es nicht nur ermöglicht, den latenten Sinn der Lebenspraxis, die die an der Interaktion Beteiligten bilden, rekonstruierend zu erfassen, sondern auch in der Interaktion hervorscheinende implizite Haltungen und Selbstbilder der Interaktionspartner.

4.2.2 Zwischenfazit

Mit seiner Konzeptualisierung einer rekonstruierbaren Fallstrukturgesetzlichkeit als Algorithmus getroffener Selektionsentscheidungen, die den Fall objektiv ausmachen, ergänzt Oevermann gewissermaßen den Zwischenschritt, den es zur Rekonstruktion einzelfallspezifischer Haltungen, wie sie sich textlich protokollieren, bedarf. Er fügt damit der Meadschen Konzeptualisierung einer Gesamtidentität, die sich in Handlungsphasen des ‚I' und des ‚me' ausdrückt, die entscheidende methodologische Komponente hinzu, die es nicht nur ermöglicht, den latenten Sinn, der die Bewegungsgesetzlichkeit der Lebenspraxis konstituiert und durch sie hervorgebracht wird, rekonstruierend zu erfassen, sondern auch in der Interaktion hervorscheinende implizite Haltungen und Selbstbilder der Interaktionspartner.

4.3 Resümee: Zur Fruchtbarkeit eines identitätstheoretischen Zugriffs auf Haltungen Lehramtsstudierender gegenüber dem Objekt ‚Studium'

Für das Erkenntnisinteresse der vorliegenden Arbeit sind Meads sozialbehaviouristisches und Oevermanns strukturtheoretisches Verständnis von Individuierung insofern fruchtbar, weil der Blick sich auf individuelle Haltungen gegenüber dem Lehramtsstudium, aus denen heraus Lehramtsstudierende den Wunsch bzw. die Forderung nach ‚mehr Praxis' artikulieren, richtet. Dabei wird von der Annahme ausgegangen, dass die Haltungen des Subjekts gegenüber der sozialen Wirklichkeit, dem ‚Objekt', nicht unbeeinflusst von den Strukturen sind, die die soziale Wirklichkeit, d. h. das ‚Objekt' konstituieren. Meads und Oevermanns Sichtweisen über die Herausbildung individuierter Identität bzw. autonomer Lebenspraxis durch den sozialen Prozess bieten die Möglichkeit der theoretischen Fassung solcher protokollierter Interviewsequenzen, in denen sich studentische Haltungen gegenüber dem Objekt ‚Studium' abbilden. Mead und Oevermann gehen in ihren Erklärungsmodellen davon aus, dass sich Individuen zu dem, was ihnen begegnet, verhalten müssen, indem sie sich in sozialen Feldern bewegen und mit anderen interagieren. Dieses Verhalten ist, auch in diesem Punkt besteht eine Übereinstimmung der beiden Autoren, maßgeblich durch den spezifischen Sinn determiniert, der die soziale Situation strukturiert. Mead entwickelt in dem Zusammenhang das Modell einer strukturierten Gesamtidentität, die sich in sozialer Interaktion im Zusammenwirken von ‚I' und ‚me' abbildet. In Oevermanns Konzeptualisierung von Sozialisation als Prozess der Krisenbewältigung zeigt sich die autonome Lebenspraxis in ihrer spezifischen Fallstrukturiertheit ebenfalls in der sozialen Interaktion. Die spezifische Fallstrukturiertheit umfasst die aufgeschichteten Erfahrungen durch Krisenbewältigung und den Selektionsalgorithmus getroffener Entscheidungen, wie er sich in der protokollierten sozialen Praxis abbildet. Mead und Oevermann konzeptualisieren die Gesamtidentität bzw. die autonome Lebenspraxis als veränderlich, weil sie in einen über die Lebensspanne andauernden Strukturtransformationsprozess gestellt sind. Schließlich – auch in diesem Punkt stimmen Mead und Oevermann überein – entziehen sich Teile der Gesamtidentität bzw. der Struktur der autonomen Lebenspraxis dem Bewusstsein des Individuums: „Wir sehen im täglichen Verhalten und in der täglichen Erfahrung, daß der Einzelne einen großen Teil dessen nicht ‚meint‘, was er tut und sagt" (Mead 1968: 184). Dem Blick des Forschenden hingegen ist die Struktur der Gesamtidentität bzw. die Fallstruktur der autonomen Lebenspraxis durch „archivierbare Fixierungen" (Oevermann et al. 1979: 376) sozialer Interaktion zugänglich.

Eine *erste Arbeitshypothese* besteht in der Annahme einer grundsätzlichen Notwendigkeit der Identifikation Lehramtsstudierender mit ihrem Studium, weil sie sich – wie jedes Individuum im sozialen Prozess, in den es eingebunden ist – zu dem, was ihnen im Studium begegnet, verhalten müssen. Ausgehend von einzelfallspezifischen Identifikationen Lehramtsstudierender mit ihrem Studium ist insbesondere die empirische Gestalt des Identifiziert-Seins relevant, die wir als idealtypisches lehramtsstudentisches ‚me‘ skizziert haben. Allgemeinverständlich und am Beispiel des Meadschen ‚game‘ ausgedrückt ist damit gemeint: Die Spielerposition des Stürmers ist zwar durch Wissen um die Regeln des Fußballspiels und um Möglichkeiten der erfolgreichen Ausführung von Spielzügen gekennzeichnet. Die einzelfallspezifische Art und Weise der für die Ausführung dieser Spielzüge innerhalb des Spiels und damit das Ausfüllen der Position ist es jedoch letztlich, die die Stürmer Ronaldo und Thomas Müller voneinander unterscheidet[12].

Die beiden vorgestellten Erklärungsmodelle sind zudem mit Blick auf die Ausgangspunkte, an denen die vorliegende Studie ansetzt, äußerst fruchtbar: Einen Ausgangspunkt der Untersuchung bilden solche Studien, die den Wunsch Lehramtsstudierender nicht als Wirkungsbefund universitärer Lehrerbildung, sondern vielmehr als Passungs- bzw. sozialisatorisches Problem interpretieren, d. h. als ein Problem, das sich aus dem Aufeinandertreffen von Subjekt und Objekt ergibt (vgl. Abschnitt 3.2.2). Insofern sind konstitutive Merkmale des Objekts ‚Lehramtsstudium‘ und idealtypische Haltungen Lehramtsstudierender gegenüber dem, womit sie im Studium konfrontiert sind, weitere Ausgangspunkte für die vorliegende Untersuchung. Fruchtbar erscheinen Meads und Oevermanns Theoriemodelle also

---

[12] Ein recht ähnliches Verständnis sozialen Handelns findet sich bei Max Weber (1988): Er bezeichnet die sinnhafte Orientierung an Erwartungen eines bestimmten Verhaltens anderer und den danach subjektiv eingeschätzten Erfolgschancen des eigenen Handelns als einen wichtigen Bestandteil des Gemeinschaftshandelns. Weber versteht das Individuum jedoch auch „als Mitspieler vergesellschaftet" (Weber 1988: 443), wenn dieser dem Vergesellschafteten bewusst entgegenhandele.

deshalb, weil sie Individuation bzw. Autonomie der Lebenspraxis an Sozialität binden und damit einem Verständnis von Selbstwerdung als etwas folgen,
das immer auch durch die soziale Umwelt, mit der Individuen konfrontiert sind,
determiniert ist. Hier greift Oevermanns Konzeptualisierung von Sozialisation als
Prozess der Krisenbewältigung: Dieser Konzeptualisierung folgend müsste sich
ein fallspezifischer Algorithmus im Umgang mit Krisen rekonstruieren lassen.
Eine der Krisen eröffnet sich für Lehramtsstudierende mit dem Eintritt in den akademischen Raum als Neues bzw. als ‚brute facts, auf die sie nicht nicht reagieren
können.

Lehramtsstudierende, so die *zweite Arbeitshypothese*, sind durch ihr Studium
mit Diskontinuitäten als ‚brute facts' konfrontiert, zu denen sie sich verhalten müssen. Praxisphasen in der Schule unterbrechen die Hochschulpraxis und
führen zu Diskontinuitäten. Die Konfrontation mit schulischer Praxis in Schulpraktika besitzt nicht nur deshalb ein Krisenpotenzial, weil Praktikumsphasen
mit Luhmann gesprochen in einem anderen sozialen System situiert sind als
das übrige Studium und entsprechend jeweils unterschiedliche systemimmanente
Wissensstrukturen und Logiken gelten. Es ist zudem anzunehmen, dass Praktikumsphasen ein Krisenpotenzial bergen, weil Lehramtsstudierende das System
‚Schule' dort aus einer ihnen neuen Perspektive erleben. Eine weitere Diskontinuität als konstitutives Merkmal des Lehramtsstudiums besteht darin, Studierende
mit unterschiedlichen Lehrkulturen zu konfrontieren, die nicht zuletzt dadurch
entstehen, dass Praxisbezüge in differenter Weise hergestellt bzw. nicht hergestellt und Lehramtsstudierende entsprechend unterschiedlich adressiert werden
und insofern mit unterschiedlichen Bildungsansprüchen konfrontiert sind. Im
Anschluss an Mead und Oevermann wird in der vorliegenden Studie davon ausgegangen, das Lehramtsstudierende an der Konfrontation mit jenen ‚brute facts'
des Lehramtsstudiums ihre spezifische, fallstrukturierte Identität herausbilden, die
sich in den Haltungen ausdrückt, aus denen heraus das empirisch in Erscheinung
tretende Subjekt über sein Studium spricht. Anders gesagt: Das, womit Lehramtsstudierende konfrontiert sind, sobald sie ihr Studium aufnehmen, birgt deshalb
Krisenpotenzial, weil es erstens neu und zweitens zum Teil widersprüchlich ist.
Wie sich das jeweilige Subjekt wiederum zu dem verhält, womit es konfrontiert
ist, macht mit Oevermann gesprochen die Fallstrukturiertheit der Lebenspraxis
aus.

Rekonstruktion von Lehramtsstudierendentypen

5

Mit der Zielperspektive der vorliegenden Untersuchung ist ein fallrekonstruktives Vorgehen nahegelegt, das es zum einen ermöglicht, die fallspezifisch latente Sinnstrukturiertheit des Sprechens über das Lehramtsstudium als das jeweils Typische eines Geworden-Seins als Studierenden bzw. Studierende freizulegen. Zum anderen ermöglicht ein solches Vorgehen über den spezifischen Einzelfall hinausreichende Aussagen zu der Frage zu treffen, welcher Typus Lehramtsstudierender tendenziell den Wunsch bzw. die Forderung nach ‚mehr Praxis‘ hervorbringt und welcher nicht. Mit dem Rekonstruktionsverfahren der Objektiven Hermeneutik ist die Möglichkeit eines solchen methodischen Vorgehens gegeben.

Wie in Abschnitt 5.1 gezeigt wird, liefern die methodologischen Prämissen der Objektiven Hermeneutik die Begründung für ein Verständnis über die Spezifität des Einzelfalls als Ausdruck Bewegungsgesetzlichkeit in einer sozialen Welt, die wiederum durch universale Bedeutungsgesetzlichkeiten sinnhaft strukturiert ist. Diesbezüglich ist die Bedeutung zentraler Begriffe in George Herbert Meads sozialbehaviouristischer Konzeptualisierung von Identität hervorzuheben, die den methodologischen Prämissen der Objektiven Hermeneutik als Methode sozialwissenschaftlicher Erkenntnisgewinnung zugrunde liegt[1]. Ausgangspunkt der Analyse sind die methodologisch zentralen Begriffe ‚Identität‘ und ‚Subjektivität‘, die das Fundament für den in Anschlag gebrachten Strukturbegriff, aber auch für die Konzeptualisierung sozialer Welt als sinnhaft strukturierte

---

[1] Gleichwohl sei darauf hingewiesen, dass das eng mit der methodologischen Fundierung der Objektiven Hermeneutik verknüpfte Programm einer soziologischen Sozialisationstheorie auch an Jean Piagets Theorie der kognitiven Entwicklung, an Noam Chomskys Theorie der Universalgrammatik und an Sigmund Freuds psychoanalytische Entwicklungstheorie anschließt.

K. Maleyka, *Der Praxiswunsch Lehramtsstudierender revisited*, Rekonstruktive Bildungsforschung 45, https://doi.org/10.1007/978-3-658-43433-5_5

bilden (Abschnitt 5.1.1). In dieser sozialen Welt und in den ihr inhärenten differenten sozialen Feldern bewegen sich Individuen nicht nur, sondern bilden gewissermaßen an ihr und durch sie eine individuierte Identität heraus. Es handelt sich dabei um einen krisenhaften und sich sequenziell vollziehenden Prozess, was eine weitere zentrale, sozialisationstheoretisch begründete methodologische Grundannahme der Objektiven Hermeneutik darstellt (Abschnitt 5.1.2, vgl. auch Abschnitt 4.2). Ausgehend von den skizzierten methodologischen Grundannahmen wird die Fruchtbarkeit eines fallrekonstruktiven Forschungszugriffs auf Haltungen Lehramtsstudierender erörtert, in denen sich die Identifikation mit dem Objekt ‚Studium' widerspiegelt und aus denen heraus Praxiswünsche bzw. -forderungen artikuliert werden (Abschnitt 5.1.3), bevor die objektiv-hermeneutischen Interpretationsprinzipien beschrieben werden, aus denen sich der methodische Zugriff auf das erhobene Datenmaterial ableitet (Abschnitt 5.2). Den Abschluss des Kapitels bildet eine Auseinandersetzung mit wesentlichen Kritikpunkten am objektiv-hermeneutischen Verfahren und seinen methodologischen Fundierungen (Abschnitt 5.3)

5.1 Methodologische Fundierungen der Objektiven Hermeneutik

Die methodologischen Grundlegungen der Objektiven Hermeneutik sind Mitte der 1970er Jahre im Kontext der Bearbeitung sozialisationstheoretischer Grundfragen am Lehrstuhl des Soziologen Ulrich Oevermann an der Goethe-Universität Frankfurt entstanden und seitdem immer weiter expliziert und differenziert worden (vgl. Oevermann 1976, 1981, 1991, 2000, 2002, 2004). Auf ihnen gründet ein methodisches Vorgehen der Rekonstruktion latenter Sinn- und objektiver Bedeutungsstrukturen humaner Praxis, das konsequent dem Anspruch einer falsifikatorischen, d. h. einer gültigkeitsüberprüfenden Erkenntnisgewinnung folgt.

Die Methodologie Objektiver Hermeneutik verweist in mehrfacher Hinsicht auf Meads Erklärungsmodell individuierter Sozialisation: Der bei Mead in Anschlag gebrachte *Sinnbegriff* bezieht sich erstens auf das für soziales Handeln fundamentale Kriterium der Kommunizierbarkeit subjektiver Realität durch Sprache als System bedeutungstragender Symbole. Meads Sinnbegriff ist zweitens an ein die konkrete soziale Handlungssituation überspannendes Angemessenheitsverständnis daran gebunden, was sagbar und was nicht sagbar ist: den sozialen Sinn. Die Erschließung jenes sozialen Sinns wird bei Mead als ein wesentliches Kriterium im Prozess der Selbstbildung und der Individuierung verstanden. Schließlich verweist Mead drittens auf eine objektive Sinnebene, die jenseits des subjektiv-intentionalen situiert ist. Der objektive Sinn existiert zwar unabhängig von der konkreten sozialen Handlung, wird jedoch durch die soziale Handlung – durch Geste und Reaktion – erst realisiert und bildet insofern das emergierende Ereignis der sozialen Handlung. Die objektive Sinnebene tritt als Latentes in actu nicht in das Bewusstsein der Interaktionsteilnehmenden ein, sondern ist erst dann, wenn sie rekonstruktiv-verstehend erschlossen wurde.

Die Implikationen aus Meads *Zeittheorie*, aus seinem *Erklärungsmodell von Individuierung* und sein Verständnis einer *Dialektik von Emergenz und Determination* wiederum legen die Notwendigkeit der Fixierung von Subjektivität durch Protokolle nahe. Außerdem liefern sie die methodologische Begründung für ein Vorgehen, Einzigartiges zu erfassen, es gleichzeitig als „Ergebnis gesetzmäßiger Strukturtransformationen erklären zu können" (Oevermann 1991: 269) und begründen insofern die forschungspragmatische Kategorie der Rekonstruktion (vgl. Wagner 1999): Mead beschreibt in seiner Zeittheorie die Gegenwart als „Ort der Realität" (Mead 1969: 262), an dem Vergangenheit und Zukunft zusammenfallen und der insofern „die Eigenschaften beider Systeme zugleich besitzt" (Mead 1969: 308). Jener Übergang (‚passage') von einem System in das andere, der Übergang von Vergangenem in Zükünftiges ist nach Mead „der Anlaß dafür, daß Neues entsteht, und zwar sowohl im Lebewesen als auch in der Umwelt" (Mead 1969: 317). Für das Individuum folgt aus dieser Erkenntnis, dass auch dessen Erfahrung ein „kontinuierlich in die Zukunft übergehender Prozeß" (Mead 1987: 324) ist. Ein entscheidendes Merkmal der aktuellen Gegenwart ist also deren Flüchtigkeit: Sie befindet sich nach Mead in einem kontinuierlichen „Überlappungsprozess" (Mead 1987: 340) von einer Gegenwart in eine nächste. Zugleich fällt sie in die Sphäre der Subjektivität und damit die Sphäre des potenziell Neuen. Hier nun kommt Meads Emergenzbegriff zum Tragen: Mead unterscheidet zwischen einer bewussten Dimension der Identität, dem ‚me', und einer unbewussten Dimension der Identität, dem ‚I', die er der Sphäre der Subjektivität zuordnet. Im dialektischen Zusammenwirken bilden ‚me' und ‚I' die Gesamtidentität – bei Mead: das ‚self' -, wie es sich im sozialen Prozess abbildet. Das ‚I' ist als spontan handelnde Instanz und Komponente der sich abbildenden Gesamtidentität das Agens, welches in der Lage ist, Neues hervorzubringen. Im Gegensatz zum ‚me' ist das ‚I' nämlich nicht nur in der Lage, routinemäßig zu reagieren, sondern auch dazu fähig, eine unvorhersehbare „neuartige Antwort" (Mead 1968: 241) auf die gesellschaftliche Situation zu geben: Im Gegensatz zu solchen Handlungen, die als Routinehandlungen vollzogen werden und sich insofern unterhalb des Bewusstseinsradars vollziehen, machen solche Situationen, die das Individuum vor ein konkretes Handlungsproblem stellen, eine Neuorientierung erforderlich. Erst dann ist nach Mead eine dem Bewusstsein zugängliche zeitlich strukturierte Erfahrung der Gegenwart möglich, die den Ablauf ineinander übergehender Gegenwarten durchbricht (vgl. Mead 1987). In der konkreten Erfahrung eines Handlungsproblems ist das ‚I' als kreatives Agens gezwungen, die komplexen Reaktionen angesichts eines Konflikts in einer Art und Weise zu analysieren, dass sich zusammen mit einer Rekonstruktion des Handlungsablaufes ein neuer Objektbereich ergibt. Dies geschehe nach Mead durch Identifikation des ‚I' mit dem gescheiterten Element dieses Handlungsablaufs (Mead 1969: 149), d. h. durch Ausschluss solcher Handlungen, die als nicht nützlich bewertet werden. Durch das Auftreten des ‚I' ist also eine Reorganisation der Handlung bei gleichzeitiger Eliminierung des gescheiterten Elements erst möglich – und damit auch die Entstehung von Neuem. Damit bildet die Emergenz des Neuen aus dem Vergangenen, aus dem es hervorgeht, eine Form der Reorganisation, die etwas mit sich bringt, was es so noch nicht gab (vgl. Mead 1968). Sie entspricht gleichzeitig einem kontinuierlichen Überlappungsprozess, in den die Gesamtidentität – das ‚self' – gestellt ist und dem Bewusstsein des Individuums deshalb in actu nicht zugänglich ist. Erst nach Handlungsvollzug, nach dem Auftreten des ‚I', gehen Resultate aus den bewältigten Handlungsproblemen in das Erfahrungswissen des Individuums ein. Dort schichten sie sich gewissermaßen als Sedimente einer dem Bewusstsein zugänglichen Identität, einem ‚me' auf. Dies umfasst also einerseits ein Verständnis einer präreflexiv handelnden, spontanen Komponente der Gesamtidentität (‚I'), andererseits aber auch ein Verständnis eines dem Bewusstsein zugänglichen Objektbereichs (‚me') der Gesamtidentität, das im Handlungsvollzug durchschlägt. Die Rekonstruktionsleistung, der Rückgriff auf akkumuliertes Erfahrungswissen, vollzieht das Individuum entsprechend des sich vor ihm entfaltenden Handlungsproblems – allerdings unter der Prämisse einer Zukunftsoffenheit und insofern ohne absolute Gewissheit über das Handlungsresultat.

Diese Kategorie der Rekonstruktion ist auch durch Freuds psychoanalytische Entwicklungstheorie und der darin aufbewahrten Formalkategorie des Unbewussten (Ubw) – annähernd vergleichbar mit dem Meadschen ‚I' – nahegelegt, die eine analytische Unterscheidung der subjektiv-intentionalen und der objektiv realisierten Sinnebene zulässt. Die methodologischen Fundierungen des objektiv hermeneutischen Verfahrens und des soziologischen Erklärungsmodells von Sozialisation knüpfen also nicht nur an Meads Sinnbegriff, seine Zeittheorie und das bei ihm beschriebene Verhältnis von Emergenz und Determination an, sondern auch an Freuds psychoanalytische Entwicklungstheorie, die im Folgenden erläutert werden soll.

Exkurs: Das Unbewusste, das Ich und das Es in Freuds psychoanalytischer Entwicklungstheorie
Freud operiert in seiner psychoanalytischen Theorie der psychischen Entwicklung des Menschen mit den Formalkategorien des Unbewussten (Ubw), des Vorbewussten (Vbw) und des Bewussten (Bw) sowie mit einem Modell psychischer Instanzen, die er Es, Ich und Ideal-Ich bzw. Über-Ich nennt (vgl. Freud 1975[2]). Während er dem Bereich des Bw alle Wahrnehmungen und Sinneseindrücke, aber auch Empfindungen und dem Ubw alles Verdrängte bzw. nicht in das Bw Gelangte zuordnet, sind im Bereich des Vbw all jene Inhalte aufbewahrt, die dem Menschen zwar in situ nicht bewusst sind, „als Erinnerungsreste" (Freud 1975: 289) aber grundsätzlich werden können und zwar durch „die analytische Arbeit" (Freud 1975: 290). Mit den Kategorien des Ubw, des Vbw und des Bw korrespondiert nun das Modell psychischer Instanzen: Das vom Wahrnehmungssystem ausgehende Wesen in seiner Körperlichkeit nennt Freud das Ich, das zunächst vorbewusst ist. Das Psychische, das auch das Verdrängte enthält, bezeichnet er als Es, das wiederum unbewusst ist. Ich und Es sind voneinander nicht scharf voneinander getrennt, sondern vielmehr mit einem durchlässigen Filter miteinander verbunden, der verhindert, dass das ins Ubw Verdrängte, das der Sphäre des Es angehört, in das Bw und damit in die Sphäre des Ich eindringt. Regulierungsinstanzen des durchlässigen Filters sind Ich und Es, indem sie zwei differenten Prinzipien folgen. Das Ich als Vernunftinstanz ist bemüht, dem „Realitätsprinzip" (Freud 1975: 293) Vorschub zu geben, während das Es als Leidenschafts- bzw. Triebinstanz vielmehr vom „Lustprinzip" (Freud 1975: 293) geleitet wird. Dem Bild des durchlässigen Filters folgend, der zwischen Es und Ich gerückt ist, tritt die Instanz der Identifizierungen hinzu. Sie nennt Freud das Ich-Ideal oder Über-Ich. An jenem nun vollständigen Modell der drei Instanzen Ich, Es und Über-Ich entfaltet er nun seine psychoanalytische Entwicklungstheorie, deren Grundmodell er in der Auflösung des Ödipuskomplexes und der damit einhergehenden Aufgabe der Objektbesetzung der Mutter beschreibt, an deren Stelle Identifikationen mit Mutter oder Vater treten (vgl. Freud 1975: 299 ff.). Eine zentrale Annahme Freuds ist, dass jene Identifikationen zu innerpsychisch wirksamen Ge- bzw. Verboten gerinnen, die das Über-Ich konstituieren. Das Ich erscheint als eine handelnde Instanz, die von zwei anderen Instanzen beeinflusst wird: einerseits durch das Es als Lust- bzw. Unlustinstanz, aber auch als Reservat des Verdrängten, andererseits durch das Über-Ich als enkulturierte, zugleich dem unbewussten Es als „Anwalt

---

[2] Vgl. hierzu auch Freud ‚Einige Bemerkungen über den Begriff des Unbewußten' (1912), ‚Das Unbewußte" (1915), ‚Jenseits des Lustprinzips' (1920) sowie ‚Das Ich und das Es' (1923).

der Innenwelt" (Freud 1975: 303) verpflichtete Instanz. Die entscheidende Lücke, die Freuds Modell zu Meads Konzept der I-me-relationship schließt, zeigt sich in seiner Explikation der Qualität der Beziehungen der drei Instanzen:

> „Die Abkunft von den ersten Objektbesetzungen des Es, also vom Ödipuskomplex, bedeutet aber für das Über-Ich noch mehr. Sie bringt es [...] in Beziehung zu den phylogenetischen Erwerbungen des Es und macht es zur Reinkarnation früherer Ich-bildungen, die ihre Niederschläge im Es hinterlassen haben. Somit steht das Über-Ich dem Es dauernd nahe und kann dem Ich gegenüber dessen Vertretung führen. Es taucht tief ins Es ein, ist dafür entfernter vom Bewußtsein als das Ich" (Freud 1975: 315).

Oevermann bezeichnet Freuds psychoanalytisches Erklärungsmodell der psychischen Entwicklung als idealtypische Konstruktion normaler Entwicklung und als „Paradigma einer Sozialisationstheorie [...], in der der Aufbau der das Gattungsleben sichernden Sexualorganisation und die Individuierung des Subjekts als zwei Seiten derselben Medaille erscheinen" (Oevermann 1975: 10). Dabei besteht die Aufgabe einer soziologischen Ergänzung der Freud'schen Entwicklungstheorie wesentlich in der „Explikation der Struktur des latenten Sinns ödipaler Interaktionen und ihre objektiven Bedingungen" (Oevermann 1975: 10, vgl. auch Oevermann 2004). Als Theorie der Individuierung und der sozialen Konstitution von Subjektivität schließt Freuds Theorie eine systematische Lücke, die weder durch Piagets entwicklungspsychologische Theorie oder Chomskys Theorie des Erwerbs sprachlicher Kompetenz noch durch Pierce' pragmatistische Handlungstheorie und Meads Theorie sozialisatorischer Interaktion geschlossen werden kann: Sie thematisiert „Individuierung als das spezifische Problem des Erkennens der eigenen Antriebsbasis" (Oevermann 1975: 12). Die eigene Antriebsbasis ist einerseits dadurch äußerlich verortet, weil sie das „nicht hintergehbare, ursächlich biologisch Allgemeine sozialen Handelns bezeichnet, das allerdings erst am Ende der vollständigen hermeneutischen Rekonstruktion der Lebensgeschichte (als Sinngebilde) sichtbar gemacht werden kann" (Oevermann 1975: 12). Sie ist andererseits innerlich verortet, weil sie

> „nur im Vollzug lebensgeschichtlicher Sinngebung (und zum Beispiel nicht unter naturwissenschaftlich-experimentellen Bedingungen) in Erscheinung tritt und so, wie der Psychoanalytiker seine triebtheoretischen Annahmen im individuellen Fall nur über den notwendigen ‚Umweg' der Einsicht dessen, dessen Lebensgeschichte rekonstruiert wird, endgültig prüfen kann, jeweils nur als objektiv einzigartiges, eigenes inneres Triebschicksal, nicht am sozialen Objekt als Gegenüber erkannt werden kann" (Oevermann 1975: 12).

Wenn mit Freuds Entwicklungstheorie eine innere und eine äußere Perspektive des Erkennens der eigenen Antriebsbasis einhergehen, könne ihr Erkennen sich nicht allein im Inneren, sondern sich nur an „Begriffen (des) sozial konstituierten Allgemeinen" (Oevermann 1975: 12) vollziehen. Das Problem des Erkennens der eigenen Antriebsbasis besteht nach Oevermann nun darin, dass das Subjekt die „Stufe des Egozentrismus" (Oevermann 1975: 13) überwunden hat, bzw. darin, dass diese Stufe untergegangen und damit der bewussten Erkenntnis unzugänglich ist. Sie tritt als „unverfälschte Erinnerung des eigenen egozentrischen Handelns" (Oevermann 1975: 13) in Erscheinung und wird durch „die nachträgliche Sinnauffüllung in Begriffen des Allgemeinen subjektiv verfügbar" (Oevermann 1975: 13). So interpretiert stellt Freuds psychoanalytische Entwicklungstheorie eine „notwendige Ergänzung zum Meadschen Paradigma der biographischen Reorganisation in der I-me-Beziehung [dar, K. M.], sofern letzteres im Sinne der Meadschen zeitphilosophischen Interpretation des Verhältnisses von Emergenz und Determination gedeutet wird." (Oevermann 1975: 13). Mit ihr ist das Latente als das dem Individuum Unbewusste beschrieben, das sich im Handeln Ausdruck verschafft. Für die Objektive Hermeneutik als sinnverstehendes Interpretationsverfahren ist dieser Aspekt insofern von Bedeutung, als dass sich die Rekonstruktion protokollierter sozialer Praxis eben für deren latente Strukturiertheit interessiert.

5.1.1 Die Objektive Hermeneutik als sinnverstehendes Interpretationsverfahren

Die Methode der Objektiven Hermeneutik ist eng an ein soziologisches Erklärungsmodell von Sozialisation gebunden, das – wie Mead – Individuierung weder abgekoppelt von der sozialen Welt in das Individuum hineinverlegt noch als Resultat sozialer Determination versteht, sondern vielmehr als Rekonstruktionsleistung, die das Individuum im Kontext sozialisatorischer Interaktion an sich selbst vornimmt (vgl. Oevermann et al. 1979). Damit ist eine Unterscheidung der Kategorien ‚Subjektivität' und ‚Identität' in Anschlag gebracht: Ausgehend von Meads Sinnbegriff besteht eine fundamentale methodologische Annahme darin, von einer Sinnstrukturiertheit der sozialen Wirklichkeit auszugehen, die dem Individuum im Vollzug seiner sozialen Handlung nicht zugänglich ist. Es erzeugt, indem es als sozial handelndes Subjekt in Erscheinung tritt, durch sein Handeln gewissermaßen einen Fußabdruck. Jeder dieser Fußabdrücke ist einerseits das Ergebnis einer Selektion aus einer Vielzahl von Handlungsmöglichkeiten und eröffnet andererseits wiederum einen Spielraum von regelgeleitet sinnvollen

Handlungsoptionen. Ausgehend von dieser Verkettung – von der Erschließung regelgeleitet sinnvoller Handlungsoptionen durch den Vollzug der sozialen Handlung als Selektion einer dieser Optionen – bildet sich nun die objektive Identität ab, die objektive Sinnstrukturiertheit des Falls als Resultat der immergleichen Auswahlen, die das Individuum aus einer Vielzahl von Optionen trifft. Indem objektive Identität als charakteristische Struktur des Falls erst im sozialen Prozess emergiert, trägt sie die Eigenschaft des Latenten, dem Individuum in actu nicht bewusst Zugänglichen. Hier setzt die Objektive Hermeneutik als rekonstruktives Interpretationsverfahren an: Sie interessiert sich für die Rekonstruktion jener latenter objektiver Sinnstrukturen, die aus sozialer Interaktion als Drittes emergieren und die objektive Identität eines Falls abbilden. In der objektiven Identität des Falls spiegeln sich insofern nicht nur subjektive Selbstbilder des Individuums als Resultate dessen, was es von sich selbst begriffen hat (das Meadsche ‚me‘). Es zeigt sich zugleich die partiell unbewusst in der sozialen Handlung lebenspraktisch in Erscheinung tretende Gesamtidentität in Form einer Fallstrukturgesetzlichkeit.

Ähnlich wie in Meads Erklärungsmodell individuierter Sozialisation besteht eine der methodologischen Grundlagen Objektiver Hermeneutik darin, von einem konstitutionstheoretischen Primat eines objektiven Sinns auszugehen. Dieser Sinnbegriff bezieht sich jedoch keinesfalls auf ein solches Konzept, das sich an praktisch-vernünftige Maßstäben gelungenen Lebens orientiert, sondern verweist vielmehr auf ein Modell des regelgeleiteten Handelns. So formuliert Oevermann pointiert:

> „Sinn und Bedeutung werden in der Objektiven Hermeneutik auf den Grundbegriff der Regel bzw. das Grundmodell regelgeleiteten Handelns zurückgeführt und nicht auf einen Grundbegriff von Intentionalität, wie das in den Handlungstheorien letztlich der Fall ist" (Oevermann 1993: 115).

Subjektiv-intentionales Handeln wird aus dieser Perspektive im Spiegel einer solchen Intentionalität konzeptualisiert, die an ein verallgemeinertes, idealisiertes Subjekt eines ‚universe of discourse‘ gebunden (vgl. Oevermann et al. 1979; Oevermann 2002) und insofern „Derivat des schon immer objektiv gegebenen Sinns einer immer schon durch Regeln der Bedeutungsgenerierung koordinierten Sequenz von Einzelhandlungen" (Oevermann 1993: 116) ist. Sprachliche Äußerungen verweisen immer auf einen vorgelagerten, objektiven Sinn. Anderenfalls wäre eine sinnvolle Kommunikation, d. h. eine wechselseitige Bezugnahme beider Interaktionspartner auf deren Äußerungen nicht möglich. Mit einer solchen

Konzeptualisierung wird wie bei Mead eine psychologische Reduktion subjektiver Intentionalität umgangen und soziales Handeln von Individuen als eine Realisierung objektiver Möglichkeiten verstanden.

Durch die Unterscheidung zwischen subjektiv-intentionaler und objektiver Sinnebene wird mit Blick auf die Methode der Objektiven Hermeneutik deren methodologische Begründung für die Einnahme einer strukturtheoretischen Perspektive auf soziale Interaktion eingeführt: Objektiver Sinn wird aus dieser Perspektive als fallspezifische, symbolisch vermittelte Struktur sozialer Interaktion verstanden, die nicht vorab gegeben ist, sondern erst aus sozialen Handlungen emergiert und insofern die subjektiv-intentionalen Repräsentanzen der Individuen transzendiert[3] (vgl. Oevermann et al. 1976). Insofern konstituiert sich Sinn also gerade nicht durch eine bewusste Intentionalität, sondern vielmehr durch dessen unbewusste Realisierung seitens der Individuen, bevor sie ihn als solchen identifizieren bzw. rekonstruieren können (vgl. Mead 1968). Gleichzeitig wird auf die Differenz der Ebenen objektiv-latenter und subjektiv-intentionaler Bedeutungsstrukturen verwiesen: Sie ist für die Methode der Objektiven Hermeneutik deshalb entscheidend, weil unterstellt wird, dass die latente Sinnstruktur als „Struktur von situativ und kontextuell möglichen Bedeutungsrelationen in der Regel verschiedene ‚Lesarten'" (vgl. Oevermann et al. 1979: 380) enthält, denen sich die an der Interaktion beteiligten Individuen nur zum Teil bewusst sind[4]. Obschon es durchaus möglich ist, dass der subjektiv-intentionale und der objektiv-realisierte Sinn zusammenfallen, wird angenommen, dass deren Koinzidenz die Ausnahme und deren Differenz den Normalfall bilden. Alltagssprachlich manifestiert sich die Differenz des subjektiv-intentionalen und objektiv-realisierten Sinns etwa in solchen Situationen, in denen das sprecherseitig subjektiv Intendierte nicht die antizipierte Reaktion aufseiten des Gegenübers auslöst, wenn das Gesagte nicht mit dem Gemeinten übereinstimmt, aber auch in der Hervorbringung sprachlicher Fehlleistungen[5].

---

[3] Vgl. hierzu Poppers These über die Entstehung einer „Welt 3" (Popper: 1995: 75) durch die Funktionen der menschlichen Sprache als die Welt der Produkte des menschlichen Geistes.

[4] Zur Veranschaulichung jener Differenz des subjektiv-intendierten und objektiven Sinns sei an dieser Stelle beispielhaft auf die von Oevermann vorgelegte Rekonstruktion eines Falls familialer Interaktion verwiesen, in der sich auf manifester Ebene ein Dialog zwischen Mutter und Sohn am Abendbrottisch zeigt. Die protokollierte Interaktionssituation lässt nun ein fallrekonstruktives Vorgehen zu, das einen Zugriff auf die objektive Struktur der Mutter-Kind-Beziehung erlaubt, die dem Geschehen gleichermaßen vorgelagert ist und es insofern strukturiert (vgl. Oevermann 1981).

[5] Sigmund Freud deutet den Begriff der Fehlleistung nicht etwa als Ausfallerscheinungen bedingt durch physische Zustände wie Müdigkeit o.ä., sondern vielmehr als „vollgültige[n]

Mit der Bindung des Sinnbegriffs, mit dem in der Methodologie der Objektiven Hermeneutik operiert wird, ist zugleich ein spezifisch objektiv-hermeneutischer Strukturbegriff gemeint:

> „Strukturen sind jetzt nicht mehr in einer sonst üblichen leeren formalen Bestimmung eine Menge von Elementen, die in einer zu spezifizierenden Relation zueinander stehen. Sie sind vielmehr für je konkrete Gebilde, in eine Lebenspraxis darstellen, genau jene Gesetzmäßigkeiten, die sich überhaupt erst in der Rekonstruktion jener wiedererkennbaren typischen Auswahlen von Möglichkeiten abbilden lassen, die durch einen konkreten Fall aufgrund seiner Fallstruktur bzw. seiner Fallstrukturgesetzlichkeit getroffen werden" (Oevermann 2002: 11).

Nach Oevermann ist die Genese der spezifischen, rekonstruktiv zugänglichen Struktur sozialer Interaktion durch zwei Parameter bedingt (vgl. Oevermann 1993: 181 f.; 2000: 64 ff.; 2003: 192 ff.): Der erste Parameter repräsentiert die Gesamtheit der Regeln, die im Sinne eines Algorithmus eine unendliche Anzahl von Handlungsmöglichkeiten zu erzeugen im Stande sind. Er eröffnet an jeder Sequenzstelle eine definierte Menge sinnlogisch wohlgeformter Anschlüsse des Handelns bzw. des Sich-Äußerns und definiert zugleich die Menge der im Sinne der Wohlgeformtheit sinnlogisch möglichen Vorläufer. Die Determination der konkreten sozialen Handlungen der Individuen bildet nun den zweiten Parameter, der von dem ersten Parameter scharf zu trennen ist, weil er determiniert, welche konkreten Auswahlen das handelnde Subjekt unter den von den generativen Regeln eröffneten Optionen trifft. Veranschaulichen lässt sich dieser Zusammenhang am Beispiel eines Verkaufsgesprächs: Die an den Kunden gerichtete Frage des Verkäufers „Was darf's sein?" verweist nicht nur auf die Spezifität des Interaktionssettings und dessen regelhafte Strukturiertheit, sondern stellt zugleich eine

---

psychische[n] Akt [...], als ganz ordentliche Handlung [...], die sich nur an die Stelle der anderen, erwarteten oder beabsichtigten Handlung gesetzt hat" (Freud 1922: 24 f.). Aufschlussreich in Bezug auf eine Fehlleistung ist nach Freud, dass mit ihr eine „Interferenz zweier Absichten" (Freud 1922: 55) entsteht, die implizit Auskunft über die psychische Verfasstheit des Sprechers gibt. Wenngleich das fallrekonstruktive Vorgehen der Objektiven Hermeneutik explizit nicht darin besteht, zu Vermutungen über innerpsychische Verfasstheiten zu gelangen, so werden Fehlleistungen wie jede Sprechaktsequenz als ordentliche Handlung behandelt. Der objektive Sinn solcher protokollierten Fehlleistungen wird insofern ernst genommen, als sich das Individuum – unbewusst – durch ihn „verrät" (vgl. Wernet 2009: 23 f.).

handlungspragmatische Anforderung an den Kunden[6]. Implizit eröffnet sich ein Spektrum objektiv gegebener Möglichkeiten, auf die Frage in sinnvoller Weise zu reagieren. Die konkrete, durch die sprachliche Bezugsäußerung hervorgebrachte Reaktion bildet nun als Selektionsentscheidung des Kunden die Realisierung einer jener objektiv gegebenen Möglichkeiten. Der zweite Parameter umfasst die „Dispositionen, die auf der Seite des konkreten Handlungssubjekts [...] dafür verantwortlich sind, welche der durch Regeln der ersten Kategorie eröffneten Möglichkeiten tatsächlich gewählt werden" (Oevermann 2003: 193).

Wir treten einen Schritt zurück und nehmen nun wieder eine abstrahierende Perspektive ein. In der Methodologie Objektiver Hermeneutik als „Methodologie des genetischen Strukturalismus" (Oevermann 1991: 269) ist mit dem Strukturbegriff zugleich Allgemeines und Besonderes einer historisch konkreten Realität gefasst und gleichzeitig deren Dichotomie überwunden: Allgemeines als gesamtes Spektrum objektiv gegebener Handlungsmöglichkeiten und Besonderes als Merkmal jener Selektionsentscheidungen, die das Individuum in sozialer Interaktion den Regeln objektiver Vernunft folgend handelnd realisiert, stehen einander nicht unverbunden gegenüber. Sie bilden vielmehr ein „einfaches Modell von Bildungsprozessen bzw. von Geschichte und Individuierung" (Oevermann 1991: 271), mit dem sich durch die konkrete Realisierung von Selektionsentscheidungen aus Spielräumen möglicher sinnstruktureller sozialer Abläufe ein rekonstruktiver Zugang zu fallspezifischen Gesetzlichkeiten einer autonomen Lebenspraxis eröffnet. Diese konkreten Selektionsentscheidungen sind es, die als rekonstruierte fallspezifische Gesetzlichkeiten einer konkreten autonomen Lebenspraxis Auskunft über deren Identität und über Bedingungen der Genese geben sowie Zukunftsprognosen ermöglichen (vgl. Oevermann 1991).

5.1.2 Autonome Lebenspraxis in der Dialektik von Krise und Routine

Mit dem Begriff der ‚autonomen Lebenspraxis' beschreibt Oevermann eine „um einen Leib und ein Unbewusstes zentrierte Subjektivität" (Oevermann: 2009: 159) als Handlungsinstanz. Diese Handlungsinstanz kann sowohl ein konkretes Handlungssubjekt als auch eine Gruppe von Subjekten sein, die aufeinander bezogen handeln. Als physische Entität kennzeichnet sich eine jede Lebenspraxis durch die

---

[6] Vgl. hierzu Oevermanns Explikation am Beispiel des Grüßens als sozialer Akt. Oevermann zeigt anhand des Beispiels, dass die Bedeutungen der Reaktionen auf den Gruß bereits vorweg erzeugt werden und entsprechend die Bedeutungen einer Nichterwiderung bzw. Erwiderung des Grußes bereits vor dem sozialen Akt selbst feststehen (vgl. Oevermann 2003).

Fallspezifik der vollzogenen sozialen Handlungsentscheidungen, die sie notwendigerweise treffen muss, um als solche real zu existieren – auch dann, wenn kein solches Wissen vorliegt, das den Erfolg des Handelns garantiert. Insbesondere vor dem Hintergrund, dass der Erfolg des Handelns mit Blick auf Normen, die die Lebenspraxis leiten bzw. ihr Orientierung geben, erst rückblickend als solcher auszumachen ist, bezeichnet Oevermann autonome Lebenspraxis in Anknüpfung an Charles Sanders Pierce´ pragmatizistischen Handlungsbegriff auch als „widersprüchliche Einheit von Entscheidungszwang und Begründungsverpflichtung"[7] (Oevermann 2009: 160, vgl. auch Oevermann 2001; 2003). In einem ersten Zugriff auf ein Erklärungsmodell autonomer Lebenspraxis zeigt sich, dass dieses Modell in ein umfassendes soziologisches Verständnis von Sozialisationsprozessen als „Krisenverlauf par excellence" (Oevermann 2004: 156) eingelassen ist. Von Bedeutung ist die Unterscheidung eines alltagsweltlichen von einem methodologisch leitenden strukturtheoretischen Krisenbegriff[8]: Konstitutives Merkmal des Sozialisationsprozesses ist nach Oevermann dessen Krisenhaftigkeit, die ihm deshalb inhärent ist, damit sich aus ihm eine autonome Lebenspraxis der Chance nach entwickeln kann. Oevermann stützt seine These auf die „vier großen Ablösungskrisen" (Oevermann 2004: 163)[9], die jeden Sozialisationsprozess konstituieren. Mit seiner Bezeichnung autonomer Lebenspraxis als „Gebilde

---

[7] Man könnte anstelle des Terminus der Begründungsverpflichtung auch von einem Bewährungshorizont sprechen. Wenn Oevermann darauf verweist, dass sich die Handlungsinstanz, das handelnde Subjekt, in Krisensituationen entscheiden und diese Entscheidung mit dem „Anspruch auf grundsätzliche Begründbarkeit getroffen werden" (Oevermann 2002: 12) muss, dann umfasst der Bewährungshorizont nicht das Erreichen eines ‚guten Lebens', sondern vielmehr das Herstellen von Kohärenz als Sinnhaftigkeit der getroffenen Entscheidung (vgl. dazu Oevermann 2009). Kohärenz als subjektiv wahrgenommene Sinnhaftigkeit ist eingebettet in die objektive Fallstrukturgesetzlichkeit und entspricht insofern dem methodologisch leitenden Diktum, Fallstrukturen als Ausdruck von Allgemeinem und Besonderem zu verstehen (vgl. Oevermann 1991: 272).

[8] Ausgehend von dieser Unterscheidung spricht Hericks im Kontext des methodologisch leitenden auch von einem „entdramatisierten Krisenbegriff" (Hericks 2006: 79 f.).

[9] Die erste Ablösungskrise stellt sich nach Oevermann mit der Geburt ein, die zweite mit der Ablösung aus der frühkindlichen Mutter-Kind-Symbiose, die dritte ergibt sich aus der Ablösung von der Alleinzuständigkeit der ödipalen Triade und die vierte und letzte Ablösungskrise eröffnet sich durch die Ablösung von der Herkunftsfamilie in der Bewältigung der Adoleszenzkrise. Die drei Krisentypen, die Oevermann unterscheidet – die traumatische Krise, die Entscheidungskrise und die Krise durch Muße – sind wiederum aufschlussreich für die Analyse der Sozialisationsprozesse. Insbesondere der Krisentypus der Entscheidungskrise zeichnet sich dadurch aus, dass das Subjekt erst dann mit ihm konfrontiert wird, wenn „man schon so viel Autonomie erworben hat, dass man in nennenswerter Gewichtigkeit seine offene Zukunft bewusst antizipieren und konstruieren kann und wenn auch Entsprechendes

bzw. empirische Entität, die ihre Krisen im Prinzip autonom bewältigen kann"
(Oevermann 2016: 62), sind Krisensituationen als Situationen konzeptualisiert, in
denen das Individuum eine Entscheidung treffen muss. Solche Entscheidungssituationen, in deren Vollzug sich autonome Lebenspraxis als solche konstituiert,
können nun entweder von vergleichsweise großer Tragweite sein – etwa die
Entscheidung, ob man Person X heiraten soll, eine bestimmte berufliche Tätigkeit angenommen wird oder ein Umzug in die Stadt Y folgt (vgl. Oevermann
2004). Sie können jedoch auch nach subjektivem Empfinden eher von geringe-
rer Tragweite sein. Richten wir zur Veranschaulichung unseren Blick auf soziale
Handlungen zweier oder mehrerer Interaktionspartner: In sozialen Interaktionssituationen eröffnen sich durch wechselseitig aufeinander bezogene Sprechakte an
jeder Sequenzstelle Handlungsspielräume objektiv geltender Regeln als „Selek-
tionsknoten" (Oevermann 2004: 270). Mit einer Äußerung trifft das Individuum
nun eine mehr oder weniger bewusste Auswahl aus einer Vielzahl objektiv gegebener Handlungsmöglichkeiten. Gleichzeitig werden damit wiederum Spielräume
für objektiv geltende Regeln von Anschlusshandlungen eröffnet. Es wird deutlich,
dass Oevermanns strukturtheoretisches Krisenverständnis sich von einem alltagsweltlichen Krisenbegriff, in dem Krise gegenüber dem Komplementärbegriff der
Routine den Ausnahmefall bildet, unterscheidet, weil Krise hier als Normalfall
verstanden wird. Entsprechend der Differenzierung von objektiv-latenter Sinnstruktur und subjektiv-intendierter Sinnstruktur lassen sich auch Subjektivität und
Identität voneinander unterscheiden. Während Subjektivität als „die durch eine
Fallstrukturgesetzlichkeit rekonstruierbar gekennzeichnete Entscheidungsmitte"
(Oevermann 2004: 184) der Sphäre unmittelbarer Erfahrung angehört und damit
dem forschenden Blick – sofern sie nicht in fixierter Form existiert – unzugänglich ist, beschreibt die objektive Identität die spezifische Fallstrukturgesetzlichkeit
und der subjektive Identitätsentwurf als Element jener objektiven Identität wiederum das, was das Individuum von seiner Lebensgesetzlichkeit begriffen hat
und worauf dessen Selbstbild beruht. Gleichzeitig verweist die Differenzierung objektiver und subjektiver Identität auf deren dialektische Verschränkung:
Jeder subjektive Identitätsentwurf entsteht notwendigerweise erst aus der unverwechselbaren Bewegungsgesetzlichkeit einer jeden Lebenspraxis heraus. Insofern
die Bewegungsgesetzlichkeit – etwa durch neue Erfahrungshorizonte, die sich

---

von einem erwartet wird" (Oevermann 2004a: 171). Insofern geht es in der Entscheidungskrise darum, selbstverantwortlich Entscheidungen zu treffen, ohne dass es einer in actu erfah-
rungsbasierten Begründung bedarf, die diese Entscheidung rechtfertigen würde. Ob sich die
getroffene Entscheidung auch in der noch nicht eingetretenen Zukunft bewähren wird, kann
das Subjekt zum Zeitpunkt, weil es die Entscheidung trifft, nicht wissen. Es kann allenfalls
darauf hoffen, dass sich die Entscheidung bewährt.

das Individuum durch das Betreten neuer sozialer Felder eröffnet – potenziell transformierbar ist, sind auch subjektive Selbstbilder in einen potenziellen Transformationsprozess gestellt. Die Rekonstruktion jenes Transformationsprozesses des „Gewordenseins" ist nach Wernet (2020) nur über ein Verständnis von Transformation als Prozess möglich, der gleichsam kriseninduziert ist und Krisen hervorbringt. Erst ein solches Verständnis ermöglicht es, die fallspezifische Krisendynamik, die dem Transformationsprozess seine Kraft und Richtung gibt, fallrekonstruktiv zu explizieren. Ausgehend von Oevermanns Verständnis einer Dialektik von Krise und Routine, in die jede Lebenspraxis gestellt ist, argumentiert Wernet, dass es nicht Krisen sind, die dem Subjekt von außen widerfahren[10], die dessen Gewordensein ausmachen, sondern vielmehr eine Krise, die dem Subjekt innerlich ist, die von ihm selbst hervorgebracht wird und die die „sinnstrukturelle Verfasstheit der Handlungspraxis selbst charakterisiert" (Wernet 2020: 140). Es sind nicht die objektiven Gegebenheiten, mit denen das Subjekt konfrontiert wird und die dessen Lebensgesetzlichkeit formen. Es ist die konstitutive Verfasstheit des Subjekts selbst als das Produkt des Unbewussten und dessen, was es von sich selbst verstanden hat und die seine Fallstruktur formt. Diese Fallstrukturiertheit ist es, die wir rekonstruktiv anhand der protokollierten sozialen Wirklichkeit, in die das Subjekt eingebunden ist, erschließen können. Wernet bezeichnet den Krisentypus, der als Movens das Gewordensein des Subjekts ausmacht, als ‚Identitätskrise'. Wenngleich Prognosen über künftige Transformationen anhand der konkreten Rekonstruktion des Falls nicht möglich sind, so erlaubt die Fallrekonstruktion dennoch Aussagen über Strukturreproduktionskreisläufe bzw. deren Durchbrechungen und damit Transformationen, die sich material abbilden. Von Bedeutung in diesem Modell ist, dass jedem transformatorischen Ausbruch eine „strukturhomologe Bewegung" (Wernet 2020: 141) vorausgeht. Diese Strukturhomologie ist der Schlüssel zu empirisch begründeten, fallrekonstruktiven Aussagen über Transformationsprozesse. Die Identität des Falls drückt sich in der Spezifität ihrer Krisenbearbeitung und -eröffnung sowie damit einhergehender Transformationsbewegungen aus.

Mit Blick auf den methodologisch leitenden Strukturbegriff ist nun von erstens von Bedeutung, dass die Realisation von (Handlungs-)Entscheidungen konstitutiv für eine autonome Lebenspraxis ist und als Ausdruck des individuellen Bildungsprozesses und als „Resultat von konstruierter Geschichte" (Oevermann 1981: 26) verstanden wird. Zweitens ist von Bedeutung, dass dieser Bildungsprozess einerseits als „Verkettung solcher Selektionsentscheidungen" (Oevermann 2004: 272) Auskunft über die Besonderung der Fallstruktur autonomer Lebenspraxis gibt.

---

[10] Gemeint sind traumatische und Entscheidungskrisen.

Andererseits erfährt die Fallstruktur eine Allgemeinheit, weil jede Selektion eine Operation mit allgemeinen, bedeutungstragenden Regeln und den hiermit eröffneten Spielräumen darstellt. Darüber hinaus folgt jede Entscheidung dem Anspruch, allgemein geltende und begründbare praktische Antworten auf praktische Problemstellungen zu geben. Insofern ist die fallspezifische Struktur ein Ausdruck für eine exemplarische Realisierung eines sozialen „einbettenden Milieus und dessen Bewegungsgesetzlichkeit" (Oevermann 2004: 278). Schließlich ist drittens von Bedeutung, dass die Fallstruktur autonomer Lebenspraxis – obschon mit jeder Entscheidung ein vorangegangener Möglichkeitsspielraum geschlossen ist – deshalb prinzipiell transformierbar ist, weil jede Entscheidung ihrerseits einen Spielraum objektiv sinnvoller Anschlussmöglichkeiten eröffnet: „Hierin liegt der innere Zusammenhang von Regelgeleitetheit des Handelns und Autonomie der Lebenspraxis" (Oevermann 2004: 278).

Mit seinem Erklärungsmodell autonomer Lebenspraxis legt Oevermann ein an Mead anschließendes Sozialisationsmodell vor, das Individuation als Zusammenspiel von Individuellem und Sozialem versteht. Im Anschluss an Mead, der die Emergenz des Neuen an eine solche Situation bindet, „die zwangsläufig Neues mit sich bringt, was jedem Ereignis in der Erfahrung anhaftet" (Mead 1969: 164), geht Oevermann davon aus, dass eine Transformation der fallspezifischen Struktur autonomer Lebenspraxis prinzipiell immer möglich ist, und zwar deshalb, weil jede physische Entität unter einem lebenspraktischen Entscheidungzwang steht. Im Gegensatz zu Mead jedoch, der die Emergenz des Neuen dort situiert, wo das Individuum mit einer Realität konfrontiert wird, durch die gewissermaßen ein „Bruch der Kontinuität" (Mead 1987: 342) und insofern ein lebenspraktisches Handlungsproblem entsteht, besteht eine wesentliche methodologische Annahme Oevermanns darin, dass Interaktionen als objektiv-sinnstrukturierte Abläufe sozialen Handelns als solche die Interagierenden im Grunde immer vor ein Handlungsproblem bzw. unter einen Entscheidungszwang stellen. Insofern erfährt Meads Erklärungsmodell von Individuation durch Oevermanns Begriff autonomer Lebenspraxis eine Präzisierung: Mead ordnet den Vollzug einer sozialen Handlung des Individuums dem Bereich des ‚I' als präreflexive Spontaneitätsinstanz zu, die – dem Bewusstsein in actu unzugänglich – in der Lage ist, Transformationsprozesse der Gesamtidentität auszulösen. Oevermann legt in seinem Modell autonomer Lebenspraxis nun dar, dass der Bildungsprozess gleichzeitig die fallspezifische Strukturiertheit beschreibt und der Vollzug einer sozialen Handlung kein Zufallsprodukt ist, sondern vielmehr eine aufgrund einer zuvor eröffneten Vielzahl regelgeleiteter, sinnvoller Möglichkeiten getroffene Selektionsentscheidung darstellt (vgl. Oevermann 2003). Insofern stehe das Meadsche ‚I' für die „Nicht-Reduzierbarkeit des Kerns von Autonomie der Lebenspraxis" (Oevermann 1991: 308). Wie die humane Interaktion ist auch der humane Bildungsprozess als sinnlogischer Ablauf zu verstehen, der immer auf einem ‚Davor' gründet und qua Entscheidungsautonomie des Subjekts die Entstehungsbedingungen des ‚Danach' hervorbringt. Hiermit ist die Kategorie der Sequenzialität humaner Praxis als methodologische Prämisse der Objektiven Hermeneutik eingeführt.

Diese Kategorie ist bereits in Meads Zeittheorie und seiner darauf fußenden Konzeptualisierung der I-me-relationship als Strukturmodell von Individuierung angelegt. Mead beschreibt den sozialen Prozess als

„nur ein Beispiel für das, was in der Natur passiert, sofern Natur Evolution ist, d. h., wenn sie ihren Fortschritt dadurch erreicht, daß sie in Konflikt-Momenten Rekonstruktionen hervorbringt, und wenn also damit die Möglichkeiten gegeben sind, verschiedene Rekonstruktionen – der Vergangenheit ebenso wie der Zukunft – hervorzubringen" (Mead 1987: 223).

Hieran knüpft Oevermann an, indem er die humane Praxis als ein sich sequenziell vollziehendes Geschehen beschreibt, indem „an jeder Sequenzstelle beides zugleich schon vorliegt: ein Anfang und die Fortsetzung von etwas, was schon angefangen hat" (Oevermann 1991: 281). Das methodische Vorgehen knüpft nun genau an diesen Punkt an: an Meads Sinnbegriff und seiner Zeittheorie, in deren Kontext er bereits hervorhebt, dass sich das Verfahren der Wissenschaft darauf zu stützen habe, „daß das, was geschieht, durch das, was geschehen ist, notwendig bedingt ist, was sich aus dem Ablauf selbst ergibt" (Mead 1969: 263). Ausgehend von einer solchen konstitutionstheoretischen Annahme humaner Praxis als einem sequenziellen Geschehen und dessen Entsprechung im Vorgehen erkenntniswissenschaftlicher Praxis bezeichnet Oevermann die Sequenzanalyse als „Herzstück der Objektiven Hermeneutik für die Rekonstruktion von geschichtlichen Prozessen einschließlich der Individuierung" (Oevermann 1993: 177, vgl. auch Oevermann 2000: 64). Entsprechend einer solchen Konzeptualisierung von Individuation als einem sequenziellen Geschehen, das in eine Dialektik von Emergenz und Determination eingebettet ist, entspricht nun das Verfahren der Sequenzanalyse insofern dem zuvor beschriebenen Modell autonomer Lebenspraxis als „transformatorisches, historisch konkretes Strukturgebilde" (Oevermann 1993: 178), als sich deren individuierte Struktur durch die Gesetzmäßigkeit ihrer Entscheidungen und der damit eröffneten Möglichkeitsspielräume bildet. Die Operation des Selektierens vollzieht sich an Sequenzstellen, also immer dort, wo sich prinzipiell vielfältige Möglichkeiten für ein sinnvolles Handeln eröffnen, die insofern als krisenhaft bezeichnet werden können. Jede Handlungssituation eröffnet als Sequenzstelle die Möglichkeit des sich neu Entscheidens und insofern die Möglichkeit der Strukturtransformation autonomer Lebenspraxis.

Empirisch tritt autonome Lebenspraxis immer als historisch-konkretes Gebilde auf, als Konkretion ihrer charakteristischen Lebensgesetzlichkeit. Entsprechend der kategorialen Differenz zwischen dem Gattungssubjekt und dem empirisch in Erscheinung tretenden Subjekt interessiert sich die Objektive Hermeneutik für die objektive Identität des Falls, die sich gemäß der spezifischen Auswahlen, die das Individuum trifft, als charakteristische Fallstrukturgesetzlichkeit der Lebenspraxis abbildet. Ausgehend davon, dass diesen Selektionen immer auch ‚Routinen‘ im Sinne von Rekonstruktionsleistungen, die das Individuum aus vorherigen Entscheidungen als Erfahrungswissen und insofern als subjektives Selbstbild generiert, erfasst jene Fallstrukturgesetzlichkeit beide Ebenen: das subjektive Selbstbild als Ausgangspunkt für intentionales Handeln und die objektive Identität des Falls als Fallstrukturgesetzlichkeit, die dem handelnden Individuum in actu verschlossen und allenfalls retrospektiv zugänglich ist[11]. Im Anschluss an eine Konzeptualisierung von Individuierung als sequenziellem Prozess beinhaltet die rekonstruierbare Fallstrukturgesetzlichkeit autonomer Lebenspraxis beide Aspekte: die Bedingungen ihrer Genese und die durch ihre Selektionsentscheidungen an jeder Sequenzstelle eröffneten Spielräume ihrer Transformation. An diesem Punkt schließt die Frage an, wo die Interpretation des Falls ihren Anfang zu nehmen hat (vgl. hierzu Wagner 2001). Oevermann verweist in dem Zusammenhang auf die Dialektik von Allgemeinem und Besonderem, die im Grunde dem rekonstruktiven Blick in jeder protokollierten Sequenz zugänglich ist. Die Objektive Hermeneutik interessiert sich zwar für die objektiv gegebene Individualität und Besonderheit des Falls, jedoch wird mit dem rekonstruktiven Zugriff zugleich „das diese Besonderheit als Typus sowohl erklärende wie erzeugende Gesetzes-Allgemeine" (Oevermann 2000: 74) erfasst. Wenn also jede Fallstruktur etwas Besonderes und Allgemeines umfasst und sich zugleich im permanentem Prozess ihrer Reproduktion (und potenziell ihrer Transformation) befindet, ist der Beginn einer Fallrekonstruktion prinzipiell an jeder Sequenzstelle protokollierter Praxis möglich[12].

---

[11] So formuliert auch Mead: „Im Prozeß der Kommunikation ist das Individuum ein anderer, bevor es selbst ist" (Mead 1987: 217).

[12] Oevermann weist darauf hin, dass die Sequenzanalyse nach Möglichkeit immer mit der Eröffnung der von ihr untersuchten Praxis beginnen sollte, weil dort „Weichen" (Oevermann 2000: 76) für den Fortgang der Praxis gestellt würden. Ein Beginn an anderer Stelle beeinträchtigt allerdings nicht die Rekonstruierbarkeit objektiver Sinnstrukturen aufgrund der Reproduktionsgesetzlichkeit (vgl. Oevermann 1991: 282 f.).

5.1.3 Zur Rekonstruierbarkeit von Figuren lehramtsstudentischer Identifikation mit dem Objekt ‚Studium'

Ein Ziel der vorliegenden Untersuchung besteht darin, über die Rekonstruktion von Haltungen, aus denen heraus Lehramtsstudierende über ihr Studium sprechen und aus denen heraus sie Praxiswünsche bzw. -forderungen hervorbringen, zu einer Typenbildung zu gelangen. Ausgehend von dieser Typenbildung sollen generalisierbare Aussagen zu der Frage getroffen werden, welcher Typus von Lehramtsstudierenden aus welcher spezifisch konfigurierten Identifikation mit bestimmten Elementen seines Studiums heraus – etwa: einer besonders ‚praxisnahen' Lehre – tendenziell Praxiswünsche artikuliert und welcher nicht. ‚Zweckorientierung' ist eine idealtypische Haltung, mit der Lehramtsstudierende dem Objekt ‚Studium' begegnen (Kapitel 3). Diese idealtypische Haltung führt mitnichten dazu, dass jede und jeder von ihnen den Wunsch nach mehr Praxis äußert. Es deutet sich jedoch an, dass das empirisch in Erscheinung tretende Subjekt aus der Deutung von und dem Umgang mit Neuem zu aufgeschichteten Erfahrungen kommt, die sein ‚me' ausmachen. Dieses ‚me' gleicht insofern nicht anderen ‚me's' (Kapitel 4). Die Art und Weise der Deutung und des Umgangs mit dem, womit Lehramtsstudierende im Studium konfrontiert sind, ist individuell und macht das jeweils Typische des Falls aus. Gleichwohl lassen sich aus der Konfiguration des konkreten Falls generalisierbare und fallübergreifende Aussagen zu der Frageableiten, welche typologischen Eigenschaften zu einer Haltung dem Studium gegenüber führen, aus der heraus Praxiswünsche artikuliert werden.

In Auseinandersetzung mit den methodologischen Grundannahmen der objektiven Hermeneutik zeigt sich, dass dieses fallverstehende Interpretationsverfahren in mindestens zweierlei Hinsicht ein geeignetes Analyseinstrument für die Dechiffrierung des Zusammenspiels von lehramtsstudentischen Haltungen gegenüber dem Studium und der Artikulation von Wünschen bzw. Forderungen nach mehr Praxis ist: Erstens schließt es an ein Verständnis von Individuierung und Sozialisation als Prozesse an, die durch die Konfrontation mit Neuem ausgelöst werden und die ihre spezifische Figur durch den einzelfallspezifischen Algorithmus des Umgangs mit dem Neuen erhalten. Dieser fallspezifische Algorithmus ist es, der die objektive Identität des Falls und seine Typik ausmacht, die dem Subjekt selbst zum Teil unbewusst bleibt. Hieran anschließend bietet das fallinterpretierende Vorgehen einen Zugriff auf das Latente, Unbewusste als Movens und als Strukturgeber der autonomen Lebenspraxis, die mit dem empirisch sprechenden Subjekt in Erscheinung tritt. Das fallrekonstruktive Vorgehen ermöglicht es, Strukturen der Haltung, die nur zum Teil auf dem bewusst zugänglichen

Selbstbild des Subjekts beruhen, sichtbar zu machen und darüber Aussagen über die Besonderheit des Typus zu treffen. Die Besonderheit des Typus ist *eine* Möglichkeit, sich zum Lehramtsstudium bzw. zu differenten Ansprüchen zu positionieren, mit denen Studierende konfrontiert sind, weil wir von allgemeinen Bedeutungsstrukturen ausgehen. Wie im Folgenden anhand der Skizzierung objektiv-hermeneutischer Interpretationsprinzipien deutlich wird, wird mit dem Vorgehen konsequent einem Konzept humaner Praxis – und damit Individuierung und Sozialisation – als sequenzielles Geschehen gefolgt. Erst vor dem Hintergrund einer extensiven Explikation aller objektiv gegebenen Möglichkeiten, in der protokollierten Interaktionssituation über das Lehramtsstudium zu sprechen und sich zu ihm zu positionieren, erfolgt die schrittweise Annäherung an die spezifische Struktur, d. h. an die Typik des Falls.

5.2 Interpretationsprinzipien und Interpretationsverfahren

Oevermann bezeichnet das methodische Vorgehen der Objektiven Hermeneutik als „Kunstlehre" (Oevermann 1986: 56, 2003b: 27 f.), die einerseits einen rekursiven Forschungsprozess erfordert, in dem Forschungsgegenstand und Forschungsfragen wechselseitig zu entwickeln sind und vor dem Hintergrund methodologischer Verortungen begründet werden können. Der Begriff der Kunstlehre legt andererseits nahe, dass das interpretatorische Vorgehen nicht mechanisch ist. Hieraus folgt jedoch mitnichten, dass sich die Generierung von fallrekonstruktiv gewonnener Erkenntnisse nach einer beliebigen Vorgehensweise vollzieht. Entsprechend des Selbstverständnisses der Objektiven Hermeneutik als Methode, deren Geltungsbegründung auf dem Prinzip methodischer Kontrolle beruht, finden sich bei Oevermann sowie in Wernets ‚Einführung in die Interpretationstechnik der Objektiven Hermeneutik' (Wernet 2009) ausführliche Erläuterungen zu methodischen Prinzipien, die das interpretatorische Vorgehen leiten. Während bei Oevermann (2000: 97) lediglich die Prinzipien der ‚Totalität' und der ‚Wörtlichkeit' erläutert werden, formuliert und expliziert Wernet ausführlich fünf Prinzipien: ‚Kontextfreiheit', ‚Wörtlichkeit', ‚Sequenzialität', ‚Extensivität' und ‚Sparsamkeit', die implizit auch in Oevermanns Ausführungen zum methodischen Vorgehen wiederzufinden sind. Ausgehend von der methodologischen Grundlegung, dass der rekonstruktive Zugriff auf humane Praxis nur möglich ist, wenn diese in fixierter Form, etwa in Form von Texten oder protokollierter Gespräche wie im Fall dieser Untersuchung vorliegt, bezeichnet Wernet humane Praxis als „eigenständige Wirklichkeitsgebilde" (Wernet 2009: 22). Entsprechend eines

„Primat(s) des Protokolls" (Oevermann 2004c: 316) bilden also Texte und andere Fixierungen humaner Praxis die Grundlage für den interpretatorischen Zugriff auf deren latente bzw. objektive Bedeutungsstrukturen.

Die ‚*Kontextfreiheit*' ist das erste Interpretationsprinzip, an das das methodische Vorgehen gebunden ist. Es muss zuerst die „kontextfreie Bedeutungsexplikation" (Wernet 2009: 21) einer Sprechaktsequenz vorliegen, bevor diese dann mit dem tatsächlichen Kontext der Äußerung konfrontiert wird. Eine Annäherung an den Fall bzw. an dessen textlich fixierte Form vollzieht sich also zunächst aus einer Haltung der „künstlichen Naivität" heraus (Wernet 2009: 23). Dieses Vorgehen schützt gewissermaßen den Interpretierenden davor, den Text vorschnell im Lichte seines tatsächlichen Entstehungskontextes zu verstehen. In diesem Zusammenhang unterscheidet Soeffner wissenschaftliches und alltagspraktisches Verstehen dahingehend, dass der wissenschaftliche Interpret sich über die Voraussetzungen und Methoden seines Verstehens mehr Klarheit zu verschaffen versucht (vgl. Soeffner 2009: 167). Erst dadurch wird Verstehen zu einer wissenschaftlichen Methode. Er bezeichnet wissenschaftliches Verstehen als Verstehen „zweiter Ordnung" (Soeffner 2009: 169). Voraussetzung für das Verstehen eines Sozialwissenschaftlers ist eine Sichtweise, die soziale Gegebenheiten nicht als selbstverständlich deutet, sondern an dem „Dahinter" und am Durchschauen der Entstehungsbedingungen dieser sozialen Gegebenheiten interessiert ist (vgl. Soeffner 2009: 168). Das Durchschauen erfordert es, ein nicht-wissenschaftliches Vorverständnis zunächst konsequent auszublenden und sich an die Bedeutung einer Äußerung durch die Konstruktion gedankenexperimenteller Kontexte anzunähern. Die leitende Frage ist dabei, in welchen Situationen das Gesagte angemessen wäre. Erst in der anschließenden Konfrontation mit dem tatsächlichen Äußerungskontext kann die Frage, welche Bedeutung dem Gesagten zukommt, wenn es in dem tatsächlichen Äußerungskontext hervorgebracht wird, beantwortet und die Sinnstrukturiertheit des Textes als fixierte soziale Handlung zur Explikation gebracht werden.

Ebenso wie das Prinzip der Kontextfreiheit verpflichtet das Prinzip der ‚*Wörtlichkeit*' auf den Text als regelerzeugendes und eigenständiges Gebilde. Entsprechend dem methodologischen Postulat der Erfassbarkeit von Subjektivität allein durch deren Fixierung ist der Text als fixierte Form sozialer Wirklichkeit ernst zu nehmen. Diese Erkenntnis impliziert, dass das rekonstruktive Vorgehen keinesfalls die konkrete Ausdrucksgestalt des artikulierten Textes in seiner protokollierten Form ignorieren darf (vgl. Wernet 2009: 23). Oevermann expliziert jenes Prinzip und verweist darauf, dass bei der Interpretation von Sequenzstellen nur solche Lesartenbildungen zulässig seien, die „nachweislich in ihm [dem Text, K. M.] markiert sind" (Oevermann 2000: 103).

Solche Lesarten, die von außen – etwa durch Assoziationen des Forschenden – an den Text herangetragen werden, bezeichnet Oevermann als nicht kompatibel. Sie führen zu vorschnellen Deutungen und Unterstellungen, die dem Text als objektivierte soziale Realität nicht gerecht werden. Wernet macht in dem Zusammenhang auf solche sprachlichen Äußerungen aufmerksam, die Freud als Fehlleistungen bezeichnet und ihnen entsprechend eine eigene Sinnhaftigkeit zuschreibt (vgl. Freud 1922). Gemäß dem Prinzip der Wörtlichkeit sind die „innertextlichen Verweisungszusammenhänge" (Wernet 2009: 23) und damit auch all jene Äußerungen zu berücksichtigen, die gemeinhin als Versprecher bezeichnet und im Alltäglichen als solche belächeln und dann übergehen würde. Der Grund hierfür erschließt sich aus der methodologischen Annahme der Differenz zwischen subjektiver Intention des Sprechenden und objektiver Realität des Gesprochenen[13]: Während die alltagspraktische Interpretation von Äußerungen eben jene Fehlleistungen, Wiederholungen oder Abbrüche als nicht weiter relevant deutet oder sie schlicht ignoriert, eröffnet sich für die wissenschaftliche, methodisch kontrollierte Interpretation die Möglichkeit, der Dimension subjektiver Intention die Dimension der „Intention des artikulierten Textes" (Wernet 2009: 24) gegenüberzustellen und auf diese Weise rekonstruktiv zu „latenten Sinnschichten" (Wernet 2009: 25) vorzudringen. Alltagspraktisch würde ein solches Vorgehen selbstverständlich Höflichkeitskonventionen des sozialen Miteinanders verletzen: Man stelle sich vor, einer der Beteiligten eines Streits würde das Gegenüber akribisch darauf aufmerksam machen, dass das Gemeinte nicht mit dem von ihm Gesagten übereinstimmt. Mit Recht ließe sich aus alltagspraktischer Sicht eine gewisse Borniertheit unterstellen. Aus erkenntniswissenschaftlicher Perspektive ist eine solche Haltung jedoch unumgänglich, denn sie markiert eine „Distanz zum Gegenstand" (Wernet 2009: 27), die die Explikation von konstitutiver Verfasstheit und Bedeutungsstrukturiertheit erst ermöglicht.

Entsprechend der methodologischen Annahme, dass sich humane Praxis sequenziell vollzieht, formuliert Wernet als ein weiteres Interpretationsprinzip die „Sequenzialität" des objektiv hermeneutischen Verfahrens. Konstitutionslogisch verweist das Prinzip der Sequenzialität auf das von Mead entfaltete Modell von Individuierung als fortdauerndem Prozess der Entstehung des Neuen und auf seine Zeittheorie, in der er die Fluidität von Gegenwart durch das Überlappen von Vergangenheit und Zukunft beschreibt. Es verweist auf Pierce' Rekonstruktionsphilosophie und das darin entfaltete Modell des abduktiven Schließens. Beide

---

[13] Sowohl Mead als auch Freud verweisen auf die Differenz zwischen subjektiv Gemeintem und objektiv Realisiertem, wie an anderer Stelle hervorgehoben wird (vgl. etwa Abschnitt 5.1).

Autoren liefern gewissermaßen den Boden für das von Oevermann vorgelegte Konzept der prinzipiellen Zukunftsoffenheit autonomer Lebenspraxis. Für das rekonstruktive Verfahren folgt aus den methodologischen Grundlegungen Objektiver Hermeneutik, dass die Interpretation dem Ablauf des Textes zu folgen hat. Die erkenntnisgeleitete Haltung besteht also nicht darin, den Text durch einen auf verwertbare, gegenstandsrelevante Textstellen gerichteten Forscherblick „als Steinbruch der Information" (Wernet 2009: 27) ausschlachten zu wollen, sondern vielmehr eine, die den Text als Protokoll sozialer Realität und artikulierter humaner Praxis ernst nimmt. Es sind zwei wesentliche Vorgehensweisen bindend, um dem Text als protokollierte soziale Realität gerecht zu werden: Die eine besteht darin, die „sequenzielle Positioniertheit der Sprechakte" (Wernet 2009: 28) ernst zu nehmen, weil die folgenden Textstellen nicht beachtet werden. Auf diese Weise besteht nicht die Gefahr, Interpretationsschwierigkeiten zu umgehen, indem nach der Lösung für diese Schwierigkeiten und nach der Bedeutung der Sequenzstelle im weiteren Verlauf des Textes gesucht wird. Die andere Vorgehensweise, die methodisch bindend ist, besteht darin, die sequenzielle Reihenfolge der zu interpretierenden Textstelle zu beachten und bei der Explikation ihrer möglichen Bedeutungen die rekonstruierten Bedeutungen vorangegangener Textstellen in Rechnung zu stellen. Möglich und notwendig ist im Anschluss an die Interpretation einer Textstelle, danach zu fragen, welche gedankenexperimentellen Anschlussmöglichkeiten bzw. Fortsetzungen sich aus der rekonstruierten Bedeutungsstruktur ergeben. Eine zentrale methodologische Grundlegung der Objektiven Hermeneutik besteht darin, humane Praxis und Bildungsprozesse als sequenzielles Geschehen zu konzeptualisieren. Oevermann entfaltet diesen Anspruch an seinem Erklärungsmodell autonomer Lebenspraxis, die angesichts einer prinzipiellen Zukunftsoffenheit Entscheidungen trifft und treffen muss, die wiederum Transformationsspielräume für die Genese der Fallstrukturiertheit eröffnet. Kurz: Die konstitutive Verfasstheit autonomer Lebenspraxis, die sich im protokollierbaren Handeln rekonstruieren lässt, ist gewissermaßen Resultat von zuvor getroffenen Entscheidungen. Gleichzeitig eröffnet sie ein Kohärenzspektrum zukünftiger Entscheidungen. Dieser methodologischen Grundlegung folgt nun das streng sequenzielle Vorgehen. Es trägt den Entstehungsbedingungen einer jeden Fallstruktur ebenso Rechnung wie deren prinzipieller Transformationsmöglichkeit.

Nicht nur bei Oevermann, sondern auch bei Wernet wird expliziert, dass ein sequenzielles Vorgehen jedoch keinesfalls bedeutet, keine Auswahl von zu interpretierenden Textstellen treffen zu dürfen und stattdessen jedwedes Datenmaterial in seinem gesamten Umfang interpretieren zu müssen. Mit Blick auf forschungspraktische Erwägungen ist die „Auswahl und Begrenzung von Textteilen [...]

nicht nur erlaubt, sondern unvermeidlich" (Wernet 2009: 31) – allerdings erst im Anschluss an eine vollständig durchgeführte Sequenzanalyse. Doch wo soll diese Sequenzanalyse, um dem Anspruch des methodisch kontrollierten Vorgehens zu entsprechen, ihren Anfang und ihr Ende nehmen? Auf jenes Bestimmungsproblem verweist Oevermann. Er sieht, obwohl jede Sequenzanalyse bestenfalls am Anfang der untersuchten Praxis – etwa eines Interviews – beginnen sollte, den Beginn einer Fallinterpretation prinzipiell an jeder Sequenzstelle des Textprotokolls möglich. Die Begründung ergibt sich unmittelbar aus der methodologischen Annahme der Sequenzialität humaner Praxis und der Prämisse der Überprüfbarkeit, nach der sich die Fallstrukturiertheit grundsätzlich an jeder beliebigen Textstelle zeigt (vgl. Oevermann 2000: 74 ff.).

Die Auswahl einer Textstelle markiert also unabhängig davon, wo sie sich innerhalb des erhobenen Datenmaterials befindet, den Anfang der Bedeutungsrekonstruktion. Entscheidend dabei ist, dass dieser Anfang unabhängig von seiner Positionierung „keinen vorausgehenden Kontext hat" (Oevermann 2000: 93) und entsprechend bei der Interpretation kein Kontextwissen herangezogen werden darf. Entsprechend der Sequenzialität humaner Praxis handelt es sich um einen kumulativen Kontext, in den die Textstelle eingebettet ist. Er wächst mit jeder weiteren Interpretation anschließender Textstellen und bildet auf diese Weise einen „inneren Kontext"[14] (Oevermann 2000: 95, vgl. auch Wernet 2009: 29), mit dem die Fallstrukturiertheit zunehmend Prägnanz erfährt. Ein tieferes Verständnis über den Fall als solchen und über dessen Strukturiertheit führt allerdings nicht selten zu einer Präzisierung bzw. Neujustierung des Forschungsinteresses und zieht entsprechend forschungsstrategische Überlegungen nach sich, die wiederum handlungsleitend für die Auswahl weiterer zu interpretierender Textstellen sind. Die Interpretation des erhobenen Datenmaterials setzt jeweils ausgehend von der Frage nach der konstitutiven Verfasstheit, aus der heraus Lehramtsstudierende über ihr Studium sprechen, am Beginn der protokollierten Praxis an. Das feinanalytische Vorgehen führt zu Erkenntnissen, aber auch zu hieran anschließenden Fragen, die letztlich den Forschungsgegenstand präzise konstituieren. Mit Blick auf die Beantwortung jener erkenntnisleitenden Fragen wird also nach solchen Textstellen gesucht, die mit Blick auf jene Fragen relevant zu sein scheinen und auf die eine Interpretation folgt. Im Grunde könnte sich dieses Vorgehen mit unbestimmter Dauer fortsetzen, wenn nicht forschungsökonomische Erwägungen schließlich dazu führen würden, eine Fallinterpretation zu beenden (vgl.

---

[14] Von jenem inneren ist der „äußere Kontext" (Oevermann 2000: 95, vgl. auch Wernet 2009: 24) scharf zu trennen, der sich auf alles, was außerhalb der protokollierten Praxis situiert ist, bezieht und insofern nur außerhalb der Sequenzanalyse als Kontextwissen gewonnen werden kann.

Wernet 2009: 31). Die Bestimmung des Endpunkts ist im Gegensatz zu der Bestimmung des Anfangspunkts, der überall gesetzt werden kann, nicht beliebig. Das zu berücksichtigende Kriterium der methodisch kontrollierten Überprüfbarkeit einer Fallstrukturrekonstruktion kann frühestens dort gesetzt werden, wo sich eine rekonstruierte Struktur nach extensiver Analyse einmal reproduziert, wo also keine neuen gedankenexperimentellen Lesarten entworfen werden können, die die Fallstrukturhypothese widerlegen würden.

Dem von Oevermann formulierten Totalitätsprinzip folgend muss jedes noch so kleine Element in die Sequenzanalyse einbezogen und als sinnlogisch motiviert bestimmt werden. Erst die strenge Beachtung des Prinzips ermöglicht es der empirischen Wirklichkeit, Vermutungen und theoretische Modelle zu Fall zu bringen (vgl. Oevermann 2000: 100 f.). Das Prinzip führt dazu, die historisch und konkret in Erscheinung tretende Lebenspraxis vor dem Hintergrund ihrer Entstehungsbedingungen zu erfassen. Insofern bezieht sich der Begriff der Totalität auf beide Aspekte: zum einen auf das Textprotokoll als Gesamtheit von Segmenten und zum anderen auf die konkrete Lebenspraxis, deren Fallstrukturiertheit und deren Individualität sich durch das Resultat getroffener Entscheidungen aus einer Vielzahl offenstehender Möglichkeiten konstituiert. Der zuletzt genannte Punkt verweist also auf die Dialektik von Allgemeinem und Besonderem, die in der Fallstrukturiertheit einer jeden Lebenspraxis rekonstruktiv zum Vorschein gebracht werden kann. Wernet formuliert pointiert: „Jedes konkrete Problem ist in einen allgemeinen Zusammenhang eingebettet" (Wernet 2009: 32). Die sich hieraus ableitende forschungspraktische Konsequenz entspricht dem Diktum des sequenzanalytischen Vorgehens, kein Element des Protokolls unbeachtet zu lassen. Dieser Anspruch verpflichtet dazu, einerseits dem Prinzip der Wörtlichkeit zu folgen und andererseits besonders „ausführlich" (Wernet 2009: 33) zu interpretieren. Entsprechend expliziert Wernet das ‚Prinzip der Extensivität', das darauf verpflichtet, alle gedankenexperimentellen Kontexte typologisch daraufhin zu überprüfen, ob sich aus ihnen angemessene, d. h. wohlgeformte Lesarten hinsichtlich des Sinn- und Bedeutungsgehalts der Textsequenz bilden lassen[15]. Die Frage, wann all jene Lesarten identifiziert worden sind, die angemessen erscheinen, lässt sich nach Wernet kaum beantworten. Wernet empfiehlt, sich nicht allzu früh mit ersten Suchergebnissen zufrieden zu geben, nur um möglichst zügig mit der Interpretation einer Sequenz voranzukommen. Ein solches Vorgehen birgt die Gefahr, dass die sequenzanalytische Feinanalyse misslingt und vorschnell Fallstrukturhypothesen gebildet werden, die sich zu einem späteren Zeitpunkt nicht

---

[15] Das Prinzip der Extensivität des objektiv-hermeneutischen Verfahrens verweist auf Poppers Falsifikationstheorie (vgl. Abschnitt 5.3).

mehr als tragfähig erweisen. Nach Wernet besteht die Gefahr eines „interpretatorischen Flickwerks" (Wernet 2009: 34), das sich nur durch einen Neuanfang
korrigieren lässt, was forschungsökonomisch wenig sinnvoll erscheint. Das Prinzip der Extensivität verpflichtet also nicht nur zu einer akribischen Haltung bei
der Interpretation, sondern schützt Interpretierende zugleich vor Umwegen bei
der Explikation der Bedeutungsstruktur eines zu interpretierenden Textes.

Ein entscheidender Schritt für eine Bedeutungsexplikation besteht in der extensiven Bildung von Lesarten. Als solche sind sie gewissermaßen ein erster Schritt
bei der Spurensuche nach der spezifischen Bedeutungsstrukturiertheit des Falls
und das Ergebnis von gedankenexperimentellen Geschichtenerzählungen. Das
,Prinzip der Sparsamkeit' gebietet, dass nicht unendlich viele Geschichten erzählt
werden dürfen, aus denen heraus sich Lesarten hinsichtlich des Bedeutungsgehalts einer Textsequenz bilden lassen. Es verpflichtet Interpretierende dazu, solche
Geschichten von vornherein auszuschließen, „die darauf angewiesen sind, fallspezifische Außergewöhnlichkeiten zu unterstellen" (Wernet 2009: 35). Insofern
scheinen die Prinzipien der Wörtlichkeit und der Sparsamkeit gewissermaßen
artverwandt. Auffällig ist, dass das Prinzip der Sparsamkeit dem Prinzip der
Extensivität scheinbar diametral entgegensteht: Wo eine besonders akribische
Haltung bei der Explikation möglicher Lesarten postuliert wird, scheinen nun
Interpretierende geradezu dazu ermutigt, „Fünfe gerade sein zu lassen" (Wernet 2009: 37). Diese scheinbare Widersprüchlichkeit lässt sich allerdings recht
schnell auflösen. Das methodisch kontrollierte Vorgehen besteht zwar darin,
möglichst viele Lesartenbildungen bei der Interpretation von Textsequenzen zur
Explikation zu bringen, um so voreiligen Schlüssen über deren Bedeutung vorzubeugen. Allerdings dürfen diese Lesarten eben nicht beliebig gebildet werden und
auf diese Weise voreilige Mutmaßungen zulassen. Das Prinzip der Sparsamkeit
besagt, dass nur solche Geschichten und sich daraus ableitende Lesartenbildungen zulässig sind und zur Interpretation herangezogen werden dürfen, die ohne
Zusatzannahmen – etwa über psychische Zustände der Sprechenden oder über
Situationskontexte, die sich nicht material abbilden – mit dem Text „kompatibel"
(Wernet 2009: 37) sind. Insofern hat das Prinzip der Sparsamkeit eine forschungslogische Dimension, weil sie auf den Text als ernst zu nehmendes Gebilde
sozialer Wirklichkeit verpflichtet. Gleichzeitig besteht ein forschungsökonomi-
scher Gewinn dieses Vorgehens darin, dass die Verpflichtung auf den Text als
regelgeleitetes und wohlgeformtes Gebilde Interpretierende davor schützt, sich
bei der Suche nach der Bedeutungsstruktur des Textes durch solche Geschichtenerzählungen in die Irre führen zu lassen, die sich nicht unmittelbar aus dem
protokollierten Text ergeben und daher nicht dem methodologisch geltenden

Kriterium der Überprüfbarkeit entsprechen. Obschon sich auch solche Lesartenbildungen, die zunächst als riskant oder eher abwegig bezeichnet werden können, im weiteren Verlauf der Interpretation als zulässig erweisen können, darf weder willkürlich im Text „gesprungen" und damit scheinbar Redundantes übergangen werden noch eine spekulative Haltung der Interpretierenden zu Geschichtenerzählungen verleiten, die jeder textlich protokollierten Grundlage entbehren.

Mit den Prinzipien, die jede Fallinterpretation leiten, wird sowohl auf Notwendigkeiten innerhalb des Vorgehens als auch auf erforderliche Haltungen der Forschenden verwiesen: Das Prinzip der Kontextfreiheit verpflichtet zwar auf eine *unvoreingenommene Haltung* gegenüber dem Text, legt jedoch gleichzeitig eine Beachtung des Wissens nahe, das im Verlauf des sequenzanalytischen Vorgehens gewonnen werden konnte. Das Prinzip der Extensivität verpflichtet Forschende auf eine *akribische Haltung* bei dem Aufspüren solcher Lesarten, die mit Blick auf den Sinn- und Bedeutungsgehalt der zu interpretierenden Textsequenz wohlgeformt und angemessen sind. Das Prinzip der Sparsamkeit gebietet eine *ernsthafte Haltung* des Forschenden gegenüber dem Text. Es legt nahe, den Text als Gebilde sozialer Realität ernst nehmen, was – obgleich die Suche nach hinsichtlich des Forschungsinteresses brauchbarer Sequenzstellen durchaus geboten ist – dazu verpflichtet, innerhalb einer zu interpretierenden Sequenz nicht einzelne Partikel zu überspringen, sondern sie als vollgültigen Bestandteil interpretatorisch in den Blick zu nehmen. Das Prinzip der Wörtlichkeit verpflichtet ebenso wie das Prinzip der Sparsamkeit dazu, eine *rationale Haltung* einzunehmen. Geboten ist, nicht das subjektiv Intendierte vorschnell zu verstehen, denn so verblieben die Forschenden auf der manifesten Ebene des Textes, sondern den Text als Protokoll des Latenten ernst zu nehmen. Dies impliziert, auch solche Sprechakte, die gemeinhin als Versprecher gedeutet würden, einer Interpretation auf deren kontextuellen Bedeutungsgehalt hin zu unterziehen. Schließlich verpflichtet das Prinzip der Sparsamkeit Forschende dazu, nur solche Lesarten und gedankenexperimentelle Geschichtenerzählungen zur Rekonstruktion des Bedeutungsgehalts einer Textsequenz heranzuziehen, die sich material begründen lassen und insofern dem Kriterium der Überprüfbarkeit und der Regelgeleitetheit einer jeden Fallstrukturhypothesenbildung entsprechen. Im Folgenden soll auf einige zentrale Kritikpunkte an methodologischen Prämissen und an der methodischen Vorgehensweise der Fallrekonstruktion eingegangen werden.

5.3 Kritische Anmerkungen zum objektiv-hermeneutischen Verfahren

Wenn im Vorangegangenen das Potenzial eines fallrekonstruktiven Vorgehens dargestellt wurde, in diesem Abschnitt auf zentrale Kritikpunkte eingegangen werden, mit denen die Objektive Hermeneutik als sinn- und einzelfallverstehendes Interpretationsverfahren konfrontiert ist. Die Kritik zielt im Wesentlichen auf die Frage nach der Letztbegründung universaler Strukturgesetzlichkeiten, die jeder humanen Praxis vorgelagert sind; sie verweist auf Missverständnisse in Bezug auf den Objektivitätsbegriff und sie berührt die Frage nach der Geltungsreichweite eines einzelfallrekonstruktiven Vorgehens, die für die vorliegende Arbeit relevant ist.

Die Frage nach Gewissheit über bzw. Letztbegründung gebildeter Fallstrukturhypothesen ist ein zentraler Kritikpunkt am objektiv-hermeneutischen Verfahren, das sich eng an Poppers Falsifikationstheorie des Verfahrens wissenschaftlicher Erkenntnisgewinnung und zugleich an jedwedem Individuierungs- und Bildungsprozess orientiert (vgl. Oevermann 2002). Popper formuliert seine Falsifikationstheorie pointiert:

> „Meine Hauptthese ist: Was die wissenschaftliche Einstellung und die wissenschaftliche Methode von der vorwissenschaftlichen Einstellung unterscheidet, das ist die Methode der Falsifikationsversuche. Jeder Lösungsversuch, jede Theorie, wird so streng, wie es uns nur möglich ist, überprüft. Aber eine strenge Prüfung ist immer ein Versuch, die Schwächen des Prüflings herauszufinden. So ist auch unsere Überprüfung der Theorien ein Versuch, ihre Schwächen aufzudecken. Die Überprüfung einer Theorie ist also ein Versuch, die Theorie zu widerlegen oder zu falsifizieren" (Popper 1995: 26).

Ausgehend von der in seiner Konzeptualisierung wissenschaftlicher Erkenntnisgewinnung aufbewahrten Anerkennung des Wachstums jedweder Erkenntnis – also auch der wissenschaftlichen – ist es aus Poppers Sicht für die wissenschaftliche Methode unumgänglich, auf eine Annahme der letztgültigen Verifizierbarkeit von Hypothesen zu verzichten und stattdessen an deren Widerlegung interessiert zu sein. Entsprechend eines solchen Verständnisses konstituiert sich die objektiv-hermeneutische Methode als sequenzanalytisches Verfahren dadurch, dass in ihr immer schon Falsifikation und damit das Scheitern einer bis dahin aufgebauten Fallrekonstruktion mitenthalten ist (vgl. Oevermann 1996, vgl. Wagner 2001). Gemäß eines erkenntnistheoretischen Postulats, dass Falsifizierung die einzige Möglichkeit beschreibt, Hypothesen zu prüfen, ist es also nicht Ziel des objektiv-hermeneutischen Interpretationsverfahrens, Fallstrukturhypothesen möglichst aufrechtzuerhalten und auf diese Weise deren Validität zu behaupten. Vielmehr besteht die einzige Möglichkeit des Erkenntnisgewinns über die objektive Sinnstrukturiertheit des Falls darin, formulierte Fallstrukturhypothesen so lange mit falsifizierenden Lesarten zu konfrontieren, bis im Zuge des sequenziellen Vorgehens nur noch eine Lesart übrigbleibt. Die sequenzielle Reproduktion ermöglicht eine Aussage über die Fallstrukturgesetzlichkeit, die sich material als objektive Identität des Falls zeigt.

Reichertz sieht in Zusammenhang mit einer Hypothesenbildung als Endpunkt abduktiver Schlüsse ein Problem darin, dass eine letztgültige Gewissheit selbst dann nicht möglich ist, wenn die abduktiv gewonnene Hypothese einer extensiven Prüfung unterzogen wird: „Verifizieren im strengen Sinne lässt sich auf diese Weise nichts" (Reichertz 2009: 285). Er verweist auf Pierce, wenn er argumentiert, dass eine Hypothesenbildung selbst dann keinen Anspruch auf Letztgültigkeit behaupten kann, wenn sie eine intersubjektiv geteilte ist, denn eine konsequent gedachte Intersubjektivität schließt auch alle Subjekte künftiger Generationen ein. Insofern ist eine absolute Gewissheit nicht zu erlangen und die „Gültigkeit des bislang erarbeiteten Wissens […] einzuklammern" (Reichertz 2009: 284). Wenn Reichertz' Position eine Kritik an etwaigen Versuchen ist, einer Letztbegründungsstrategie zu folgen, ist sie aus der Sicht der Objektiven Hermeneutik zutreffend. Ist sie jedoch als Kritik an der methodologischen Annahme der Objektivität des Strukturbegriffs zu lesen, muss sie aus der Position der Objektiven Hermeneutik zurückgewiesen werden, weil von universalen, allgemeingültigen Bedeutungsstrukturen ausgegangen wird, die jedwede soziale Praxis überhaupt ermöglichen und als solche nicht kritisierbar sind (vgl. dazu Oevermann 1991; 2003). Es spricht für sich selbst und schwächt die Dignität der Grundannahme in keiner Weise, die für die Objektive Hermeneutik konstitutiv, aber für andere Forschungsmethode nicht zugänglich ist.

Hier schließt ein weiterer Kritikpunkt bzw. eine Frage an, mit der die Objektive Hermeneutik als Verfahren, das sich für Strukturen humaner Praxis interessiert, konfrontiert ist: die Frage nach der Letztbegründung allgemein bedeutungstragender Regeln, die als Allgemeines der Rekonstruktion der spezifischen Sinnstrukturiertheit einer je konkreten Lebenspraxis vorausgeht (vgl. Wagner 2001). An anderer Stelle wurde auf das Emergieren objektiver Sinnstrukturen durch humane Interaktion verwiesen. Es wurde auch festgestellt, dass die Ebene universaler Strukturierungsgesetzlichkeiten oder des Allgemeinen „als Produkte der Naturgeschichte" (Wagner 2001: 128) wiederum konstitutionslogisch vor jedweder Interaktionspraxis liegt. Das Emergieren objektiver Sinnstrukturen aus humaner Interaktion einerseits und deren Rückbindung an die jeweilige

Lebenswelt, in die die Handlungsinstanz(en) andererseits eingebettet sind, ruft gewissermaßen die Frage nach einem angemessenen Umgang mit dem „infiniten Regreß" (Oevermann 1991: 283) auf den Plan, mit der auf die Unmöglichkeit der Benennung des einen Ursprungs der Ebene universaler Strukturierungsgesetzlichkeiten rekurriert wird. Oevermann selbst weist auf diese Problematik hin. Die Objektive Hermeneutik ist an humaner Praxis bzw. an deren Resultaten in Form objektiver Sinnstrukturen und nicht an universalen Strukturierungsgesetzlichkeiten selbst interessiert. Aus diesem Grund kann der infinite Regress an dieser Stelle abgeschnitten werden, jedoch nicht in Form einer Letztbegründungsstrategie, sondern vielmehr mit Verweis auf universelle Regeln, die „nach dem Muster eines rekursiven Formalismus die formale bzw. strukturelle Wohlgeformtheit von Handlungen, also von Praxis, konstituieren und als solche nicht kritisiert werden können" (Oevermann 1991: 283 f.). Der Interpretierende ist allein der „Objektivität des Protokolls" (Oevermann 2004c: 314) und dem extensiven Vorgehen bei der Interpretation verpflichtet, nicht aber dazu, den Ursprung bzw. die Geltung universaler Strukturierungsgesetzlichkeiten zu begründen, die Produkt sozialer Evolution sind. Nicht kritisierbar ist der Gehalt universaler Strukturierungsgesetzlichkeiten, die als solche gegeben sind, sondern allenfalls deren wissenschaftliche Rekonstruktion. Mit der Bildung möglichst vieler kontextunabhängiger Lesarten wird das Ziel verfolgt, die allgemein bedeutungserzeugenden Regeln zur Explikation zu bringen, um hierüber einen Zugang zur spezifischen Strukturiertheit des Falls zu erhalten. Insofern kann der Geltungsanspruch von Fallrekonstruktionen allein über die Objektivität des Protokolls eingelöst werden. Die materielle Geltung jener universellen Regeln muss ebenso vorausgesetzt werden wie die Objektivität der Realität unserer Wahrnehmungsurteile, um diese Rekonstruktionen falsifizieren zu können (vgl. Oevermann 2004c: 314).

Auf eine weitere Problematik in Bezug auf universale Bedeutungsstrukturen macht Oevermann selbst aufmerksam, indem er auf die Schwierigkeit bei der Unterscheidung von zwei Kategorien von Regeln verweist: Zu unterscheiden seien jene allgemeinen, die humane Praxis konstituierenden Regeln, die jedweder Interaktion vorausgehen und Sozialität grundsätzlich ermöglichen, von solchen Regeln, die das „Verhältnis der partikularen Lebenspraxis zu ihrer Bezugs-Gemeinschaft" (Oevermann 2003: 214) regulieren und – insofern sie durch diese Gemeinschaft durch praktischen Vollzug anerkannt werden – dort als Normen „gebietende Regeln" (Loer 2008: 169) darstellen. Oevermann schränkt ein, dass Normen insbesondere dann, wenn sie sich institutionell stark verfestigt haben, „auf eine konkrete Lebenspraxis wie bedeutungserzeugende Regeln" (Oevermann 2003: 215) wirken können und insofern eine Differenzierung zwischen Regeln und Normen nicht möglich ist. Auch für das objektiv-hermeneutische Verfahren der Fallrekonstruktion ist die Problematik der Unterscheidung universeller, bedeutungserzeugender Regeln, die eine gesamtgesellschaftliche Geltungsreichweite beanspruchen, und solcher Regeln, die vielmehr in ihrer Reichweite begrenzte, verfestigte Normen sind, von Bedeutung. Die Geltung institutioneller Normen in ihrer feldspezifisch-allgemeinen Regelhaftigkeit entzieht sich nicht selten der Kenntnis der bzw. des Interpretierenden. Wenn also eine Differenzierung von allgemeinen bedeutungserzeugenden Regeln und solchen Regeln, die lediglich in einem spezifischen sozialen Kontext akzeptiert sind und diesen entsprechend konstituieren, nicht immer ohne weiteres möglich ist, wie ist dann methodisch damit umzugehen? Nach Wernet werde es im Einzelfall zu einer „Überprüfung der Unterstellung der Geltung der in Anspruch genommenen Regeln kommen müssen" (Wernet 2000: 14). Eine Kritik an der Interpretation könnte dann an einer Kritik der unterstellten Regeln ansetzen, gleichwohl ist ein Problem der Geltungssicherung nicht gegeben, denn die Interpretation selbst weist diesen Zustand aus. Letztlich zielt das Verfahren der Objektiven Hermeneutik jedoch primär darauf ab, die Interpretationen auf die allgemeinen, bedeutungserzeugenden Regeln zu gründen, also jene Regeln, die humane Interaktion und sprachliches Handeln erst ermöglichen. Diese bedeutungstragenden Regeln wiederum entziehen sich im Gegensatz zu der wissenschaftlichen Rekonstruktion einer Kritik.

Analog zu der Frage nach der Geltungsreichweite einzelfallspezifischer Strukturgesetzlichkeiten, die mit dem Verweis auf die universellen Regeln von Sozialität als kultureller Horizont jeder Fallrekonstruktion zu beantworten ist, stellt sich auch die Frage nach der Geltungsreichweite von Einzelfallrekonstruktionen selbst. So wirft die spezifische Strukturiertheit des Einzelfalls als Dialektik von Allgemeinem und Besonderem nicht selten die Frage auf, ob von diesem einen auf andere Fälle geschlossen werden kann. Oevermann selbst bezieht sich hierauf, indem er konstatiert, Einzelfallrekonstruktionen hätten „keinen guten Ruf" (Oevermann 1981:1) und fordert von einem Verfahren, das auf die Rekonstruktion von Einzelfällen zielt, eine Antwort auf diese Kritik zu liefern. Oevermann verweist in dem Zusammenhang auf methodologische Grundannahmen, denen das objektiv-hermeneutische Verfahren folgt. So liegt dem methodischen Vorgehen der Objektiven Hermeneutik ein „ganz anderes logisches Konzept der Verallgemeinerungsfähigkeit von Einzelerkenntnissen" (Oevermann 2000: 116) zugrunde, als standardisierten Verfahren, deren Anspruch auf Geltungsreichweite und Generalisierbarkeit in erster Linie durch die Erhebung größerer Datenmengen eingelöst wird. Standardisierte Verfahren generieren Fallbeschreibungen, die als „Ergebnis der Subsumtion eines konkreten Erfahrungs- und Erkenntnisstandes [...] unter einen Satz von vorweg selegierenden und bereitgestellten Allgemeinbegriffen [...] Illustrationen und Exemplifizierungen" (Oevermann 2000: 61 f.) hervorbringen.

Ein solches Vorgehen, das an der Repräsentativität von Befunden orientiert ist, vernachlässigt aus Oevermanns Sicht allerdings Chancen der Widerlegung bzw. der Falsifikation von Erkenntnissen. Das Konzept der Verallgemeinerungsfähigkeit von Einzelerkenntnissen, dem mit dem objektiv-hermeneutischen Vorgehen gefolgt wird, basiert hingegen auf anderen Dimensionen der Generalisierbarkeit[16], wie etwa der Allgemeingültigkeit, die jede konkrete Lebenspraxis als Typus konstituiert, oder der Erkenntnisgewinnung über die soziale Gruppe und deren Operationsweisen, zu der der analysierende Fall zählt. Zu berücksichtigen ist, dass Einzelfallrekonstruktionen, gerade weil relevante Generalisierungen erreicht werden sollen, gründlich durchzuführen sind. Zudem kann man sich insbesondere dann, wenn ein theoretisches Erkenntnisinteresse besteht oder – wie im Fall der vorliegenden Arbeit – eine allgemeine Untersuchungsfrage vorliegt, nicht mit der Rekonstruktion eines einzelnen Falls begnügen, sondern muss mehrere, möglichst kontrastive Fälle in den Blick nehmen, die vor dem Hintergrund ihrer „typologischen Verschiedenheit" (Oevermann 2000: 128) auszuwählen sind.

Ausgehend von dem Erkenntnisinteresse, dem in der vorliegenden Untersuchung gefolgt wird, und der zu beantwortenden Fragestellung wurden Einzelfälle ausgewählt, die sich mit Blick auf die objektiven Daten sehr ähnlich sind: Beide Studierende absolvieren ihr Lehramtsstudium für dieselbe Schulform an derselben Universität, verfügen über pädagogische Vorerfahrungen und stehen kurz vor ihrem Studienabschluss. Ausgehend von den rekonstruierten Haltungen, aus denen heraus über das Lehramtsstudium gesprochen wird, handelt es sich bei den ausgewählten Fällen um zwei differente Typen Lehramtsstudierender, die offenbar mit unterschiedlichen Aspekten ihres Studiums identifiziert sind und vor diesem Hintergrund Kritik am fehlenden Praxisbezug äußern bzw. nicht äußern. Jene beiden Fälle, deren Rekonstruktion und die Typenbildung werden im nun folgenden empirischen Teil dieser Studie ausführlich dargestellt.

---

[16] In den einschlägigen Quellen nennt Oevermann drei, fünf oder sieben Dimensionen (vgl. etwa Oevermann 1991, 2000, 2002).

Fallrekonstruktionen

6

Den Ausgangspunkt der vorliegenden Arbeit bildet die häufig geäußerte Kritik Lehramtsstudierender, das Studium bereite sie nur unzureichend auf die antizipierte Berufspraxis vor. Angesichts eines nicht unerheblichen Umfangs solcher Studienelemente, die deutliche Bezüge zu jener Praxis aufweisen, erscheint der lehramtsstudentische Ruf nach mehr Praxis zunächst widersprüchlich, bisweilen gar als Ausdruck einer „Unersättlichkeit" (Wernet & Kreuter 2007: 187). Bei näherer Betrachtung studentischer ‚Praxisparolen' deutet sich allerdings an, dass sich dahinter im Grunde subjektiv empfundene Passungsprobleme Lehramtsstudierender bzw. deren subjektiv empfundenes Unbehagen gegenüber spezifischen Bildungsansprüchen eines akademischen Studiums verbergen (vgl. Abschnitt 3.2.2). Insofern erscheint es legitim, lehramtsstudentische Rufe nach mehr Praxis als Ausdruck eines sozialisatorischen Problems aufzufassen.

Ausgehend von einer solchen ersten Annäherung an das ‚Praxiswunschphänomen' wurden im Zeitraum November 2016 bis Februar 2017 insgesamt zwölf unstrukturierte Interviews[1] mit Lehramtsstudierenden von zwei Universitäten geführt. Im Mittelpunkt stand die Frage, wie Lehramtsstudierende über ihr Lehramtsstudium sprechen und inwieweit sie Kritik an dessen subjektiv wahrgenommenen Praxisferne bzw. den Wunsch nach mehr Praxis hervorbringen. Entsprechend der zunächst sehr weit gefassten Forschungsfrage lag den Interviews, deren Erhebungscharakter es erlaubt, sie vielmehr als Gespräche

---

[1] Vgl. zur Erhebungsform Abschnitt 6.1.

Ergänzende Information Die elektronische Version dieses Kapitels enthält Zusatzmaterial, auf das über folgenden Link zugegriffen werden kann https://doi.org/10.1007/978-3-658-43433-5_6.

K. Maleyka, *Der Praxiswunsch Lehramtsstudierender revisited*, Rekonstruktive Bildungsforschung 45, https://doi.org/10.1007/978-3-658-43433-5_6

zu klassifizieren, kein Leitfaden zugrunde. Dieses Vorgehen wirkte sich nicht nur auf den Ablauf und die Inhalte der Gespräche aus. Das Erhebungsverfahren und das dadurch generierte Datenmaterial erforderten ein iterativ-zyklisches Vorgehen für die sich anschließende Analyse: In einem ersten Schritt wurden die sich in den protokollierten Gesprächen empirisch aufzuzeigenden Themenfelder innerhalb der erhobenen Fälle in den Blick genommen. Hierzu wurde das Datenmaterial zunächst themenspezifisch strukturiert und einer ersten, flächigen Interpretation themenspezifisch ausgewählter Protokollstellen unterzogen. Der zweite Schritt bestand darin, mit einem fallübergreifenden Vergleich zu einer Synopse der Themenfelder zu gelangen, und erneut solche Protokollstellen, die fallspezifisch unterschiedliche Haltungen Lehramtsstudierender gegenüber ihrem Studium aufzeigen, einer Interpretation zu unterziehen. Dieses durchaus aufwändige, zirkelhafte Vorgehen ermöglichte es erstens, schrittweise zu einem ‚theoretical sampling' hinsichtlich der Frage zu gelangen, aus welcher Haltung heraus Lehramtsstudierende gegenüber ihrem Studium überhaupt auf ‚Praxis' zu sprechen kommen und Forderungen nach mehr Praxis artikulieren (vgl. Glaser & Strauss 1998). Zweitens führte dieses forschungsmethodische Vorgehen dazu, ausgehend von dem sich empirisch Abbildenden sowohl den Forschungsgegenstand als gegenstandsbezogene Fragestellungen, die relevant und aufschlussreich erscheinen, immer präziser fassen zu können (vgl. Kapitel 1). Ausgehend hiervon ermöglichte dieses Vorgehen drittens, aus dem Datenmaterial eine Auswahl solcher Fälle zu treffen, die mit Blick auf die Beantwortung der heuristisch leitenden Fragestellungen dem Kriterium der Kontrastivität entsprechen.

Im Folgenden wird unter Abschnitt 6.1 zunächst die Beschreibung des Feldzugangs, des Erhebungssettings und der Gründe dargestellt, die zu der Auswahl der Fälle geführt haben, bevor unter den Abschnitten 6.2 und 6.3 um die ausführliche Interpretation von zwei ausgewählten Fällen aus dem erhobenen Datenmaterial geht. Mit der Rekonstruktion fallspezifisch-typischer Ausdrucksgestalten des Sprechens über das Objekt ‚Lehramtsstudium' ist es nicht nur möglich, Aussagen über den spezifischen Fall zu treffen. Die Explikationen der Fallstruktur und die Kontrastierung der Fälle ermöglichen zudem eine „allgemeine und fallübergreifende Theoriebildung" (Wernet 2019: 57) über differente Typen Lehramtsstudierender und zu der Frage, welcher Studierendentypus ein akademisches Studium, das durch eine ausgeprägte Praxisbezogenheit gekennzeichnet ist, dennoch als zu wenig praxisbezogen wahrnimmt. Der Forschungszugriff erlaubt es, anhand der ausgewählten Fälle zu zeigen, dass Praxiswunschartikulationen Resultate einer spezifischen Konfiguration von Haltungen sind, die das Subjekt gegenüber dem Objekt ‚Lehramtsstudium' herausgebildet hat und mit denen es auf ambivalente sozialisatorische Anforderungen des Lehramtsstudiums antwortet.

6.1 Feldzugang, Erhebungssetting und Fallauswahl

Die Hälfte der Studierenden befand sich zum Datenerhebungszeitpunkt im Bachelorstudium und die andere Hälfte im Masterstudium. Für den *Zugang zum Forschungsfeld* wurden im Vorfeld Lehrende der Fakultäten für Erziehungswissenschaft kontaktiert, um ihnen das Forschungsprojekt und das damit verbundene Anliegen zu erläutern, Studierende als Interviewpartnerinnen zu gewinnen. Das in den ersten Kontaktaufnahmen verabredete Vorgehen mit den Lehrenden gestaltete sich dann folgendermaßen: Die Forschende erhielt die Möglichkeit, in Lehrveranstaltungen der Lehrenden vor den Studierenden ihr Forschungsprojekt und ihr Anliegen vorzustellen. Auf eine detaillierte Erläuterung der Anlage der Untersuchung, insbesondere ihres Ausgangspunkts – dem vielfach durch Studien belegten Praxiswunsch Studierender – wurde jedoch explizit verzichtet. Die damit verfolgte Absicht bestand jedoch nicht darin, den Beforschten Informationen über die Untersuchung vorzuenthalten bzw. ‚wahre' Interessen zu verschleiern (vgl. hierzu Hopf 2009b: 592). Zum Zeitpunkt der Datenerhebung waren der Forschungsgegenstand und damit die verbundenen Fragestellungen noch nicht eindeutig umrissen. Mit einer voreiligen Verengung des Forschungsthemas würde zweitens nahegelegt, dass die Studierenden sich genötigt sehen, sich allein diesbezüglich zu äußern, wodurch unter Umständen andere, durchaus relevante Aspekte ausgeklammert geblieben wären. Die Studierenden hatten die Möglichkeit, Namen und E-Mail-Adresse für eine Kontaktaufnahme zu hinterlassen, um einen Interviewtermin zu vereinbaren. Die hohe Rücklaufquote deutete auf ein großes Interesse hin, sich zu eigenen Erfahrungen in und mit universitärer Lehrerbildung zu äußern – jedenfalls schienen weder begrenzte Zeitressourcen noch der Umstand, eigene Wahrnehmungen universitärer Lehrerbildung gegenüber der Forschenden preiszugeben, die selbst in diesem Feld tätig ist, „Zumutungen" (Wolff 2009: 335) für Studierende darzustellen. Nach Rückmeldung mehrerer Studierender, die Interesse an einer Teilnahme an der Untersuchung bekundeten, wurden individuelle Interviewtermine per E-Mail vereinbart. Angesichts des inhaltlichen Schwerpunkts ‚subjektive Wahrnehmung des Lehramtsstudiums' und der Zugehörigkeit bzw. Position der Interviewbeteiligten im Feld universitärer Praxis erschien es sinnvoll, eine Umgebung zu wählen, die weder universitären Räumlichkeiten noch im privaten Raum situiert ist und ein möglichst ungezwungenes Sprechen ermöglicht. Daher wurde sich darauf verständigt, sich in einem Café in der Nähe der Universität zu treffen.

Nachdem die Studierenden begrüßt und ein aufklärendes Gespräch über die Anonymisierung ihrer Daten stattfand, folgte der situative Einstieg in das Gespräch, d. h. ausgehend von dem, was die Studierenden zuerst thematisierten

(etwa woher sie gerade kommen). Es wurde ein Erhebungsverfahren gewählt,
das nach Oevermann et al. (1980) als „unstrukturiertes Interview" bezeichnet
wird[2] und mit dem intendiert war, Studierenden die „Bühne" (Hermanns 2009:
363) für die Thematisierung solcher Aspekte zu überlassen, die ihnen jeweils mit
Blick auf ihr Lehramtsstudium relevant erscheinen. Gleichzeitig ging es um die
Frage, ob der häufig konstatierte und bereits beforschte studentische Wunsch nach
mehr Praxis auch dann thematisiert wird, wenn nicht durch stimulierende Fragen vonseiten der Forschenden auf ihn gelenkt wird. Insofern war die Rolle der
Forschenden durch eine weitgehend nicht-direktive Gesprächsführung gekennzeichnet, was bedeutete, in erster Linie zur Explikation anregende Nachfragen
zu stellen, zuzuhören und sich von den Themen leiten zu lassen, die die Studierenden einführten[3]. Dieses Vorgehen ermöglichte Raum für „interessante, nicht
antizipierte Aspekte" (Hopf 2009a: 359) und ließ insbesondere mit Blick auf
Äußerungen zu Praktikumserfahrungen, aber auch mit Blick auf Äußerungen zur
Wahrnehmung universitärer Lehre mehr Raum für autonom gestaltete Erzählungen (vgl. hierzu Rosenthal 2011: 157 ff.). Obschon die Forschende darauf achtete,
auf ein allzu intensives Eingreifen in den Gesprächsverlauf zu verzichten, galt
es bei der Interpretation des erhobenen Datenmaterials, die eigene Standortge-
bundenheit mitzudenken und mit Blick auf die objektive Sinnstrukturiertheit der
Gesprächsinteraktion zu berücksichtigen[4].

Wie bereits an anderen Stelle dargestellt, erfolgte die *Fallauswahl* entsprechend den Kriterien der Vergleichbarkeit objektiver Daten und der maximalen
typologischen Verschiedenheit der Fallstrukturen aus dem Blickwinkel des heuristisch leitenden Erkenntnisinteresses (vgl. Abschnitt 5.3). Ausgewählt wurden

---

[2] Oevermann et al. kritisieren, dass in der Methodenliteratur die Konstruktion von Leitfäden
empfohlen wird. Es sei gerade die starre Orientierung der Interviewenden an Leitfäden, die
es erschweren, ein solches Datenmaterial zu generieren, das „Lebensweltanalysen" (Oevermann et al. 1980: 19) überhaupt erst zulässt.

[3] Oevermann et al. (1980) machen darauf aufmerksam, dass eine größtmögliche Zurückhal-
tung des Interviewenden zu den „Regeln der Kunst des unstrukturierten Interviews" (Oevermann 1980: 19) gehöre. Es sei, um die „Datenherstellung" (Oevermann 1980: 19) nicht zu
behindern und gegebenenfalls im Gespräch Angedeutetes durch schroffe Kontextwechsel
gewissermaßen unter den Teppich zu kehren, notwendig, dass Interviewende den Befragten
die Gesprächsstrukturierung maximal überlassen.

[4] Oevermann plädiert in Bezug auf Daten dafür, die zur Untersuchung subjektiver Wirklich-
keiten herangezogen werden, „recherchierbare Daten" (Oevermann 2004c: 328) wie Tagebü-
cher o. ä. gegenüber selbst erhobenen Daten vorzuziehen, weil die zuerst genannten Daten
sich durch eine „höhere Authentizität" (Oevermann 2004c: 328) auszeichnen. Unter den
selbst erhobenen Daten wiederum seien gegenüber Befragungen solche vorzuziehen, die auf
Beobachtungen beruhen.

die im Folgenden ausführlich interpretierten Fälle zweier Lehramtsstudentinnen, die sich zunächst durch eine hohe Vergleichbarkeit mit Blick auf objektive Daten auszeichnen: Beide absolvieren ihr Lehramtsstudium an derselben Universität und studieren ‚Lehramt für Primar- und Sekundarstufe', jedoch mit teilweise unterschiedlichen Unterrichtsfächern. Beide Studentinnen befinden sich zum Zeitpunkt der aufgezeichneten Interviews im 9. Fachsemester, also bereits in der Endphase ihres Masterstudiums. Beide haben nicht direkt nach dem Schulabschluss ihr Lehramtsstudium aufgenommen, sondern sind zunächst anderen Tätigkeiten im Feld pädagogischer Praxis (Bundesfreiwilligendienst im Kindergarten, Fortbildung zur Tagesmutter) nachgegangen. Die Studentinnen sind im Feld pädagogischer Praxis auch im Rahmen ihrer studentischen Nebenjobs tätig. Wo sich anhand der objektiven Daten ein hohes Maß an Vergleichbarkeit der Fälle zeigte, offenbarten die Fallrekonstruktionen deutliche Unterschiede in Bezug auf die individuelle Haltung, aus denen heraus die Studentinnen über ihr Lehramtsstudium sprechen. Ausgehend von den Fallrekonstruktionen, die „immer schon als Schritt einer Typenbildung verstanden werden" (Kramer 2020: 99) können, war es möglich, die Typik des jeweiligen Falls mit Blick auf das Erkenntnisinteresse der vorliegenden Untersuchung aufzuschlüsseln. Der interpretatorische Blick richtete sich entsprechend auf die „typischen Auswahlen von Möglichkeiten" (Oevermann 2002: 10) über das Lehramtsstudium im Allgemeinen und subjektiv relevante Aspekte zu sprechen (etwa: Lehrinhalte, Lehrpraxen, Praktikumsphasen). Vor diesem Hintergrund war es nicht nur möglich, zu einer immer präziseren Hypothesenbildung über die spezifische Figuration der angeeigneten Haltung im und gegenüber dem Studium als Typik des Falls zu gelangen, sondern auch, artikulierte Praxiswünsche unter dem Aspekt dieses „Gewordensein(s)" (Wernet 2020: 130) in den Blick zu nehmen.

6.2 Der Fall „Prüfling": Rahmung des Falls

Das insgesamt etwa neunzigminütige Gespräch mit der Studierenden Katja fand Ende November 2016 in einem Café in Universitätsnähe statt. Katja ist 25 Jahre alt und studiert zum Zeitpunkt des Gesprächs im 9. Semester Lehramt für die Primar- und Sekundarstufe mit den Unterrichtsfächern Mathematik und Evangelische Theologie. Nach eigenen Angaben hatte sich die Studierende nach ihrem Abitur an einer Universität vergeblich um einen Studienplatz für ein Lehramtsstudium beworben. Infolgedessen absolvierte sie zur Überbrückung der Wartezeit bis zum nächstmöglichen Studienbeginn ein Jahr lang den Bundesfreiwilligendienst in einem Kindergarten. Katja arbeitete neben ihrem Studium in jenem Kindergarten und in der Schule, in der sie im Rahmen ihres Bachelorstudiums eines ihrer studienintegrierten Praktika absolvierte.

Bei einer ersten, flächigen Sichtung des Gesprächsprotokolls ist zunächst auffällig, dass im Kontext des Sprechens über ihr Studium immer wieder Abarbeitungsfiguren aufgerufen werden, die auf den ersten Blick auf ein an Zielstrebigkeit und Selbstverantwortung orientiertes Selbstkonzept allgemein *("ich wollte nichts vor mir herschieben also ich bin nich son Typ der was vor sich herschiebt")* und bezüglich ihres Studiums im Speziellen *("ich bin kein Schüler mehr ich bin Student und ich(.) hab Eigenverantwortung und wenn ich die nich aufbringen kann im Studium dann is das Studium auch nix für mich")* hindeuten. Auf der anderen Seite zeigt sich zugleich eine gewisse Frustration dahingehend, dass ihr die angenehmen Seiten des Studiums, ein Studium als Moratorium, verschlossen geblieben sind *("das richtige Studentenleben was immer so vermittelt wird, hab ich nicht kennengelernt")*. Auffallend neben der auf manifester Ebene sichtbaren Kritik Katjas an ihrem Studium ist die gleichzeitige Selbstpositionierung als „Praktikerin". Bei genauer Betrachtung des Protokolls wird jedoch deutlich, dass jene Abarbeitungsfiguren, die sich anhand ihres Sprechens über ihr Studium rekonstruieren lassen, auf eine maximal distanzierte Haltung der Studierenden gegenüber ihrem Studium, allerdings auch gegenüber der antizipierten Berufspraxis verweisen. Dies zeigt sich nach einer ersten flächigen Sichtung des gesamten Gesprächsprotokolls bereits zu Beginn, insofern nimmt die Fallinterpretation auch mit dem Gesprächseinstieg ihren Anfang.

6.2.1   Fallrekonstruktion

I: Ja Wahnsinn aber eh ich trotzdem interessant dass du gar nich dass du das Gefühl hast nich gefragt worden zu sein auf den Fragebögen so richtig zum Studium weil eigentlich *is ja (.) gerade für die Hochschule eigentlich sollte es ja interessant sein irgendwie mal was darüber rauszufinden wie Studierende das (.) finden was sie so machen*

K: Also wie gesagt wir kriegen oft Fragebögen so wie fandet ihr das Semina:r und ehm was nimmt ihr irgendwie mit aus dem Semina:r oder eh (.) wie fandet ihr den Dozenten wie fandet ihr (uv) und so weiter //I: mhm// aber es war nie so (.) wie findest du eigentlich das Stu:dium ist das Studium deiner Meinung nach (.) so richtig konstruiert //I: neé// für Lehramt für den Lehramtsberuf nee also wurd ich nie gefragt also nich von Dozenten also von //I: aha// Familienmitgliedern oder von Freunden so klar //I: ja// aber nie so in der Uni wurd ich nie gefragt

I: Und was sagt man da so also unter der Hand @ (.) @ also dann zu Hause

K: Ja also ich bin ja nächstes Jahr fertig und ich bin sehr froh dass ich fertig bin //I: já// ich hab gemerkt dass Studieren nicht meins ís //I: echt nícht// nee gar ních ehm ich arbeite sehr gerné in der Schule mit Kindérn //I: machst du schón// ja also so nebenbei //I: aha// und ehm ehm arbeite neben meinem Studium auch im Kindergarten da hab ich mein Bundesfreiwilligendienst gemacht (.) da bin ich erst darauf gekommen ehm Lehrerin zu werdén //I: mhm// und eh deswegen ehm fehlt mir einfach im Studium die ganze Praxis //I: ja// wir werden sehr vollgepumpt mit Theorie und wissenschaftlichen Erkenntnissen und so weiter aber es is nie so wirklich also mir fehlt die Praxis einfach an allen Enden (.) also wir machen jetzt zwar Kernpraktikum aber für mich ist das immer noch zu wenich //I: mhm// mir is das Kernpraktikum eins ich hatte mich grad so richtig eingelebt und schon musste ich wieder weg und ins nächste Praktikum und eh //I: echt// ja das is so weiß ich nich also ich war immer sehr unmotiviert ich hab zwischendurch auch überlegt abzubrechen aber dann //I: echt// ja dann bin ich aber wieder in die Schule und habe wieder mein Ziel gesehen und dann war ich so nein ich möchte das aber machen //I: ach krass// ich möchte diesen Beruf lérnen möchte den ausüben das Stu- Studium is halt nich so gut aber okay (.) und ehm ja zum Beispiel (.) in unserm letzten Begleitseminar da warn ja auch L:ehrer mít //I: mhm// und da hat auch eine Lehrerin gesagt zu uns ehm Praxis und ehm Studium das sind zwei Paar Schuhe und dann hab ich so gedacht

I: Sagte die Lehrerin

K: Genau //I: mhm// sagte die Lehrerin und das is halt ehm finde ich für eine Uni oder für ein Studiengang die schlimmste Kritik (.) die ein Studiengang (uv) //I: mhm// also wenn gesagt wird das das nichts mit der mit der Schule oder Praxis zu tun (I: mhm) also sehr wenich

I: War das auch der Grund weshalb du aufhören wolltést

K: Ja weil mir das einfach also ich studier ja Mathe //I: mhm// was ich in Mathe mache brauch ich im Leben nie wieder (.) ich studiere fünf Jahre diese unglaublich schwere harte Mathematík (.) und eh klar mein Grundwissen is besser geworden das stimmt schón //I: mhm// aber dennoch mach ich immer noch viel zu viele Sachen die ich nich brauche //I: mhm// das wird ja auch immer gesagt ihr müsst euer Schuldenken ab- ablegen ihr müsst das Schuldenken ablegen wo ich denke ja aber ich will doch in der Schule arbeiten darum ist es doch gerade sinnvoll auch mal schulisch zu denken

Die Analyse der vorliegenden Gesprächssequenz beginnt während des Gesprächseinstiegs nach Anschalten des Aufnahmegeräts, mit dem das Gespräch aufgezeichnet wurde. Nach informeller Aufklärung seitens der Interviewerin hinsichtlich der technischen Möglichkeiten, die Hintergrundgeräusche der Audioaufzeichnung des Interviews herauszufiltern, die sich aus dem Setting in einem Studentencafé ergeben, „springt" sie direkt in das aufgezeichnete Gespräch. Obschon die Interpretation dieses Gesprächseinstiegs eher flächig dargestellt werden soll, sind Auffälligkeiten hinsichtlich des Erkenntnisinteresses der Interviewerin, aber auch ihrer Haltung gegenüber gängigen Evaluationspraktiken der Hochschule auszumachen.

Der Sprechakt *Ja Wahnsinn*, der als Ausdruck des Staunens, gleichzeitig aber auch als Ausdruck der Bewertung interpretiert werden kann, bezieht sich entweder auf die technischen Möglichkeiten der Gesprächsaufzeichnung oder auf nun folgenden Aussagen. Insbesondere dadurch, dass keine Pause zwischen dem sich anschließenden Sprechakt *aber eh ich trotzdem interessant* gemacht wird, die auf eine inhaltliche Zäsur verweisen würde, zeigt sich eine Gehetztheit der Interviewerin in ihrem Bemühen, das Gespräch in einen natürlichen Fluss zu bringen. Interaktionslogisch ist diese Gehetztheit markant, weil sich in ihr zeigt, dass eine Geschmeidigkeit sozialer Praxis des informellen Gesprächs unter den vorfindlichen Bedingungen nur mühsam hergestellt werden kann. In dem latenten Versuch der Verschleierung, dass es sich bei der hier protokollierten Interaktion um ein nach den Kriterien qualitativer Forschung zu führendes Interview handelt, deutet sich also ein Interesse aufseiten der Interviewerin an, dass sich die Interaktionspraxis möglichst natürlich entwickelt. Ein Grund hierfür mag in der Hoffnung bzw. der Vermutung der Interviewerin liegen, dass sie nur im Rahmen eines sich natürlich entwickelnden Gesprächs einen Zugriff auf den Gegenstand ihres Forschungsinteresses für möglich hält.

Mit der sprachlichen Lenkungsfigur, die durch den Sprechakt *trotzdem interessant* realisiert wird, zeigt sich, dass offenbar auf etwas zuvor off record Geäußertes Bezug genommen wird, was im Hinblick auf das Erkenntnisinteresse der Interviewerin relevant erscheint und daher Teil des aufgezeichneten Gesprächs sein soll. Der gedankliche „Sprung" zurück, der den Anschein erweckt, etwas ungelenk vollführt zu werden, ist durchaus in Gesprächssettings wie Talkshows denkbar, in denen einer der Gesprächspartner einem inneren Argumentations- und Interessensfaden folgend das Gespräch auf jenen Faden hinlenkt. So wäre es durchaus vorstellbar, dass ein Talkshowgast in einer Sendung, in der das Thema der Schülerdemonstrationen, mit denen Aufmerksamkeit auf Gefahren des Klimawandels gerichtet werden soll, auf den Kommentar eines anderen Gastes entgegnet: „Ich kann Ihren Standpunkt nachvollziehen, aber trotzdem interessant, dass sich an dem Thema offenbar eine kollektive Identifikation mit bestimmten Ideen zeigt.". Manifest-sprachlich als Lenkungsfigur wird hier – wie auch im vorliegenden Sprechakt – auf latent-manifester Ebene das eigene Interesse gerade dadurch in den Vordergrund der Diskussion gerückt, indem es verabsolutiert wird. Gerade dadurch, dass eben nicht geäußert wird, man finde etwas interessant, sondern das eigene Interesse zu einem kollektiven Interesse stilisiert wird, erfährt die Lenkungsfigur eine Prägnanz, die es für das Gegenüber geradezu unmöglich macht, das Thema zu wechseln. Zu erwarten ist, dass sich im Anschluss zeigt, welches bereits vor Beginn des Audiomitschnitts entfaltete Thema hier erneut aufgegriffen wird. Mit dem sich anschließenden Sprechakt *dass du gar nich, dass du das Gefühl hast nich gefragt worden zu sein* wird nun die subjektive Empfindung der Interviewee in den Vordergrund und damit in den Mittelpunkt des Gesprächs gerückt. Dabei deutet sich bereits an, dass das Erkenntnisinteresse der Interviewerin darin besteht, Zugriff auf die subjektive Wahrnehmung der Interviewee zu erlangen. Blicken wir genauer auf die Sprechaktformulierung, so springt die sprachliche Korrekturbewegung ins Auge: Mit dem Abbruch des Sprechakts *dass du gar nich* und an der Korrektur *dass du das Gefühl hast nich gefragt worden zu sein* zeigt sich ein Wissen darüber, dass Katja zwar faktisch gefragt wurde, dass diese Frage jedoch offenbar nicht in einer für Katja subjektiv als angemessen empfundenen Art und Weise gestellt wurde. Bei der Vergegenwärtigung vergleichbarer Situationen, etwa ,die Kritik des Ehepartners, er werde gar nicht gefragt, ob es ihm recht sei, wenn Gäste eingeladen werden, so verweist dieser Sprechakt auf eine implizite Kritik, dass eigene Bedürfnisse nicht wahrgenommen werden. Dies mag ein entscheidender Anstoß für die Interviewerin gewesen sein, das Thema aufzugreifen. Mit der Sprechaktformulierung *dass du das Gefühl hast nich gefragt worden zu sein* wird also nicht nur eine Korrekturfigur realisiert, sondern zugleich Katjas subjektive Wahrnehmung der Interviewee zum Gegenstand des Gesprächs gemacht.

Die Korrekturbewegung, die mit dem Sprechakt der Interviewerin realisiert ist, verweist auf ein implizites Interesse daran, mehr über die Diskrepanz zu erfahren, die sich daraus ergibt, dass das *Gefühl [...] nich gefragt worden zu sein* einerseits nicht auf objektiver Faktizität ruht, dass andererseits jedoch offenkundig ein subjektives Empfinden der Interviewee besteht, nicht gefragt worden zu sein. Insbesondere mit Blick auf die Bemühung, ein möglichst sich natürlich entwickelndes Gespräch über das Lehramtsstudium zu initiieren, kann der Sprechakt auch als Versuch interpretiert werden, ein Bündnis zwischen Interviewerin und Interviewee zu stiften, deutlich zu machen, an der subjektiven Perspektive der Interviewten interessiert zu sein und sich damit von all jenen zu unterscheiden, die nicht an dieser Perspektive interessiert sind. Mit der sprachlichen Präzisierungsfigur *auf den Fragebögen so richtig zum Studium* zeigt sich nun in eigentümlicher Weise das Ausmaß der Diskrepanz aus dem faktischen Befragt-Werden und dem gleichzeitigen Empfinden, nicht *gefragt worden zu sein*. In geradezu grotesker Weise stehen sich hier ein typisches Instrument sozialwissenschaftlicher Forschung und das Empfinden der Interviewee gegenüber. Woher rührt nun diese Diskrepanz? Es scheint, als bestände das Problem darin, dass Wissenschaft mit Fragebögen als ein Instrument sozialwissenschaftlicher Forschung sich selbst mit den eigenen Mitteln untersucht und insofern die Befragten objektifiziert. Das *Gefühl [...] nich gefragt worden zu sein* kann wiederum dann nur aus einer Haltung der Interviewee resultieren, die sich nicht nur zum Forschungsobjekt „degradiert", sondern sich entsprechend auch mit aus ihrer Sicht „falschen" Fragen konfrontiert sieht. Hier deutet sich also ein Problem an, das offenkundig durch Praktiken der Lehrveranstaltungsevaluation hervorgerufen wurde bzw. zum Vorschein kam.

Interessant ist nun, dass sich die Interviewerin durch den Sprechakt *weil eigentlich is ja (.) gerade für die Hochschule sollte es ja interessant sein, mal was darüber herauszufinden* selbst zu diesen Evaluationspraktiken positioniert. Auffällig ist, dass sie sich im Grunde nicht von den Evaluationspraktiken selbst, sondern vielmehr davon distanziert, wodurch diese motiviert sind: Mithilfe dieser Praktiken, die auf Bewertung Lehrender, auf die Ausgestaltung didaktischer Settings und auf den subjektiv wahrgenommenen Lernertrag abzielen, wird ja gerade erhoben, *wie Studierende das finden was sie so machen.* Implizit wird also gesagt, dass Hochschule, wenn sie sich der eigenen Instrumente bedient, um Wirksamkeit der eigenen Praktiken zu erheben, dabei eigentlich kein Interesse daran hat, herauszufinden, wie sich die Studierenden zu jenen Praktiken positionieren, sondern im Grunde nur ihr Tun nach außen zu legitimieren beabsichtigt[5], indem Studierende jene Praktiken als „gut" oder eben „nicht gut" bewerten. Insofern scheint sich in der Positionierung der Interviewerin zur Evaluationspraxis der Hochschule erneut ein Bemühen um die Herstellung eines Bündnisses zwischen ihr und der Interviewee abzuzeichnen, dass in eine implizite Unterstellung, die Hochschule interessiere sich nicht dafür, *wie Studierende das finden was sie so machen* mündet und die Interviewerin sich gleichermaßen als Anwältin der Studierenden positioniert, die sich tatsächlich dafür interessiert, wie diese *das finden was sie so machen.*

Kurzum deutet sich in der Phase des Gesprächseinstiegs mit Blick auf Katjas Unbehagen angesichts einer Evaluationspraxis von Hochschule an, die möglicherweise aus einer subjektiven Wahrnehmung resultiert, als Forschungsobjekt zwar adressiert, jedoch nicht als Subjekt ernst genommen zu werden. Mit ihrer Positionierung als Anwältin der Studierenden, die die Interviewerin einnimmt, distanziert sie sich von Praktiken des universitären Feldes, deren Angehörige sie

---

[5] Oevermann bezeichnet eine solche Evaluationspraxis als „PR-Massnahme" (Oevermann 2004b: 45) und kritisiert an diesem Vorgehen, dass Universität mit solchen Evaluationspraktiken nicht erhebe, „was die Leute gelernt haben [...] [sondern, K. M.] wie die Leute die Universität gefunden haben" (Oevermann 2004b: 45).

selbst ist. Damit begibt sie sich in einen Spagat, der nur durch ihr Bemühen um ein kooperatives und zugleich offenes Gesprächssetting erklärbar wird. Gerade hierdurch ist für Katja implizit der Raum geöffnet, die im Folgenden ihre Kritik erneut formuliert.

Mit dem Sprechakt *Also wie gesagt* leitet Katja die Wiederholung des von ihr zuvor offenkundig off record Geäußerten ein. Im Folgenden beschreibt sie die Evaluationspraxis im Anschluss an Lehrveranstaltungen, die offenkundig auf die Erfassung studentischer Zufriedenheit (*wie fandet ihr*) mit dem Lehrenden und der Lehrveranstaltung und auf Output (*was nimmt ihr irgendwie mit aus dem Semina:r*) abzielt: In der Sprechaktformulierung *wir kriegen oft Fragebögen so wie fandet ihr das Semin:ar und ehm was nimmt ihr irgendwie mit aus dem Semin:ar oder eh (.) wie fandet ihr den Dozenten wie fandet ihr (uv) und so weitér* zeigt sich eine gewisse Unzufriedenheit angesichts einer Praxis, die für Katja offenkundig Routine ist. Vergleichbar mit Äußerung eines Schülers („wir kriegen oft Arbeitsaufträge in Vertretungsstunden") oder Mitarbeitern eines Kundenservice („wir kriegen oft Beschwerde-Mails"), zeigt sich eine Figur der Gewöhnung an eine Praxis, die damit einhergeht, Studentin zu sein, von der sich Katja jedoch eher distanziert. Im beispielhaften Aufzählen der Fragen, die auf jenen Bögen zu beantworten sind, zeigt sich die implizite Kritik der Interviewee daran, dass all jene Fragen auf eine Bewertung der Zufriedenheit und auf Einschätzung des gefühlten Wissenserwerbs abzielen. Wie begründet sie ihre Kritik? Es wäre ja durchaus möglich, dass sich die Studierende geschmeichelt oder zumindest wahrgenommen fühlt, indem sie befragt wird und ein Urteil abgeben kann. Dieser Fall scheint jedoch nicht vorzuliegen. Katjas Abneigung und ihre Unlust, der Aufforderung, an dieser Praxis als Befragte teilzunehmen, ist angesichts eines eigenen ausbleibenden Nutzens durchaus nachvollziehbar. Solche Evaluationspraktiken sind nicht nur an Universitäten, sondern auch im Dienstleitungssektor gängige Praxis (etwa in E-Mails, die im Anschluss an eine Hotelbuchung oder an einen Kontakt mit Kundencentern folgen und in denen gefragt wird, ob man zufrieden mit der Reise oder dem Service war).

In der sich anschließenden Sequenz expliziert Katja ihre Kritik: Jene Evaluationspraxis, die primär den Output von Lehrveranstaltungen und die Zufriedenheit mit Dozierenden fokussiert, spart aus Sicht der Interviewee offenkundig die entscheidende Frage aus: *wie findest du eigentlich das Studium* und die Frage, ob es ihrer *Meinung nach so richtig konstruiert […] für Lehramt für den Lehrerberuf* [sei]". Hierin deutet sich gleich eine mehrfache Kritik an den Praktiken der Hochschule an: In der Äußerung *aber es war nie so* zeigt sich, dass Katja die bestehende Evaluationspraxis in Kontrast dazu kritisiert, wie sie aus ihrer Sicht eigentlich sein sollte. Aus Katjas Sicht hätte im vorliegenden Fall eine Evaluationspraxis offenkundig stattfinden müssen, die über die reine Frage hinausreicht, wie Studierende Lehrveranstaltungen bzw. Lehrende „finden", und die persönliche Aspekte in ein Verhältnis zum Studium insgesamt setzen. Im Vergleich der Fragen auf den Evaluationsbögen (*wie fandet ihr das Semina:r, wie fandet ihr den Dozenten*), die offenkundig auf die Zufriedenheit in parzellierter Form – nämlich auf eine spezifische Lehrveranstaltung und einen spezifischen Lehrenden – erheben und den Fragen, die Katja bevorzugt gefragt würde *wie findest du eigentlich das Studium*, zeigt sich eine markante Differenz: Die Differenz scheint gerade darin zu bestehen, dass die Parzelliertheit solcher Evaluationsfragen die Beziehung persönlicher Haltungen und Dispositionen zum Lehramtsstudium insgesamt außer Acht lässt. Allerdings stände jene Frage, die sich sinnlogisch an ein vertrauliches Gespräch erinnert, im krassen Widerspruch zu universitären Evaluationspraktiken: Dort, wo messbare Ergebnisse hervorgebracht werden sollen, stören höchst individuelle Haltungen und Dispositionen eher. Implizit enthält Katjas Kritik den Vorwurf: Die Universität interessiert sich nicht für mich, sondern allein für sich selbst.

Insbesondere in der sich anschließenden Sprechaktsequenz zeigt sich eine Kritik auf der Ebene des inhaltlichen und formalstrukturellen Passungsverhältnisses von Lehramtsstudium und sich anschließender Berufspraxis. Wo also zunächst kritisiert wird, dass sich Universität nicht für die subjektiven Wahrnehmungen der Studierenden interessiert, erfährt diese Kritik nun eine Verschärfung mit einer Selbstpositionierung. Katja bringt sich als „Expertin" in Stellung, die universitäre Lehrerbildung sachkundig daraufhin bewerten kann, inwieweit dort tatsächlich getan wird, was getan werden soll: Insbesondere mit der Formulierung, ob das Studium ihrer *Meinung* nach *so richtig konstruiert für Lehramt für den Lehramtsberuf* sei, wird nicht nur die Figur der Gretchenfrage mobilisiert, die das Curriculum der Universität daraufhin befragt, ob dort getan wird, was getan werden soll – nämlich Lehramtsstudierende für den zukünftigen Beruf auszubilden. Die Sprechaktformulierung verrät zugleich, dass es aus Sicht der Interviewee offensichtlich eines Forums bedarf, in dem die Meinung geäußert werden kann, weil man sie anderenfalls nicht äußern würde[6].

In der Sprechaktformulierung deuten sich implizit Katjas Zweifel an der Autorität von Universität im Hinblick darauf an, dass dort das Richtige vermittelt

---

[6] So verweist etwa Bollnow darauf, dass das Substantiv ‚Meinung' so viel bedeute wie Auffassung, Ansicht und damit ähnlich wie das griechische Wort ‚doxa' im Gegensatz zu sicherem Wissen stehe. Zudem hebt er hervor, dass im Gegensatz zu einer vertretenen Überzeugung eine Meinung geäußert, aber auch „still für sich behalten [werden, K. M.] kann" (Bollnow: 1970: 88).

wird. Insofern mündet die implizit hervorgebrachte Figur der Kritik an den Evaluationspraktiken der Universität in eine Form der Hybris: Nicht die Forschung
entscheidet über die relevanten Fragen, sondern sie als Studierende, die offenkundig über „bessere" Ideen einer Konstruktion des Studiums verfügt. Die damit
implizit zum Ausdruck gebrachte Positionierung als erfahrene Praktikerin[7] ist
insofern von Interesse, als alle folgenden Äußerungen Katjas hinsichtlich ihres
Studiums und ihrer Praktiken in Lehrveranstaltungen vor dem Hintergrund dieser
Positionierung zu interpretieren sind.

Katja kann ihre Vorstellungen über ein besseres Lehramtsstudium offenkundig
gegenüber *Familienmitgliedern* und *Freunden* kundtun. Die relevanten Fragen,
ob das Studium ihrer Meinung nach *so richtig konstruiert für Lehramt für den
Lehramtsberuf* ist, liefert Erkenntnisse darüber, dass man dort erstens daran interessiert ist, wie ihr das Lehramtsstudium gefällt, dass man zweitens in universitäre
Praxis selbst nicht involviert ist und vor allem: dass Katja drittens dort gern und
bereitwillig Auskunft erteilt und vermutlich auch Kritik daran äußert, dass das
Studium eben nicht *so richtig konstruiert für Lehramt und Lehramtsberuf* ist. Auf
der anderen Seite zeigt sich damit auch, dass sich ihr im privaten Umfeld offenbar
ein Forum bietet, in dem sie die Meinung äußern kann und ihr dort möglicherweise mehr Akzeptanz entgegengebracht wird. Es deutet sich eine ablehnende
Haltung gegenüber dem universitären Feld an, wie sie es in ihrem Lehramtsstudium subjektiv wahrnimmt. Diese Ablehnung beruht offenkundig auf Praktiken
des Feldes, möglicherweise aber auch auf der Vermittlung von Wissensbeständen,
die Katja nicht als unmittelbar geeignet für die künftige Berufspraxis bewertet.
Mit Blick auf die protokollierte Interaktionspraxis ist aufschlussreich, dass sich
nicht nur Katjas Bereitschaft abzeichnet, die konkrete Interviewsituation zu nutzen, um ihren Wunsch auszudrücken, Universität möge sich mehr für sie als
Studierende interessieren. Es zeigt sich zugleich, dass sie einen Studierendentypus repräsentiert, der erst nach seiner Zufriedenheit gefragt werden muss, um sich
dann äußern zu können bzw. zu wollen. Hiermit erklärt sich ihre Motivation, vor
deren Hintergrund sie sich überhaupt in die Rolle der Interviewpartnerin begeben
hat: Hier werde ich endlich einmal gefragt.

In einem ersten Zugriff auf den Fall zeigt sich eine Selbstpositionierung der
Interviewee als Expertin dafür, wie das Lehramtsstudium zu verbessern wäre.

---

[7] Interessant in dem Zusammenhang ist Bollnows Konzeptualisierungen des ‚erfahrenen
Praktikers': Am Beispiel des erfahrenen Arztes entfaltet er ein Begriffsverständnis, das nicht
impliziert, dass ein erfahrener Praktiker „viel weiß und […] mit Auszeichnung seine Studien
abgeschlossen hat. Es bezeichnet vielmehr ein spezifisches Können in der Ausübung seines
Berufs, das er erst durch immer neue Übung im Verlauf eines langen Lebens erworben hat"
(Bollnow: 1970: 136).

Implizit äußert sie damit eine vorweggenommene Kritik, dass sich ihr Studium nicht genügend an der beruflichen Praxis orientiert. Es zeigt sich erstens eine Erwartungshaltung von der Praxis her, die darauf hindeutet, dass sich die Interviewee nicht aufgrund eines gesteigerten Interesses an Wissenschaft, sondern primär mit Blick auf den mit erfolgreichem Studienabschluss, der den Zugang zum Lehrberuf eröffnet, für ihr Lehramtsstudium entschieden hat. Die mit dem Sprechakt *so richtig konstruiert für Lehramt für den Lehramtsberuf* eingenommene Position als eine Expertin dafür, wie das Lehramtsstudium zu verbessern wäre, legt ein Interesse daran nahe, diese Kritik auch coram publico artikulieren zu können. Die Interviewee hat jedoch offenkundig den Eindruck, nicht in angemessener Form nach ihrem Expertenurteil gefragt zu werden. Es scheint, als verberge sich hinter dieser Aussage eine implizite Kritik angesichts des Eindrucks, der ‚Dienstleister' interessiere sich nicht für die Bewertung seiner ‚Kunden', d. h. die Studierenden als Adressaten universitärer Lehrerbildung. Insofern lässt sich vermuten, dass Katja einen Studierendentypus repräsentiert, der sich im Grunde unauffällig durch sein Studium bewegt. Er nimmt gegenüber der Welt akademischer Bildung eine distanzierte Haltung ein, weil er vermutlich a) dieser Welt nicht mit einer empathischen Haltung begegnet und b) kein spezifisches Engagement im Hinblick auf das Anprangern von subjektiv wahrgenommenen Missständen in der Lehrerbildung zeigt. Vielmehr zeigen sich im vorliegenden Fall eine fatalistische Akzeptanz der gegebenen Umstände und eine Form von Resignation, an ihnen nichts ändern zu können.

Die sich nun anschließende Interviewerfrage *Und was sagt man da so also unter der Hand @ (.) @ also dann zu Hausé* zielt auf die Explikation dessen, was Katja im Privaten, also zu Hause und in Peer-Kontexten in Bezug auf die Frage antwortet, ob das Lehramtsstudium mit Blick auf die sich anschließende Berufspraxis *so richtig konstruiert* sei. Auffällig ist, dass mit der Sprechaktformulierung *unter der Hand* der antizipierten Antwort der Interviewee bereits im Vorfeld die Legitimität angezweifelt wird, die bedingt, dass eine Äußerung nur im Privaten möglich ist. Doch der Reihe nach: An der Frageformulierung fällt zunächst auf, dass ihr ein implizites neugieriges Dringen der Interviewerin auf Explikation innewohnt, wie es etwa gedankenexperimentell in solchen Situationen denkbar wäre, in denen zwei ehemalige Kollegen über die neue Arbeitsstelle des einen Kollegen sprechen („Und wie isses da so"?). Auf den ersten Blick ist an der Frageformulierung *was sagt man da so* bemerkenswert, dass mit ihr eine direkte Adressierung der Interviewee umgangen wird (indem nicht gefragt wird „Was sagst du da so?") und so zumindest sprachlich eine Distanz zwischen beiden Interviewpartnern geschaffen wird bzw. aufrechterhalten bleibt. Es zeigt sich, dass der Frageformulierung latent-strukturell etwas betont Beiläufiges anhaftet.

Der Sprechakt zielt zwar auf das gesamte themenrelevante Wissen, das sich der Sprecher zu Nutzen machen möchte. Insofern markiert die Frage eine Unwissenheit des Fragenden. Nur wird die Frage nicht im Modus der Neugierde bzw. des Drängens auf Beantwortung, sondern im Modus der Beiläufigkeit hervorgebracht. Die Interviewerin – so scheint es – versucht zunächst mithilfe jener latenten Beiläufigkeit ihre Frageformulierung eine gewisse Harmlosigkeit anhaften zu lassen. Ein Grund hierfür könnte eine sich erneut offenbarende Absicht sein, auf diese Weise eine Atmosphäre des Vertrauens zu schaffen bzw. auszubauen.

Bemerkenswert ist nun, dass mit der Präzisierung der Frageformulierung *also unter der Hand@(.)@ also dann zu Hause* der anfänglich beiläufige Charakter verschärft wird, indem direkt auf ein Hinterbühnenwissen verwiesen wird, das nur *unter der Hand* verhandelt werden kann und zu dem sich die Interviewerin einen Zugriff verschaffen möchte. Damit erhält die Interaktionssituation den Charakter eines Geheimbundes: Die Präzisierung, die die vorangestellte Frage durch die Formulierung *also unter der Hand* erfährt, verweist zugleich darauf, dass sich die Interviewerin erstens sehr wohl über die Vorder- und Hinterbühne – in Universität und Zuhause bzw. unter Freunden – bewusst ist und jeweils in unterschiedlicher Form über das Lehramtsstudium gesprochen wird. Zweitens haftet dem Hinterbühnenwissen eine gewisse Brisanz bzw. zweifelhafte Legitimität an. So wäre eine Frageformulierung, welche auf die Explikation dessen, was *unter der Hand* gilt, zielt, etwa in solchen Gesprächskontexten denkbar, in denen zwei Kollegen, die vormals in derselben Abteilung tätig waren, bevor einer in eine andere gewechselt ist, miteinander vertraulich sprechen. Kollege A möchte nun in Erfahrung bringen, wie die neuen Kollegen des Kollegen B *unter der Hand* über ein für Kollegen A relevantes Thema sprechen. Es interessiert ihn also nicht, wie dieses Thema im offiziellen Diskurs des Unternehmens verhandelt wird. Seine Frage zielt vielmehr auf Preisgabe des Geheimwissens, welches erstens zu äußern selbst hinter verschlossenen Türen das Aroma der Illegitimität hat und zweitens Kollegen B – wenn er es seinem Gesprächspartner offenbart – potenziell in einen Loyalitätskonflikt bringt. Offenbart nun Katja ihr Wissen darüber, was *man da so […] unter der Hand* sagt, gibt sie zugleich ihre Zugehörigkeit zu der Gruppe, in der eine Verschwiegenheitsklausel gilt (zu Hause), auf und wechselt die Seiten. Die Mitwisserschaft des Interviewers kann also nur dann beansprucht werden, wenn im Gegenzug die (Selbst-)Verpflichtung der Verschwiegenheit besteht und/ oder eine geschützte Gesprächsatmosphäre bereitet wird, in der Katja ungehemmt Äußerungen hervorbringen kann, die sich eigentlich verbieten. Das kurze Lachen *@(.)@* im Anschluss an die Formulierung *unter der Hand* kann als ein Versuch interpretiert werden, die Schärfe der Frageformulierung abzumildern und auf

diese Weise eine geschützte Gesprächsatmosphäre zu erschaffen. Mit der Formulierung *also dann zu Hause* wird jedoch jene nivellierende Abmilderung insofern
aufgehoben, als erneut der Zugriff auf das Innerste erfolgt, nämlich auf das, was
nur im familiären Kreis kommuniziert werden darf.

Die Gesamtbetrachtung der Interviewerinfrage zeigt sich in dem impliziten
Drängen auf Preisgabe des Hinterbühnenwissens, wie Katja zu Hause und mit
Freunden über ihr Lehramtsstudium spricht, der Wunsch der Interviewerin, einen
Zugang zur Hinterbühne zu erhalten. Interaktionsspezifisch bemerkenswert an der
Frageformulierung ist dabei erstens die Klarheit, mit der die Interviewerin auf
diese Hinterbühne und damit auf die geheimbündische Mitwisserschaft abzielt.
Mit dieser unumwunden hervorgebrachten Einforderung des Zugangs zum Hin-
terbühnenwissen geht zweitens ein potenzieller Loyalitätskonflikt einher, der sich
für Katja aus jener Preisgabe ergibt. Katja steht mit dem „Rücken zur Wand"
und kann nur zwischen den Alternativen Kooperativität (durch Beantwortung der
Interviewerfrage) und Distanzierung (durch Abwehr der Frage bzw. Ausweichen,
indem sie sich zunächst auf ein anderes Thema bezieht) wählen.

Mit dem Sprechakt *Ja also* leitet Katja auf sprachlicher Ebene eine Suchbewegung ein: Offenkundig lässt sich die Frage, was sie zu Hause über ihr Studium
erzählt, nicht ohne Weiteres beantworten. Sie sortiert für sich erst einmal, was
in der konkreten Interviewinteraktion thematisiert werden kann. Einerseits steht
sie mit dem „Rücken zur Wand", andererseits zeigt sie sich durchaus bereit,
in Bezug auf die Interviewerinfrage zu kooperieren. Sie muss offenbar etwas
weiter ausholen: In dem sich anschließenden Sprechakt *ich bin ja nächstes Jahr
fertig,* der sowohl interaktionsspezifisch als auch hinsichtlich des Sprechens der
Interviewee über ihr Studium markant ist, wird zunächst durch *ja* eine gemeinsame Wissens- und Verständigungsebene eingezogen, indem der Zeitpunkt für
die Beendigung ihres Studiums *nächstes Jahr* als bekanntes Wissen für beide
Interviewpartner gesetzt wird. Dadurch werden die Bedingungen des Sprechens
eingeklammert und zugleich angedeutet, dass, was immer hierauf folgt, unter
jenen Bedingungen zu verstehen ist. Interaktionsspezifisch realisiert Katja mit
dem Sprechakt ein Distanzierungs- bzw. Ausweichmanöver auf die Interviewerinfrage indem sie sich nicht direkt auf sie bezieht. Hieraus ist zu schließen, dass
das zwar im privaten Umfeld Sagbare keineswegs umstandslos in der vorliegenden Interviewsituation offengelegt werden kann, was nicht nur als Hinweis auf die
mangelnde Legitimität zu interpretieren ist, sondern zugleich auf eine distanzierte
Interaktionssituation verweist.

Hinsichtlich des Sprechens über ihr Lehramtsstudium rückt mit der Sprechaktformulierung *ich bin ja nächstes Jahr fertig* die strukturelle Differenz in den

Mittelpunkt, die sich im Vergleich zu einer Formulierung „Ich mache ja nächstes Jahr meinen Master" äußern würde: Während dieser Sprechakt manifest den Zertifikaterwerb betont und ihr damit impliziter Stolz über den damit einhergehenden Statusaufstieg innewohnt, zeigt ich der Formulierung *nächstes Jahr fertig* zu sein in erster Linie ein latentes Herbeisehnen der Beendigung des Studiums. Blicken wir auf solche Kontexte, in denen der Sprechakt *ich bin ja nächstes Jahr fertig* wohlgeformt wäre, (etwa der Schüler, der gegenüber seinen Großeltern kundtut, dass er ja nächstes Jahr mit der Schule fertig sei und dann erstmal ins Ausland gehen möchte), dann zeigt sich zwar durchaus eine mühevolle Auseinandersetzung mit den universitären Anforderungen. Implizit zeigt sich jedoch, dass diese Anforderungen eine fremd auferlegte Pflicht sind, die die Sprecherin gern umginge, wenn es ihr möglich wäre. Mit Blick auf den vorliegenden Fall lässt die Formulierung vermuten, dass das Studium für Katja eine Pflichtaufgabe ist, die es durchzuhalten, hinter sich zu bringen gilt, um sich anschließend dem selbstgewählten Ziel des Lehrerberufs zu widmen. Wie ist jemand innerlich verfasst, der davon spricht, mit einem Teil seines Bildungsgangs „fertig" zu sein? Hier wirken wieder Vergleiche zum Schüler, der, sobald er mit der Schule „fertig" ist, ins Ausland geht, oder zu einer Klavierschülerin, die, wenn sie „fertig" mit dem Üben ist, mit ihrer Freundin Zeit verbringen kann, erhellend: Beide Kontextbeispiele zeigen, dass das Danach herbeigesehnt wird, dass jedoch die Vereinbarung darin besteht, zuvor bestimmte Pflichten abzuarbeiten, die zwar keine Freude bereiten, auf die jedoch auch nicht verzichtet werden kann. Damit zeigt sich einerseits ein Sprechertypus, der nicht gemäß eines Lustprinzips handelt (und etwa das Studium, die Schule oder das Üben vorzeitig beendet), dem jedoch kehrseitig auch keine besondere Hinwendung und innere Auseinandersetzung möglich zu sein scheint.

Hinsichtlich der Frage nach der sich fallspezifisch abbildenden Haltung, aus der heraus Katja spricht, scheint sich die Vermutung zu bestätigen, dass es ihr bislang nicht möglich, war, ihr Lehramtsstudium als subjektive Bereicherung zu deuten. Wie sich zeigt, steht die Interviewee der akademischen Welt nicht nur innerlich befremdet gegenüber, sondern sie bewegt sich durch sie gleichsam in einem Modus des Durchhaltens. Obgleich die Interviewee die an sie gerichteten Pflichten und Anforderungen ihres Studiums offenkundig pflichtgemäß und in technokratischer Weise erledigt (sonst könnte sie nicht davon ausgehen, *nächstes Jahr fertig* zu sein), scheint ihr der Umstand, sich noch im Studium zu befinden, nur durch den Blick auf das herbeigesehnte Danach erträglich zu sein.

In dem sich anschließenden Sprechakt *und ich bin sehr froh dass ich fertig bin* bricht nun sprachlich in markanter Weise hervor, dass Katja offenkundig innerlich bereits mit ihrem Studium abgeschlossen zu haben scheint. Wie lässt sich diese erklären? Zunächst scheint es, als sei eine Formulierung im Modus der Retro-spektivität nur unter der Bedingung möglich, mit mindestens einem Bein bereits ein anderes Terrain betreten zu haben. Diese Einschätzung mutet merkwürdig an, weil Katja zum gegenwärtigen Zeitpunkt zumindest formal den Status einer Studierenden hat. Zugleich fällt an der Formulierung *ich bin sehr froh* auf, dass ihr der Charakter eines vorgetragenen Statements anhaftet. Warum nutzt Katja die konkrete Interviewinteraktion, um ihre Haltung dem Studium gegenüber im Modus des retrospektiven Sprechens als Statement *sehr froh* zu sein vorzutragen? Die Klarheit und damit in gewisser Weise das Brachiale, mit dem die Äußerung *sehr froh* darüber *fertig* zu sein, hervorgebracht wird, nämlich nicht durch vor-herige Frage der Interviewerin, ob sie froh sei, bald ihr Studium zu beenden, lässt aufhorchen: Gerade die Klarheit des Statements, aber auch die Formulie-rung *sehr froh* zu sein, deuten auf ein leidvolles, möglicherweise krisenhaftes Erleben ihres bisherigen Studiums. Es scheint, dass der Abschluss des Studi-ums keineswegs zu jedem Zeitpunkt gesichert war, dass Katja möglicherweise zwischenzeitliche Abbruchgedanken hegte. Insofern scheint es angesichts dessen, dass Katja vorauseilend bzw. ohne danach gefragt zu werden, ein solches State-ment hervorbringt, als wohne dem Statement der Interviewee *sehr froh* darüber, *fertig* zu sein zumindest ein leises Bedauern darüber inne, das Studium nicht als subjektive Bereicherung wahrnehmen zu können.

Hiermit lässt sich die Frage beantworten, weshalb Katja im retrospektiven Modus in der Interviewsituation über ihr Studium spricht: Das retrospektive Spre-chen schützt sie im Grunde vor Nachfragen, es suggeriert, sich mit der Situation abgefunden zu haben, es ermöglicht ein Zur-Schau-Stellen einer Souveränität. Auf latent-sinnstruktureller Ebene zeigt sich jedoch die Krisenhaftigkeit dieses Modus des Studierens: Die Äußerungen der Interviewee weisen darauf hin, dass sie ihr Lehramtsstudium im Grunde im Modus eines bürokratischen Abarbei-tens von Anforderungen mit dem einzigen Ziel durchläuft, diese Aufgabe bald zu beenden. Offenbar war es Katja nicht möglich, eine an Wissenschaft inter-essierte oder eine universitären Praktiken affirmativ gegenüberstehende Haltung zu entwickeln. Weshalb es der Interviewee verstellt ist, ihr Lehramtsstudium als subjektive Bereicherung wahrzunehmen, bleibt an dieser Stelle der Fallinterpre-tation noch unklar. Es ist durchaus möglich, dass ein Empfinden, es bereite sie nur unzureichend auf den künftigen Beruf vor, eine der Ursachen ist.

An der von der Interviewerin gestellten Rückfrage *ja?* und zum Zeitpunkt, als sie gestellt wird – nämlich offenkundig ohne eine vorangestellte Sprech-pause vonseiten der Interviewee – fällt auf, dass das zuvor Gesagte keinesfalls selbstexplikativ ist und insofern eine Überraschung ausgelöst hat. Hätte die Inter-viewerin nämlich die Äußerung Katjas, *ja nächstes Jahr fertig* und darüber *sehr froh* zu sein, mit einem bloßen „*mhm*" quittiert oder unkommentiert gelassen, so wäre das zuvor von der Interviewee Gesagte als gemeinsamer Verstehenshorizont unangetastet geblieben. Durch *mhm* als Formulierungsvariante von „*verstehe*" und der impliziten Aufforderung, weiterzusprechen, nähme die Interviewerin weniger lenkenden Einfluss auf den weiteren Gesprächsverlauf. Durch die lenkende Explikationsaufforderung wird jedoch implizit eine Distinktionsgrenze zwischen Interviewerin und der Interviewee gezogen, indem deren vorangegangener Sprechakt eben nicht als gemeinhin bekannt gesetzt und Verständnis suggeriert wird.

Mit dem Sprechakt *ich hab gemerkt dass studieren nicht meins is* wird nun die handlungspragmatische Anforderung der Interviewerfrage insofern bearbeitet, als mit ihr die zuvor hervorgebrachte innere Distanzierung von ihrem Studium expliziert wird. Durch die Eingangsformulierung *ich hab gemerkt, dass* kommt auf sprachlich-manifester Ebene zum Ausdruck, dass es sich bei der gewonnenen Erkenntnis nicht um ein zufälliges bzw. plötzliches Gewahrwerden eines Phänomens handelt, sondern dass die Erkenntnis allmählich gereift ist. Mit dieser Erkenntnis kann dann entweder eine zuvor angenommene Desillusionierung bzw. Enttäuschung oder eine positive Wende einhergehen. Der erste Fall wäre etwa gegeben, wenn einer der Partner einer Liebesbeziehung sich selbst oder dem Partner eingestünde, er habe „*gemerkt, dass beide nicht zueinander passen*". Der letzte Fall wäre hingegen denkbar, wenn jemand darüber berichtet, er habe sich entgegen seiner Vorbehalte Fitnessstudios gegenüber, in einem angemeldet und nun „*gemerkt, dass das Trainieren dort doch Spaß macht*". Die Gemeinsamkeit beider Kontexte wäre, dass das zuvor Angenommene im Laufe eines allmählichen Erkenntnisprozesses durch die erlebte Realität enttäuscht bzw. widerlegt wurde und nun so nicht mehr haltbar ist. Im ersten Fall wäre zum Ausdruck gebracht worden, dass aller anfänglichen Hoffnung zum Trotz von der Realität fundamental enttäuschte Vorstellungen gegen einen Fortbestand der Partnerschaft sprechen. Im zweiten Fall wäre nun eine grundsätzlich ablehnende Haltung gegenüber Fitnessstudios nicht mehr vertretbar.

Anhand der Formulierung ihres Bekenntnisses *ich hab gemerkt, dass studieren nicht meins is* und unter Einbezug der vorherigen Sprechaktinterpretation wird nun deutlich, dass eine offenbar zuvor bestandene Erwartungshaltung der Interviewee gegenüber ihrem Studium derart enttäuscht wurde, dass die daraus resultierende Erkenntnis zu einer Abgewandtheit vom Studium bei gleichzeitigem Verbleib darin geführt hat. Diese Klarheit, mit der der Sprechakt hervorgebracht wird, zeigt sich bereits in der Formulierung „*nicht so meins*", mit der die Abgewandtheit in abgemilderter Form zum Ausdruck kommt. Auffällig ist nun, dass dieser wuchtigen Abgewandtheit zugleich durch die lapidare Formulierung *nicht meins* eine gewisse fatalistische Akzeptanz dieses Umstands anhaftet, wie sie auch durch Formulierungen wie *„nicht mein Ding"* oder *„liegt mir nicht"* realisiert würde. Eine ähnlich fatalistische Akzeptanz ließe sich in solchen Kontexten ausmachen, in denen jemand nach seiner Rückkehr von einer längeren Reise konstatiert: *„Ich hab gemerkt, dass Backpacking nicht meins ist"*. Es mag andere Menschen geben, die sich mit den kulturellen Praktiken des Reisens von Ort zu Ort mit wenig Gepäck und Komfort identifizieren können. Dies gilt jedoch nicht für den Reiserückkehrer, dessen erlebte Realität zu einer Enttäuschung der Erwartungen und Erkenntnis der Nichtzugehörigkeit zu der Welt der Rucksacktouristen geführt haben. Die Haltung des Reiserückkehrers ist insofern verständlich, als sie von geringer Bedeutung für ihn ist und er künftig problemlos auf andere Art reisen kann. Das inhärente Problem besteht hingegen für Katja darin, dass sie sich selbst mit der Figur der fatalistischen Akzeptanz als Studierende außerhalb der Welt des Studierens positioniert, der sie – zumindest formal – für die verbleibende Dauer ihres Studiums angehört. Die Erkenntnisse aus der Enttäuschung durch die Realität des Rucksacktouristen einerseits und der Interviewee andererseits unterscheiden sich also hinsichtlich ihrer unterschiedlichen Konsequenzen für die jeweiligen Sprecher: Während der desillusionierte Rucksacktourist in Zukunft seine Reiseaktivitäten anders gestalten kann, bleibt Katja mit Blick auf die zu leistende berufliche Qualifikation nur, das Unvermeidliche zu ertragen. Hierin liegt jedoch liegt ihre Problematik: Indem sie sich selbst von dieser Welt abwendet, ihr jedoch gleichsam qua Berufswunsch zwangsverpflichtet ist, befindet sie sich in einem Dilemma, das von ihr nur dadurch bearbeitet werden kann, jene innere Distanz gegenüber der Welt des Studierens in fatalistischer Weise zu akzeptieren und „durchzuhalten". Es offenbart sich aus der Wucht, mit der die Distanzbekenntnisse hervorgebracht werden, dass diese Haltung offenbar nicht darin mündet, dem Studium gleichgültig gegenüberzustehen. Sie erscheinen insofern nicht authentisch, als sich in ihnen ein Leiden an dem Umstand, studieren zu müssen, es jedoch gleichsam nicht zu können und insofern auch – vordergründig – nicht zu wollen, offenbart. Der Sprechakt *ich hab gemerkt dass Studieren nicht meins is* legt einen Deckel auf Möglichkeiten, dem Studium doch noch etwas abgewinnen zu können und scheint Katja in gewisser Weise davor zu schützen, sich doch noch innerlich daran abzuarbeiten.

Zu der Erkenntnis aus der Interpretation des vorangegangenen Sprechakts kommt die Einsicht hinzu, dass die Haltung der Interviewee, dem Studium mit Distanz zu begegnen, gleichzeitig zu der Enttäuschung geführt haben muss, keine andere Haltung einnehmen zu können und trotzdem im Studium zu verbleiben. Der von Katja gewählte Weg scheint eine Perspektivlosigkeit zu markieren: Sie

„bewältigt" einen Bildungsgang, dem sie nach anfänglichen Orientierungsversu-
chen innerlich abgeschworen hat. Gleichzeitig scheint es, als arbeite sie sich nicht
nur an den Inhalten ihres Studiums ab, sondern zugleich daran, dem Studium
keinen Sinn beimessen zu können. Man könnte also in einer ersten Fallstrukturhypothese festhalten, dass die Interviewee einen Studierendentypus repräsentiert, der
sich in erster Linie für den erfolgreichen Studienabschluss, nicht aber für Wissenschaft interessiert. Anders gesagt: Sie ist mit Ausbildungsansprüchen, nicht aber
mit Bildungsansprüchen ihres Studiums identifiziert. Darüber hinaus zeigt sich,
dass es ihr nur scheinbar möglich ist, den Umstand gleichmütig zu akzeptieren,
ihr Studium nicht als subjektive Bereicherung deuten zu können. Vielmehr deutet sich an, dass sich die Interviewee gerade die Aufrechterhaltung der inneren
Distanzierung von allem, was sich ihr als Objekt ‚Studium' zeigt, geradewegs in
eine Sinnkrise manövriert: Es scheint, als gelänge es ihr nicht, dem Umstand,
Studierende zu sein, eine positive Seite abzugewinnen, dabei jedoch gleichzeitig – insofern sie die formale Legitimation zur Ausübung des Lehrberufs erhalten
möchte – in ihm verbleiben zu müssen.

Durch die Rückfrage der Interviewerin *echt nich?* wird nun auf sprachlicher Ebene eine Explikationsaufforderung realisiert, der eine implizite Irritation
angesichts des Bekenntnisses der Interviewee innewohnt. Mögliche Anschlus-
soptionen an die Interviewerfrage bestünden also nun in einer einlenkenden
Äußerung der Interviewee („naja, die Seminare im Fach XY sind schon ganz
interessant") oder aber in der Bekräftigung des vorherigen Bekenntnisses, etwa
durch Explikation von Studieninhalten, die ihr während des Studiums missfallen
haben. Mit dem Sprechakt *n:e gar nich* hält Katja nun nicht nur ihr Bekenntnis, ihrem Lehramtsstudium innerlich distanziert gegenüberzustehen, aufrecht,
sondern auch ihr Bemühen, die Krisenhaftigkeit des mit Aufnahme ihres Lehramtsstudiums in Gang gesetzten Sozialisationsprozesses zu negieren. Mit der
Äußerung reproduziert sich nicht nur die aversive Haltung der Interviewee ihrem
Studium gegenüber. Zugleich offenbart sie implizit, dass es gar nichts gibt, was
diese Haltung bisher ins Wanken hätte bringen können. Interaktionslogisch ist es
nun geradezu unmöglich, dass ein Themenwechsel eingeleitet wird. Katja drückt
mit einer gewissen Klarheit aus, was ihr im Studium als soziale Realität universitärer Praxis begegnet ist; erforderlich ist eine Explikation dieser Haltung.
Denkbar ist sowohl, dass die Interviewerin nachhakt, als auch eine Schilderung
der Gründe für diese Haltung. Mit dem Sprechakt *ehm ich arbeite sehr gerné in
der Schule mit Kindern* liefert Katja einen markanten Grund für ihre Distanzierung vom Studium. Auffällig ist, dass auf manifester Ebene eine Kontrastfigur
eingeführt wird, mit der die Differenz zwischen den Praktiken des Studierens und

pädagogisch-caritativen Praktiken[8] markiert wird. Damit zeigen sich auf latent-sinnstruktureller Ebene nicht nur Studienmotive. Indem sich Katja positioniert, bevorzugt pädagogisch-caritativ tätig zu sein, als zu studieren, scheint sich die formulierte Fallstrukturhypothese eines subjektiven Selbstbildes der Interviewee als Praktikerin, die sich von den Theoretikern – die gern studieren bzw. einer wissenschaftlichen Tätigkeit nachgehen – abgrenzt. Hierdurch erklärt zugleich die eingangs mobilisierte Figur der Selbstpositionierung einer Expertin, die vor dem Hintergrund ihrer Erfahrungen in pädagogischer Praxis ihr Studium darauf hin beurteilen kann, inwieweit es auf die berufliche Praxis *so richtig konstruiert* ist.

Blicken wir nun konkreter auf den Sprechakt, so springt in der Formulie-rung *in der Schule mit Kindern* eine eigentümlich regressive Figur des Sprechens über eine (vor-)berufliche Tätigkeit ins Auge. Ihre Eigentümlichkeit lässt sich gut im Kontrast zu einem Sprechakt wie „ich arbeite sehr gerne als Lehrerin" verdeutlichen. Eine Lehrperson, die hinsichtlich ihrer Berufswahl konstatiert, sie arbeite gern „als Lehrerin" bekräftigt damit im Grunde ihre Berufswahl unab-hängig von einer spezifischen Schule und angesichts aller Tätigkeiten, die die Berufspraxis ausmachen. Verdeutlichen lässt sich diese Aussage am Beispiel des Umschülers, der im Kontext einer Berufsberatung auf die Frage, welchen Tätig-keiten er denn gern nachgeht, antwortet: „Ich arbeite gern mit Menschen, deshalb kann ich mir gut eine Tätigkeit im sozialpädagogischen Bereich vorstellen". Es wird sowohl eine Diffusität hinsichtlich der Merkmale einer Tätigkeit (‚irgend-was mit Menschen'), als auch eines Berufsfeldes zum Ausdruck gebracht, die in Frage kommen. In dem Sprechakt *ich arbeite sehr gerné in der Schule mit Kindérn* realisiert sich nun auf sprachlich-manifester Ebene eine Distanzierungsfigur, in der die Arbeit in der Schule mit Kindern gegen das Studium in der Universität mit Kommilitonen und Lehrenden ausgespielt wird. Allerdings zeigt sich hinter dieser Aussage, dass Katja vielmehr eine Tätigkeit, die sich vielleicht als „Be-schäftigung mit Kindern' bezeichnen ließe, gegen ein – unter Umständen als zu realitätsfern oder zu anspruchsvoll wahrgenommenes – Studium ausspielt. Mit Blick auf ihre bisherige Berufsbiografie erscheint Katjas Bekenntnis, gern in der Schule mit Kindern zu arbeiten, auf den ersten Blick unverdächtig, weil genau dieser Wunsch ihren bisherigen Erfahrungen im Feld pädagogischer Praxis ent-spricht. Das Dilemma der Interviewee scheint nun jedoch durch zwei kritische

---

[8] Terhart verweist auf Befunde von Untersuchungen zur Studienmotivation von Grundschul-lehrkräften, die zeigen, dass das Motiv der „Arbeit mit Kindern hier noch stärker ausge-prägt ist, als in anderen Lehrämtern und dass generell ein altruistisch-pädagogisch-caritativer Motivkomplex in Verbindung mit einem Selbstbild, demzufolge genau in diesem Bereich die eigenen Stärken gesehen werden, im Mittelpunkt steht" (Terhart 2001: 136).

Aspekte begründet: Erstens deutet sich an, dass Katja über die Beschäftigung mit Kindern, durch die sie offenbar Anerkennung erfährt, mit ihrer Hilfslehrerinnentätigkeit identifiziert ist bzw. ein subjektives Selbstbild einer kompetenten Hilfslehrerin herausgebildet hat. Dieser Annahme folgend ist es dieses Selbstbild, das sie in zweifacher Hinsicht vor ein Entweder-Oder stellt: Solange sich Katja mit den Praktiken einer Hilfslehrerin identifiziert und solange das Selbstbild der kompetenten Hilfslehrerin stabil bleibt, ist die Herausbildung einer affirmativen Haltung gegenüber der akademischen Welt nicht mehr möglich. Gleichzeitig deutet sich an, dass auch die Herausbildung einer affirmativen Haltung gegenüber der Praxis erschwert ist, auf die ihr Lehramtsstudium hin ausgerichtet und mit der sie – etwa in Schulpraktika – konfrontiert ist. Es scheint, als bestände der Idealweg für Katja darin, erstens kein Studium durchlaufen zu müssen und sich zweitens auch nach ihrem Studium weiterhin einfach mit Kindern in einer Schule beschäftigen zu können, ohne mit den Anstrengungen des Lehrerberufs konfrontiert zu werden. Genau hierin zeigt sich, dass ihr nicht nur das Studium, sondern ihr auch der Lehrberuf nicht liegt, so wie sie ihn antizipiert bzw. in Praxisphasen möglicherweise kennengelernt hat. Wenn es nach ihr ginge, könnte sie sich in einem Modus des regressiven Hilfslehrerin-Seins einrichten, für den sie weder Studium noch Lehrberuf benötigt.

Im Folgenden klärt sich nun, auf welche Nebentätigkeiten Katja rekurriert und worauf sich ihre Selbstkonzeption als Hilfslehrerin stützt. Sie präzisiert auf Nachfrage der Interviewerin, dass sie *so nebenbei*, also offenkundig parallel zu ihrem Studium in einer Schule und in einem Kindergarten arbeitet. Hier scheint sich die Annahme zu bestätigen, weshalb Katja auf die Arbeit *mit Kindern* fokussiert. Ihre unmittelbar vor dem Studium ausgeübte Tätigkeit im Kindergarten war offenkundig auch der Ort, durch den sich ihr Berufswunsch konturiert hat: An der Sprechaktformulierung *da bin ich erst darauf gekommen* springt sofort die Figur des Tricks ins Auge, der sich für sie erst auf Umwegen erschloss. Zur Verdeutlichung: Ein Hobbybastler verrät seinem Bekannten auf dessen Frage, wie er denn bloß die feinen Präzisionsarbeiten an seinem Modellbau so exakt anfertigt: „Ich habe jahrelang mit Feilen aus dem Baumarkt gearbeitet, doch die waren gerade bei solchen Arbeiten, die eine besondere Präzision erfordern, zu unhandlich. Als ich auf einer Modellbaumesse sah, dass die Kenner mit kleinen Spezialfeilen arbeiten, bin ich erst darauf gekommen, mir auch so eine Feile zuzulegen." Sprachlich wäre mit dem Sprechakt „da bin ich erst darauf gekommen" die Figur des Durchschauens eines verblüffend einfachen Tricks realisiert. Implizit zeigt sich anhand der Formulierung, dass sich erst durch den unmittelbaren Einfluss eines bestimmten Ereignisses (*da* […] *erst*) eine Erkenntnis eingestellt hat, die für Katja zuvor nicht verfügbar war. In Verbindung mit der sprachlich-manifest realisierten Figur des Tricks steht nun die Sprechaktformulierung *ehm Lehrerin zu werdén*. In markanter Weise zeigt sich zunächst die Differenz des vorliegenden Sprechakts der Interviewee gegenüber der Formulierungsvariante: „Erst nach meinem Bundesfreiwilligendienst im Kindergarten habe ich für mich gemerkt, dass ich nicht Erzieherin, sondern lieber Lehrerin werden möchte." Während mit diesem Sprechakt ein klares Bekenntnis zu einem Berufswunsch ausgedrückt wird, zeigt sich hier latent-sinnstrukturell, dass es sich bei Katjas Berufswahl vielmehr um einen „Trick", eine pragmatische Lösung als um einen authentischen Berufswunsch gehandelt haben muss.

Es scheint, als habe das Anerkennungserleben im Bundesfreiwilligendienst Katja in gewisser Weise suggeriert, einen Beruf ergreifen zu können, für den sie sich bereits umfassend gerüstet sieht. Ein authentischer Berufswunsch oder gar das Gefühl, zur Lehrerin „berufen" zu sein, drücken sich hierin nicht aus, sondern vielmehr eine pragmatische Überlegung: Wenn es im Kindergarten gut lief, weshalb sollte ich dann nicht Lehrerin werden? Mit Einbeziehung des Kontextwissens ergibt sich eine markante Schräglage, denn Katja hat sich bereits vor Antritt ihres Bundesfreiwilligendienstes – ihren Äußerungen zufolge der Ort, an dem sie *erst darauf gekommen* ist *Lehrerin zu werdén* – erfolglos um einen Lehramtsstudienplatz beworben. Weshalb also deutet sich in ihrem Sprechen über ihre Berufswahl die Figur eines Tricks an? Hierfür wiederum mag der zweite Abschnitt der Sprechaktsequenz – *ehm Lehrerin zu werdén* – den entscheidenden Hinweis liefern: Katja konzipiert sich qua Anerkennungserleben in ihrem Nebenjob offenkundig als kompetente Praktikerin und hat das Selbstbild einer kompetenten Hilfslehrerin entwickelt. Der Grundstein für dieses Erfahrungs- und Anerkennungserleben, auf dem dieses Selbstkonzept errichtet ist, wurde offenbar während ihres Bundesfreiwilligendienstes im Kindergarten gelegt und markiert in gewisser Weise eine Figur des Griffs in die Trickkiste *Lehrerin zu werdén*. Tragischerweise scheint sich jedoch für Katja zu zeigen, dass dieses Selbstkonzept bei der Bearbeitung sozialisatorischer Anforderungen im Studium – der Einlassung auf universitäre Praxis – nicht trägt und es einer Bearbeitung von Sozialisationskrisen sogar im Wege steht, die die Herausbildung einer affirmativen Haltung gegenüber universitärer Praxis erst ermöglichen.

Es zeigt sich erneut, dass sich die Interviewee aufseiten der ‚Praktiker' und damit eindeutig als Studierende positioniert, die allein mit Blick auf den Zertifikaterwerb studiert. Da ihr offenkundig herausgebildetes subjektives Selbstbild einer kompetenten Praktikerin bzw. Hilfslehrerin zugleich Grund für ihre geradezu aversive Haltung gegenüber dem, was sich ihr als Objekt ‚Lehramtsstudium' darstellt und wie sie das Feld universitärer Praxis interpretiert, zu sein scheint, ist ihre Nebentätigkeit als Hilfslehrerin Refugium und Dilemma zugleich: Die Nebentätigkeit ermöglicht ihr einerseits ein Anerkennungserleben und führt dazu, sich selbst als Expertin zu konzipieren, wie das Lehramtsstudium zu verbessern wäre. Andererseits führt ihr herausgebildetes subjektives Selbstbild nicht dazu, sich mit der Welt der akademischen Bildung identifizieren zu können. Kurz gesagt: Es gelingt der Interviewee nicht, trotz des herausgebildeten Selbstkonzepts eine affirmative Haltung ihrem Lehramtsstudium gegenüber zu entwickeln. Es gibt nur ein Entweder-Oder: Entweder sie arbeitet sich an den Sozialisationsanforderungen und -krisen ihres Lehramtsstudiums ab oder sie zieht sich in den für sie vertrauten Rahmen der Hilfslehrertätigkeit zurück, die ihr ein Anerkennungserleben ermöglicht. Das Differenzerleben universitärer und schulischer Praxis, die sie durch ihre Hilfslehrertätigkeit kennt, erweist sich als problematisch mit Blick auf die Haltung gegenüber ihrem Studium. Die Sozialisationsanforderungen ihres Studiums und die damit einhergehende Krise bleiben unbearbeitet, die in der dauerhaften Konfrontation mit einer universitären Praxis besteht, der sie keine positiven Erfahrungen abgewinnen kann. Die Emergenz neuer Strukturen durch eine produktive Bearbeitung sozialisatorischer Anforderungen bleibt aus, die in ein anderes subjektives Selbstbild als Studierende integriert werden könnten und es Katja möglicherweise erlauben würden, das Studium bzw. die Praxis des Studierens als subjektive Bereicherung wahrzunehmen.

Mit dem Sprechakt *und eh deswegen ehm* leitet Katja nun sprachlich eine Schlussfolgerungsfigur ein, die zunächst ins Stocken gerät, also keinesfalls mühelos hervorgebracht werden kann. Hieran schließt Katja nun mit der Sprechaktformulierung *fehlt mir einfach im Studium die ganze Praxis*. Sinnstrukturell reproduziert sich hier – erinnert sei an die Äußerung der Interviewee, *froh* darüber, *fertig* zu sein – eine ablehnende Haltung gegenüber dem Studium, die jedoch durch *einfach* im Modus einer recht undifferenziert hervorgebrachten Kritik zum Ausdruck kommt. Implizit ist damit gesagt: „Die Praxis, für die ich mich interessiere, entspricht weder der Praxis, auf die mein Lehramtsstudium hin ausbildet noch der Praxis des Studierens. Deshalb gefällt es mir nicht." Auffallend ist, dass im Gegensatz zu einer Äußerung „Ich finde, die Universität muss sich vielmehr bemühen, den Umfang der Praxisphasen im Studium zu erhöhen" dem vorliegenden Sprechakt keinerlei Forderungscharakter anhaftet. Der Grund ist denkbar einfach und lässt sich anhand folgender Situation veranschaulichen: Ein Student, der, nachdem er mehrere Jahre in einer Wohngemeinschaft gelebt hat, nun, nachdem sich die WG aufgelöst hat, allein wohnt, könnte gegenüber einem Kommilitonen äußern: „Weißt du, im Grunde bin ich eher der gesellige Typ. Deswegen fehlt mir einfach in meiner Einzimmerwohnung das ganze

Drumherum, das das WG-Leben so hatte." Implizit wird mit der Sprechaktformulierung auf ein unerfülltes Passungsverhältnis der gegenwärtigen Wohnsituation und des Bedürfnisses nach dem sozialen Miteinander eines Lebens in einer Wohngemeinschaft ausgedrückt, das jedoch nicht allein der Wohnung respektive dem Studium anzulasten ist. Vielmehr passen Bedürfnisse und Dispositionen nicht zu der vorfindlichen Realität.

Angesichts der Interpretation der vorangegangenen Sprechakte ist die Äußerung der Interviewee, ihr fehle *einfach im Studium die ganze Praxis*, nicht überraschend: Der Weg, der Katja zum Lehrerberuf und in ihr Lehramtsstudium geführt hat, gründet offenkundig auf pädagogisch-caritativen Studienmotiven und einem auf einem Anerkennungserleben, das sie in ihrem Bundesfreiwilligendienst erfahren hat. Unter interaktionslogischem Gesichtspunkt ist die Mobilisierung jener Schlussfolgerungsfigur insofern interessant, als Katja nun durchaus damit rechnen müsste, gefragt zu werden, warum sie den subjektiv empfundenen Praxismangel während ihres Studiums damit begründet, gern in der Schule mit Kindern zu arbeiten. In ihrer Nebentätigkeit ist für *die ganze Praxis* gesorgt, insofern wären gegenüber dem Lehramtsstudium, das ja durchaus Bezüge zur Praxis herstellt, keine Praxiswünsche zu reklamieren.

Vor diesem Hintergrund zeigt sich die Irrationalität, die der Argumentationsfigur inhärent ist. Katja bekennt sich zu den Ursachen ihrer Unzufriedenheit mit und in ihrem Lehramtsstudium, die im Grunde nicht dem Studium selbst anzulasten sind, denn dies stellt ja mindestens durch Praktikumsphasen einen Bezug zur lehramtsberuflichen Praxis her. Die Ursachen ihrer Unzufriedenheit scheinen vielmehr erstens in der enttäuschten Erwartung zu bestehen, ein Studium sei etwas anderes als das, was es ist. Eine zweite damit einhergehende Ursache besteht in einem subjektiv wahrgenommenen negativen Passungsverhältnis ihres subjektiven Selbstbildes zu dem Feld universitärer Praxis, innerhalb dessen sie sich qua Studierendenstatus bewegt. Das hieraus offenkundig resultierende subjektive Empfinden der Nichtzugehörigkeit zu diesem Feld – dem sie allerdings paradoxerweise angehört – wiederum scheint eine dritte Ursache für ihr Unbehagen zu begründen. Die vorzufindende Praxis, mit der Katja in einer Weise identifiziert ist und die zur Herausbildung eines subjektiven Selbstbildes der kompetenten Hilfslehrerin geführt hat, fehlt ihr jedoch im Lehramtsstudium. Insofern zeigt sich in dem Sprechakt hinter einer undifferenziert hervorgebrachten Kritik zugleich eine Hilflosigkeit, die angesichts des Umstandes nachvollziehbar ist, sich in einem sozialen Feld bewegen zu müssen, dem sie sich in keiner Weise zugehörig fühlt. Dies zeigt sich besonders im Kontrast zu der Äußerung „Mir fehlt einfach im Studium der Praxisbezug." Die strukturelle Differenz beider Sprechakte besteht darin, dass in den Begriff „Praxisbezug" die Idee eingelagert wäre,

das Lehramtsstudium diene einem Zweck, nämlich der Vorbereitung auf berufliche Anforderungen von Lehrpersonen. Dieser ausbildungslogische Anspruch
geht aus dem Sprechakt *und eh deswegen ehm fehlt mir einfach im Studium die
ganze Praxis* nicht hervor. Katja befragt offenbar jedoch nicht einzelne Lehrveranstaltungen auf deren Ausgestaltung eines wie auch immer gearteten Bezugs
auf die berufliche Praxis. Sie beklagt vielmehr, dass das Lehramtsstudium nicht
die ganze Praxis ist. Vergleicht man jenen Sprechakt mit Formulierungen wie
„die ganze Welt (steht dir offen)" oder „das ganze Chaos (muss aufgeräumt werden)", so springt eine Diffusität ins Auge. Im vorliegenden Fallkontext scheint
die Diffusität, mit der nicht auf eine konkrete Praxis verwiesen wird, auf ein
latentes Krisenerleben hinzudeuten: Das Lehramtsstudium bietet Katja nicht dasselbe Identifikationspotenzial und Anerkennungserleben wie ihre Nebentätigkeit
in pädagogischer Praxis. Insofern gilt (erneut) das Entweder-Oder-Prinzip: Identifiziert sich die Interviewee mit ihrer Hilfslehrerpraxis und konzipiert sie sich
darüber als kompetente Hilfslehrerin, kann sie über den formalen Status hinaus
keine Lehramtsstudentin sein – zumindest keine, der die Herausbildung einer Haltung gegenüber ihrem Studium möglich ist, die nötig wäre, um diese Erfahrung
als subjektive Bereicherung zu deuten. Bietet ihr das Lehramtsstudium nicht in
dem Umfang Anerkennung, Kompetenzerleben und Zugehörigkeit, so steht sie
vor einem Dilemma, mit dem sie nur in einer radikalen Weise der Distanzierung
von ihrem Lehramtsstudium umgehen kann und daher zu dem Schluss kommen
muss: *Studieren ist nicht meins.*

Anhand der Überlegungen im Anschluss an die vorangegangenen Sequenz-
rekonstruktionen lässt sich aus der Rekonstruktion der Sprechaktsequenz *und
eh deswegen ehm fehlt mir einfach im Studium die ganze Praxis* schlussfolgern,
dass das eigene Anerkennungserleben als Hilfslehrerin, die Berufswahlmotivation
und das herausgebildete subjektive Selbstbild einer kompetenten Hilfslehrerin,
die bessere Ideen für die Konzeption des Lehramtsstudiums hätte, es Katja zu
verunmöglichen, ein subjektives Selbstbild herauszubilden, das durch eine aversive Haltung gegenüber universitärer Praxis, wie sie sie erlebt, gekennzeichnet
ist. Dieser Umstand wird noch verschärft, weil die Herausbildung einer solchen
Haltung die Bewältigung sozialisatorischer Krisen voraussetzt. Solche Krisen
werden im Studium potenziell durch die Konfrontation mit dem Neuem ausgelöst: etwa die Konfrontation mit einer Lehre, die sich zumindest idealiter vom
Schulunterricht unterscheidet und in der Studierenden Wissen in einer Sprache
vermittelt wird, die ihnen möglicherweise zunächst fremd ist und in der sie als
Teilnehmende an Diskursen adressiert werden, die ihnen gleichsam fremd sind.
Angesichts solcher Krisenerfahrungen erscheint es durchaus nachvollziehbar, dass
sozialisatorische Anforderungen (zunächst) subjektiv als zu hoch wahrgenommen

werden. Eine produktive Bearbeitung dieser Anforderungen erfordert nicht nur eine gewisse Frustrationstoleranz, sondern auch eine neugierig aufgeschlossene Haltung gegenüber neuen Sozialisationserfahrungen. Die Herausbildung einer solchen Haltung, so scheint es, hat im vorliegenden Fall nicht stattgefunden. Die Haltung eines rein berufsorientiertem Studierendentypus wird beibehalten. Zu ihr hat sich eine distanzierte Haltung gegenüber dem gesellt, wodurch sich das Objekt ‚Studium' zu erkennen gibt. Der Interviewee steht nicht die lebenspraktische Erfahrung zur Verfügung, Sozialisationskrisen ihres Lehramtsstudiums als Anforderungen zu deuten, denen sie gewachsen sein könnte, und sie in einer Weise zu bearbeiten, die ihr die Herausbildung eines subjektiven Selbstbildes einer „kompetenten" Studierenden ermöglicht hätten, die sich innerlich der akademischen Welt, selbst wenn diese nur eine Durchgangspassage darstellt, zugehörig fühlt.

Die Analyse des sich anschließenden Sprechakts *wir werden sehr vollgepumpt mit Theorie und wissenschaftlichen Erkenntnissen und so weiter* zeigt, dass eine Figur der hilflosen Übergrammatisierung mobilisiert wird. Was auf den ersten Blick wie eine Kritik erscheint, Katja sei fremdbestimmt, entpuppt sich bei genauerer Betrachtung als Scheitern des Versuchs, einerseits dem Feld universitärer Praxis das eigene subjektive Empfinden der Nichtzugehörigkeit anzukreiden und andererseits, dem Studium zu attestieren, nicht das zu leisten, was es leisten soll. Doch der Reihe nach: Die Sprechaktformulierung *wir werden sehr vollgepumpt* liest sich zunächst als explizite Kritik daran, im Studium fremdbestimmt zu sein. Vergegenwärtigt man sich solche Situationen, in denen davon gesprochen wird, dass jemand mit etwas vollgepumpt wird, so führen diese Kontextbeispiele alle in Richtung eines implizit gewaltsamen Aktes, dem derjenige, der vollgepumpt wird, hilflos ausgeliefert ist. Man denke hier etwa an den Angehörigen eines demenzkranken Patienten, der Psychopharmaka zugeführt bekommt, um sediert zu werden. Auffällig ist die sehr überspitzt dargestellte Kritik: Katja bringt sich als Sprachrohr für alle Lehramtsstudierenden in Stellung. Die übertrieben wirkende Übergrammatisierung verweist zugleich auf eine Übertreibungsfigur. Anders gesagt: Vollgepumpt zu werden bedarf keiner Steigerung, denn „voll ist voll". Weder eine Steigerung noch eine Abmilderung scheinen angemessen. Der Sprechakt verweist darauf, dass der zuvor mobilisierte Grund, weshalb das Studium ihr nicht liegt ist, nicht universitärer Lehrerbildung anzulasten ist, sondern vielmehr auf einem subjektiven Empfinden gründet: Die Formulierung *wir werden sehr vollgepumpt mit Theorie und wissenschaftlichen Erkenntnissen und so weiter*, in der sich eine Undifferenziertheit ausdrückt, verweist im Grunde darauf, dass das Lehramtsstudium für Katja eine Überforderung bedeutet. Die Gegebenheit *sehr vollgepumpt* existiert im Grunde nicht, denn Universität tut, was sie tun soll: Studierende mit Theorien und wissenschaftlichen Erkenntnissen konfrontieren.

Damit zerschellen nicht nur die artikulierten Bemühungen der Hervorbringungen eines ausbildungslogischen Anspruchs. Es zeigt sich zugleich, dass es der Interviewee nicht möglich ist, den tatsächlichen Grund für ihre ablehnende Haltung gegenüber universitärer Praxis und der ihr inhärenten Praktiken zu äußern. Sie erlebt die Praxis des Studierens in gewisser Weise als Ausnahmezustand, in dem sie mit zu hohen Anforderungen konfrontiert ist, die – zumindest suggeriert die sprachliche Gegenüberstellung von Praxis und Theorie diesen Eindruck – der Lehrerberuf aus ihrer Sicht gar nicht erfordert.

Die Kritik besteht also nicht darin, dass die Universität Studierende mit den eigenen wissenschaftlichen Methoden und Erkenntnissen konfrontiert. Die Universität konfrontiert auch solche Studierende, die Wissenschaft nichts abgewinnen können und sich im Grunde vielmehr als kompetente Praktiker konzipieren, und übt insofern implizit Zwang aus und fordert eine Einlassung. Katja distanziert sich von Praktiken des Studierens und bekennt sich damit implizit eines subjektiven Selbstbildes als kompetente Hilfslehrerin und Praktikerin. Diese *ganze Praxis* ist es, die ihr im Lehramtsstudium fehlt. Mit dem Sprechakt *wir werden sehr vollgepumpt mit Theorie und wissenschaftlichen Erkenntnissen und so weiter* scheitert der Versuch, den zuvor beklagten Mangel an Praxis als Grund für ihre ablehnende Haltung gegenüber universitärer Praxis und den Praktiken des Studierens zu mobilisieren, und zwar aus mehreren Gründen: Zum einen ist der Vorwurf absurd, im Lehramtsstudium mit Praktiken des Studierens belästigt zu werden. Wer sich für ein Studium entscheidet, akzeptiert die Notwendigkeit, mit Praktiken des Studierens konfrontiert zu werden. Zum anderen hat sich jemand, der einer solchen Praxis nichts abgewinnen kann, schlicht geirrt, denn Universität hat ungeachtet ihres Auftrags auszubilden, im Grunde „nur" die Möglichkeit, Studierende mit der Praxis wissenschaftlicher Erkenntnisgewinnung zu konfrontieren. Katja hat offenbar allein vor dem Hintergrund einer Berufswahl das vorgeschaltete Studium aufgenommen und nimmt es nun subjektiv als Pflichtveranstaltung wahr, die ihr das notwendige Zertifikat für den Lehrerberuf verschafft. Anhand der Formulierung *Theorie und wissenschaftlichen Erkenntnissen und so weiter* zeigt sich in eigentümlicher Weise, dass Katja nicht das Nebeneinander differenter theoretischer Konzepte erkennt, sondern sie die wissenschaftlichen Befunde und theoretischen Modelle vielmehr als ein einheitliches, zugleich aber undurchsichtiges Konglomerat wahrnimmt. Zugleich deutet der Sprechakt implizit und erneut darauf hin, dass sich die Kritik beliebig fortsetzen ließe (*und so weiter*), dass also im Grunde alle Praktiken des Studierens und damit das Lehramtsstudium als Ganzes für sie lediglich ihr aufgebürdete Pflichten darstellen, die sie offenbar für nicht gerechtfertigt hält.

Der Sprechakt *aber es is nie so wirklich also mir fehlt die Praxis einfach an allen Enden* schließt nun an die zuvor getroffenen Aussagen an. Der zuvor gescheiterte Versuch, ihrem Studium das eigene subjektive Empfinden der Nichtzugehörigkeit zum Feld universitärer Praxis anzukreiden und eine Kritik an Praktiken der Lehre hervorzubringen, die das Versagen universitärer Lehrerbildung attestieren, mündet nun sprachlich in den Versuch, ein Idealbild des Objekts ‚Lehramtsstudium' zu zeichnen. Dieser Versuch scheitert jedoch mit dem Abbruch des Sprechakts *aber es is nie so wirklich*. Betrachten wir die Sprechaktformulierung genauer: Mit der Äußerung wird sprachlich ein Klischee mobilisiert. Zu erwarten wäre, dass nun eine Explikation dessen folgt, was Katja von ihrem Studium erwartet hat, die einem gängigen Idealbild universitärer Lehrerbildung bzw. der Praxis eines Lehramtsstudiums entspricht. Dies ist jedoch nicht der Fall. Folgende gedanken-experimentelle Kontextbeispiele verweisen auf eine Gemeinsamkeit: Äußerungen wie „Ich bin ja nie so wirklich warm geworden mit seiner Familie" oder „Ich habe mich in Düsseldorf nie so wirklich heimisch gefühlt" wohnt ein latentes Bedauern angesichts des Umstandes inne, dass die Realität nicht einem subjektiv erwarteten Ideal entspricht. Eine idealtypische Vorstellung darüber, wie Studium *so wirklich* sein müsste, damit sie ihm etwas abgewinnen könnte, wird nicht benannt – vermutlich deshalb, weil das Idealbild eines Studiums, dem Katja tatsächlich etwas abgewinnen könnte, nichts mit dem gemein hat, was ein wissenschaftliches Studium als solches konstituiert. Auf latent-sinnstruktureller Ebene zeigt sich hinter dem implizit hervorgebrachten Bekenntnis, eigentlich gar nicht studieren zu wollen, gleichsam das Bedauern, dass es genau diese Haltung ist, die es ihr erschwert, sich dem Feld universitärer Praxis zugehörig zu fühlen.

Anstatt der Explikation eines Idealbildes des Lehramtsstudiums setzt Katja mit der Äußerung *also mir fehlt die Praxis einfach an allen Enden* erneut an, sich von der Praxis des Studierens zu distanzieren und damit implizit einzugestehen, dass das subjektive Empfinden der Nichtzugehörigkeit im Grunde nicht der universitären Praxis angelastet wird, sondern vielmehr auf einem subjektiven Selbstbild einer kompetenten Hilfslehrerin ruht. Im Gegensatz zu ihrer Äußerung, ihr fehle *einfach im Studium die ganze Praxis,* reproduziert sich jedoch nicht nur jenes subjektive Empfinden einer Nichtzugehörigkeit. Es zeigt sich zugleich in überdeutlicher Weise, dass die empfundene Nichtzugehörigkeit für ihr subjektives Selbstbild von existenzieller Bedeutung ist. Bei der Betrachtung des vorliegenden Sprechaktes springt mehrerlei ins Auge: Zum einen ist bei diesem Sprechakt auffällig, dass die Formulierung *also mir fehlt die Praxis einfach an allen Enden* von der gebräuchlichen Redewendung, dem „Fehlen an allen Ecken und Enden" abweicht. Während hiermit auf ein Objekt verwiesen wäre, deutet die Formulierung *an allen Enden* vielmehr auf Wege, auf denen Katja auf ihrer

Suche nach Praxis herumirrt. Unabhängig von der Frage, wohin sie in ihrem Studium schaut und welchen Weg sie einschlägt – nirgendwo findet sie die Praxis, nach der sie sucht und im Studium zu finden sein könnte. Aus diesem Grund befindet sich Katja in einer existenziell perspektivlosen Situation. In Bezug auf die Perspektivlosigkeit ist ein Blick auf die formale und curriculare Organisation universitärer Lehrerbildung in allen Bundesländern aufschlussreich, der offenbart, dass – zwar in unterschiedlichem Umfang – schulpraktische Phasen in allen Lehramtsstudiengängen strukturell verankert sind[9].

Von einem faktischen elementaren Mangel an schulpraktischen Bezügen kann also nicht die Rede sein. Es gibt zwar genügend ‚Praxis‘, offenkundig jedoch nicht *die ganze Praxis*, auf die Katja zielt – eine Praxis, die weder im universitären noch im schulischen Feld zu finden ist. Wie bereits in vorangegangenen Aussagen zeigt sich auch hier eine Figur des Entweder-Oder bzw. eine Figur der Radikalität. Wenn das Studium sich nicht dadurch konstituiert, eben jene *ganze Praxis* abzubilden, nach der sich Katja sehnt und die weder eine universitäre noch eine schulische, sondern vielmehr die Praxis ist, die sie durch ihre Hilfslehrertätigkeit kennt, dann gefällt ihr dieses Angebot nicht. Es steht Katja, so scheint es, lebenspraktisch nicht zur Verfügung, der Praxis, mit der sie im Lehramtsstudium – und damit auch in den studienintegrierten Praktika – konfrontiert ist, trotz eines subjektiven Selbstbildes einer kompetenten Hilfslehrerin etwas abgewinnen zu können. Im Grunde stellt sich die Frage, welche Art von Praxis sich die Interviewee überhaupt wünscht und es zeichnet sich insofern ab, dass der manifest monierte Praxismangel vielmehr als Chiffre für ein mangelndes Integrationserleben steht.

Die Befunde solcher Studien, die den Wunsch Lehramtsstudierender nach mehr Praxis als Ausdruck eines sozialisatorischen Problems und eines Wunschs danach, „die Universität möge ihnen erspart bleiben" (Wenzl et al. 2018: 2) bzw. als Passungsproblem interpretieren (vgl. Makrinus 2013), scheinen sich zu bestätigen. Andererseits sind solche sozialisatorischen bzw. Passungsprobleme

---

[9] An der Universität, an der beide Interviewees studieren, sind für alle Lehrämter verbindlich drei Praktikumsphasen in Schulen, davon eine im Bachelorstudium und die anderen beiden im Masterstudium vorgesehen. Hinzu kommt eine praxisbezogene Einführungsveranstaltung im ersten Bachelorsemester, die in der Regel Schulbesuche vorsieht. Während die Schulpraktikumsphase im Bachelorstudium eine vierwöchige Dauer umfasst und in der vorlesungsfreien Zeit im Anschluss an das 5. Semester stattfindet, ist die erste Praxisphase im Masterstudium zweigeteilt: Während der Vorlesungszeit ist ein wöchentlicher, semesterbegleitender Praxistag vorgesehen. In den sich anschließenden Semesterferien folgt eine fünfwöchige Blockphase in der Praktikumsschule. Ähnlich verhält es sich mit der direkt sich anschließenden dritten Praktikumsphase. Im Unterschied zu der vorherigen Phase umfasst die Blockphase während der vorlesungsfreien Zeit jedoch nur vier Wochen.

möglicherweise nur eine Seite eines viel komplexeren Wirkungsgefüges, denn das
Gegengewicht hierzu bildet auf der anderen Seite der hohe Bezug zur beruflichen
Praxis von Lehrpersonen, das universitäre Lehrerbildung nicht zuletzt durch die
Implementation schulpraktischer Phasen herstellt und sich implizit das Bemühen
auf die Fahnen schreibt, praxisrelevant zu sein. Eine mögliche Interpretation des
Zusammenspiels der artikulierten studentischen Kritik, das Lehramtsstudium sei
zu praxisfern s und der Bemühungen universitärer Lehrerbildung, Praxisbezüge
herzustellen, läuft darauf hinaus, dass sich beides wechselseitig bedingt und insofern einen ‚Reproduktionszirkel' bildet. Dieser Gedanke ist im Anschluss an die
Fallrekonstruktionen in die Interpretation der Befunde mit aufzunehmen.

In Erweiterung der vorangegangenen Fallstrukturhypothesen konturiert sich
zunehmend, dass das Unbehagen der Interviewee im und gegenüber ihrem Studium darauf basiert, sich selbst als kompetente Praktikerin zu konzipieren.
Die Radikalität dieser Positionierung verdeutlicht sich in der dahinter stehenden Haltung. Diese Haltung beschreibt eine Identifikation mit Praktiken einer
Hilfslehrerin und einer vertrauten Praxis, die wiederum verhindert, das Lehramtsstudium, das die Interviewee mit anderen Anforderungen konfrontiert, nicht als
subjektive Bereicherung deuten und insofern nur zu dem Schluss kommen zu
können, dass Studieren *nicht meins* ist". Anhand der bisherigen Rekonstruktion
des Falls zeichnet sich eine Perspektivlosigkeit ab, in die sich die Interviewee
dadurch begeben hat, indem sie dem Lehramtsstudium nicht mit Neugier und
Offenheit begegnet, sondern es vielmehr als Zumutung deutet. Insofern bleiben
sozialisatorische Krisen unbearbeitet und auf Dauer gestellt, was wiederum zu
einem Modus der distanzierten Abwicklung des Lehramtsstudiums führt, um es
überhaupt beenden zu können. Die Beweggründe ihrer Entscheidung, *Lehrerin zu
werden*, fallen ihr auf die Füße und werden zu einem sozialisatorischen Problem.
Insofern zeigt sich in der Klage, ihr fehle *einfach im Studium die ganze Praxis,*
eine Auseinandersetzung mit jenen Sozialisationsanforderungen im Modus des
Entweder-Oder: Gerade, weil sie sich mit einer ihr offenkundig vertrauten Praxis – der Praxis einer Hilfslehrerin – identifiziert, ist ihr der Blick auf Aspekte
ihres Studiums, mit denen sie sich womöglich identifizieren könnte, verstellt. Es
scheint, als könne sich die Interviewee nur mit einer Tätigkeit identifizieren, in
der bzw. durch die sie unmittelbares Anerkennungserleben erfährt.

Im sich anschließenden Abschnitt des Gesprächsprotokolls zeigt sich, dass
durch Universität initiierte Praxisbezüge in Form von Praxisphasen im Lehramtsstudium keineswegs zu einer Befriedigung studentischer Bedürfnisse nach
„mehr Praxis" führen. Im vorliegenden Fallkontext verschärfen sie vielmehr
Katjas Unbehagen gegenüber ihrem Studium und verstärken das subjektive Empfinden, durch schulische Praxis geschleust zu werden. Doch der Reihe nach: Aus

der Äußerung *also wir machen jetzt zwar Kernpraktikum* und unter Berücksichtigung des oben dargestellten Kontextwissens über die strukturelle Verankerung der Praktikumsphasen ist zunächst zu schließen, dass Katja alle Praktika bereits absolviert hat. Sprachlich wird zunächst durch den Partikel *also* eine Figur der Explikation eingeführt, die zwei Anschlussmöglichkeiten eröffnet: Denkbar wäre einerseits eine Explikation dessen, was Universität macht, was jedoch nicht ihrem Idealbild eines Lehramtsstudiums entspricht („also in den Fachwissenschaften lernen wir Dinge, die wir später ohnehin nicht brauchen"). Denkbar wäre andererseits auch eine Figur der Abmilderung, mit der die wuchtige Kritik relativiert wird, ihr fehle die *ganze Praxis*.

Mit dem Sprechakt *also wir machen jetzt zwar Kernpraktikum* schränkt Katja auf sprachlich-manifester Ebene ihr zuvor zum Ausdruck gebrachtes subjektives Empfinden eines Mangels ein. Eingestanden wird, dass alle Studierenden – mindestens – ein Kernpraktikum *machen*. Der Sprechakt deutet jedoch auf einen latenten Unwillen: Auch dieses Kernpraktikum kann Katja nicht als subjektive Bereicherung wahrnehmen. Sie sieht darin vielmehr eine Pflichtveranstaltung, die alle *machen* müssen. Diese Aussage irritiert insofern, als dass von jemandem, der mit dem Feld außeruniversitärer Praxis bzw. mit Praktiken einer Hilfslehrerin, die neben ihrem Studium bereits in der Schule arbeitet, zu erwarten wäre, dass solche Praxisphasen als Erholung von den Anforderungen universitärer Praxis gedeutet werden. Dies scheint jedoch vorliegend nicht der Fall zu sein. Blicken wir weiter im Gesprächsprotokoll, so zeigt sich in der Äußerung *aber für mich ist das immer noch zu wenich* eine Diskrepanz zwischen dem subjektiven Bedürfnis der Interviewee nach Praxis und dessen objektiver Erfüllung. Sie stellt auf sprachlich-manifester Ebene dem Studium in Rechnung, dass mit Blick auf die Herstellung von Praxisbezügen für notwendig erachtete Praxisangebote vorliegen, dabei jedoch ihre subjektiven Ansprüche nicht befriedigt werden. Katja äußert, die Praxisbezüge, die das Studium ihr anbietet, seien ihr *zu wenich*. Damit wird implizit eine Quantifizierungsfigur eingeführt und gefordert, dass sie mehr Bezüge zur Praxis bräuchte. Führen wir uns erneut vor Augen, dass das Lehramtsstudium an der Universität, an der Katja studiert, insgesamt drei Praktikumsphasen vorsieht, so ist durchaus die Frage berechtigt, ob diese drei Phasen nicht ausreichend sind. Die Aussagen im Gesprächsprotokoll machen jedoch deutlich, dass sich Katja nach der Praxis einer Hilfslehrerin sehnt, wie sie sie bereits kennengelernt hat, erscheint ihr Mangelerleben wiederum plausibel. Es spielt keine Rolle, wie viele Praktikumsphasen ihr Lehramtsstudium umfasst, es wären ausgehend von dem subjektiven Bedürfnis der Interviewee immer zu wenige, denn sie möchte im Grunde nicht nur keine universitäre Praxis, sondern auch nicht in die schulische Praxis, die ihr jene Praktika eröffnen.

Mit den an die universitäre Lehrerbildung grundsätzlich gerichteten Ansprüche, sie habe sich stärker an den Erfordernissen der beruflichen Praxis von
Lehrpersonen zu orientieren, dann vollführt Katja mit ihrer Äußerung einen
Schritt, den Wenzl et al. (2018) als ‚Praxisparole' bezeichnen: Sie kann sich
im Grunde sicher sein, dass ihr Bedürfnis nach ‚mehr Praxis' angesichts eines
häufig konstatierten Mangels an Praxisbezügen universitärer Lehrerbildung kaum
Irritation hervorruft und insofern kaum infrage gestellt wird – attestiert sich
universitäre Lehrerbildung doch durch die Integration solcher Studienelemente,
die einen unmittelbaren Praxisbezug suggerieren, implizit selbst ein Defizit an
Praxisorientierung.

Katjas aversive Haltung ihrem Studium gegenüber ist also nicht auf zu wenig
Praxis zurückzuführen, sondern vielmehr darauf, mit einer Praxis identifiziert zu
sein, die weder im Feld universitärer noch im Feld schulischer Praxis zu finden
ist. Das mangelnde Identifikationspotenzial ihres Studiums und damit die Herausbildung einer affirmativen Haltung ihm gegenüber kann also nicht durch eine
Ausweitung der Praxisanteile hergestellt werden. Dies zeigt sich eindrücklich im
sich anschließenden Sprechakt *ich hatte mich grad so richtig eingelebt und schon*
musste ich wieder weg und ins nächste Praktikum.

Auffällig ist, dass Katja auf sprachlich-manifester Ebene auf ein ganz anderes
Problem fokussiert: Verwiesen ist nämlich nicht auf einen Praxismangel, sondern
im Grunde auf eine Vielzahl wechselnder Praxiserfahrungen und den Umstand,
den Wechsel nicht selbst zu steuern, sondern ihn fremdbestimmt vollziehen zu
müssen: Die Sprechaktformulierung *ich hatte mich grad so richtig eingelebt* weist
auf ein Bedürfnis nach Sicherheit und Vertrautheit, mit der es ihr erst möglich
ist, sich mit dem Feld der Praxis, in dem sie sich bewegt, identifizieren zu können. Markant ist die Wortwahl: Indem Katja davon spricht, sich *eingelebt* zu
haben, zeigt sich ein dahinterliegendes Bedürfnis nach Sicherheit und eine auf
Dauer gestellte Zugehörigkeit, an einem bestimmten Ort auf Dauer zu erleben.
Diese Ansicht irritiert, weil es ein zentrales Merkmal von Praktika ist, sich nicht
einzuleben, sondern vielmehr eine Zaungastrolle einzunehmen, die einen ersten
Einblick in eine Praxis ermöglicht. Die Zaungastrolle Studierender besteht darin,
sich frei von dem Handlungsdruck einer „richtigen" Lehrperson in der beruflichen
Praxis zu erproben bzw. sich in ihr bewegen zu können. Katja scheint sich mit
dieser Rolle jedoch nicht identifizieren zu können. Mit dem Sprechakt *und schon*
musste ich wieder weg und ins nächste Praktikum offenbart sich die Enttäuschung
der Interviewee, erneut aus einem Feld herausgerissen zu werden, das sie sich
gerade erschlossen hat. Auch diese ins Feld geführte Begründung verwundert,
um argumentativ zu untermauern, dass schulpraktische Phasen nicht als subjektive Bereicherung wahrgenommen werden: Schulpraktika konstituieren sich nicht

zuletzt durch eine zeitliche Begrenztheit. Zwei Faktoren bestimmen Katjas Haltung gegenüber schulischer Praxis, wie sie sie in ihren Praktika erlebt: Der erste Faktor ist das subjektive Sicherheits- bzw. Vertrautheitsempfinden, das sie dort nicht erlebt, und zwar unabhängig von der Frage, wie viele Praktikumsphasen ihr Lehramtsstudium umfasst. Der zweite Faktor findet sich aufseiten der Universität, die den Zugang zu schulischer Praxis regelt. Dies erlebt Katja als Zwang. Die sich hieraus ergebende Implikation ist folgenreich und lässt vermuten, dass „mehr Praxis" im Sinne umfangreicher und aufeinander folgender Praxisphasen durchaus das Risiko birgt, aufseiten Lehramtsstudierender ein Gefühl der Inkonsistenz und Unterbrechung des Studiums hervorzurufen und die potenzielle Krisenhaftigkeit hochschulsozialisatorischer Prozesse zusätzlich zu steigern.

Mit der Rückfrage der Interviewerin *echt?* wird nun eine handlungspragmatische Anforderung an Katja realisiert, in der sie implizit dazu aufgefordert wird, zu explizieren, weshalb ihr offenkundig umfangreiche Praxisphasen *immer noch zu wenig* sind. Auf diese handlungspragmatische Anforderung, die mit der Interviewerinfrage realisiert ist, nimmt Katja mit dem Sprechakt *ja das is so weiß ich nich* Bezug. Hier deutet sich eine Suchbewegung an. Indem der Sprechakt abbricht, zeigt sich, dass die Argumentation, auf der die im Laufe der Fallrekonstruktion sich immer dichter offenbarende, aversive Haltung der Interviewee gegenüber ihrem Lehramtsstudium basiert – das Studium biete ihr zu wenig Praxis – im Grund haltlos ist. Der Abbruch des Sprechakts deutet darauf hin, dass sich die Interviewee nicht eingestehen kann, dass die durch die Universität initiierten Praxisphasen nicht gewährleisten, ihr Bedürfnis nach etwas grundsätzlich anderem als das, was das Studium anbietet, kompensieren können. Hier reproduziert sich erneut die Figur einer unbearbeiteten Krise. Ihr narratives entfaltetes Bekenntnis, *immer sehr unmotiviert* gewesen zu sein – offenkundig nicht nur in den Praxisphasen – verwundert insofern nicht.

In Bezug auf den Sprechakt *ich war immer sehr unmotiviert* fällt auf, dass er sinnlogisch auf eine Figur der milden Selbstkritik, aber vor allem auf eine Kritik an einem System verweist, dem Katja sich offenbar nicht zugehörig fühlt. Im vorliegenden Fall zeigt sich ein ungünstiges Passungsverhältnis aus Katjas subjektivem studienbezogenen Selbstbild und strukturellen Merkmalen des Feldes universitärer Praxis. Die sich anschließende Äußerung *ich hab zwischendurch auch überlegt abzubrechen* ist ein Hinweis, dass dieses ungünstige Passungsverhältnis offenkundig sogar Abbruchgedanken und damit auch die Möglichkeit der Abkehr von einer Berufswahl hervorgerufen hat. Zugleich wird mit ihr jedoch implizit die Figur eines Wendepunkts mobilisiert. Eine mögliche Kapitulation, die eine erfolgreiche Beendigung ihres Studiums zumindest zeitweise infrage gestellt hat, konnte sie erfolgreich abwenden. Der Sprechakt der Interviewee enthält einen gewissen Stolz auf die eigene Selbstdisziplin. Gleichzeitig weist diese Figur der Selbstdisziplin auf ein Durchhalten und eben nicht auf die Entdeckung einer Freude am Studium hin. Letzteres hätte es erfordert, sozialisatorische Krisen des Lehramtsstudiums weniger als Zumutungen, sondern als Herausforderungen zu deuten und möglicherweise hierüber ein subjektives Selbst-Bild einer Studierenden, die ihr Studium als subjektive Bereicherung wahrnimmt, zu entwickeln.

Mit dem Sprechakt *aber dann (I: echt?) ja dann bin ich aber wieder in die Schule und habe wieder mein Ziel gesehen* entfaltet Katja nun narrativ, wie es ihr gelang, ihr Studium doch nicht abzubrechen. Es irritiert, dass der Wendepunkt eben nicht in Universität, sondern in Schule situiert ist, weil Katja zuvor beklagt hat, von Schule zu Schule bzw. von Praktikum zu Praktikum „geschickt" worden zu sein. Möglicherweise handelte es sich bei der Schule, an der sie wieder ihr Ziel vor Augen gesehen hat, jedoch um den Ort ihrer Hilfslehrerpraxis, in der Katja sich sicher fühlt und mit der sie sich dahingehend identifiziert, weil sie dort ein subjektives Selbstbild der kompetenten Praktikerin herausbilden konnte.

Die zuvor sprachlich entfalteten Abbruchgedanken beruhen offenkundig auf einem subjektiven Empfinden der Orientierungslosigkeit. Nun ist es durchaus nicht unüblich, dass Studierende ihren Studiengang wechseln oder gar ihr Studium abbrechen, um sich einer ganz anderen Tätigkeit zu widmen. Aus dieser Perspektive ist ein Hochschulstudium eine Phase, die ein Moratorium gewährt, weil unter anderem ein anderer Weg als der des Studienabschlusses gewählt wird. In Katjas Fall scheint jedoch ein Krisenerleben dazu geführt zu haben, sich mit der Frage auseinanderzusetzen, ob sie ihr Studium abbrechen soll oder nicht. Ein solcher Abbruch hätte auch die formalen Möglichkeiten für den Zugang zum Lehrberuf verschlossen. Insofern bestätigt sich erneut die Erkenntnis: Katja hadert sowohl mit ihrem Studium und mit der universitären Letzteres hätte es erfordert, sozialisatorische Krisen des Lehramtsstudiums weniger als Zumutungen, sondern als Herausforderungen zu deuten und möglicherweise hierüber ein subjektives Selbst-Bild einer Studierenden, die ihr Studium als subjektive Bereicherung wahrnimmt, zu entwickeln. Die Entscheidungskrise – Abbruch oder nicht – hat Katja offenkundig im Rückgriff auf das subjektive Selbstbild einer Durchhalterin gelöst, indem sie ihr Studium nicht abgebrochen hat. Der Rettungsanker, der ihr dabei offenbar als Stütze diente und dieses subjektive Selbstbild stärkte, ist ihre Hilfslehrerpraxis. Erneut zeigt sich ihr eigentliches Dilemma: Allein ihr Modus des Durchhaltens und ihre innere Distanzierung von universitärer Praxis ermöglicht ihr, überhaupt in dieser Institution zu verbleiben. Damit fügt sie sich im Grunde ihrem Schicksal: Will sie später als Lehrerin arbeiten, so muss sie das Lehramtsstudium innerlich distanziert abwickeln und sich durch

die dort vorfindlichen Sozialisationshürden und durch Anforderungen, die eigentlich eine Einlassung erfordern, nicht irritieren lassen, sondern vielmehr die ganze
Aufmerksamkeit unbeirrt auf der Hilfslehrerpraxis ruhen zu lassen. Die Frage
„Abbruch oder nicht?" mündet also nicht in eine Entscheidung für das Lehramtsstudium, sondern vielmehr in eine Entscheidung, den Status quo zu wahren, durch
den sie zwar im Feld universitärer Praxis verbleibt, dem sie sich nicht zugehörig
fühlt. Dennoch eröffnet diese Entscheidung ihr die Möglichkeit, weiterhin ihrer
Hilfslehrertätigkeit nachzugehen und in dem ihr vertrauten Feld zu verbleiben.

Im Folgenden nun entfaltet Katja retrospektiv den Moment, der den Wendepunkt ihrer inneren Abbruchgedanken markiert. Mit dem Sprechakt *und dann war
ich so*, der erwarten lässt, dass nun auf die Beschaffenheit eines Gefühlszustands
verwiesen wird, gibt Katja einen Einblick in den inneren Prozess ihrer Entschei-
dungsfindung. Getragen von ihrem Selbstbild einer kompetenten Praktikerin, die
über Durchhaltevermögen verfügt, konnte sie den verführenden Gedanken eines
Studienabbruchs „vom Tisch wischen": Die Formulierung *nein ich möchte das
aber machen* deckt Katjas verinnerlichten Widerspruch auf (Vor- und Nachteile
eines Studiums als notwendiges Übel gegenüber der Unmöglichkeit, das Studium
als subjektive Bereicherung zu deuten) und der ihr die Herausbildung einer affirmativen Haltung gegenüber ihrem Studium verstellt. Es scheint daher nicht das
Studium zu sein, was Katja *machen* möchte. Dieser Gedanke bestätigt sich insofern, als sie nun äußert, sie möchte *diesen Beruf lernen*. Hier deuten sich zunächst
ausbildungslogische Ansprüche an, die auf eine Logik des Eingewiesen-Werdens
in die berufliche Praxis einer Lehrerin verweisen. Auffällig ist jedoch, dass Katja
direkt im Anschluss äußert, sie *möchte den ausüben*. Was sich andeutet, ist, dass
es Katja um die Ausübung der ihr vertrauten Hilfslehrerpraxis geht. Auffällig
ist, dass sie nicht etwa äußert, den Beruf einer Lehrerin lernen und ausüben zu
wollen, sondern mit der Formulierung *diesen Beruf* sowie *den* eine distanzierte
Haltung gegenüber einnimmt. Auch hier zeigt sich das subjektive Selbstbild einer
kompetenten Hilfslehrerin und das Selbstbild eines Menschen, der eine einmal
angefangene Aufgabe auch zu Ende bringt, im Grunde als der Ursprung des
Dilemmas: Katja möchte weder studieren noch Lehrerin sein. Ein anderer als
den mit Aufnahme ihres Studiums eingeschlagener Weg steht ihr gleichsam nicht
zur Verfügung. Die Negierung dieser Krise ist ihr jedoch möglich, weil die Hilfslehrertätigkeit ihr noch ein Refugium bereithält, in dem sie sich sicher fühlt und
mit dem sie sich identifiziert.

Insofern steht es Katja lebenspraktisch zur Verfügung, ihr Studium im Modus
des innerlichen Fremd-Bleibens abzuwickeln und dem Umstand, universitärer
Praxis nichts abgewinnen zu können, mit einer scheinbaren Akzeptanz zu begegnen, die in der sich anschließenden Aussage *das Stu- Studium is halt nich so*

gut aber okay zum Ausdruck kommt. Die sprachlich eingeführte Figur jener fatalistischen Akzeptanz ist zugleich ein impliziter Versuch der diplomatischen Abmilderung. Dabei springt nicht nur die strukturelle Differenz, die sich aus dem Vergleich des Sprechakts *nich so gut* mit einem Sprechakt wie „Das Studium ist nicht gut" ergibt, ins Auge. Zugleich fällt im Vergleich zu den Formulierungen „Ich finde mein Studium nicht so gut" oder „Mir gefällt mein Studium nicht so" auf, dass sich Katja beinahe wie zu Beginn des protokollierten Gesprächs als Expertin in Stellung bringt, die über die Qualität ihres Studiums ein angemessenes Urteil fällen kann. Gleichzeitig reproduziert sich in der Sequenz sinnstrukturell die Akzeptanz des Umstandes, dem Studium nichts abgewinnen zu können. Das Herunterspielen eines ausgeprägten Unbehagens, das mit dieser hervorgebrachten Akzeptanz realisiert ist, erscheint schlüssig, weil im Grunde die auf Dauer gestellte Krise, Mitglied eines sozialen Feldes und damit Teilhabende einer sozialen Praxis zu sein, mit der sie sich nicht identifizieren kann, negiert wird.

Im Anschluss an die Fallstrukturhypothesen lassen sich zwei Erkenntnisse formulieren: Erstens konkretisiert sich der Eindruck, dass der Sozialisationsprozess der Interviewee im Studium durch eine zweifache Krisenhaftigkeit belastet ist. Es gelingt ihr nicht, sich aus ihrer Identifikation mit der Praxis, in der sie vor dem und parallel zum Lehramtsstudium tätig ist, derart zu lösen, dass ihr die Aneignung einer affirmativen Haltung gegenüber ihrem Studium möglich wäre. Zudem bleibt der Interviewee durch die Zielperspektive ‚Studienabschluss' nur die fatalistische Akzeptanz eines geradezu perspektivlosen Umstands, weder ihrem Studium noch der schulischen Praxis, wie sie sie in Praktika erlebt, etwas abgewinnen zu können. Zweitens scheint es, als erhöhe ein großer Anteil von Praxisphasen während des Lehramtsstudiums nicht zwangsläufig die Zufriedenheit Lehramtsstudierender mit dem Studium. Gerade in der vorliegenden Fallkonstellation zeigt sich, dass auch vergleichsweise umfangreich universitär initiierte Praxisphasen nicht als subjektive Bereicherung gedeutet werden. Der Grund besteht im vorliegenden Fall darin, dass sich die Interviewee nach einer anderen, ihr vertrauten Praxis sehnt, die sie aber nicht innerhalb ihres Studiums verortet. Außerdem ist es gerade die Vielzahl schulpraktischer Phasen, die es ihr erschweren, ein subjektives Gefühl der Sicherheit und Vertrautheit in diesen Feldausschnitten schulischer Praxis zu entwickeln. Praxisphasen stehen dem Bedürfnis der Interviewee nach Kontinuität und Selbstbestimmtheit diametral entgegen, wodurch ihre grundsätzlich aversive Haltung ihrem Studium gegenüber sich noch verschärft, denn sie erlebt die Praktika letztlich als Stippvisiten, auf die sie geschickt und aus denen sie wieder herausgerissen wird.

Im Folgenden geht es um die Frage, wie Katja ihre innere Distanzierung durch die Kritik von Autoritäten pädagogischer Praxis argumentativ zu untermauern versucht. Mit der Äußerung *und ehm ja zum Beispiel (.)* mobilisiert sie sprachlich eine Suchbewegung, mit der die Explikation ihrer zuvor zum Ausdruck gebrachten Haltung gegenüber universitärer Praxis eingeleitet wird. Mit dem Sprechakt *in unserm letzten Begleitseminar da warn ja auch L:ehrer mit* wird in narrativer Weise auf ein universitäres, praxisrahmendes Lehrveranstaltungsformat verwiesen. In dem Sprechakt drückt sich nicht nur aus, dass die Konstellation der Anwesenden bei einer Lehrveranstaltung innerhalb des Feldes universitärer Praxis eine andere ist als gewöhnlich. Es zeigt sich zugleich eine Ausholbewegung, mit der auf die Autorität der schulischen Vertreter verwiesen wird. Dennoch bleibt unklar, in welcher Funktion Lehrkräfte in einer universitären Lehrveranstaltung anwesend waren und ob sie Dozierende oder aber Gäste aus der pädagogischen Praxis waren. Es irritiert, dass überhaupt Lehrpersonen anwesend sind. Dieser Überlegung folgend führt das universitäre Interesse, Praxisnähe des Lehramtsstudiums zu suggerieren, dazu, sich Vertreter der schulischen Praxis als Experten ins Haus zu holen – und damit womöglich implizit die eigene Expertise für die schulische Praxis zu schwächen.

Die argumentative Untermauerung ihrer Kritik an der subjektiv wahrgenommenen Praxisferne ihres Studiums erfolgt nun in der sich anschließenden Sequenz *und da hat auch eine Lehrerin gesagt zu uns ehm Praxis und ehm Studium das sind zwei Paar Schuhe.* Im Sprechakt *und da hat auch eine Lehrerin gesagt zu uns* ist der Versuch, die eigene Kritik am Lehramtsstudium über eine Expertin schulischer Praxis zu legitimieren und die Expertin als Kronzeugin für die eigenen Annahmen zu benennen. Mit dem Sprechakt wird implizit eingestanden, dass es einer legitimatorischen Instanz bedarf, um den eigenen Standpunkt gegenüber dem Standpunkt des anderen zu rechtfertigen. Es offenbart sich zugleich eine gewisse Hilflosigkeit, die jene legitimatorische Instanz notwendig macht, die die Lehrerin als Expertin schulischer Praxis nicht nur für Katja selbst, sondern auch für alle anderen Teilnehmenden an der Lehrveranstaltung herhalten muss. Auf diese Weise erhält die Äußerung einen gewissen Geltungsanspruch. Zu erwarten ist nun, dass sich Katja auf die Aussage der Lehrerin beruft, und zwar deshalb, weil die Lehrerin als Vertreterin der Praxis eine hilfreiche Rechtfertigung bietet, um die eigene, aversive Haltung gegenüber universitärer Praxis zu legitimieren.

In dem Sprechakt *ehm Praxis und ehm Studium das sind zwei Paar Schuhe* zeigt sich eine eigentümliche Begriffspaarung: Dem Begriff ‚Praxis' wird anstelle des Begriffs ‚Theorie' der Komplementärbegriff ‚Studium' zugeordnet. Dem Begriff ‚Studium' wird nicht ‚Schule', sondern der Begriff ‚Praxis' zugeordnet. Die

Begriffspaare ‚Studium – Schule' verweisen auf differente Phasen im Bildungsgang, während die Begriffe ‚Theorie' und ‚Praxis' – zumindest im öffentlichen
Diskurs – nicht selten als Gegenspieler der Sphären wissenschaftlicher und außer-
wissenschaftlicher Praxis fungieren[10]. Die Sprechaktformulierung offenbart eine
Fehlleistung: Der *Praxis*, die im Grunde sowohl universitär als auch außeruni-
versitär stattfinden könnte, wird etwas Konkretes, das *Studium* gegenübergestellt.
Ausgehend von der subjektiven Wahrnehmung der Interviewee im Feld univer-
sitärer Praxis geht es um die Prädizierung des Objekts ‚Studium'. Das Objekt
‚Studium' gerinnt zu einer subjektiven Faktizität, die sie begrifflich und deu-
tend fassen kann. Gegenüber diesem Objekt und angesichts ihrer Deutung des
Objektes hat sie ihre ablehnende Haltung herausgebildet. Der Begriff ‚Praxis', der
im Kontext des hervorgebrachten Sprechakts diffus bleibt, umfasst alles andere.
Sinnstrukturell steht hinter der Äußerung der Interviewee eine banale Einsicht:
Studium ist weder Schule noch irgendetwas anderes, sondern nur Studium. Die
Praxis des Studierens entspricht weder der Praxis des Beschult-Werdens noch der
Praxis des Unterrichtens, sei es als Lehrerin oder als Hilfslehrerin, sondern konsti-
tuiert sich durch soziale Praktiken, die dem Feld universitärer Praxis zuzurechnen
sind.

Bei dem zuvor gescheiterten Versuch, ihre ablehnende Haltung dem Lehramtsstudium, auf ausbildungslogische Ansprüche zu stellen, unterläuft Katja nun
ein Irrtum, der nicht zuletzt durch die formalstrukturelle und häufig inhaltlich-
curriculare Ausgestaltung des Studiums befördert wird: Sie beklagt, dass Praxis
und Studium *zwei Paar Schuhe* seien. Diese Klage, die ähnlich grotesk anmutet,
wie eine Klage, nicht Autofahren zu können, obgleich man Literatur über die
Konstruktion von Autos gelesen hat, scheint durchaus in das Horn derjenigen
zu stoßen, die eine engere Verzahnung erster und zweiter Phase der Lehrerbildung und insofern eine Erhöhung der Praxisanteile im Lehramtsstudium fordern.
Die Erhöhung der Praxisanteile befördert im vorliegenden Fall die ablehnende
Haltung gegenüber dem Feld universitärer Praxis: Während die Trennung von
erster und zweiter Phase der Lehrerbildung ebenso sinnvoll wie sachlogisch richtig erscheint, wie die funktionale Trennung zweier Schuhpaare (etwa Wander- und
Tanzschuhe) und von einer Zweckentfremdung durchaus abzuraten ist, wünscht
sich Katja eine Form der Lehrerbildung, die mit einem wissenschaftlichen Studium nichts zu tun hat. Hier zeigt sich deutlich, dass nicht die Klage, das
Lehramtsstudium bereite unzureichend auf die berufliche Praxis vor, im Vordergrund steht, sondern ein Unbehagen daran, dass das Studium ist, was es ist, und

---

[10] In seinen ‚Marginalien zu Theorie und Praxis' sieht bereits Adorno die „Antithese von
Theorie und Praxis zur Denunziation der Theorie mißbraucht" (Adorno 1969: 173).

dass sie es absolvieren muss – selbst dann, wenn sie eigentlich nicht in die Schule will.

In der sich anschließenden Sprechaktformulierung *und dann hab ich so gedacht* wird auf sprachlich-manifester Ebene nun die Figur einer im Zuge des kontemplativen Nachdenkens entwickelten Idee realisiert. Dieser Zusammenhang lässt sich etwa am Beispiel des Bloggers veranschaulichen, der auf die Frage, wie er zu seiner Entscheidung kam, einen Blog im Internet zu starten, antwortet: „Ich habe immer schon gern geschrieben und das Entstehen der Social-Media-Kultur und die enorme Resonanz, die einige Blogger bekommen, schon eine ganze Zeit verfolgt. Na ja, und dann hab ich so gedacht, warum versuche ich es nicht auch einfach?" Die Idee, die im Bloggerbeispiel dadurch entsteht, das eigene Können im Vergleich mit dem Können anderer Blogger zu vergleichen und so im Grunde zu der Erkenntnis zu kommen „Das kann ich auch", bildet nun eine nützliche Referenzfolie für den vorliegenden Fall. Katja bedient sich der Expertise der Lehrperson und versucht, ihre Haltung dem Lehramtsstudium gegenüber unter Berufung auf *die Lehrerin* zu legitimieren. Diese Legitimation des eigenen Unbehagens gelingt ihr jedoch nicht.

Die Reaktion der Interviewerin auf Katjas Äußerung zeigt zunächst eine Figur des sich vergewissernden Einordnens. Mit der Rückfrage *Sagte die Lehrerin* ist die Interviewee zugleich implizit aufgefordert, ihre Bezugnahme auf die Äußerung der Lehrerin, Praxis und Studium seien zwei Paar Schuhe, weiter auszuführen. Damit zeigt sich ein ausgeprägtes Interesse der Interviewerin, dass die Kritik der Interviewee nun zur Entfaltung kommt („und was sagst Du?"). Auf latentsinnstruktureller Ebene verrät der Sprechakt, dass die Interviewerin nicht nur Katjas Kritik am Studium weiter folgen wird, sondern auch, dass diese Kritik das mit der Untersuchung verfolgte Erkenntnisinteresse berührt. Der Sprechakt, der interaktionslogisch eine handlungspragmatische Anforderung darstellt, ist eine implizite Aufforderung, sich nicht hinter dem Statement der Lehrerin zu verstecken, sondern selbst Position zu beziehen.

Mit *Genau* reagiert Katja auf die handlungspragmatische Anforderung, die mit der vorherigen Äußerung der Interviewerin realisiert wird. Mit *Genau sagte die Lehrerin* bestätigt sie, dass *Praxis und Studium* seien *zwei Paar Schuhe* nicht ihre Feststellung, sondern die einer Lehrerin ist. Ihr im Folgenden hervorgebrachtes Urteil *und das is halt ehm finde ich für eine Uni oder für ein Studiengang die schlimmste Kritik (.) die ein Studiengang kriegen kann* schließt jedoch an jene Feststellung der Lehrerin an und erfährt dadurch einen Geltungsanspruch, weil es auf einem Fundament ausgewiesener Expertise errichtet wird. Doch der Reihe nach: Mit *und das is halt ehm finde ich* vollführt Katja einen Schwenk, mit dem der Versuch scheitert, Faktizität zu behaupten, und anstatt dessen ein subjektiver Standpunkt hervorgebracht wird. Interessant ist nun, wie Katja versucht, die eigene Haltung gegenüber universitärer Praxis über die Feststellung der Lehrerin zu legitimieren. Dabei ist in dem Sprechakt der Lehrerin Studium bzw. Theorie und Praxis bzw. Schule seien zwei Paar Schuhe objektiv keine Kritik enthalten. Es ist schlicht Fakt, dass beides differente Objekte sind. Gleichzeitig zeigt sich, dass sich Katja implizit auf solche Diskurse beruft, die eine stärkere Ausrichtung der Lehramtsstudiengänge auf die berufliche Praxis von Lehrpersonen fordern. Aber diese Diskurse unterscheiden sich strukturell von einer sachlichen Feststellung der Differenz zweier Objekte dahingehend, weil mit ihnen implizit eine Aufhebung jener Differenz gefordert wird. Blicken wir zurück auf das Protokoll, so ist die Äußerung absurd, eine Differenz zwischen Schule und Studium sowie zwischen Theorie und Praxis sei *für eine Uni oder für ein Studiengang die schlimmste Kritik (.) die ein Studiengang kriegen kann.* Der Sprechakt drückt nicht zuletzt vor dem Hintergrund, dass Katja sich bereits zu Beginn des Gesprächs als Expertin in Stellung gebracht hat, die meint, ein angemessenes Urteil darüber fällen zu können, ob das Studium „so richtig konstruiert" ist, eine Figur der Hybris aus. Implizit ist mit ihm gesagt, das das Schlimmste am Studium ist, dass es ein Studium und nichts anderes ist.

In dem sich anschließenden Sprechakt *wenn gesagt wird das hat nichts mit der mit der Schule oder Praxis zu tun* zeigt sich nun, dass Katja jene Polemik, mit der universitäre Lehrerbildung konfrontiert wird, verinnerlicht hat und jene Verinnerlichung ihr nicht zuletzt dabei behilflich ist, ihre Haltung gegenüber dem Feld universitärer Praxis zu verteidigen. Es zeigt sich erneut die Mehrdimensionalität eines sozialisatorischen Problems: Offenkundig schadet universitäre Lehrerbildung sich gerade dadurch, dass sie sich „die Praxis" ins Haus holt bzw. bemüht ist, den Forderungen nach „mehr Praxis" durch Schulpraktika etc. nachzukommen. Es scheint, als würden solche Maßnahmen bisweilen – wie im vorliegenden Fall – nicht nur in ein Fass ohne Boden laufen. Zugleich scheint es, als bergen solche Maßnahmen der Suggestion von Praxisrelevanz die Gefahr, die strukturelle Differenz des wissenschaftlich-theoretischen Wissens und berufspraktischen Erfahrungswissens in einer Weise zum Vorschein zu bringen, die das Potenzial hat, die Dignität einer universitäreren Lehre erheblich zu schwächen, die eben nicht darauf zielt, praxisrelevant zu sein.

Das nachgeschobene *also sehr wenich* realisiert eine Relativierungsbewegung und ein implizites Zugeständnis an die universitäre Lehrerbildung. Hinter der manifesten Abmilderung ihrer Kritik zeigt sich dennoch deutlich, dass es nicht der im Studium hergestellte Bezug zur Praxis ist, der bei Katja dazu führen könnte, eine andere Haltung einzunehmen. Der Versuch, sich mit Berufung auf

eine Lehrerin als Akteurin schulischer Praxis als Expertin zu positionieren, die
der Lehrerbildung attestieren könnte, nicht zu tun, was sie tun müsste – nämlich
auf *Schule oder Praxis* hin auszubilden, scheitert also erneut, und zwar daran,
dass es vielmehr die Identifikation mit einer anderen Praxis (der eine Hilfslehrerin) ist, die dazu führt, dem Lehramtsstudium nichts abgewinnen zu können.
Allerdings scheint ihr der durchaus öffentlich geführte Diskurs über Wirksamkeit und Verbesserungsmöglichkeiten universitärer Lehrerbildung Rückenwind
und ein gewisses Identifikationspotenzial zu bieten, um die eigene Distanzierung
vom Studium argumentativ zu untermauern.

Mit dem sich anschließenden Sprechakt *War das auch der Grund weshalb
du aufhören wolltest* vollzieht die Interviewerin nun eine Wende: Die Aufmerksamkeit wird nun von Katjas Kritik am Lehramtsstudium wieder auf
den Sozialisationsprozess gelenkt. Indem die Interviewerin das zuvor geäußerte
Bekenntnis der Interviewee, sie habe zwischendurch überlegt, abzubrechen, aufgreift, zeigt sich ein Interesse daran, von der Kritik am Lehramtsstudium wieder
auf Katja selbst zu sprechen zu kommen. Diese Lenkungsfigur verweist auf ein
ausgeprägtes Interesse der Interviewerin daran, Zugriff auf das innere Krisenerleben der Interviewee zu erhalten. Mit der Frage ist zugleich eine Annahme
ausgedrückt, dass genau dies der Grund für Abbruchgedanken war. Das Hervor-
preschen der Interviewerinfrage bietet nun mehrere Möglichkeiten für Katja, auf
diese handlungspragmatische Anforderung zu reagieren: Sie könnte die Annahme
bestätigen, dass der Grund für ihre Abbruchgedanken war, das Studium nichts
mit Praxis zu tun hat, sie könnte aber ebenso weitere Gründe, die hierzu geführt
haben, nennen.

Mit dem Sprechakt *Ja weil mir das einfach* antwortet nun Katja auf die mit der
vorherigen Frage der Interviewerin realisierten handlungspragmatischen Anforderung und bestätigt damit, dass der Umstand – Studium hat nichts oder nur
sehr wenich mit Praxis zu tun – zur ihren Abbruchgedanken geführt hat. Auffällig ist, dass sie den Sprechakt *Ja weil mir das einfach* abrupt abbricht, der
sprachlich-manifest eine Begründungsfigur mobilisiert. Offenkundig ist das, was
zu sagen wäre, in der konkreten Interaktionssituation nicht artikulierbar – vermutlich deshalb, weil der Umstand, sich den Anforderungen eines wissenschaftlichen
Studiums nicht gewachsen zu fühlen – um jeden Preis negiert werden muss. Mögliche Sprechakte wie „ja, weil mir das einfach zu schwer ist" oder „ja, weil mir
das einfach zu abstrakt ist", würden alle in eine Richtung weisen, die sich bereits
im Vorangegangenen abgezeichnet hat: Das Studium wird deshalb nicht als subjektive Bereicherung wahrgenommen, weil Katja den Praktiken des Studierens
nichts abgewinnen kann und sich dem Feld universitärer Praxis nicht zugehörig fühlt. Sie identifiziert sich mit einer Praxis die sich in ihrem Studium nicht

finden lässt. Es deutet sich an, dass die Anforderungen eines wissenschaftlichen Studiums dazu führen, das Studium als permanenten Ausnahmezustand zu erleben, dabei jedoch gleichzeitig wahrzunehmen, dass der Lehrberuf, aber auch die Tätigkeit einer Hilfslehrerin diese Anforderungen nicht rechtfertigt.

An der Äußerung des sich anschließenden Sprechakts *also ich studier ja Mathe* fällt auf, dass Katja erstmals davon spricht, zu studieren und sich auf sprachlich-manifester Ebene als Subjekt, d. h. als Studierende einführt. Zuvor hat sie beklagt, durch Praktiken der Universität sei ihr eine passive Rolle zugewiesen worden. Die vorliegende Äußerung zeigt, dass sich Katja innerlich an der Mathematik abarbeitet und so nicht nur Zaungast des Studiums ist, sondern an universitärer Praxis teilnimmt. Allerdings trägt der Umstand, Mathematik zu studieren, nicht zu einer Herausbildung eines subjektiven Selbstbildes einer Studierenden bei, die den Praktiken etwas abgewinnen kann, mit denen sie im Feld universitärer Praxis konfrontiert ist. Diese Annahme zeigt sich in der sich anschließenden Sprech-aktformulierung *was ich in Mathe mache brauch ich im Leben nie wieder*, die an die Klage mathematikgeplagten Schülers erinnert, zum Ausdruck. Hier zeigt sich die ablehnende Haltung einer Studierenden, die sich selbst als kompetente Praktikerin sieht und aus dieser Position heraus beurteilen kann, dass dieses Wissen, das in Mathematikvorlesungen und -seminaren vermittelt wird, keine praktische Relevanz im Alltag hat. Mit diesem Urteil zeigt sich zugleich, dass nicht allein eine subjektiv wahrgenommene mangelnde Brauchbarkeit jenen Wissens Katjas ablehnende Haltung gegenüber universitärer Praxis begründet, sondern auch die Nichtidentifikation mit Bildungsansprüchen ihres Studiums und den damit einhergehenden, offenbar subjektiv als überfordernd wahrgenommenen Anforderungen, die mit der Aneignung fachwissenschaftlichen Wissens und einer Rolle einer Studentin eines fachwissenschaftlichen Studiums verbunden sind. Katja gefällt der fachwissenschaftliche Teilstudiengang Mathematik nicht, weil sie sich überfordert fühlt. Hinzu kommt, dass aus ihrer Perspektive für die Ausübung des Lehrerberufs ein solch anspruchsvolles Studium nicht erforderlich ist – was die Frustration noch zu verstärken scheint, weil die Anforderungen offenbar nicht leicht zu erfüllen sind.

Deutlich wird dies im weiteren Gesprächsprotokoll: In dem Sprechakt *ich studiere fünf Jahre diese unglaublich schwere harte Mathematík (.)* zeigt sich nun deutlich, wie sehr sich Katja an den Anforderungen des fachwissenschaftlichen Teilstudiengangs abarbeitet: Erneut führt sie sich selbst mit der Äußerung *ich studiere* – ähnlich wie im Vorangegangenen, wo sie äußert, sie „arbeite gerné in der Schule" – als aktiv handelndes Subjekt in der Verbindung mit *diese unglaublich schwere harte Mathematik* ein. Auf latent-sinnstruktureller Ebene zeigt sich also erstens ein Verständnis von „Studieren" als einer Tätigkeit, die eine innere Involviertheit erfordert, die jedoch von der Interviewee nicht als Privileg bzw. als Brücke für eine Sozialisation in ein Fach, sondern vielmehr als Zumutung gedeutet wird. Gleich dem Sisyphos versucht auch Katja, den „Fels" der *unglaublich schwere[n] harte[n] Mathematik* über die Dauer ihres Studiums zu erklimmen – und immer wieder an dieser Aufgabe zu scheitern. Die Übertreibungsfigur, die mit *unglaublich schwere harte Mathematik* realisiert ist, verweist nicht nur darauf, fachwissenschaftliche Anforderungen als zu anspruchsvoll zu empfinden. Zugleich dient diese Figur der Selbstpositionierung als „Opfer" fachwissenschaftlich-curricularer Anforderungen seitens der Universität. Auf latent-sinnstruktureller Ebene kann der Sprechakt als ein an die Interviewerin gerichteter Wunsch nach Mitgefühl gelesen werden. Außerdem zeigt sich, dass Katja lebenspraktisch über die Dauer von fünf Jahren nur ein Modus des Studierens, und zwar der unangenehmste, zur Verfügung steht: der Modus des Sich-Hindurchquälens bei gleichzeitiger Befremdung angesichts dessen, wie sie das Studium allgemein erlebt.

Mit der Äußerung *und eh klar mein Grundwissen is besser geworden das stimmt schon* antwortet Katja nun vorauseilend und beschwichtigend auf die Frage, ob das fachwissenschaftliche Studium denn ausschließlich eine Zumutung und Überforderung war. Folgende gedankenexperimentelle Kontextsituation soll den Zusammenhang verdeutlichen: Während einer Evaluation am Ende eines Sprach- oder Computerkurses an der Volkshochschule, fügt eine der Teilnehmerinnen, die zuvor erhebliche Kritik an den Kursinhalten geübt hatte, beschwichtigend hinzu: „Klar, mein Grundwissen ist besser geworden, das stimmt schon." Diese Beschwichtigung folgte jedoch auf den Einwand einer anderen Kursteilnehmerin, man habe in dem Kurs doch sehr viel gelernt und ist daher der Versuch, trotz der Kritik den „sozialen Zusammenhalt" zu wahren. Die Beschwichtigung erscheint gerade aus der konkreten sozialen Praxis der Interviewsituation verständlich: Obschon der Sprechakt keineswegs auf ein authentisches Eingeständnis „ein bisschen kann ich dem fachwissenschaftlichen Studium schon abgewinnen" verweist, scheint Katja offenkundig situativ bewusst, dass sie mit einer Akteurin wissenschaftlicher Praxis spricht. Die Beschwichtigung lässt sich als Geste deuten, mit der die soziale Geschmeidigkeit gewahrt bleibt.

Katja spricht von einer Erweiterung bzw. einer Verbesserung ihres *Grundwissens* spricht: Ein Grund-, Basis- oder Elementarwissen, das in Kursen vermittelt wird, zielt gerade darauf, für Kursteilnehmer ein solches Wissen bereitzustellen, auf dem das spezialisierte Aufbauwissen basiert. Katjas Beschwichtigung, ihr *Grundwissen* sei *besser geworden*, lässt darauf schließen, dass ihre vorherigen Kenntnisse eher lückenhaft gewesen sein müssen. Außerdem zeigt sich, dass eben nicht gesagt ist, dass auf der Aneignung eines Grundwissens im Fach Mathematik

nun der Aufbau eines spezialisierten Fachwissens folgt. Mit der Sprechaktformulierung, die eine latente Abwertung des Mathematikstudiums ausdrückt, wird
vielmehr auf die Dignität des fachwissenschaftlichen Studiums verwiesen: Es hat
nämlich im Fall Katjas lediglich dazu geführt, dass sie vorherige Lücken ihres
Grundwissens schließen konnte. Ein darüber hinausgehendes Interesse für den
Erwerb von aufbauendem und spezialisiertem Wissen konnte sie nicht anstreben,
weil sie sich vom Mathematikstudium überfordert fühlt.

Diese Haltung schreibt sich in dem sich anschließenden Sprechakt *aber dennoch mach ich immer noch viel zu viele Sachen die ich nich brauche* fort. Hier
zeigt sich erneut eine Figur der Distanzierung von dem wissenschaftlichen Studium. Der Sprechakt *aber dennoch mach ich immer noch viel zu viele Sachen*
kann sinnlogisch nur in Kontexten hervorgebracht werden, in denen beklagt wird,
sich mit lästigen Aufgaben abzuplagen, die vor allem aber auch subjektiv als
unnötig eingeschätzt werden. Manifest beklagt Katja, im Lehramtsstudium ihr
zugewiesene Anforderungen bearbeiten zu müssen, die ihr lästig erscheinen. Auf
latent-sinnstruktureller Ebene zeigt sich jedoch, dass die Figur, schwer zugängliches Wissen auf Distanz zu halten, es ihr einerseits ermöglicht, das Studium
„durchzuhalten". Es verhindert zugleich, sich für schwer zugängliches Wissen zu
interessieren, es als subjektive Bereicherung wahrzunehmen und die sozialisati-
onsimmanente Krise zu bearbeiten. Indem sie sich von solchen Wissensbeständen
distanziert, die sie – ausgehend von einem subjektiven Selbstbild einer kompetenten Hilfslehrerin bzw. Praktikerin – *nicht brauch[t]*, mobilisiert sie eine
durchaus etablierte Figur, die für erziehungswissenschaftliche oder fachwissenschaftliche Lehrveranstaltungen durchaus typisch sind und die Nützlichkeit des
wissenschaftlich-theoretischen Wissens für das berufspraktische Handeln infrage
stellt. Im vorliegenden Fall zerschellt Katjas Kritik, die Universität konfrontiere
sie im Lehramtsstudium mit unnötigen *Sachen*, am impliziten Eingeständnis,
dass die Auseinandersetzung mit fachwissenschaftlichen Inhalten ihr zuvörderst
deshalb lästig ist, weil diese Inhalte für sie schwer zugänglich sind.

Die folgende Sequenz, deren Interpretation nun eher flächig dargestellt werden
soll, veranschaulicht nochmals Katjas Distanzierung von universitären Praktiken, mit denen sie sich nicht identifizieren kann. Sie leitet ihr Befremden
angesichts solcher Praktiken des Feldes universitärer Praxis, mit der Sprechaktformulierung *das wird ja auch immer gesagt* ein, mit der implizit auf einen
Allgemeinplatz verwiesen wird. Die Äußerung enthält sinnstrukturell einen Verweis auf etwas, das im universitären Feld offenbar von einer autorisierten Instanz
als Common Sense proklamiert wird. Es wird keine Präzisierung hinsichtlich
einer bestimmten Personengruppe vorgenommen. Der Sprechakt *das wird ja auch*

immer gesagt steht für ein sinnstiftendes bzw. die Identität des Feldes konstituierendes Merkmal. Zu erwarten ist, dass sich Katja von dem distanziert, was Common Sense bzw. konstitutives Merkmal des Feldes ist. Die Distanzierung wird im Folgenden deutlich: Offenkundig ist das, was *ja auch immer gesagt* wird, der explizit an Lehramtsstudierende gerichtete Appell *ihr müsst euer Schuldenken ab- ablegen ihr müsst das Schuldenken ablegen.* Katja entfaltet diesen Appell narrativ– nämlich nicht im Zusammenhang mit einer funktionalen Erläuterung, weshalb Lehramtsstudierende *das Schuldenken ablegen* müssen. Der vorliegende Sprechakt erinnert vielmehr an einen gebetsmühlenartigen Vortrag Lehrender, der wiederum zu der Frage führt, weshalb sie diesem Appell ohne eine funktionale Erklärung auch folgen sollte. Ähnlich wie der genervte Teenager, der gegenüber Freunden beklagt, er höre zu Hause immerzu „Räume dies auf, räume das auf", drückt sich implizit eine kulturelle Kluft aus: Auf der einen Seite jener Kluft scheinen sich solche Lehramtsstudierende zu befinden, die – wie etwa Schüler – danach fragen, wozu man jenes Wissen denn benötige bzw. ihre Ablehnung gegenüber dem Schulunterricht mit dem Argument „Das brauche man im Leben nie wieder" zum Ausdruck bringen. Auf der anderen Seite wiederum bewegen sich offenkundig solche Lehrende, die die Dignität des wissenschaftlich-theoretischen Wissens und wissenschaftlicher Methoden der Erkenntnisgewinnung abgekoppelt von Nützlichkeitserwartungen eines außeruniversitären Beschäftigungssystems konzipieren, die in universitärer Lehre Studierende – unabhängig von deren Berufswunsch – als Teilnehmende eines (fach-)wissenschaftlichen Diskurses adressieren und von daher fordern, sie mögen universitäre Lehre nicht durch Fragen nach praxisrelevantem Wissen anzweifeln.

Katjas Kritik an Lehrenden, die von ihr fordern, das *Schuldenken* abzulegen, scheint im Grunde ein Unbehagen an einer Lehrpraxis zu sein, die sich dadurch konstituiert, von ihr – ohne sich dafür zu rechtfertigen oder dies zu begründen – Einlassung zu fordern. Es werden immer wieder Figuren der Fremdbestimmung aufgerufen (*wir kriegen oft Fragebögen; wir werden sehr vollgepumpt mit Theorie und wissenschaftlichen Erkenntnissen und so weiter*), zeigt sich auch hier, dass es für Katja besonders problematisch ist, dass ihr subjektives Selbstbild eine Akzeptanz für Praktiken universitärer Praxis verstellt. Sie muss sich geradezu in ihrem subjektiven Bedürfnis nach etwas anderem als einem Studium beschnitten zu fühlen. Die Anforderungen, eine an Wissenschaft interessierte Haltung einzunehmen, lässt sich im vorliegenden Fall gerade deshalb nicht im Modus einer Einlassung bearbeiten, weil es sich strukturell von der ihr vertrauten Praxis einer Hilfslehrerin unterscheidet und die Anforderungen an das Mathematikstudium für Katja zu hoch sind.

In dem sich anschließenden Sprechakt *wo ich denke ja aber ich will doch in der Schule arbeiten* drückt sich zum einen ein innerer Widerstand angesichts der Aufforderung aus, das Schuldenken abzulegen. Zum anderen zeigt sich erneut die Perspektivlosigkeit, weil das Lehramtsstudium nicht ihre Bedürfnisse befriedigt. Im Grunde behauptet Katja: „Ich bin nicht nur gezwungen, zu studieren, ohne es zu wollen. Ich werde auch noch dazu aufgefordert, mich von dem, was mir vertraut ist – nämlich in der Schule zu arbeiten – zu distanzieren." Die Interviewee legitimiert ihre vorherige Kritik an Lehrenden, die von ihr verlangen, ihr *Schuldenken* abzulegen, manifest durch die Figur einer Ausbildungslogik. Diese Figur, mit der Kritik an der Praxisferne des Lehramtsstudiums geübt ist, ist nicht unüblich und bildet zudem das Ringen über unterschiedliche Positionen des Professionsdiskurses um eine angemessene Bezugnahme universitärer Lehre auf berufspraktische Ansprüche ab. Entgegen dem Sprechakt „Ja, aber ich will doch Lehrerin werden", der tatsächlich einer Ausbildungslogik folgt, offenbart sich in der Äußerung *ja aber ich will doch in der Schule arbeiten* nicht nur ein Unbehagen der Interviewee an konstitutiven Prinzipien universitärer Lehre und wissenschaftlicher Praxis, sondern auch ein Unbehagen am Lehrerberuf: Es reproduziert sich also, dass Katja im Grunde nicht mit der Idee, Lehrerin zu werden, sondern mit ihrer Hilfslehrerpraxis (der Arbeit *in der Schule mit Kindern*) identifiziert ist, durch die sie offenbar ein Anerkennungs- und Zugehörigkeitserleben erfährt und ein subjektives Selbstbild der kompetenten Praktikerin herausgebildet hat. Es ist das Dilemma der Interviewee, dass diese Hilfslehrerpraxis, in der sie sich als kompetent erlebt, nicht einmal ein qualifikatorisch vorgeschaltetes Lehramtsstudium erfordert, sondern ihr höchstens abverlangt, formal Studierende zu sein. Katja kann die Selbstabwertung[11] nicht einmal mit dem sich anschließenden Argumentationsversuch *darum ist es doch gerade sinnvoll auch mal schulisch zu denken* abfedern. Es geht im Grunde nicht darum, dass die Universität es erlaubt, *schulisch zu denken*, sondern darum, dass die Universität es ihr ermöglicht, Hilfslehrerin zu bleiben und ihr subjektives Selbstbild nicht infrage stellt.

---

[11] In seinen „Tabus über dem Lehrberuf" bezeichnet Adorno (1971) als Tabus solche unbewusste Vorstellungen über den Lehrberuf, die dazu führen, dass gerade begabte Absolventen eines akademischen Studiums einen Widerwillen gegen das hegen, wozu sie das Examen qualifiziert. Mit Blick auf den Lehrerberuf besteht nach Adorno eines jener Tabus darin, dass diesem „verglichen mit anderen akademischen Berufen wie dem des Juristen oder des Mediziners, ein gewisses Aroma des gesellschaftlich nicht ganz Vollkommenen" (Adorno 1971: 72) anhaftet.

Der Sprechakt *ja aber ich will doch in der Schule arbeiten* verweist auf eine sprachlich-manifeste Argumentation, die sich an einer Ausbildungslogik orientiert. Zugleich zeigt sich, dass diese Argumentation an dem latenten Wunsch zerschellt, Lehramtsstudium und Lehrerberuf mögen ihr erspart bleiben. Mit der sich hier anschließenden Äußerung *darum ist es doch gerade sinnvoll auch mal schulisch zu denken* wird auf manifester Ebene versucht, die Sinnhaftigkeit einer praxisorientierten universitären Lehre auf den Sockel ausbildungslogischer Ansprüche zu stellen. Es zeigt sich zunächst eine ausgeprägte Positionierung, mit der Katja die an sie gerichtete Forderung, ihr *Schuldenken* abzulegen, als unsinnig zurückweist. Mit der sich anschließenden Sprechaktsequenz wird diese Positionierung jedoch brüchig: Mit der Äußerung *darum ist es doch gerade sinnvoll auch mal schulisch zu denken* wird nicht eine Forderung an universitäre Lehre hervorgebracht, stärker auf die berufliche Praxis von Lehrpersonen ausgerichtet zu sein. Vielmehr zeigt sich der implizite Wunsch, von der Anforderung suspendiert zu sein, sich eine an Wissenschaft interessierte Haltung anzueignen.

Irritierend ist zunächst, dass Katja davon spricht, es sei sinnvoll, *auch mal* schulisch zu denken. Diese Aussage impliziert, dass sie gar nicht in Anspruch nimmt, immer schulisch denken zu wollen. Ähnlich der Äußerung „Es ist wichtig, auch mal nein zu sagen", zeigt der hier vorliegende Sprechakt, dass es Situationen geben mag, in denen schulisches Denken angebracht ist und in denen dies nicht der Fall ist. Offen bleibt, wann welcher Fall vorliegt. Zudem ist irritierend, dass Katja überhaupt davon spricht, *schulisch zu denken*. Hier drängt sich die Frage auf, wodurch sich jenes schulische Denken kennzeichnet. Dem vorliegenden Sprechakt folgend versteht Katja unter *schulisch zu denken* im Sinne der Schule zu denken. Auf latent-sinnstruktureller Ebene ist damit erstens auf eine Vorstellung darüber verwiesen, was das „Schulische" determiniert. Mit Blick auf die Interviewinteraktion nimmt Katja mit der Sprechaktformulierung implizit einen gemeinsam geteilten Verständnishorizont über zwei differente Denklogiken in Anspruch: Im krassen Kontrast zum schulischen Denken steht für sie offenkundig, „wissenschaftlich zu denken". Katja expliziert diese Aussage nicht näher, was darauf hinweisen mag, dass sie nicht nur die Position der Interviewerin als Vertreterin der Lehrerbildner, sondern auch das Theorie-Praxis-Spannungsfeld mitdenkt, in dem sich universitäre Lehrerbildung bewegt. Katja hat sich jedoch zuvor implizit dazu bekannt, sich an der *unglaublich schwere[n] harte[n] Mathematik* mühevoll abzuarbeiten. Hinter der Äußerung es sei *sinnvoll auch mal schulisch zu denken* zeigt sich nicht nur eine Klage, im Lehramtsstudium in die Pflicht genommen worden zu sein, eine – unabhängig vom Berufswunsch – an Wissenschaft orientierte und interessierte Haltung einzunehmen. Diese Anforderung wird zugleich explizit als unsinnig zurückgewiesen.

Hinter dieser Abwehrfigur drückt sich im Grunde der Wunsch aus, sich nur solches Wissen aneignen zu müssen, mit dem sie intellektuell nicht überfordert
ist und vor allem ihr herausgebildetes subjektives Selbstbild einer kompetenten
Praktikerin bzw. Hilfslehrerin nicht infrage stellt.

Anhand der erweiterten Fallstrukturhypothesen konturiert sich das Bild einer
Studierenden, die weder studieren noch Lehrerin sein möchte. Ausgehend hiervon begegnet sie Anforderungen der akademischen Welt mit einer aversiven
Haltung. Zum einen befremdet es sie, mit einer Praxis konfrontiert zu sein,
die – ohne diese Haltung zu rechtfertigen oder ausbildungslogischen Ansprüchen
zu folgen – Einlassung von ihr fordert. Zum anderen scheint sie insbesondere
mit den Anforderungen ihres Teilstudiengangs Mathematik schlicht überfordert
zu sein. Beides – das subjektive Empfinden, gegen ihren Willen auf eine Praxis verpflichtet zu sein, der sie nichts abgewinnen kann, und das Gefühl der
Überforderung angesichts hoher Anforderungen, die angesichts ihres im Grunde
angestrebten Ziels, Hilfslehrerin zu bleiben ungerechtfertigt erscheinen – führen
dazu, eine größtmögliche Distanz zum Feld universitärer Praxis einzunehmen.
Vor diesem Hintergrund werden Praktikumsphasen nicht als subjektive Bereicherung bzw. Entlastung von den Anforderungen wahrgenommen, die im Kontext
eines wissenschaftlichen Studiums an sie gerichtet sind. Sie stellen vielmehr
eine Zumutung dar. Die Interviewee erlebt sich im Wechsel von einem Praktikum in das nächste vor allem deshalb als fremdbestimmt, weil ihr die in das
Studium integrierten Praxisphasen nicht dasselbe Identifikationspotenzial bieten
wie ihre Hilfslehrerpraxis, die ihr offenbar ein Sicherheits-, aber auch ein Kompetenzerleben ermöglicht. Gerade vor dem Hintergrund, dass genügend ‚Praxis'
vorhanden ist, entpuppt sich das beklagte Fehlen der „*ganze(n) Praxis*" im Grunde
als Blitzableiter. Die omnipräsente Kritik, die implizit auch von einer der Praktikumslehrkräfte geäußert wird, dass das Lehramtsstudium nicht auf die Ausübung
des Lehrberufs hin ausbildet, wird von der Interviewee aufgegriffen. Sie bildet
das „diskursive Sammelbecken" (Wenzl et al. 2018: 4), in das sie ihr Unbehagen
werfen kann, ein Studium, das sie kognitiv überfordert, absolvieren zu müssen.
Der vorliegende Fall zeigt, dass es der Interviewee lebenspraktisch verstellt ist,
eine an Wissenschaft interessierte Haltung und ein Selbstbild einer Studierenden herauszubilden, die sich als Teilhabende universitärer Praxis konzeptualisiert.
Ihr Studium scheint einer auf Dauer angelegten Krise zu gleichen – allein ihre
Hilfslehrertätigkeit scheint ihr das Refugium zu eröffnen, in dem sich die Interviewee auf sicherem Terrain bewegt und das ihr paradoxerweise dazu verhilft,
ihr Studium im Modus des Durchhaltens zu beenden. Der Fall zeigt auch, dass
in das Studium integrierte Praxisphasen das Potenzial haben, Studierenden die
Herausbildung einer affirmativen Haltung gegenüber dem Lehramtsstudium zu

erschweren. Die Interviewee erlebt sich während ihrer Praktika als Zaungast, der sich auch in der Berufswelt Schule fremd fühlt. Gleichzeitig kristallisiert sich jedoch heraus, dass es gerade die Bemühungen universitärer Lehrerbildung um mehr Bezug zur beruflichen Praxis von Lehrpersonen sind, die die ablehnende Haltung zu rechtfertigen scheinen: Indem universitäre Lehrerbildung im Grunde eingesteht, praxisbezogener sein zu müssen, stellt sie einen Blitzableiter bereit, an dem sich individueller Beweggründe dafür, dem Lehramtsstudium nichts abgewinnen zu können, als Kritik der Praxisferne entladen können.

6.2.2 Fallzusammenfassung

Die Rekonstruktion des Falls Katja zeigt, dass wir es mit einem Lehramtsstudierendentypus zu tun haben, den wir deshalb als ‚*Prüfling*' bezeichnen können, weil er sich offenkundig weder aus einer an Wissenschaft interessierten Haltung heraus für sein Studium entschieden hat noch sein Studium als Moratorium begreift. Dieser Typus kennzeichnet sich durch eine *Fokussierung auf Prüfungsanforderungen* während des Studiums, das nur unter dem Gesichtspunkt der Legitimation zur Ausübung des Berufs aufgenommen wurde. Der Prüfling steht der „Welt der Bildung" (Wenzl et al. 2018: 82) deshalb innerlich befremdet gegenüber, weil er das Studium von vornherein in erster Linie als Prüfung deutet, um erfolgreich zu sein. Entsprechend hegt er einen *inneren Widerstand gegenüber Anforderungen, die Haltung eines „Intellektuellen" einzunehmen* und sein „Schuldenken" bzw. sein Prüfungsdenken abzulegen. Dies erscheint zunächst mit Blick darauf nachvollziehbar, dass der Beruf einer Primarschulkraft anvisiert wird und möglicherweise nicht ein Interesse an (Fach-)Wissenschaften besteht, sondern vielmehr ein „altruistisch-pädagogisch-caritativer Motivkomplex in Verbindung mit einem Selbstbild, dem zufolge genau in diesem Bereich die eigenen Stärken gesehen werden" (Terhart 2001: 136), ausschlaggebend für die Berufs- und Studienwahl war (vgl. hierzu Abschnitt 3.2.1). Es zeigt sich jedoch, dass dieser Typus in seinem fachwissenschaftlichen Studium mit subjektiven Verständnisproblemen konfrontiert ist und sich einem konstanten Bewährungsdruck ausgesetzt sieht. Es wäre durchaus zu erwarten, dass Katja studienintegrierten Praxiselementen, weil sie eine entlastende Unterbrechung des wissenschaftlichen Studiums darstellen und ausbildungslogische Ansprüche befriedigen, eine besondere Wertschätzung entgegenbringt (vgl. hierzu Abschnitt 2.2.1).

Die Typik des Falls, aus der heraus sich der Prüfling sowohl in der Sphäre des Akademischen als auch in Praxisphasen fehl am Platze fühlt, besteht nun in *zwei problematischen Identifikationsfiguren*: Erstens identifiziert sich dieser Typus mit einer Praxis, auf die das Studium nicht vorbereitet. Diese Identifikation, auf der seine Haltung ruht, aus der heraus er über sein Studium spricht, begründet seine innere Distanz zur Welt der akademischen Bildung, zum Lehramtsstudium und zum Lehrerberuf. Die Positionierung dieses spezifischen Lehramtsstudierendentypus aufseiten der „Praktiker" ist eine mit Einschränkungen und schwächt die von ihm mobilisierte Figur des Ausspielens von ‚Praxis' gegen ‚Theorie'. Der beklagte Praxismangel wäre gerade nicht durch eine Ausweitung von Praxisphasen zu beheben. Sie sind vielmehr ein verordnetes Wechselbad der Konfrontationen mit unterschiedlichen Realitäten schulischer Praxis und überfordern ihn genauso wie das fachwissenschaftliche Studium. Zweitens, und dies ist im Hinblick auf den Einfluss des sozialen Raums relevant, in dem sich das Subjekt bewegt[12], identifiziert sich dieser Typus mit einer Imagerie, die insbesondere in erziehungswissenschaftlicher Lehre aufrechterhalten wird: der Imagerie des Praxisanspruchs universitärer Lehrerbildung (vgl. Wernet 2016). Universitäre Lehrerbildung bekräftigt aufgrund ihres klaren Zuschnitts auf konkrete Lehrämter ihre Praxisbedeutsamkeit (vgl. Abschnitt 2.2). Wie es scheint, ist dem Prüfling gerade hiermit eine Falle gestellt, die es ihm zusätzlich erschwert, sein Studium als subjektive Bereicherung zu deuten. Anders gesagt: Gerade dann, wenn akademische Lehre sich strukturell von dem entfernt, was sie als eine solche kennzeichnet (etwa Studierenden eine spezifische Beteiligungsrolle zuzuweisen, die eine an Wissenschaft und eine an Teilhabe am wissenschaftlichen Diskurs interessierte Haltung impliziert), schwächt sie nicht nur die eigene Dignität. Indem eine solche Lehre implizit eine Distanz zur Welt des Akademischen einnimmt, stellt sie zugleich ein „Sammelbecken" (Wenzl et al. 2018: 4) und einen Blitzableiter für individuell gelagerte Ressentiments Lehramtsstudierender gegenüber Ansprüchen zur Verfügung, eine an Wissenschaft interessierte Haltung einzunehmen, mit denen sie idealiter in einem wissenschaftlichen Studium konfrontiert sind. Auf diese Weise können Studierende, wie der hier vorliegende Typus zwar Anforderungen, eine an Wissenschaft interessierte Haltung einzunehmen und das „Schuldenken" abzulegen, völlig legitim als unsinnig zurückweisen. Ihnen ist damit jedoch potenziell erschwert, sich an den sozialisatorischen Anforderungen, an den „brute facts" eines akademischen Studiums abzuarbeiten und möglicherweise das Studium als subjektive Bereicherung zu deuten.

Die „brute facts" bestehen im vorliegenden Fall aus drei Krisenkonstellationen: 1. Die ‚*Krise durch Unzulänglichkeitserleben*' ereilt den Prüfling in der

---

[12] Vgl. hierzu insbesondere Meads Erklärungsmodell über die Entstehung von Identität als Zusammenspiel von Individuellem und Sozialem in Kapitel 4.

Konfrontation mit zwei Anforderungen im fachwissenschaftlichen Mathematikstudium. Die erste Anforderung besteht darin, den Ausführungen des Lehrenden
folgen zu können. Die zweite Anforderung verlangt, die Haltung einer bereitwillig Partizipierenden an einer spezifischen Praxis einzunehmen, die sich dadurch
konstituiert, nicht „schulisch", sondern „akademisch" zu denken und zu handeln.
Der Modus der Krisenbearbeitung lässt sich im vorliegenden Fall am ehesten als
Modus des Durchhaltens bezeichnen, der es dem Prüfling ermöglicht, einen Studienabschluss zu erreichen. Gleichzeitig geht mit diesem Modus ein fehlendes
Interesse an den vermittelten Inhalten einher, welches die Ressentiments gegenüber dem Studium verstärkt. 2. Die ‚*Krise durch Nicht-Zugehörigkeitserleben*'
resultiert sowohl aus der ersten als auch aus dem Umstand, mit einer anderen Praxis identifiziert zu sein als der, auf die das Studium hin ausgerichtet
ist. Hier kollidiert ein Selbstbild als kompetente Hilfslehrerin mit Bedingungen,
unter denen die Aneignung einer Studierendenrolle möglich wäre. In der Folge
bleibt dem durch den Fall repräsentierte Lehramtsstudierendentypus die akademische Welt innerlich fremd, die ihm sein Studium eröffnet. Auch diese Krise wird
im Modus des Durchhaltens bearbeitet und damit gleichzeitig das Selbstbild der
kompetenten Hilfslehrerin geschützt. 3. Die ‚*Krise durch Diskontinuitätserleben*'
ergibt sich aus mehrfachen Wechseln von einem in das nächste Praktikum, die
es dem Typus erschweren, Praxisphasen als subjektive Bereicherung zu deuten.
Angesichts des vielfach beklagten Praxismangels in den Lehramtsstudiengängen
zeigt vorliegende Fall, dass es durchaus ein Zuviel an ‚Praxis' geben kann. Auch
hier ist der Modus der Krisenbearbeitung im Wesentlichen durch eine fatalistische
Akzeptanz der Umstände gekennzeichnet. Obschon der Abbruch des Studiums
offenkundig zumindest punktuell in Erwägung gezogen wurde, scheint der Modus
‚Durchhalten' auf eine typologisch markante Figur des Umgangs mit Krisen
zu verweisen, die solchen Abbruchgedanken keine Konsequenzen folgen lassen.
Obwohl dieser Typus sich mit keinem Aspekt seines Studiums identifizieren kann,
steht ihm ein Studienabbruch lebenspraktisch nicht zur Verfügung – womöglich
deshalb, weil bereits Zeit investiert worden ist[13].

---

[13] Auf diese spezifische Figur der Selbstbindung des Subjekts an die Institution, in der es
sich bewegt, machen Becker und Carper (1970) in ihrer Studie zu Formen der Identifikation
Studierender mit ihrem Fach und ihrem künftigen Berufsfeld aufmerksam. Nach ihrer Beobachtung beenden manche der Studierenden ihr Studium allein deshalb nicht, um „not to lose
precious time by having to ‚start over'; and, once they have the degree, they must remain what
they have become in order to cash in on their investment" (Becker & Carper 1970: 199, zit.
n. Danko 2015: 50).

Bedenken wir, dass es sich bei dem Lehramtsstudium um einen Studiengang, der auf einen konkreten Beruf zugeschnitten ist, handelt bzw. um einen Studiengang, dessen Abschluss erst den Eintritt in den Beruf und in eine höhere Beamtenlaufbahn ermöglicht. Vor diesem Hintergrund scheint die desinteressierte Haltung an der Wissenschaft und die Abwehr von Bildungsansprüchen des Studiums, wie wir sie im Fall Katja rekonstruieren konnten, eher den Normal- als den Ausnahmefall darzustellen (vgl. Abschnitt 3.1). Problematisch ist allerdings das Zusammenwirken von Subjektstrukturen mit Strukturen des Objekts ‚Lehramtsstudium': Es wird deutlich, dass erstens die Identifikation mit einer anderen Praxis als die, auf die das Lehramtsstudium ausgerichtet ist, zweitens die kognitive und die auf das Selbstbild bezogene Überforderung mit Anforderungen des fachwissenschaftlichen Studiums und schließlich drittens der Praxisanspruch universitärer Lehrerbildung als Imagerie und Blitzableiter, an dem sozialisatorische Krisen sich entladen können, zu einer inneren Desintegration führen. Die Typik der Krisenbearbeitung gepaart mit objektiv gegebenen Vermeidungsstrategien, die davor „schützen", sich mit sozialisatorischen Anforderungen eines akademischen Studiums auseinanderzusetzen, verhindern es letztlich, sich mit etwas anderem als ‚Praxisparolen' (Wenzl et al. 2018) und Praxisimagerien zu identifizieren.

6.3   Der Fall „Schützling": Rahmung des Falls

Vor der Rekonstruktion des folgenden Falls richtet sich der Blick auf die objektiven Daten. Das etwa einstündige Gespräch mit der Studierenden Lena fand Ende November 2016 in einem universitätsnahen Café statt. Lena ist 24 Jahre alt und studiert Lehramt für die Primar- und Sekundarstufe mit der Fächerkombination Evangelische Theologie und Englisch. Ihren Berufswunsch erklärt sie mit einem Praktikum in der 9. Klasse an ihrer ehemaligen Grundschule. Anschließend war für sie klar: *„joa, das möchte ich auch mal studieren"*. Bereits hier deutet sich eine aufgeschlossene Haltung gegenüber der Praxis des Studierens an, die sich auch in der Rekonstruktion des Falls abbildet.

Bei einer ersten flächigen Sichtung des Gesprächsprotokolls fällt auf: Wie Katja geht auch Lena einer studentischen Nebentätigkeit im Kindergarten nach. Darüber hinaus jobbt sie in weiteren Feldern: Sie erteilt Nachhilfe und ist zudem *„viel am Babysitten"*, sodass sie einerseits über Erfahrungswissen in differenten Feldern pädagogischer Praxis verfügt und sich andererseits als lebenstüchtig zeigt, indem sie ihr Studium und diverse Nebentätigkeiten „unter einen Hut bringt". Im Gegensatz zu Katja jedoch äußert Lena, nicht jemand zu sein, der *„schnurstracks*

das alles durchziehen will", sondern vor Beginn ihres Masterstudiums ein Auslandssemester gemacht hat, das sie als *„Pause"* bezeichnet. Dadurch entsteht das
Bild einer Studierenden, die ihrem Bildungsgang – im Rahmen ihrer Möglichkeiten – selbstbestimmt für sich sinnstiftend organisiert und ihn als ‚Moratorium'[14]
versteht und aus diesem Grund hier als Lehramtsstudierendentypus „Schützling"
bezeichnet wird.

Über ihr Lehramtsstudium äußert sich Lena grundsätzlich in einer Weise, die
auf eine affirmative Haltung gegenüber dem Feld universitärer Praxis schließen
lässt. Auffällig ist, dass neben sozialen Aspekten des Studierens wie etwa die
Beziehungen zu Lehrenden (*„das find halt auch einfach wichtig dass man Dozenten hat die einen irgendwie erkennen und wo man sagt och schön dass du da bist"*)
und zu anderen Studierenden (*äh ich fand das super die Mensa und äh die Kommilitonen treffen*) auch die Wahrnehmung differenter Lehrkulturen (*ja es gibt halt
einige grade die Fachdidaktik ähm Mathe und Deutsch die halt total anschaulich
waren und wo man super folgen konnte //I: mhm// bei Herrn [Dozentenname] is ja
die eine auch immer gewesen (.) und dann gab s aber einige in Religion wos wos
eben nich so schön war @(.)@ oder nich so einfach war also eineinhalb Stunden
nich dem folgen konnte*) zur Sprache kommen.

Mit Blick auf den zuletzt genannten Aspekt zeigt sich anhand der Interpretation ausgewählter Gesprächssequenzen, dass Lena gegenüber einer Lehrpraxis,
die sie als anschaulich wahrnimmt, eine deutlich affirmative Haltung gegenüber
zum Ausdruck bringt als gegenüber einer Lehre, die sie mit Roland Barthes
gesprochen als „Raum der Enttäuschung" (Barthes 2010: 19) erlebt, weil sich
die Lehrpraxis eben nicht dadurch konstituiert, der intellektuellen Überforderung

---

[14] Der Psychoanalytiker Erik H. Erikson beschreibt in seinem Aufsatz „Das Problem der Ich-
Identität" (1971) mit Begriff des ‚psychosozialen Moratoriums' (Erikson 1971: 127) eine
Verlängerung des Zwischenstadiums zwischen Jugend und Erwachsenenalter. Nach Erikson
bietet die Adoleszenz einen Entwicklungsspielraum, ein psychosoziales Moratorium, in dem
sich das Individuum „durch freies Rollen-Experimentieren sich in irgendeinem der Sektoren
der Gesellschaft seinen Platz sucht" (Erikson 1971: 137) – idealerweise eine Nische, in der
sich das Gefühl sozialer Kontinuität erhält. Diese Suche nach der Nische bzw. dem Platz sei
dann erfolgreich, wenn das Individuum seinen Begabungen entsprechend einen Beruf findet, in dem die ihn dort umgebenden Menschen als „unerschöpfliche Hilfsquelle" (Erikson
1971: 136) erkennen und sich insofern eine „Theorie des Lebensprozesses" (Erikson 1971:
136) etabliert. Wenn Studierenden durch ihren formalen Status gewissermaßen Aufschub
hinsichtlich der Ausübung eines Berufs, häufig auch hinsichtlich der Berufswahl gewährt
wird, kann das Studium durchaus als Moratorium gesehen werden, wenngleich solche Studiengänge wie das Lehramtsstudium zum Teil inhaltlich, aber auch formalstrukturell explizit
auf einen konkreten Beruf hin ausgerichtet sind.

durch entlastende Sequenzen der Veranschaulichung von Abstraktem entgegen-
zuwirken. Schließlich deuten insbesondere solche Äußerungen wie *ich freu mich
immer so Studentin zu sein* und *ich geh gerne so manchmal über den Campus und
ach cool man is irgendwie Studentin* auf die Herausbildung einer affirmativen Haltung ihrem Studium gegenüber, die offenkundig darauf gründet, einerseits durch
den formalen Status in den Vorzug bestimmter Annehmlichkeiten zu kommen
und andererseits darauf, dass zumindest zeitweise ein romantisierendes Idealbild
des Status als Studentin real erlebbar ist. Die Rekonstruktion des Falls lässt nicht
darauf schließen, dass Lenas affirmative Haltung, aus der heraus sie über ihr
Studium spricht, auf einem Interesse an Wissenschaft ruht. Vielmehr zeigt sich,
dass sie ihr Lehramtsstudium insbesondere dann als subjektive Bereicherung deutet, wenn es ihr Moratorium gewährt und ihr nicht abverlangt, ein authentisches
Interesse an Wissenschaft herauszubilden.

6.3.1 Fallrekonstruktion

*L: [...] mein Praktikum äh erstes Kernpraktikum hab ich in ner Stadtteilschule auch
in [Stadtteil] gemacht und so ne Klassen die es da einfach gab sowas gibt s bei uns
irgendwie nich sowas kommt nich vor dass zwei Schüler sich wirklich von vorne bis
hinten in der Schule aufn Tisch legen und schlafen (.) dass andere Kinder einfach ich
weiß nich (.) wirklich so dermaßen jedes Mal zu spät komm also wo man einfach noch
mal ga:nz andere dass man zuhause anrufen muss weil n Schüler wieder nich in die
schule kommt dass Kinder auch zuhause geschlagen werden und da denk ich immer
so diese Schulén das äh wird in der Uni gerne mal irgendwie so außen vor gelassen
also natürlich gibt s immer Unterrichtsstörung und es gibt auch schwere schwierigere
Fälle aber (.) aber da stand ich schon und dachte*

I: als Thema jetzt in der Uni

*L: genau als Thema gibt s das schon ab und zu aber dá stand ich wirklich und hab
gedacht (2) wozu hab ich eigentlich studiert ich muss mir hier ganz neue Dinge überlegen ich wüsste nich da da war ich ja natürlich noch äh da war denn der Lehrer noch
mit in der Klasse aber (.) das warn auf einmal so Situationen die hab ich noch niemals
gehört und wusste absolut nich wie ich damit umgehen sóll und dann dacht ich oah
da muss man sich jetzt doch noch mal (2) was eigenes überlegen und da hat mir das
Studium irgendwie nich wirklich weitergeholfen (.) //I: mhm// und äh auch so denk ich
dass man vieles am Ende erst macht Religion (.) hab ich noch nie bisher jetz gemacht
weil ich mich für Englisch entschieden hab ich hab kaum Inhalte davon mitbekomm
ich werd mir das später alles selber erstmal erarbeiten müssen und irgendwie wie ich
das mache (.) und dafür hab ich tatsächlich bräucht ich die Hälfte meines Studiums
nich (2) also s wirklich so //I: já// weiß ich nich ja find ich schon das is einfach so
da denkt man nee das (.) s gab Fachdidaktik Religion das war noch sinnig da hat man
wirklich konkret denn über Sachen gesprochen aber (.) Religionsdozenten sind halt*

auch noch mal zum Teil ganz anders unterwegs //I: já// und dann joa also so das sind
nochmal wieder andere Seminare und da muss man auch erstmal gucken wie kann
man da was rausziehen //I: mhm// und konnt ich auch nich immer (.) und von daher
muss ich (.) da noch mal (.) irgendwie später mir so was eigenes überlegen is ja auch
völlig O- in Ordnung gehört auch so aber da fragt man sich halt trotzdem manchmal
oah wozu (.) studiert man das dann so: langé.

Die dargestellte Fallrekonstruktion beginnt nicht, wie Oevermann (2000) es vor-
schlägt, am Anfang des Gesprächstranskripts, sondern als die Studierende Lena
auf ihr Schulpraktikum zu sprechen kommt. Wernet (2009) macht darauf aufmerksam, dass es unproblematisch bzw. sinnvoll ist, im Text zu „wandern", wenn
diesem Wandern eine vollständig durchgeführte Sequenzanalyse vorausgeht (vgl.
Abschnitt 5.2). Entsprechend der methodologischen Prämisse der Sequenzialität
humaner Praxis, dem im Kontext des methodischen Vorgehens dieser vorliegenden Untersuchung gefolgt wird, wurden also beide Fälle rekonstruktiv in den
Blick genommen. Es werden mehrere Textsequenzen vollständig interpretiert, bis
sich die rekonstruierte Struktur mindestens einmal reproduziert hat. Die Auswahl
der abgebildeten Sequenzen wurde entsprechend nicht zu Beginn der Untersuchung, sondern erst in einem fortgeschrittenen Stadium entlang einer schärferen
Konturierung des Forschungsgegenstands und der -fragen getroffen.

Die Fallrekonstruktion beginnt im protokollierten Gespräch, als Lena ihr
Schulpraktikum anspricht. Bereits mit der Sprechaktformulierung *mein Prakti-*
kum bringt implizit zum Ausdruck, dass sich die Studierende das Praktikum
zu eigen gemacht hat: Indem sie nicht etwa davon spricht, „das Praktikum"
in der Schule XY absolviert zu haben, und Praktika unabhängig von konkreten Orten und Schulformen als integrales, universalistisches Element universitärer
Lehrerbildung konzipiert, zeigt sich in der vorliegenden Sprechaktformulierung
eine latente Figur einer partikularistischen Aneignungsweise dieses curricularen Elements. Zur Verdeutlichung ließe sich folgende gedankenexperimentelle
Kontextsituation entwerfen: Die Schüler einer Grundschulklasse sollen einen
Erlebnisbericht ihrer Sommerferien schreiben, dessen Titel „Meine Sommerferien" vorgegeben ist. Zum Ausdruck gebracht wäre mit der Aufforderung, dass
es nicht darum geht, eine allgemeine Darstellung darüber zu verfassen, welche
formalen Merkmale Sommerferien kennzeichnen, etwa, eine sechswöchige Unterbrechung des Schulalltags. Vielmehr zielt eine solche Aufgabenstellung darauf ab,
den Verfasser zu ermuntern, über die erlebten Sommerferien zu berichten. Das
partikularistische Interesse steht im Vordergrund, etwa Aktivitäten wie die Ferien-
freizeit im Zeltlager oder der gemeinsame Familienurlaub, aber auch subjektives
Empfinden wie spannende Erlebnisse bzw. Langeweile.

Der von der Interviewee getätigte Sprechakt zeigt in der gewählten Formulierungsvariante *mein Praktikum*, dass das Studienelement gerade durch das
partikularistische Erleben und durch die subjektiven Aneignungspraktiken eine
Bedeutsamkeit erfährt und nicht ein rein formaler Bestandteil des Lehramtsstudiums ist. Mit der sich anschließenden Äußerung *äh erstes Kernpraktikum* wird nun
auf manifester Ebene eine Präzisierungsfigur realisiert, mit der wieder auf die formale Organisation von schulpraktischen Phasen im Lehramtsstudium verwiesen
wird. Wir erinnern uns: Das Lehramtsstudium, das Lena und Katja absolvieren,
beinhaltet drei schulpraktische Phasen, von denen die erste Phase während des
Bachelorstudiums stattfindet und die beiden anderen Phasen, auch Kernpraktika
genannt, curricularer Bestandteil des Masterstudiums sind. Offenkundig bezieht
sich Lena in der narrativen Entfaltung ihres Praktikumserlebens auf das erste,
bereits zurückliegende Kernpraktikum. Damit positioniert sie sich als eine Studierende, die bereits auf eine umfangreiche „Praktikumskarriere" zurückblicken
und nun von ihren Erfahrungen berichten kann. Zu erwarten ist, dass Lena im
Folgenden präzisiert, welche organisationalen Rahmungen wie Dauer oder Ort
dieses Kernpraktikum konstituiert haben. Hiermit wäre zugleich eine Grundlage
für einen sich anschließenden Erlebnisbericht gegeben.

Wie sich in der sich anschließenden Sprechaktformulierung *hab ich in ner
Stadtteilschule auch in [Stadtteil] gemacht* manifest zeigt, werden die Bedingungen entfaltet, die das Praktikumserleben einklammern. Lena äußert sich nicht nur
zu der Schulform, sondern auch zum Stadtteil, in dem sich jene Schule befindet.
Zum einen liefert die Nennung der Schulform nicht nur einen Hinweis auf mit
ihr verbundenen Merkmale[15], sondern zugleich auf Probleme, die diesen Merk-
malen inhärent sind. Das partikularistische Moment des Praktikums enthält zwei
Dimensionen: 1. das subjektive Erleben und 2. die Spezifität des Praktikumsortes.
Vergleicht man nun jenen vorliegenden Sprechakt mit gedankenexperimentellen
Kontexten, wie etwa dem Schüler, der gegenüber einem Freund, den er länger

---

[15] In dem Bundesland, in dem die Interviewee studiert und ihre Praktika absolviert, existiert
ein Zwei-Säulen-Modell der weiterführenden Schulformen Gymnasium und Stadtteilschulen. Das Bildungsangebot der Stadtteilschulen bezieht die Haupt-, Real- und Gesamtschulen
wie auch die beruflichen und Aufbau-Gymnasien ein. Wenngleich durch dieses Konzept insbesondere die Idee eines längeren gemeinsamen Lernens nach der Grundschulzeit, der Möglichkeit der individuellen Förderung von Schülerinnen und Schülern sowie der Erreichung
differenter Bildungsabschlüsse ohne einen Schulformwechsel verfolgt wird (vgl. Hurrelmann & Schuck 2007), sehen kritische Stimmen in der Implementierung von Stadtteilschulen
vielmehr eine Verstetigung eines hierarchischen Schulsystems, in dem Stadtteilschulen das
Auffangbecken für jene Schülerinnen und Schüler mit Lern- und Sozialverhaltensproblemen
sind, die es nicht auf das Gymnasium schaffen (vgl. etwa Ratzki 2009).

nicht gesehen hat, äußert, er habe seinen Bundesfreiwilligendienst im Jugendzentrum in einem Stadtteil einer bestimmten Stadt gemacht, so wäre hiermit ein gemeinsamer Verständnishorizont geschaffen. Der Freund wüsste nicht nur darum, dass der Sprecher einen Bundesfreiwilligendienst geleistet hat, sondern möglicherweise auch um die dort bestehenden Bedingungen, die die Spezifität des Ortes konstituieren. Dadurch, dass Lena die Bedingungen ihres ersten Kernpraktikums mit der Nennung von Schulform und Ort einklammert und hiermit einen gemeinsamen Verständnishorizont mit Blick auf die Sozialität der Interviewpraxis schafft, wird zugleich latent darauf verwiesen, dass die subjektive Aneignung des Praktikums durch jene Bedingungen determiniert ist. Es ist nun zu erwarten, dass die Studierende, nachdem sie hinsichtlich ihres Praktikumsorts einen gemeinsamen Verständnishorizont konstituiert hat, nun im Folgenden ihr subjektives Erfahrungserleben schildert.

Mit der Sprechaktformulierung *und so ne Klassen*, die als dialektisch gefärbte Sprechaktvariante von „und solche Klassen" gelesen werden kann, verweist Lena nun wiederum auf ihr implizites Erfahrungswissen um differente Kulturen in Schulklassen. Auf sprachlich-manifester Ebene wird eine Differenzierungsfigur mobilisiert, die implizit darauf verweist, dass es offenkundig bestimmte Typen von Klassen gibt. In einem gedankenexperimentellen Kontextbeispiel äußert ein Lehrer, der nach seinem Versetzungsgesuch an eine andere Schule wechselt: „Ich habe mein Referendariat in der Stadtteilschule XY gemacht und mit so einer Klasse musst Du als Lehrer erstmal fertig werden!" Zum Ausdruck gebracht wäre mit dieser Einschätzung, dass der Sprecher mit bestimmten Kulturen von Schulklassen[16] konfrontiert wurde, die er deshalb als subjektive Herausforderung wahrgenommen hat, weil sie ihm in gewisser Weise fremd sind.

Die Figur der Konfrontation schreibt sich in der sich anschließenden Sequenz *die es da einfach gab* fort: Mit dem Sprechakt verweist Lena auf eine irritierende Erfahrung, ausgelöst durch *so ne Klassen*, mit denen sie zuvor offenbar nicht konfrontiert war und die auf sie irritierend bzw. befremdlich gewirkt haben. Ähnlich wie der Reisende, der nach seiner Rückkehr aus Rio de Janeiro feststellt, einen derartig krassen Gegensatz von Arm und Reich, „den es da einfach gab", habe

---

[16] In diesem Zusammenhang erscheint das Erklärungsmodell der ‚Schulkultur(en)' (vgl. Helsper et al. 2001; Helsper 2015) aufschlussreich: Schulkultur als „symbolische Ordnung" (Helsper et al. 2001: 24), das sich als ein Zusammenspiel struktureller Rahmungen und kollektiver bzw. individueller Handlungen versteht, folgt weniger einem normativ-wertenden, sondern vielmehr einem deskriptiven Verständnis. Nach Helsper et al. ist mit Blickrichtung auf die kulturellen Praktiken die Akteursperspektive eingestellt. Akteure generieren und verändern ihre jeweilige Kultur und bringen damit unterschiedliche schulisch-kulturelle Formen hervor (vgl. Helper et al. 2001: 20).

er zuvor an keinem anderen Ort der Welt gesehen, wird im vorliegenden Fall die
Figur einer Konfrontation mit einer für die Studierende bisher völlig unbekannten Realität mobilisiert, die sich in unerklärbarer Weise vor ihr entfaltet. Zugleich
verweist der Sprechakt auf eine latente Positionierung der Interviewee als externe
Beobachterin dieser unerklärbaren Realität. Eine innere Involviertheit zeigt sich
nicht, sondern vielmehr eine erstaunte Zurkenntnisnahme bestimmter Zustände,
die auf sie offenkundig befremdlich gewirkt haben. Zu erwarten ist nun, dass das
Befremden der Interviewee angesichts der Konfrontation mit schulischer Realität,
wie sie sich ihr im Praktikum gezeigt hat, im Folgenden weiter expliziert wird.

In der sich anschließende Sprechaktsequenz *sowas gibt s bei uns irgendwie nich*
zeigt, dass das subjektiv Irritierende dieser Realitätskonfrontation für Lena darin
besteht, mit einer Realität, wie sie sie in ihrem Praktikum erlebt hat, zuvor nicht
in Berührung gekommen zu sein. Mit *sowas* wird die differente Welt erfasst,
mit der sie während ihres Praktikums in der Stadtteilschule eines bestimmten
Stadtteils konfrontiert wurde. Ihr gegenüber steht nun die Welt *bei uns*, der sie
sich offenkundig als zugehörig erlebt: Denkbar wäre der Sprechakt im Kontext
einer Betriebsbesichtigung, die für Mitarbeiter eines anderen Unternehmens organisiert wird. Nach deren Rückkehr und Berichterstattung könnte nun einer der
Mitarbeiter zusammenfassen: „Die Mitarbeiter müssen dort ihre Arbeitszeiten
nachweisen – so etwas gibt es bei uns irgendwie nicht". Die gedankenexperimentell entworfene Situation offenbart eine Irritation angesichts einer woanders
etablierten Praxis, die sich von der Praxis des sozialen Feldes unterscheidet, dem
man selbst angehört. Was lässt sich aus der sprachlich realisierten Figur des Ver-
gleichs nun mit Blick auf den vorliegenden Fall schließen? Lena ist neben ihrem
Studium nicht etwa in einer Schule als studentische Honorarlehrkraft tätig und
kann mit dem Sprechakt *bei uns* nur auf ihr Lehramtsstudium verweisen. Es
ist jedoch nicht gesagt, dass die Realität, mit der sie in ihrem Schulpraktikum
konfrontiert wurde, dort keinerlei Repräsentanz findet. Vielmehr deutet die Verwendung des Adverbs *irgendwie* an, dass die die Irritation auslösende Realität,
mit der sie sich in ihrem Schulpraktikum konfrontiert sieht, in der universitären
Lehre in einem anderen Aggregatzustand als in der schulischen Praxis verhandelt
wird.

Ein erster rekonstruktiver Zugriff auf den Fall zeigt, dass Lena in ihrem studienintegrierten Praktikum mit einer Realität schulischer Praxis konfrontiert wird,
die ein Irritationserleben auslöst, weil sie diese Realität in universitärer Lehre so
nicht repräsentiert sieht. Obschon diese Konfrontation offenbar zu einem Differenzerleben schulischer Praxis und der Annäherung an diese Praxis im Feld
universitärer Praxis ausgelöst hat, deutet sich kein Vorwurf an, das Lehramtsstudium klammere schulische Realität grundsätzlich aus. Es wird deutlich, dass

sich vor Lena zwei differente Zugriffsmodi auf schulische Realität entfalten, die sie erst durch ihr Praktikumserleben miteinander verbindet. Damit positioniert sie sich keinesfalls als Studierende, die sich nach etwas grundsätzlich anderem als Studium sehnt und eine Praxisferne ihres Lehramtsstudiums beklagt. Vielmehr wird deutlich, dass Lena einen fast ethnologischen Blick in die Realität schulischen Alltags richtet. Ihr subjektives Erleben des Feldes schulischer Praxis hat sie offenbar in einer Art und Weise irritiert, die sie zu der Einsicht führt, dass sich in schulischer Praxis Situationen ereignen, auf die sie im Feld universitärer Praxis während ihres Lehramtsstudiums nicht vorbereitet wurde. Es deutet sich an, dass sich Lena dem Feld universitärer Praxis als innerlich zugehörig konzeptualisiert. Daher liegt die Vermutung nahe, dass keine grundsätzlich ablehnende Haltung gegenüber ihrem Lehramtsstudium – selbst, wenn es sie nicht auf alle Facetten schulischer Realität vorbereitet – besteht.

Der sich anschließende Sprechakt *sowas kommt nich vor* sagt nun, dass sich das Erlebte im Schulpraktikum erstens im Feld universitärer Praxis grundsätzlich nicht ereignet und zweitens daraus kein Vorwurf resultiert. Zur Veranschaulichung kann folgende gedankenexperimentell entworfene Situation herangezogen werden: Ein Fernsehteam sucht für eine Reportage eine kleine Gemeinde auf. Auf die Frage eines Reporters, ob sich jemals kein Freiwilliger für die Organisation des Dorffests gefunden habe, könnte der Bürgermeister antworten: „So etwas kommt nicht vor, denn unsere Gemeinde zeichnet sich gerade durch ein großes Interesse an der aktiven Gestaltung des Dorflebens aus." Implizit wäre nicht nur auf eine etablierte Praxis verwiesen, sondern zugleich eine latente Distinktionslinie gezogen zwischen dem Ort an dem man lebt und dem, was an einem anderen Ort durchaus möglich wäre – nämlich, dass sich keine Freiwilligen finden, die Interesse an der Organisation eines Festes für die Dorfgemeinschaft haben. Diesem Gedankenexperiment folgend positioniert sich Lena als Kennerin und Angehörige des Feldes universitärer Praxis, das ihr aufgrund des Praktikums einen differenten Einblick in eine schulische Praxis eröffnet. Nach ihrer Rückkehr aus dem einen Feld in das andere ist es ihr möglich, eine Distinktionslinie, aber auch die Gültigkeit einer Regel zu behaupten: *sowas kommt nich vor*. Erneut zeigt sich die Figur eines Differenzerlebens: Was dort existiert, gibt es hier *irgendwie nich* – was dort vorkommt, kommt hier nicht vor. Zu erwarten ist nun, dass eine Explikation folgt, die konkret Lenas Erleben schulischer Realität irritiert hat.

In den sich anschließenden Sequenzen expliziert Lena nun anhand von Beispielen, welche Realität schulischer Praxis in der universitären Lehrerbildung ausklammert wird, mit der sie jedoch in ihrem Schulpraktikum konfrontiert wurde: Der Sprechakt *dass zwei Schüler sich wirklich von vorne bis hinten in der Schule auf'n Tisch legen und schlafen* zeigt implizit, dass sich vor den Augen der Interviewee eine Situation ereignet hat, von der sie nicht annahm, dass sie real existiert und es ihr in der Folge schwerfiel, angemessen darauf zu reagieren. Das Ausmaß der Irritation verdeutlicht der Sprechakt *von vorne bis hinten*: Vergleichbar mit Äußerungen „Er hat mich von vorne bis hinten belogen" oder „Die Geschichte war von vorne bis hinten nur ausgedacht", mit denen implizit ein negatives Werturteil angesichts einer subjektiv wahrgenommenen Konventionsverletzung gefällt wird, zeigt zugleich eine Erschütterung angesichts dessen, mit einem Verhalten konfrontiert zu sein, das zuvor für nicht für möglich gehalten worden wäre. Der Sprechakt drückt nicht nur eine Irritation angesichts der Konfrontation mit einer schulischen Praxis aus, die die Studierende offenkundig als divergent gegenüber schulischer Praxis erlebt, die sie erwartet hätte. Zugleich fällt auf, dass dem Sprechakt eine eigentümliche Figur latenter Irritation innewohnt, weil es während ihres Schulpraktikums Ereignisse gab, die für die universitäre Lehre untypisch sind. Der Sprechakt deutet auf eine latente Irritation hin, dass sich das Verhalten von Schülerinnen und Schülern, wie sie es im Schulpraktikum erlebt, vom Verhalten Studierender unterscheidet, wie sie es etwa aus ihren Lehrveranstaltungen kennt. So eigentümlich die Art und Weise ist, in der Lena ihre Irritation angesichts der erlebten Realität in ihrem Schulpraktikum hervorbringt: Ihre Äußerung ist keine Kritik, die auf die fehlende Praxisferne ihres Studiums anspielt. Sie drückt zunächst einmal nur aus, dass das, was sich im Schulpraktikum ereignet hat, in einer differenten, eher abstrakten Weise in universitärer Lehre verhandelt wird und bei ihr insofern dort kein solches Irritationserleben ausgelöst hat.

In Erweiterung der ersten Fallstrukturhypothese zeigt sich, dass bestimmte Situationen, denen Lena in ihrem Schulpraktikum ausgesetzt war, durchaus das Potenzial einer Krisenerfahrung haben. Zumindest scheinen jene potenziell krisenhaften Situationen zu einer Irritation geführt zu haben, dass sich schulische Realität, so wie Lena sie erlebt hat, nicht in der universitären Lehre zeigt. Dieses Differenzerleben schulischer und universitärer Praxis ist für Lena jedoch nicht mit dem Bedürfnis nach mehr Praxiskontakten verbunden. Der Sprechaktverweist in eigentümlicher Weise darauf, dass das Erleben jener Differenz Lenas subjektives Selbstbild latent unter Spannung gesetzt hat: Angesichts der Erfahrung schulischer Realität – speziell: der Konfrontation mit einem Verhalten von Schülerinnen und Schülern, das sie als Praktikantin und angehende Lehrerin als Konventionsverletzung interpretiert – hat sie einen Vorgeschmack auf die berufliche Praxis einer Lehrperson bekommen, der ihr offenbar nicht behagt. Der Sprechakt verweist zugleich auf einen subjektiven Identitätsentwurf, der sich möglicherweise dadurch konstituiert, das Lehramtsstudium als ein Moratorium, einen Schutzraum vor Anforderungen des Lehrerberufs, zu deuten. Es gewährt ihr Aufschub, sich

als Lehrerin den Anforderungen der beruflichen Praxis stellen zu müssen. Offen
bleibt an dieser Stelle zunächst, ob Lenas subjektives Selbstbild, das sich hier
material abzubilden scheint, sich auch durch eine an Wissenschaft interessierte
Haltung konstituiert. Diese Frage soll im weiteren Verlauf der Fallrekonstruktion
untersucht werden.

Im weiteren Verlauf entfaltet Lena nun die Bandbreite jener schulischen Realität, mit der sie während ihres Praktikums konfrontiert wurde. Diese narrative
Entfaltung erfährt nun in eine Steigerungslogik, aus der heraus sich andeutet,
dass die Studierende um Beispiele bemüht ist, um ihrem Irritationserleben einen
Ausdruck zu verleihen. Auffallend ist zunächst, dass Lena während der beispielhaften Schilderung ihres Erlebens prekärer Situationen im Praktikum wie dem
Zuspätkommen von Schülerinnen und Schüler ins Stocken gerät. Dieses Krisenerleben zeigt sich im Sprechakt *dass andere Kinder einfach ich weiß nich (.)*
wirklich so dermaßen jedes Mal zu spät komm.

Subjektiv kann sie sich dieses Phänomen nicht erklären, das sich offenkundig
außerhalb ihrer Normvorstellungen bewegt: Vor Lenas Augen hat offenbar „un-
normales" Zuspätkommen einiger Schülerinnen und Schüler eine Krisenhaftigkeit
schulischer Realität entfaltet, die sich nicht nur außerhalb ihres Erwartungs-
horizonts bewegt, sondern die ihr zugleich Vorstellung davon vermittelt, mit
welchen Herausforderungen Lehrpersonen in ihrer beruflichen Praxis konfrontiert sein können. So ist Lena nicht qua professioneller Rolle eine Betroffene,
jedoch aufgrund ihres Studierendenstatus Zeugin einer schulischen Realität, die
solche Herausforderungen für Lehrpersonen bereithält. Lena definiert mit dem
Sprechakt ein „normales" und ein die üblichen Normen abweichendes Fehlverhalten. Zur Verdeutlichung mag folgendes Kontextbeispiel dienen: Eine Frau, die
äußert, ihr Mann habe sich bei dem letzten Besuch ihrer Eltern „wirklich so dermaßen daneben benommen", dass sie ihn künftig nicht mehr dorthin mitnehmen
werde, distanziert sich nicht nur von dem Verhalten ihres Freundes beim letzten
Elternbesuch, sondern bringt zugleich zum Ausdruck, dass dieses Fehlverhalten
zukünftig nicht mehr zu tolerieren gewesen wäre. Die vorliegende Sprechaktsequenz verweist auf latenter Ebene nicht nur auf ein Verständnis „normaler"
Konventionsverletzungen, die offenkundig weder das Verhalten jener Kinder, die
wirklich so dermaßen jedes mal zu spät komm, noch das Verhalten der zwei Schüler erfasst, die sich *wirklich von vorne bis hinten in der Schule auf'n Tisch legen*
und schlafen. Zudem zeigt sich, dass Lena durch ihr Praktikum mit „brute facts"
konfrontiert ist, die ihr unerklärlich sind und auf die sie – spätestens als Lehrperson – reagieren muss. Sie kann sich ihr Praktikum nicht ausschließlich als
Erfahrungsraum aneignen, der ihr in handlungsentlasteter Weise einen Einblick

in die Berufspraxis von Lehrpersonen gewährt. Es hält für sie zudem einen Vorgeschmack auf den späteren „Ernstfall" bereit.

Der Sprechakt *also wo man einfach noch mal ga:nz andere*, mit dem auf sprachlicher Ebene erneut eine Figur des Differenzerlebens (*ga:nz andere*) mobilisiert wird, deutet zugleich auf einen Versuch einer resümierenden Generalisierung hin. Der Erlebnisbericht eines freiwilligen Helfers in einem Entwicklungshilfeprojekt verdeutlicht diese Annahme. Der Helfer könnte nach seiner Rückkehr aus einem Krisengebiet gegenüber Freunden äußern, er sei dort mit Bedingungen wie etwa mangelnder medizinischer Versorgung und Trinkwasserknappheit konfrontiert gewesen, auf die er nicht vorbereitet war: „Also, wo man einfach nochmal ganz andere Probleme hat als die, die wir uns hier immer vorstellen." 1. Es wird eine Differenzerfahrung angesichts einer erlebten Realität und einer Imagination dieser Realität ausgedrückt. 2. Dieses Differenzerleben hat unmittelbare Auswirkungen auf das Handeln: Gefordert wird eine Adaptionsfähigkeit, die eine Handlungsfähigkeit unter den gegebenen Bedingungen ermöglicht, und zwar obwohl man auf diese Situation nicht vorbereitet war. Bei einer Übertragung dieser gedankenexperimentell entworfenen Situation und ihren sinnstrukturellen Gehalt auf den vorliegenden Fall, wäre zu erwarten, dass Lena, nachdem sie nun einen ersten Anlauf genommen hat, ein Resümee ihrer Erfahrungen zieht bzw. aus ihrem Erfahrungserleben handlungspraktische Überlegungen mit Blick auf die antizipierte Berufspraxis ableitet. Lena erklärt jedoch weder, dass die im Praktikum vorzufindende Realität eine Differenz zwischen schulischer Realität und universitärer Lehre aufzeigt, in der die schulische Realität aus wissenschaftlich-theoretischer Perspektive thematisiert wird. („Also, wo man nochmal ganz andere Situationen erlebt als die, von denen man im Lehramtsstudium so hört."). Noch expliziert sie, dass ihr während des Praktikums klar wurde, welche beruflichen Anforderungen Lehrpersonen tatsächlich zu bearbeiten haben. Eine generalisierende Schlussfolgerung aus dem Erlebten deutet zwar an, wird aber auch im Folgenden nicht realisiert: Stattdessen fährt Lena mit der Schilderung des Erlebten fort: Sie entfaltet zunächst narrativ, welche Maßnahmen eine Lehrperson aufgrund solcher Konventionsverletzungen zu treffen habe: *dass man zuhause anrufen muss weil n Schüler wieder nich in die Schule kommt.* Auf sprachlich-manifester Ebene zeigt sich eine Figur der Verinnerlichung objektiver Regeln, die für Lehrpersonen gelten, wenn ein Schüler der Schule fernbleibt, um dafür zu sorgen, dass der Schulpflicht eingehalten wird. Der Sprechakt zeigt, dass Lena eine Beobachterperspektive einnimmt: Diese Perspektive kommt insbesondere durch die Äußerung zum Ausdruck, *man* habe im Falle einer Verletzung der Schulpflicht die Eltern zu benachrichtigen. Es scheint, als habe die Studierende – indem sie

den beruflichen Alltag von Lehrpersonen an ihrer Praktikumschule kennenler-
nen konnte – diese allgemein geltende Anforderung für sich akzeptieren können.
Gleichzeitig drückt sich durch die Äußerung, man müsse *zuhause anrufen*, sobald
eine Schülerin oder ein Schüler der Schule fernbleibt, eine eigentümliche Involviertheit aus. Der Sprechakt verweist auf eine Form des Miterlebens bestimmter
professionsspezifischer Handlungsanforderungen. Es ist durchaus vorstellbar, dass
eine Lehrerin im Lehrerzimmer empört gegenüber ihren Kollegen äußert: „Ich
musste bei XY zuhause anrufen, weil er schon wieder nicht in die Schule gekommen ist". Möglicherweise ist Lena Zeugin eines solchen Vorfalls geworden, der
dazu führte, dass eine Lehrperson die Eltern eines Schülers wegen des Fernblei-
bens vom Unterricht benachrichtigen musste. Offenbar ist Lena in die Praxis für
die Bearbeitung prekärer Situationen involviert gewesen.

Anstatt weitere Maßnahmen aufzuzählen, zu denen Lehrpersonen dann greifen
müssen, wenn sie in ihrer beruflichen Praxis mit Norm- und Konventionsverletzungen durch Schülerinnen und Schüler konfrontiert werden, fokussiert die
Studierende nun auf den außerschulischen Bereich wie auf das Elternhaus. Grundsätzlich wird in dem Sprechakt *dass Kinder auch zuhause geschlagen werden* auf
häusliche Gewalt in Familien verwiesen. An dieser Stelle übertritt die Interviewee
ihren Erfahrungshorizont. Häusliche Gewalt an Kindern mag der Interviewee
durchaus bewusst gewesen zu sein. Für sie ist es jedoch befremdlich, dass sie
potenziell als Lehrperson solcher Kinder indirekt in Berührung mit einem für sie
bislang abstrakten Phänomen kommt und darauf reagieren muss. Wenngleich sich
diese Aussage vermutlich dem direkten Erleben der Interviewee – die vermutlich
keinen Zugang zu den Elternhäusern der Schüler hatte – entzieht, so scheinen Erzählungen von Lehrpersonen an der Praktikumsschule bei der Interviewee
einen bleibenden Eindruck hinterlassen zu haben. Es ist zu erwarten, dass sich
Lena hinsichtlich ihres subjektiven Empfindens solcher Situationen äußert oder
sich zu dem Thema äußert, weil solche Situationen möglicherweise Gegenstand
universitärer Lehre sein könnten.

Anknüpfend an die formulierten Fallstrukturhypothesen zeigt sich, dass sich
Lena in ihrem Schulpraktikum mit irritierenden „brute facts" schulischer Praxis konfrontiert sieht. Die geschilderten Situationen des schulischen Alltags hat
sie zwar als prekär wahrgenommen, weil damit ein Idealbild erschüttert wurde.
Norm- und Konventionsverletzungen durch das Verhalten von Schülerinnen und
Schülern, aber auch durch häusliche Situationen sind für sie offenbar nicht unerklärlich, sondern führen ihr zugleich vor Augen, dass das berufliche Handeln
von Lehrpersonen ein Handeln unter Kontingenzbedingungen ist und dass Lehrpersonen über das Planen und Durchführen von Unterricht hinaus auch solche
Tätigkeiten ausführen müssen, die sie nicht mit der professionellen Praxis von

Lehrpersonen zusammengebracht hätte. Mit anderen Worten: Die Vorstellungen der Interviewee über den schulischen Alltag als „heile Welt" hat während des Praktikums Risse bekommen. Gleichzeitig deutet sich jedoch an, dass Lena eine Distanz zum Erlebten einnehmen kann, sobald sie das Feld schulischer Praxis wieder verlassen hat. Diese Distanz schützt sie davor, durch die in ihrer Praktikumschule vorzufindende Realität in eine grundsätzliche Handlungsbedrängnis geraten zu sein. So ist es ihr möglich, zwar irritiert festzustellen, dass jene Realität, die sich ihr im Praktikum offenbart hat, in der universitären Lehre different bearbeitet wird. Eine grundsätzliche Infragestellung ihres Lehramtsstudiums folgt jedoch nicht aus diesen Erfahrungen. Der Grund besteht möglicherweise darin, sich als Studierende zu konzeptualisieren, die sich qua Status ein Moratorium gewährt, Anforderungen der beruflichen Praxis von Lehrpersonen tatsächlich schon bewältigen zu müssen. Außerdem deutet sich an, dass Lena Schule und Studium, schulische und universitäre Praxis als voneinander abgekoppelte Sphären konzeptualisiert und gerade deshalb möglicherweise keine ausbildungslogischen Ansprüche an universitäre Lehrerbildung richtet.

Mit dem sich anschließenden Sprechakt *und da denk ich immer so* wird nun eine Positionierungsfigur mobilisiert: Nachdem sich Lenas Irritation angesichts einer von ihr erlebten Differenz schulischer Realität und den Inhalten universitärer Lehre zeigt, deutet sich nun an, dass folgende Ausführungen weitere Erkenntnisse über ihre Haltung angesichts dieser Differenz liefern. Auffällig ist, dass die Positionierungsfigur nicht auf eine authentische Involviertheit im Sinne einer Betroffenheit verweist. Es scheint vielmehr, dass die Studierende aus der Position einer teilnehmenden Beobachterin spricht, die das Erlebte aus einer distanziert-reflektierenden Perspektive kommentiert. Diese Aussage lässt sich mit dem folgenden gedankenexperimentellen Kontextbeispiel veranschaulichen: Im Gespräch zweier Freunde über steigende Mieten in Großstädten und die Gentrifizierung bestimmter Stadtteile könnte einer der Freunde äußern: „Die Mieten steigen in den Stadtteilen, wo alle hinwollen, immer weiter an und da denk ich immer so, warum tut die Politik nichts dagegen?" Manifest werden ausbleibende politische Maßnahmen gegen Mietenwucher missbilligt. Es zeigt sich jedoch, dass der Sprecher durch steigende Mieten selbst nicht unmittelbar in Bedrängnis geraten ist. Der Sprechakt enthält anstatt einer Figur der Empörung qua eigener Betroffenheit vielmehr eine Figur des Sinnierens aus einer unbeteiligten Perspektive. Zu erwarten ist, dass Lena zu Schlussfolgerungen gelangt, die sie aus der erlebten Differenz zwischen schulischer Realität und universitärer Lehre ableitet.

In Bezug auf den sich anschließenden Sprechakt *diese Schulén das äh wird in der Uni gerne mal irgendwie so außen vor gelassen* fällt sprachlich-manifester

Ebene auf, dass aus Sicht der Interviewee nicht etwa bestimmte Schulen, sondern vielmehr das, was *diese Schulén* ausmacht, d. h. prekäre Situationen und
die daraus resultierenden Handlungsanforderungen für Lehrpersonen, in einer
bestimmten Art und Weise nicht Gegenstand universitärer Lehrerbildung sind.
Der Sprechakt enthält eine recht eigentümlich hervorgebrachte Kritik. Zur Verdeutlichung: In einer Talkrunde zum Thema journalistischen Fehlverhaltens durch
absichtliche Verfälschung der Quellen könnte einer der Diskutanten äußern: „Dieser Skandal bildet doch nur ab, was gerne mal verschwiegen wird, nämlich,
dass so etwas kein Einzelfall ist." Kritisiert wird nicht nur das kollektive Ver-
schweigen, sondern vor allem die Vorsätzlichkeit, mit der die Vorkommnisse der
Öffentlichkeit vorenthalten werden.

Eine Übertragung dieser Lesart auf den vorliegenden Fall führt zu der impliziten Kritik, dass die die prekäre Realität, mit der Lena während ihres Praktikums
konfrontiert wurde, nicht Gegenstand der universitären Lehre ist. Insbesondere
die Formulierung, universitäre Lehrerbildung lasse *diese Schulén* – als themati-
scher Überbegriff für eine bestimmte „heikle" schulische Realität – *irgendwie so
außen vor,* verweist auf ein Erleben des Lehramtsstudiums als Ort, der die unbe-
queme Realität bewusst ausgrenzt. Die Ausgrenzung wird jedoch nicht absolut
gesetzt, sondern durch *irgendwie so* abgemildert. Der Sprechakt verweist sinnstrukturell auf ein implizites Eingeständnis, dass heikle Situationen schulischer
Praxis, wie sie Lena offenkundig erlebt hat, in der universitären Lehre nicht
gänzlich ausgeklammert, sondern im Kontrast zu der tatsächlichen Realität, wie
Lena sie im Schulpraktikum erlebt hat, in einem anderen Aggregatzustand verhandelt werden. Es ist durchaus vorstellbar, dass in der erziehungswissenschaftlichen
Lehre theoretische Perspektiven pädagogischer Praxis mit Blick auf „Konflikte"
ein Gegenstand sind. Die vorliegende Sprechaktformulierung weist auf ein grundsätzliches Problem hin, mit der universitäre Lehrerbildung in unterschiedlichem
Ausmaß die an ihr beteiligten Disziplinen konfrontiert sind. Wissenschaft operiert mit einem anderen Wissensbegriff als die pädagogische Praxis: Sie generiert
mit ihrem Methoden Wissen, das für sich nicht beanspruchen kann, dem Feld
pädagogischer Praxis dienlich sein zu können, indem Praktikern dadurch Handlungswissen bzw. „Rezepte" zur Bearbeitung potenziell konflikthafter Situationen
bereitgestellt werden, die sich in pädagogischer Praxis entfalten können. Genau
an dieser Unmöglichkeit der Generierung von handlungspraktischem Wissen für
die Praxis durch wissenschaftliche Methoden der Erkenntnisgewinnung scheint
der Gerinnungspunkt – nicht nur – studentischer Kritik an universitärer Lehrerbildung zu liegen. Hieraus scheint sich gleichermaßen ein potenziell problematisches
Arbeitsbündnis zwischen Lehrkräftebildenden und Studierenden zu ergeben, die

nach Rezeptwissen für „richtiges" pädagogisches Handeln in der Praxis verlangen. Zur Erinnerung: Zu Beginn des Protokollausschnitts zeigt sich bereits Lenas Irritation, dass während ihres Praktikums mit Situationen konfrontiert worden zu sein, die offenbar ihrem Idealbild schulischer Praxis entgegenstehen. Gleichzeitig zeigt sich, dass eine Vorbereitung auf solche Situationen durch eine universitäre Lehre nicht möglich ist. Dieser Mangel ist jedoch nicht der universitären Lehre anzulasten, sondern ergibt sich aus den Spezifika differenter sozialer Felder und denen ihnen inhärenten Logiken.

In der sich anschließenden Textsequenz wird die zuvor geäußerte Kritik nivelliert, dass die bisweilen prekäre Realität, mit der Lena im Feld schulischer Praxis konfrontiert wurde, im Feld universitärer Praxis ausgeklammert oder in einem anderen, möglicherweise aber abstrakteren Aggregatzustand verhandelt wird. Der Sprechakt *also natürlich gibt s immer Unterrichtsstörung und es gibt auch schwere schwierigere Fälle* enthält ein implizites Zugeständnis der Studierenden, dass für Lehrpersonen potenziell herausfordernde Bedingungen ihres professionellen Handelns wie *Unterrichtsstörung* und *schwere schwierigere Fälle* auch in universitärer Lehre thematisiert werden. Lena spricht davon, dass es diese Aspekte des professionellen Handelns von Lehrpersonen im Lehramtsstudium *gibt*. Die Verwendung des Verbs ‚geben' verweist darauf, dass sich nicht etwa *Unterrichtsstörung* und *schwere schwierigere Fälle* in der universitären Lehre ereignen und sie möglicherweise stören, sondern darauf, dass sie als unverbunden nebeneinander stehende „Kurse" angeboten werden. Der Reisebericht eines erfahrenen Kreuzfahrttouristen soll hier als Gedankenexperiment dienen, in dem er sich zum Unterhaltungsangebot an Bord äußert: „Natürlich gibt's immer Morgengymnastik und Bingospielen". Der Sprechakt des Reisenden weist nicht nur auf seine Routine als Kreuzfahrttourist, sondern auch auf die Nutzung dieser Angebote als Konsument hin, der regelmäßig an den Kursen teilnimmt.

Eine Übertragung auf den vorliegenden Fallkontext offenbart ein eigentümliches Bild einer Studierenden, die über die inhaltlich-curriculare Ausgestaltung ihres Lehramtsstudiums in einer Art und Weise spricht, die darauf schließen lässt, dass es sich vor ihren Augen gleich einem Kursangebot, auf das sie zugreifen kann, entfaltet. Diese Kurse werden von Lena als Angebot wahrgenommen, das *Unterrichtsstörung* und *schwere schwierige Fälle* zwar als schulpraxisbezogenen Gegenstand universitärer Lehre beinhaltet, das „Kurswissen" bzw. die Auseinandersetzung mit Konflikten im schulischen Alltag verhält sich jedoch different zu der realen schulischen Praxis und steht nicht in Verbindung zu dem übrigen Kurswissen. Auffällig daran, dass Lena von *Unterrichtsstörung* und *schwere schwierige Fälle* spricht, ist, dass hiermit darauf verwiesen ist, wie prekäre bzw. kontingente Situationen, die sich potenziell im Feld schulischer Praxis ereignen und für Lehrpersonen eine Herausforderung sein können, in universitärer Lehre thematisiert werden. Zur Verdeutlichung mögen folgende gedankenexperimentelle Kontextbeispiele dienen, in denen von „schweren" bzw. „schwierigen" Fällen gesprochen werden kann. Im juristischen Sprachgebrauch wird mit der Formulierung, es handele sich etwa um einen „schweren Fall" von Raub oder Körperverletzung, eine Straftat klassifiziert. Es müssen bestimmte Bedingungen vorliegen, die gleichzeitig die Notwendigkeit einer angemessenen Bestrafung nahelegen. Sinnstrukturell enthält die Formulierung die Figur einer Klassifizierung. Ist hingegen von einem schwierigen Fall die Rede, dann ist sinnstrukturell vielmehr die Figur eines schwer zu beurteilenden Falls gegeben. Weiter veranschaulichen lässt sich dieser Zusammenhang am Beispiel eines Supervisionsgesprächs mehrerer Therapeuten, in dem einer der Anwesenden einen Patienten als „schwierigen Fall" klassifiziert. Der Sprecher erlebt es als mühsamen Prozess, während der Therapiegespräche mit seinem Patienten den Kern des Problems zu erfassen und ein wie auch immer gearteter Erfolg der Therapie ist noch nicht abzusehen.

Was ergibt sich aus diesen Überlegungen mit Blick auf den vorliegenden Fall? Es deutet sich an, dass in der universitären Lehre durchaus prekäre Situationen der schulischen Praxis aufgegriffen werden. Zumindest deutet der Sprechakt *also natürlich gibt s immer Unterrichtsstörung und es gibt auch schwere schwierigere Fälle* darauf hin, dass Lena eine bestimmte Praxis universitärer Lehrerbildung erlebt hat, in der schulische Praxis ein inhaltlicher Gegenstand ist. Es deutet sich sogar an, dass Phänomene, wie sie sie in ihrem Schulpraktikum erlebt hat, dezidiert behandelt werden, und zwar in einer Weise, indem „Praxisprobleme" klassifiziert und Problemlösungen entwickelt werden. Lenas Äußerung ist insofern ein implizites Eingeständnis inhärent, dass sich universitäre Lehrerbildung in ihrer inhaltlichen Ausgestaltung an Handlungsproblemen pädagogischer Praxis orientiert. Dieses Angebot vermag jedoch nicht der Irritation vorzubeugen, die offenkundig aus der Konfrontation mit der schulischen Realität resultiert. Im Feld schulischer Praxis nämlich machte Lena die Erfahrung, die ihr möglicherweise ohnehin bereits bewusst war: Universität und Schule unterscheiden sich nicht nur durch feldspezifische Praktiken und operieren mit differenten Wissensformen, sondern auch, dass das Wissen des einen Feldes bei der Bewältigung von berufspraktischen Anforderungen des anderen Feldes möglicherweise nicht weiterhilft.

Lena wird während des Schulpraktikums mit einer schulischen Realität konfrontiert, die nicht ihren Vorstellungen über den beruflichen Alltag von Lehrpersonen entspricht. Diesbezüglich deutet sich an, dass sich Lena mit einer konsumatorischen Haltung durch ihr Studium bewegt. In dem „Kurssystem" gibt es Lehrformate mit unterschiedlich hohen Praxisanteilen. In Bezug auf praxisbezogene Lehrformate stellt Lena fest, dass das vermittelte „Kurswissen" sich zwar an schulischer Praxis orientiert, möglicherweise sogar eine Wirksamkeit im Hinblick auf die Bearbeitung von Herausforderungen pädagogischen Handelns suggeriert, letztlich jedoch nur begrenzt auf die schulische Realität vorbereitet. Außerdem deutet sich an, dass universitäre Lehre selbst dann, wenn sie eine Nähe zur schulischen Praxis suggeriert, nicht in der Lage ist, einem Irritationserleben angesichts spezifischer, potenziell krisenhafter Situationen vorzubeugen. Vielmehr haben Lehrformate, die beanspruchen, einen Praxisbezug herzustellen, das Potenzial, die Erwartungen Studierender zu enttäuschen, auf die Realität schulischer Praxis umfassend „vorbereitet" zu sein. Die bisherige Fallrekonstruktion deutet nicht auf ein Unbehagen der Studierenden gegenüber ihrem Studium generell hin, sondern allenfalls auf ein Unbehagen angesichts der Konfrontation mit prekären Situationen während des Schulpraktikums. Dieses Unbehagen verflüchtigt sich, wenn sie zur schulischen Praxis eine Distanz einnehmen kann, wie es ihr in einer praxis*bezogenen* universitären Lehre möglich ist.

Mit dem Sprechakt *aber da stand ich schon und dachte* vollzieht Lena nun auf sprachlicher-manifester Ebene einen „Sprung" zu ihren Praktikumserfahrungen. In der vorliegenden Sequenz wird konkret, was sie zunächst aus einer ethnologischen Beobachterperspektive narrativ entfaltet. Sprachlich-manifest verweist Lena nun nicht mehr auf Situationen, die sich vor ihren Augen entfaltet haben bzw. der vergleichende Blick in Bezug auf die Frage, inwieweit universitäre Lehre jene Situationen aufgreift, sondern auf das Empfinden und Denken der Interviewee angesichts der am eigenen Leib erfahrenen Differenz zwischen der schulischen Realität im Kontext des wissenschaftlich-theoretischen Wissens und der erlebten schulischen Realität. Die Konfrontation mit prekären Situationen und das Differenzerleben einer handlungsentlasteten Annäherung an schulische Praxis versus die Erfahrung schulischer Praxis haben offenbar allenfalls eine situative Irritation ausgelöst: Mit der Sprechaktsequenz *aber da stand ich schon* deutet sich an, dass Lenas Konfrontation mit Erfahrungen im Feld schulischer Praxis kurzfristig für Irritationen gesorgt hat. Das dort Erlebte entspricht möglicherweise weder Lenas bisherigen Vorstellungen über den Berufsalltag einer Lehrerin noch ihren möglicherweise in der universitären Lehre erworbenen Vorstellungen darüber, wie potenziell krisenhafte Situationen im Feld schulischer Praxis bewältigt werden können. Verdeutlichen lässt sich dieser Zusammenhang am Gedankenexperiment des erfahrenen Kundenservicemitarbeiters, der angesichts der Beschwerde eines enttäuschten Kunden gegenüber Kollegen rückblickend äußert: „Ich habe ja einiges an Berufserfahrung, aber da stand ich schon und wusste nicht, wie ich mit dem umgehen soll." Deutlich wird, dass der Sprecher nicht grundsätzlich an seinen Fähigkeiten als Servicemitarbeiter zweifelt, sondern seine professionelle Handlungsfähigkeit lediglich durch einen schwierigen Kundenkontakt zu einem Selbstzweifel führte. Der Sprechakt verweist jedoch nicht auf eine ins Stocken geratene Handlungsfähigkeit. Die Äußerung *und dachte* ist vielmehr ein Beleg dafür, dass Lena offenkundig von jener Irritation angeregt worden ist, über die Differenz zwischen schulischer Realität anhand des wissenschaftlich-theoretischen Zugriffs und tatsächlicher schulischer Realität zu sinnieren, wie sie von ihr subjektiv erlebt wird. Diese Beobachterperspektive weist erneut auf eine fehlende Involviertheit hin, aus der heraus Lena erstens zu Erkenntnissen über die ganze Bandbreite beruflicher Anforderungen von Lehrkräften gelangt. Sie muss jedoch feststellen, dass eine handlungsentlastende Annäherung an typische Konfliktsituationen des schulischen Alltags in der universitären Lehre allenfalls eine „Praxissimulation" ist.

Mit der Äußerung der Interviewerin *als Thema jetzt in der Uni* wird nun die narrative Entfaltung des Praktikumserlebens unterbrochen und eine handlungspragmatische Anforderung an Lena gerichtet, die vorherige Äußerung zu explizieren. Mit Bezug auf die Gestaltung von Sozialität in der Interviewsituation zeigt sich der Versuch, mit sprachlichen Mitteln nicht Distinktion, sondern vielmehr eine Gemeinsamkeit zu schaffen: Indem sich die Interviewerin nicht dem Feld wissenschaftlicher Praxis zugehörig fühlt, sondern die alltagssprachliche Formulierung *als Thema* gewählt wird. Lena könnte beispielsweise danach gefragt werden, ob aus theoretischer Perspektive auf Unterrichtsstörungen und schwierigere Fälle geblickt wird, mit denen Lehrpersonen in ihrer beruflichen Praxis konfrontiert werden. Es zeigt sich eine Interaktionsdynamik, die sich nicht durch eine Rationalität wissenschaftlich-forschender Praxis konstituiert, sondern durch eine Rationalität alltagspraktischer Neugier. Gleichwohl ist in Rechnung zu stellen, dass ein Forschungsinteresse vorliegt. Die Art und Weise, wie der Sprechakt hervorgebracht wird, suggeriert, dass die Interviewee nicht als Objekt wissenschaftlicher Forschung konzipiert wird – möglicherweise deshalb, weil die Struktur eines Gesprächs nicht aufgebrochen und in eine Interviewstruktur überführt werden soll. Aus dem Sprechakt ergibt sich nun die handlungspragmatische Anforderung einer Bestätigung oder einer Korrektur. Zugleich ist Lena implizit eine Vorlage gegeben, sich zu der von ihr subjektiv erlebten Differenz schulischer Realität und dem Blick, der in der universitären Lehre auf die schulische Realität gerichtet wird, zu positionieren und gegebenenfalls Kritik an ihrem Lehramtsstudium zu üben.

Mit *genau* antwortet Lena nun auf die handlungspragmatische Anforderung und bestätigt, dass ihr *Unterrichtsstörung* und *schwere schwierigere Fälle* in ihrem

Lehramtsstudium als inhaltlicher Gegenstand universitärer Lehre begegnet sind.
Der sich anschließende Sprechakt *als Thema gibt s das schon ab und zu* kann nun
als implizites Zugeständnis an die universitäre Lehre gelesen werden („Natürlich
werden Unterrichtsstörungen und schwierigere Fälle in Lehrveranstaltungen thematisiert."). Zugleich deutet sich an, dass das, was in der schulischen Praxis harte
Realität ist, in der universitären Praxis aus der Distanz betrachtet und gestreift
wird. Der Modus der Konfrontation ist different, weil Unterrichtsstörungen und
andere Phänomene im schulischen Alltag pädagogische Handlungsanforderungen sind, nicht jedoch im Feld universitärer Praxis, in der sie Gegenstand
wissenschaftlicher Betrachtung sind. Doch der Reihe nach:

Der Sprechakt *als Thema gibt s das schon ab und zu* verweist auf eine Differenz zwischen Anbahnung und Eintritt des Ernstfalls. Zur Verdeutlichung: Eine
Mutter könnte im Gespräch mit einer Freundin auf deren Frage, ob die Tochter
denn bereits einen Freund hat, äußern: „Ach, als Thema gibt es das schon ab
und zu, aber wirklich einen mit nach Hause gebracht hat sie bisher noch nicht".
Implizit wird damit ausgedrückt, dass eine Liebesbeziehung der Tochter zwar als
Schritt ihrer Entwicklung im Raum steht und gelegentlich Namen von Jungen
aus ihrem Umfeld im Gespräch genannt wurden. Der Ernstfall jedoch, der spätestens dann eintritt, wenn Liebesbeziehungen nicht mehr abstrakt bleiben und
die Tochter ihrer Mutter den Freund vorstellt, ist jedoch bislang nicht eingetreten. Das *Thema* „Liebesbeziehungen" spielte im Leben der Tochter bisher keine
Rolle. Damit bringt die Sprecherin, zum Ausdruck, über einen bestimmten Entwicklungsverlauf erhaben zu sein: Das „Thema" des ersten Freundes liegt zwar
in der Luft, praktisch relevant ist es jedoch bis dato nicht geworden.

Eine Übertragung des Gedankenexperiments auf den Sprechakt verweist darauf, dass bestimmte Phänomene, die sich in der schulischen Praxis ereignen,
von Lena in der universitären Lehre als abstrakte Gebilde wahrgenommen werden, die dann und wann (*ab und zu*) aufscheinen. Einen handlungsentlasteten
Zugang zu der schulischen Praxis eröffnen Lehrveranstaltungen, die auf konstitutive Bedingungen des pädagogischen Handelns von Lehrpersonen abstellen und
den Studierenden einen diffusen Eindruck über die schulische Realität bieten.
Damit ist Lena ein bis zu ihrem Praktikum recht unbeschwerter Umgang mit
jenen Phänomenen schulischer Praxis wie „Unterrichtsstörungen" und „schwierigen Fällen" möglich. Der Ernstfall jedoch tritt erst im Feld schulischer Praxis
ein: Dort erlebte Lena nicht nur die Facetten des beruflichen Alltags von Lehrpersonen, sie erfuhr zugleich, dass schulische Praxis einer anderen Rationalität
folgt als die universitäre Praxis. In dem Sprechakt wird die Figur einer Entwicklung ‚Anbahnung schulischer Praxis – Erfahrung in und mit schulischer Praxis'

wiedergegeben, die Lena offenkundig bereits durchlaufen hat. Vor diesem Hintergrund ist zu erwarten, dass sie im Folgenden universitäre Praxis ihrem konkreten Erleben schulischer Realität im Praktikum kontrastierend gegenüberstellen wird. Mit dem sich anschließenden Sprechakt *aber dá stand ich wirklich und hab gedacht (2) wozu hab ich eigentlich studiert* wird nicht nur auf das subjektive Erleben einer Differenz zwischen universitärer und schulischer Praxis verwiesen. Zugleich zeigt sich, dass sich Lena angesichts dessen, womit sie im Schulpraktikum konfrontiert wurde und dessen, was das Studium von ihr fordert als überqualifiziert wahrnimmt. Der Sprechakt *aber dá stand ich wirklich* verweist manifest auf ein punktuell auftretendes Ereignis. Dieses spezifische Ereignis bildet nun den Kontrast zu einem Normalzustand. Mit der Äußerung wird implizit gesagt, dass ansonsten alles in Ordnung ist, nur in jenem Moment sei Lena kurzfristig ins Straucheln geraten. Latent zeigt sich, dass die Konfrontation mit der schulischen Realität eine situative Irritation bei der Interviewee ausgelöst hat, die keinesfalls Normalzustand ist. Die Konfrontation mit der schulischen Praxis, wie sie in der universitären Lehre angelegt ist, die beansprucht, praxisbezogen zu sein, vermag es jedenfalls nicht, dieselbe Irritation auszulösen. Diese situative Irritation beschreibt Lena nun in einer Art und Weise, die darauf schließen lässt, dass das Erlebte situativ durchaus das Potenzial hatte, krisenauslösend – im Sinne der Konfrontation mit „brute facts" – zu sein und die Sinnhaftigkeit ihres Studiums kurzfristig infrage zu stellen.

Blicken wir nun weiter, so fällt die mit der Äußerung *und hab gedacht* eine realisierte Figur des überwundenen Befremdens auf. Zur Verdeutlichung: Die Frau, die aufgrund eines Vorfalls in ihrer Beziehung kurzfristig über eine Trennung vom Partner nachdachte, könnte nun zurückblickend auf diese Zeit gegenüber ihrer Freundin äußern: „Als ich von seiner Affäre erfuhr, da stand ich wirklich und hab gedacht, ich trenne mich." Diese Aussage zeigt, dass ein spezifisches Ereignis, jedoch keineswegs eine generelle Unzufriedenheit über längere Zeit den Gedanken an eine Trennung ausgelöst hat. Mit jenem Ereignis wurde die Grenze des subjektiv Tolerierbaren übertreten. Allerdings deutet sich zugleich an, dass dieser Grenzübertritt nicht zu einem Vollzug der Trennung geführt hat. Der Sprechakt verweist vielmehr auf eine Retrospektive auf eine heikle Phase einer Beziehung, die kurzfristig gefährdet war. Diese Lesart bringt sinnstrukturell erneut zum Ausdruck, dass die Konfrontation mit prekären Situationen im schulischen Alltag eine Irritation und ein Infragestellen der Sinnhaftigkeit eines wissenschaftlichen Studiums aufseiten der Interviewee ausgelöst hat. Dieses Studium, was Lena insbesondere in den Fachwissenschaften mit Bildungsansprüchen konfrontiert, bietet ihr jedoch solche Lehrveranstaltungen, in denen sie einen

Vorgeschmack auf berufliche Anforderungen einer Lehrerin erhält. Im Feld schulischer Praxis jedoch macht sie die Erfahrung, dass beides nicht nützlich ist. Deutlich wird dies, wenn man auf den Sprechakt *wozu hab ich eigentlich studiert* blickt. Die Konfrontation mit Anforderungen der pädagogischen Praxis hat nun dazu geführt, die Sinnhaftigkeit ihres Studiums infrage zu stellen. Mit dem Sprechakt ist sinnstrukturell eine Figur der Überqualifizierung mobilisiert, die sich anhand der folgenden gedankenexperimentelle Kontextsituation veranschaulichen lässt: Die Frau, die anlässlich des Besuchs von Freunden viel Mühe und Aufwand in die Vorbereitung eines mehrgängigen Menüs hat, könnte nun, nachdem dieser Besuch nach ihrem subjektiven Empfinden diese Mühen nicht zu schätzen wusste, gegenüber ihrem Partner äußern: „Ich habe so viel Zeit und Mühe in die ganze Vorbereitung gesteckt. Dann kommen die, benehmen sich total daneben und wertschätzen mit keinem Wort die schön gedeckte Tafel und das Essen. Da frage ich mich doch, wozu habe ich mir eigentlich die Mühe gemacht?" Der Sprechakt drückt zum einen die Enttäuschung angesichts eines offenkundig subjektiv als „zu viel" empfundenen Aufwands aus und verweist zum anderen auf eine Missbilligung des Verhaltens der Gäste. Das Ergebnis ist im Falle der Gastgeberin wie auch im vorliegenden Fall ernüchternd: Lena deutet angesichts der Realität, mit der sie in ihrem Schulpraktikum konfrontiert wurde, ihr bisweilen anspruchsvolles Studium als eine unangemessene Überqualifizierung. Was einem grundsätzliches Missfallen an diesem Studium jedoch vorbeugt, scheint jedoch der Umstand zu sein, dass der Interviewee im Feld universitärer Praxis immerhin qua Abstraktion schulischer Realität in universitärer Lehre ein „Sicherheitsabstand" zu den Anforderungen pädagogischer Praxis gewährt ist, die es ihr erlaubt, dieses Irritationserleben im Praktikum abzufedern.

Es geht darum, die Enttäuschung zu verarbeiten, dass die Probleme, mit denen eine Lehrperson konfrontiert wird, im Grunde kein Lehramtsstudium, sondern vielmehr ein Training für den Ernstfall erfordern. Diese Verarbeitung scheint in Lenas Fall insofern gelungen, als dass sich keine grundsätzlich aversive Haltung gegenüber universitärer Praxis entwickelt. Die Praktikumserfahrungen scheinen keine wirkliche Sinnkrise auszulösen, sondern vielmehr den Anlass für eine Momentaufnahme zu bieten. Die Sinnkrise wird dadurch abgemildert, dass das Lehramtsstudium ihr in Bezug auf die Bearbeitung jener Krisensituationen, denen Lehrpersonen in ihrer beruflichen Praxis begegnen, noch den Rücken freihält. Lena selbst trägt – auch als Praktikantin – nicht die professionelle Verantwortung für das Geschehen, die Lehrpersonen tragen. Ihr Status und ihre Praktikantinnenrolle ermöglichen es ihr einen Einblick in schulische Realität zu erhalten, der sie zwar irritiert und ihr zumindest punktuell vor Augen führt, dass der Lehrberuf durchaus von ihrem Idealbild des Berufs abweicht. Gleichzeitig ist die Interviewee qua Studierendenstatus noch von den Verantwortlichkeiten einer Lehrperson befreit.

Mit Blick auf die heuristisch leitenden Fragestellungen zeigt die Interpretation der vorangegangenen Sequenzen, dass Lena offenkundig durch die situative Irritation – ausgelöst durch die Konfrontation mit schulischer Realität – kurzfristig verunsichert war. Angesichts solcher universitären Lehre, die Praxisnähe dadurch suggeriert, dass in ihr *Unterrichtsstörung* und andere prekäre Situationen verhandelt werden, die sich potenziell im Feld schulischer Praxis ereignen können und also solche Herausforderungen von Lehrpersonen markieren, ist Lenas Verunsicherung nicht überraschend. Gerade solche Lehrformate, die Praxisnähe suggerieren, bergen die potenzielle Gefahr, die Erwartungen Studierender zu enttäuschen, sie seien annähernd für die Bearbeitung konflikthafter Situationen in der schulischen Praxis präpariert. Lena erkennt, dass sie unvorbereitet mit „brute facts" schulischer Praxis konfrontiert wird. Hieraus resultiert nun jedoch keine aversive Haltung gegenüber der universitären Praxis bzw. eine Kritik, ihr Lehramtsstudium sei zu praxisfern. Es zeigt sich vielmehr, dass das Studium gegenüber Kritik immunisiert ist, weil es Lena mit Blick auf die Bearbeitung beruflicher Anforderungen Schutz bietet und ihr ein Moratorium gewährt. Gleichzeitig deutet sich jedoch an, dass Lena sich nicht mit Bildungsansprüchen eines wissenschaftlichen Studiums identifizieren kann. wird deutlich, dass Lena angesichts des Erlebens der schulischen Realität erkennen muss, dass sie für eine Tätigkeit in diesem Feld durch ein akademisches Studium im Grunde überqualifiziert ist. Insofern werden die „Kosten" des Studiums – die Bearbeitung auch anspruchsvoller Aufgaben und die Aneignung einer an Wissenschaft interessierten Haltung – dann als Bürde wahrgenommen, wenn sich zeigt, dass diese zur Bewältigung der Situationen, mit denen die Interviewee im Praktikum konfrontiert wurde, nicht nützlich sind. In solchen Situationen benötigt sie eine andere Handlungsfähigkeit als diejenige, die in einem wissenschaftlichen Studium erworben werden kann. Lena lastet die mangelnde Handlungsfähigkeit nun allerdings weder ihrem Lehramtsstudium noch ihrem künftigen Berufsfeld an, was sich schlicht dadurch zu erklären scheint, dass sie weder ausbildungslogische Ansprüche an ihr Studium richtet, noch mit der Vorstellung identifiziert ist, möglichst bald Lehrerin zu sein.

Mit dem Sprechakt *ich muss mir hier ganz neue Dinge überlegen* wird auf eine Introspektion verwiesen. Lena ist durch die Konfrontation mit irritierenden Situationen während des Praktikums bewusst geworden, dass das in universitären Lehrveranstaltungen erworbene Wissen über Konfliktsituationen im Unterricht nicht weiterhilft. Es bedarf jedoch offenbar eines solchen Wissens, das ihr in situ nicht zur Verfügung steht. Bei genauerer Betrachtung der Sprechaktformulierung zeigt sich die Figur eines Strategiewechsels. Der Sprechakt *ich muss mir hier ganz neue Dinge überlegen* verweist auf den latenten Wunsch nach einer Trickkiste, die lediglich eine Funktion: die Handlungsbefähigung von Lehrpersonen. Ähnlich den Auflistungen in Zeitschriften, in denen Anleitungen für die Wohnraumgestaltung („Zehn Dinge, die Sie aus Ihrem Bad verbannen sollten") oder für eine optimistische Haltung („Drei Dinge, die Sie vermeiden sollten, wenn Sie glücklich sein wollen") verweist die Äußerung der Studierenden auf den Wunsch, über Tricks und Kniffe zur erfolgreichen Bewältigung solcher Konfliktsituationen zu verfügen, die ihr während des Praktikums begegnet sind. Gleichwohl zeigt Lena weder eine Haltung des Ausgeliefert-Seins noch eine (an)klagende Haltung. Vielmehr konturiert sich das Bild einer Studierenden, die aus einer Beobachterperspektive einen pragmatischen Blick auf das Geschehen wirft. Obwohl ihr offenkundig kein in Routinen gefestigtes Handlungswissen über den Umgang mit jenen prekären Situationen zur Verfügung steht (fraglich ist, ob ein solches Routinewissen überhaupt herausgebildet werden kann), zeigt sie zum Zeitpunkt des Interviews keine Unsicherheit. Vielmehr wird erneut auf die Differenz zwischen universitär vermittelbarem Wissen und Erfahrungswissen aus der schulischen Praxis verwiesen. So scheint Lena, indem sie Gelegenheit hat, sich einen Überblick über schulische Praxis zu verschaffen, zu der Einsicht zu gelangen, dass die Tricks und Kniffe, die ihr möglicherweise sogar in solchen Lehrveranstaltungen, die Praxisnähe suggerieren, vermittelt wurden, nicht dazu verhelfen, heikle Situationen während des Praktikums erfolgreich zu bearbeiten. Der Sprechakt verweist auf einen Studierendentypus, der handlungsmächtig bleibt und der er sich selbst als verantwortliche Instanz benennt, die sich *ganz neue Dinge überlegen* muss. So führt das Erleben situativer Irritation durch die Konfrontation mit der schulischen Realität nicht dazu, das Lehramtsstudium grundsätzlich infrage zu stellen, sondern vielmehr zu der Erkenntnis, dass die Tricks und Kniffe zur Bewältigung potenziell konflikthafter Situationen nur im Feld der schulischen Praxis zu finden sind. Die Suche nach ihnen kann jedoch auf später vertagt werden, denn das Studium gewährt Lena noch ein Moratorium hinsichtlich der vollumfänglich verantwortlichen Bearbeitung von Anforderungen der pädagogischen Praxis.

Auffällig ist, dass Lenas Äußerungen im Folgenden mehrfach ins Stocken geraten: Der sich anschließenden Sprechakt *ich wüsste nich* verweist zunächst implizit auf das Moratorium, das das Studium Lena gewährt. Weder zum Zeitpunkt ihres Praktikums noch zum Zeitpunkt des hier protokollierten Gesprächs ist es erforderlich, dass sie über das notwendige Handlungs- bzw. Routinewissen verfügt, das möglicherweise dazu verhilft, potenziell kontingenten Situationen in schulischer Praxis gelassen und handlungsfähig zu begegnen. Damit entspricht das Schulpraktikum für Lena keinesfalls dem Ernstfall, sondern ist vielmehr eine

Erprobung und Erkundung des Feldes schulischer Praxis. Der Vorgeschmack, den sie mit Blick auf konflikthafte Situationen im Schulalltag bekommen hat, verursacht jedoch – zumindest kurzfristig – ein leichtes Unbehagen angesichts der Vorstellung, diese potenziell krisenhaften Situationen tatsächlich irgendwann bearbeiten zu müssen. Die Konfrontation mit den „brute facts" schulischer Realität hat Lena offenkundig vor Augen geführt, dass der Beruf einer Lehrerin weit mehr beinhaltet, als sie sich möglicherweise vorgestellt hat. Wenngleich die Sprechaktformulierung nicht auf ein latentes Bedürfnis weist, über handlungsleitendes Wissen zur Bewältigung tendenziell prekärer Situationen zu verfügen, so zeigt sich immerhin, dass die Studierende insgeheim froh ist, noch nicht Lehrerin und damit dem Ernstfall ausgesetzt zu sein. Diese Erkenntnis lässt sich beispielhaft an der Gesprächssituation von zwei Freundinnen veranschaulichen, in der eine äußert: „Drei Kinder und einen anstrengenden Job – ich wüsste nicht, wie ich das alles unter einen Hut kriegen würde!" Sie zollt der berufstätigen Mutter zwar Respekt, dennoch zeigt sich auch, dass die Sprecherin insgeheim froh ist, die Rollen nicht tauschen zu müssen.

Die zuvor sich zeigende weitgehend gelassene Haltung angesichts dessen, noch nicht wirklich mit Ansprüchen des Lehrerberufs konfrontiert zu sein, erscheint zumindest insofern partiell eingetrübt, als dass sie spätestens mit Beendigung ihres Studiums erneut mit dieser Realität konfrontiert sein wird. Hierauf weist auch die folgende Sequenz *da da war ich ja natürlich noch äh da war denn der Lehrer noch mit in der Klasse* hin, mit der zum Ausdruck gebracht wird, dass die Bedingungen eines Praktikums sich von denen der tatsächlichen Berufspraxis unterscheiden. Lena stellt in Rechnung, dass sie in ihrem Praktikum noch nicht vollumfänglich dafür verantwortlich war, die Konflikte, mit denen sie konfrontiert war, wie eine professionell tätige Lehrerin zu lösen. Als Situationskonstellation fügt sie hinzu: *äh da war denn der Lehrer noch mit in der Klasse*. Implizit verweist sie damit auf ihre Rolle als Praktikantin, die sie von jener Verantwortung als Lehrkraft befreit. Erneut zeigt sich, dass das Praktikum noch nicht als beruflicher Ernstfall gedeutet wird. Der Grund dafür, dass Lena das Erleben jener Realität lediglich als Vorgeschmack auf die Berufspraxis deutet, besteht offenkundig darin, dass ihr qua Praktikantinnenstatus eine erfahrene Lehrperson zur Seite gestellt war, die letztlich die Verantwortung für das Geschehen im Klassenzimmer trug. Lena erlebt Situationen, denen sie sich (noch) nicht gewachsen fühlt. Es fällt ihr schwer, auf diese Situationen angemessen zu reagieren. Gleichzeitig scheint die Konfrontation mit den „brute facts" deshalb keine andauernde Erschütterung nach sich zu ziehen, weil sich Lena bewusst zu sein scheint, dass ihr Praktikum nicht der Ernstfall ist. Die tatsächliche Bearbeitung

potenziell krisenhafter Situationen und damit die Bearbeitung einer professionsbezogenen „Entwicklungsaufgabe"[17] (vgl. etwa Hericks & Kunze 2002, Hericks
2006) – die Herausbildung einer Haltung, die es bedarf, um angemessen auf Konfliktsituationen im Unterricht zu antworten – kann auf das Referendariat vertagt
werden.

Der sich anschließenden Sprechakt fokussiert nun wieder auf das situative
Irritationserleben. Die Formulierung *aber (.) das warn auf einmal so Situationen*
verweist auf die unerwartete Konfrontation mit einer Realität des schulischen
Alltags, die Lena sich in dieser Weise nicht vorgestellt hat. Gleichzeitig zeigt
sich sprachlich mit *so Situationen* eine Subsumptionsfigur: Offenkundig gab es
Situationen, die die Studierende subjektiv als besonders irritierend wahrgenommen hat. Der erfahrene Kriegsreporter könnte nach seiner Rückkehr aus einem
Krisengebiet in einer Talkshow auf die Frage des Moderators, welches Bild sich
ihm vor Ort gezeigt hat, antworten: „Ich habe ja in meiner Zeit als Reporter,
der aus Krisengebieten berichtet, einiges gesehen. Aber das waren auf einmal

---

[17] Das Konzept der professionsbezogenen „Entwicklungsaufgaben", das auf Havighurst
(1972) zurückgeht, ist in ein berufsbiografisches Professionalisierungsverständnis eingebettet: Uwe Hericks definiert Entwicklungsaufgaben als Schnittstellen zwischen gesellschaftlichen Anforderungen und deren individueller Bearbeitung. Ausgehend von der Annahme
spezifischer Anforderungen, die als solche den Lehrberuf konstituieren, seien folgende Entwicklungsaufgaben nach Hericks unhintergehbar: a) die Entwicklung von Fähigkeiten zur
Bewältigung beruflicher Anforderungen, b) die Entwicklung eines Rollenverständnisses,
c) die Entwicklung eines Konzepts der Wahrnehmung von Schülerinnen und Schülern als
„entwicklungsbedürftige Andere" (Hericks & Kunze 2002) sowie d) die Entwicklung der
Fähigkeit, das eigene Handeln an institutionellen Erfordernissen und Rahmungen zu orientieren (Hericks 2006: 61). Hericks und Kunze (2002) schließen aus diesem Befunden, die
auf subjektive Theorien Studierender über „guten" Unterrichts verweisen, dass Entwicklungsaufgaben erst im spezifischen sozialen Feld aufscheinen, das die Entwicklungsaufgabe
hervorbringt, deren Bearbeitung jedoch „in modifizierter Form" (Hericks & Kunze 2002:
406) bereits im Lehramtsstudium angebahnt wird.

Nicht zuletzt angesichts der von außen an die universitäre Lehrerbildung herangetrage-
nen Forderungen nach höheren Praxisbezügen und deren Entsprechung in der inhaltlichen
und formalen Ausgestaltung der Lehramtsstudiengänge scheint es durchaus nachvollziehbar, dass sich Studierende in ihrem Lehramtsstudium mit antizipierten Vorstellungen über
ihre Lehrer- bzw. Lehrerinnenpersönlichkeit auseinandersetzen. Gleichwohl wird ausgehend
von der vorliegenden Rekonstruktion des Falls vermutet, dass solche Lehrformate, mit denen
intendiert ist, einen Praxisbezug herzustellen, indem die Bearbeitung von Entwicklungsaufgaben gewissermaßen „vorgezogen" wird (etwa durch die Präsentation von Lösungsstra-
tegien zur Bewältigung berufsfeldspezifischer Anforderungen), das Potenzial besitzen, die
Erwartungen Studierender zu enttäuschen, wenn sie ausbildungslogische Ansprüche an ihr
Lehramtsstudium richten, jedoch in Praktika feststellen müssen, dass das universitär erworbene Wissen im Feld schulischer Praxis nur begrenzt nützlich ist.

so Situationen, wo selbst mir mulmig wurde." Übertragen auf den vorliegenden Fall gründet die Haltung darauf, dass Lena grundsätzlich so leicht nicht aus
der Fassung zu bringen ist. Im weiteren Gesprächsprotokoll ist die eigentümliche Äußerung Lenas *aber (.) das warn auf einmal so Situationen die hab ich
noch niemals gehört* auffällig. Im Gegensatz zu Formulierungen wie „das waren
Situationen, von denen ich noch nie gehört habe", zeigt sich erneut, dass die Realität schulischer Praxis, mit der die Interviewee im Praktikum konfrontiert war,
in diesem Aggregatzustand nicht Gegenstand universitärer Lehre ist. Mit Blick
auf den Fallkontext scheint es, als sei die Differenz zwischen Konflikten in der
schulischen Praxis als Gegenstand universitärer Lehre und Konflikten als „brute
facts", mit denen Studierende in Praktika unter Umständen konfrontiert werden,
für Lena bewusst wahrnehmbar geworden zu sein. Gleich einer Person, die äußert,
sie habe Chopin noch nie gehört und sich damit implizit als jemand ausweist, der
zumindest bis dato keinen Zugang zu oder kein Interesse an klassischer Musik
hat, verweist der Sprechakt auf ein Befremden, das durchaus nachvollziehbar ist.
Insbesondere durch solche Äußerungen der Studierenden, die darauf weisen, dass
potenziell krisenhafte Situationen durchaus in der universitären Lehre verhandelt
werden, kristallisiert sich heraus, dass universitäre Annäherungen an krisenhafte
Situationen nicht dasselbe Potenzial besitzen, das Erleben eines „Praxisschocks"
(Müller-Fohrbrodt et al. 1978) hervorzurufen. Für Lena besteht der Praxisschock
offenbar darin, durch das Erleben der Realität aus ihrer ansonsten recht gefestig-
ten Fassung gebracht worden zu sein und möglicherweise erkennen zu müssen,
dass die handlungsentlastete Auseinandersetzung mit krisenhaften Situationen,
mit denen Lehrpersonen in ihrer Berufspraxis konfrontiert sind, in keiner Weise
das Erleben der Realität abzufedern vermag.

Diese Annahme bestätigt sich in dem sich anschließenden Sprechakt: Anhand
Lenas Äußerung *und wusste absolut nich wie ich damit umgehen sóll* zeigt sich
nicht nur sprachlich die Figur einer Steigerung (erstens nicht gehört haben und
zweitens nicht wissen, wie damit umzugehen ist), sondern zugleich ein impliziter
Wunsch nach einem solchen Rezeptwissen, das weiterhilft, wenn Unsicherheiten auftreten und die Handlungsfähigkeit eingeschränkt ist. Latent-sinnstrukturell
drückt der Sprechakt eine Erhabenheit über die krisenhafte Situation aus, die
sich während des Schulpraktikums ereignet hat. Diese Erhabenheit ist plausibel, wenn das Subjekt durch das, was ihm widerfährt, nicht in eine Krise gerät
oder aber wenn eine Krise bereits bearbeitet wurde. Lena war während ihres
Schulpraktikums mit Situationen konfrontiert, die für sie neu und vorübergehend
krisenauslösend waren. Ihr stand kein Routine- bzw. Erfahrungswissen zur Verfügung, das es ihr erlaubt hätte, aus einer Haltung heraus zu handeln, diesen
Situationen gewachsen zu sein. Sie hat sich offenbar als handlungsunfähig erlebt.

Abgemildert wurde diese Krise dadurch, dass noch eine andere Lehrperson im Klassenraum anwesend war und die Situation nicht Lena, sondern jene Lehrperson zu verantworten hatte. Das subjektive Erleben der Situation mag für die Studierende unangenehm gewesen sein. Möglicherweise hat sie sich kurzfristig in Bedrängnis gefühlt, weil sie auf die Realität nicht vorbereitet war. Gleichzeitig verweist der Sprechakt darauf, dass eine Distanz zum Geschehen eingenommen werden konnte. Vieles spricht dafür, dass nicht die Bearbeitung der krisenhaften Situationen, sondern vielmehr der Umstand, die Krisenlösung auf später vertagen zu können, Grund für eine selbstsichere Haltung ist, aus der heraus der Sprechakt hervorgebracht ist.

Der sich anschließende Sprechakt zeigt erneut eine distanzierte Perspektive bzw. eine über das Geschehen erhabene Haltung, aus der heraus Lena über ihr Schulpraktikum spricht. Anhand ihrer Äußerung *und dann dacht ich oah da muss man sich jetzt doch noch mal (2) was eigenes überlegen* zeigt sich in eindrücklicher Weise, dass Lena aus einer eigenverantwortlichen Haltung heraus spricht, um das zur Bewältigung heikler Situationen notwendige Wissen zu entwickeln. Implizit ist damit die Schlussfolgerung verbunden, dass nicht ihr Lehramtsstudium, sondern sie sich selbst dazu befähigen muss, mit potenziell krisenhaften Situationen in der beruflichen Praxis umzugehen. Die sich hieraus ergebenen Implikationen sind für die Beantwortung der Frage bedeutsam, welche Haltung Lena gegenüber ihrem Lehramtsstudium einnimmt: Es deutet sich einmal mehr an, dass die Studierende keine ausbildungslogischen Ansprüche an universitäre Lehrerbildung richtet. Vielmehr konzipiert Lena als selbstverantwortlich, Handlungsstrategien für den Umgang mit krisenhaften Situationen ihrer künftigen Berufspraxis zu entwickeln. Über diese Strategien muss sie jedoch noch nicht verfügen. Ihr Studium gewährt ihr noch Moratorium – deshalb deutet Lena es als subjektive Bereicherung. Selbst der Umstand, dass es ihr bisweilen abverlangt, sich mit der Realität des schulischen Alltags auseinanderzusetzen, vermag es nicht, diese grundsätzlich affirmative Haltung gegenüber dem Feld universitärer Praxis einzuschränken. Die schulische Realität irritiert Lena allenfalls situativ. Die Anforderung *sich jetzt doch noch mal (2) was eigenes überlegen* zu müssen kann sie jedoch auf einen späteren Zeitpunkt vertagen, wenn der Ernstfall eintritt.

Die Äußerung *und da hat mir das Studium irgendwie nich wirklich weitergeholfen* verweist erneut auf die Differenz zweier Perspektiven auf potenziell krisenhafte Situationen, die das Feld schulischer Praxis als Anforderungen für Lehrpersonen bereithält. Die eine Perspektive ist die der direkten Involviertheit in die Situation (im sozialen Feld schulischer Praxis), die andere Perspektive ist handlungsentlastende, aus der heraus auf potenziell krisenhafte Situationen

geblickt wird (im˙sozialen Feld universitärer Praxis). Die abgemilderte Nuancie-
rung *irgendwie nich wirklich*, mit der eine Formulierungsvariante des Sprechaktes
„mein Studium hat mir während meines Praktikums nicht weitergeholfen" realisiert verdeutlicht, dass die Erfahrung, universitär vermitteltes Wissen nicht zu
einem grundsätzlichen Unbehagen gegenüber dem Studium führt. Ein Unbehagen entstünde vermutlich erst dann, wenn Lena ausbildungslogische Ansprüche
an ihr Lehramtsstudium richten würde. Sie konnte sich jedoch in situ offenbar
dadurch „retten", dass eine Lehrperson anwesend und sie selbst insofern nicht
in vollem Umfang verantwortlich war. Ihre Erkenntnis, bei der Ausübung ihres
Berufs auf sich allein gestellt zu sein und sich *was eigenes überlegen* zu müssen,
setzt sie gleichsam nicht unter Druck, denn der Zeitpunkt, da sie auf sich gestellt
sein wird, ist faktisch noch nicht eingetreten – das Problem kann insofern vertagt
werden.

Was sich bereits zuvor als objektive Identität des Falls angedeutet hat, schreibt
sich im weiteren Verlauf der Fallrekonstruktion fort: Es zeigte sich, dass Lena
durch die Konfrontation mit Situationen in ihrem Schulpraktikum kurzfristig irritiert war. Selbst Lehrformate, die möglicherweise eine Praxisnähe suggerieren,
vermochten es – aus offensichtlichen Gründen – nicht, sie auf die schulische
Realität vorzubereiten. Es deutet sich an, dass Lena sich durch ein akademisches Studium im Grunde überqualifiziert für den Beruf fühlt, nachdem sie einen
Einblick in die Realität des Berufsalltags von Lehrpersonen erhalten hat. Ihre
Haltung, aus der heraus sie über ihr Praktikum spricht, legt an dieser Stelle die
Annahme nahe, dass der Lehrberuf zumindest partiell an Attraktivität eingebüßt
hat. Gleichwohl deutet die Rekonstruktion des Protokollausschnitts darauf hin,
dass die Konfrontation mit „brute facts" schulischen Alltags bei Lena zwar ein
Irritationserleben ausgelöst haben, das sie jedoch im Anschluss an ihr Praktikum recht schnell verdrängte. Sie konnte eine Distanz zu dem Erlebten deshalb
einnehmen, weil sie erkannt hat: Das Schulpraktikum ist kein „Ernstfall". Lena
scheint einen Vorgeschmack darauf bekommen haben, in Ausübung ihrer Berufspraxis auf sich selbst gestellt zu sein. Diese Erfahrung scheint ihr zwar nicht zu
behagen, sie kann jedoch die Anforderung, sich selbst Tricks und Kniffe aneignen zu müssen, um in ihrem künftigen Berufsalltag zu bestehen, noch auf später
vertagen. Diese Haltung erklärt, weshalb Lena sich im Grunde nicht darauf zu
freuen scheint, ihr Studium zu beenden und sich als Referendarin im Feld schulischer Praxis zu bewegen. Das Moratorium, das ihr der Studierendenstatus noch
gewährt, scheint sie durchaus wertzuschätzen, denn es verkürzt die Phase der
Irritation und ermöglicht ihr, künftige Anforderungen als Entwicklungsaufgaben
zu deuten, die erst im Feld schulischer Praxis zu bearbeiten sind. Lena muss

sich noch nicht damit auseinandersetzen, wie sie potenziell krisenhaften Situationen in ihrer Berufspraxis begegnen wird, denn faktisch liegt der Einstieg in das
Referendariat noch vor ihr. Sie schätzt ihr Studium dafür, dass es ihr ein Moratorium gewährt. Sie erwartet nicht, dass sie mit dem Praktikum auf ihre künftige
Berufspraxis vorbereitet wurde. Insofern führt die Irritation während des Praktikums nicht zu einer Abwertung universitärer Lehrerbildung und zu Wünschen
nach mehr Praxis.

Nach der implizit zum Weitersprechen auffordernden Äußerung der Interviewerin //Mhm// gelangt Lena ausgehend von dem Erlebten nun zu einer abstrahie-
renden Schlussfolgerung. Sprachlich-manifest realisiert sie mit der Äußerung *und
äh auch so denk ich* eine abstrahierende Distanzierung, die implizit ausdrückt, dass
die nun folgenden Äußerungen aus sich selbst heraus und nicht ausschließlich im
Rückgriff auf das narrativ entfaltete Erleben des Praktikums zu verstehen sind.
Blicken wir genauer auf den Sprechakt, so zeigt sich erneut eine Figur der Erhabenheit. Er drückt eine zurückgelehnte Haltung aus, aus der heraus gesprochen
wird. Lena zeigt sich nicht in akuter Bedrängnis, sondern vielmehr über die Situation – vermutlich über Praktikum und Lehramtsstudium – erhaben ist. Bestätigt
sich diese Annahme, dann bestätigt sich bereits zuvor angedeutete Schlussfolgerung, dass Lena weder für ihr Studium noch für ihren künftigen Beruf „brennt".
Sie zeigt vielmehr eine gleichmütige Haltung mit Blick auf ihre berufliche, aber
auch ihre universitäre Situation. Im Folgenden führt Lena nun aus, was sie *auch
so* denkt, nämlich: *dass man vieles am Ende erst macht*: Es bestätigt sich erneut,
worauf die überlegen wirkende Haltung gründet, aus der heraus die Studierende
über ihr Studium und ihr Praktikum spricht. Einerseits wirkt der Sprechakt wie
eine Lebensweisheit – andererseits zeigt sich jedoch eine Figur der Diffusität.
Es stellt sich die Frage, was genau jenes *vieles* umfasst und in welcher Art und
Weise es *gemacht* wird. Der Sprechakt kann nur auf die Zeit nach Eintritt in
das Feld schulischer Praxis verweisen, weil Lena offenbar davon ausausgeht,
dass sie die Tricks und Kniffe, die ihr dazu verhelfen, im Feld der beruflichen Praxis als Lehrerin zu bestehen, am Ende des Studiums zu erlernen. Die
Gleichmut bzw. die Erhabenheit, die in dem Sprechakt hervorscheint, ist erneut
ein Indiz dafür, dass Lena keinerlei ausbildungslogische Ansprüche an ihr Lehramtsstudium stellt. Im Falle dessen, dass sie solche Ansprüche hegte, läge keine
sinnierende Feststellung, sondern vielmehr die Klage nahe, im Studium mangelhaft auf die Berufspraxis vorbereitet zu werden. Gleichwohl scheint Lena noch
kein konkretes Bild vor Augen zu haben, wie sie sich jene Tricks und Kniffe
für ihre situative Handlungskompetenz aneignen kann. Diese Reaktion erscheint
durchaus plausibel, weil sie offenkundig über die Fähigkeit verfügt, mit potenziell krisenhaften Situationen im Feld schulischer Praxis als Entwicklungsaufgabe

umzugehen, die in eben jenem Feld situiert und insofern auch erst dort zu bearbeiten ist. Auffallend an der Äußerung ist, dass Lena anstatt des Verbs „lernen" das Verb „machen" wählt, womit sie eine andere Figur der Aktivitätsentfaltung mobilisiert. Es scheint, als schwebe der Studierenden eine Zukunft vor, in der sie sich als Referendarin im Feld schulischer Praxis das notwendige Wissen, um handlungsfähig zu sein, allein durch ‚learning by doing' aneignen kann.

Der Sprechakt *und äh auch so denk ich dass man vieles am Ende erst macht* weist auf eine markante Positionierung der Interviewee zu der von ihr offenkundig wahrgenommenen Differenz schulischer und universitärer Praxis hin: Die Erfahrungen während ihres Praktikums bestätigen sie in der Annahme: Die für den Beruf entscheidenden Fähigkeiten wird sie sich erst am Ende selbst aneignen müssen. Eine solche Haltung als „Macherin", die es in praxi schon irgendwie hinbekommen wird, schützt sie als Studierende vor Ansprüchen, die das Studium nicht erfüllen kann. Diese Haltung führt dazu, die universitäre Lehrerbildung nicht abzuwerten, sondern vielmehr von den Vorzügen zu profitieren, die ihr das Studium grundsätzlich bietet. Die Vorzüge beschränken sich darauf, noch nicht Lehrerin zu sein. Der Zustand des Moratoriums eröffnet für Lena die Möglichkeit, der Anforderung herauszufinden, wie sie mit potenziell krisenhaften Situationen in schulischer Praxis umzugehen hat, gegenwärtig. Obwohl es ihr unangenehm zu sein scheint, mit solchen Situationen konfrontiert zu sein, ist sie sich dennoch bewusst, dass der Studierendenstatus ihr noch eine Schonfrist gewährt.

Am Beispiel eines ihres Unterrichtsfächer expliziert Lena nun, was nach ihrer Meinung erst im Referendariat und damit im Feld schulischer Praxis sinnvoll ist: Es geht um unterrichtspraktische Erfahrungen. Es ist davon auszugehen, dass die Studierende bereits an fachwissenschaftlichen und fachdidaktischen Lehrveranstaltungen teilgenommen hat. Daher ist ihre Äußerung *Religion (.) hab ich noch nie bisher jetz gemacht* ein Hinweis, dass sie selbst bislang keinen Religionsunterricht erteilt hat. Den Grund hierfür liefert sie gleich mit: Offenbar besteht die Möglichkeit, zu wählen, in welchem Unterrichtsfach während des Praktikums Unterrichtsversuche stattfinden sollen und welche universitäre Begleitveranstaltung man hierzu belegt.

Zu Beginn der Sequenz ist die Formulierung *Religion (.) hab ich noch nie bisher jetz gemacht* bezeichnend. Zum einen fällt auf, dass mit dem Sprechakt sinnstrukturell die Figur des Spiels mit offenen Karten aufgerufen wird. Mit dem Hinweis *Religion noch nie bisher jetz gemacht* bekennt sich Lena offen zu ihrer mangelnden Erfahrung in der Durchführung von Unterricht in einem ihrer beiden Studienfächer. Dieses Bekenntnis ist ein Hinweis, dass es durchaus üblich ist, während der Schulpraktika andere Erfahrungen als die der unterrichtlichen Praxis zu sammeln. Es kann aber auch im Anschluss an die bisherige Rekonstruktion des Falls Lenas

Gleichmut ausdrücken, aufgrund des Studierendenstatus noch nicht über jene Expertise erfahrener Lehrpersonen verfügen zu müssen. Es besteht offenbar kein ausgeprägtes Bedürfnis, während des Studiums bereits praktische Erfahrungen im Unterrichtsfach Religion zu sammeln. Lena konzipiert Studium und Referendariat als zwei sachlogisch voneinander getrennte Ausbildungsphasen. Sie hat offenbar kein Problem damit, bereits nach ihrem Studium ein eine vollständig ausgebildete Lehrerin sein zu müssen, die die Anforderungen schulischer Praxis problemlos bewältigt. Lena mobilisiert mit der Äußerung, sie habe *noch nie bisher jetz* Religion *gemacht* eine eigentümliche Figur, in der ein scheinbar brisantes Bekenntnis mit Blick auf die Erteilung von Religionsunterricht, Neuling zu sein, (*noch nie*) durch eine temporale Bestimmung (*bisher jetzt*) relativiert wird. Der Sprechakt lässt darauf schließen, dass Lena ihren Status gerne beibehalten würde, der sie davor schützt, in vollem Umfang verantwortlich für die Bewältigung der beruflichen Anforderungen zu sein. Sie muss allerdings erkennen, dass sie ab dem Moment, da sie das Feld schulischer Praxis betritt, auf sich selbst gestellt sein wird. Angesichts dessen, dass Lena einen Eindruck davon, dass Lehrpersonen mit Anforderungen mitunter überfordernd sein können, scheint ihr das bevorstehende Ende ihrer Schonfrist nicht zu behagen scheint.

Den Grund, weshalb sich die Interviewee bislang nicht im Unterrichten des Faches Religion erproben konnte, liefert sie mit der Äußerung *weil ich mich für Englisch entschieden hab* direkt mit: Offenkundig bietet die inhaltliche Organisation schulpraktischer Phasen an der Universität, an der Lena studiert, Studierenden die Wahlfreiheit, nur ein Unterrichtsfach während des Praktikums zu unterrichten. Möglich ist allerdings auch, dass sich in Praktikumsphasen nicht die Gelegenheit der Erprobung im Religionsunterricht ergeben hat. So oder so lastet sie diesen „Mangel", über keine unterrichtspraktischen Erfahrungen im Fach Religion zu verfügen, nicht ihrem Lehramtsstudium an. Vielmehr scheint es, als schreibe sich hier fort, was sich bereits zu Beginn der Fallrekonstruktion angedeutet hat: Lena sieht sich selbst in der Verantwortung für die Wahl der Fächer, die sie probeweise als Praktikantin im Rahmen ihrer Schulpraktika unterrichten kann.

Treten wir einen Schritt zurück, so konturiert sich erneut eine souverän-konsumatorische Haltung, mit der die Studierende offenkundig aus dem Angebot unterschiedlicher Lehrveranstaltungsangebote auswählt. Lena repräsentiert damit keinen Studierendentypus, der sich dem Diktat einer Studienordnung unterworfen sieht, sondern der sich vielmehr als selbstbestimmt konzeptualisiert. Die Interviewee deutet ihr Lehramtsstudium offenkundig als organisiertes Kursangebot, aus dem sie – je nach Präferenzen –ihre Lehrveranstaltungen wählt. Allerdings sind ihre Vorstellungen über fachliches bzw. fachdidaktisches Wissen, das etwa

in begleitenden Lehrveranstaltungen zu Schulpraktika vermittelt wird, offenbar
eher gering ausgeprägt. Hierauf deutet zumindest der Sprechakt hin: *ich hab
kaum Inhalte davon mitbekomm.* Erneut konkretisiert sich hier die Annahme,
dass Lena ihr Lehramtsstudium in einem konsumatorischen Modus absolviert,
der ihren Präferenzen folgt. Es scheint, als sortiere sie gedanklich die Inhalte
universitärer Lehre in Gefäße, die – je nach Nützlichkeit – aus ihrer subjektiven
Sicht eine sehr unterschiedliche Bedeutung haben. Insofern schreibt sich hier fort,
was sich bereits an anderer Stelle der Fallrekonstruktion angedeutet hat: Der Fall
zeigt exemplarisch, dass es möglich ist, dem Feld universitärer Praxis mit einer
affirmativen Haltung zu begegnen, ohne eine an Wissenschaft interessierte Haltung herausbilden zu müssen. Die Sozialisationsinstanz Universität ermöglicht es
Studierenden, sich in vielfältiger Weise mit Praktiken des Studierens zu identifizieren. Der Fall der Studierenden Lena zeigt: Sie deutet ihr Lehramtsstudium
als objektiv gegebene Möglichkeit, das Feld universitärer Praxis nach Interessen
und Präferenzen zu sondieren, um sich dort aufzuhalten, wo ihren Interessen am
ehesten entsprochen wird. Es zeigt sich erneut die Haltung der selbstbestimmten
Studierenden, die das Feld universitärer Praxis in erster Linie als Institution versteht, die ihr Zugang zum Beruf einer Lehrerin gewährt und die ihr im Laufe des
Studiums vielfältige Möglichkeiten der Wahl von Lehrveranstaltungen offeriert,
aus denen sie wählen kann. Angesichts dieses Privilegs kann Lena sich möglicherweise besser darauf einstellen, dass ihr Studium durchaus auch Zumutungen
beinhaltet wie etwa, sich in das Feld schulischer Praxis begeben zu müssen.

Die Interviewee hat während ihrer Schulpraktika keine unterrichtspraktischen Erfahrungen im Unterrichtsfach Religion gesammelt. Daraus zieht sie die
Schlussfolgerung, sich in praxi jenes handlungspraktische Wissen anzueignen.
Mit dem Sprechakt *ich werd mir das später alles selber erstmal erarbeiten müssen* manifestiert sich die Figur, einen mühevollen Neuanfang in Kauf nehmen
zu müssen. Außerdem zeigt die Sequenz, dass Lena im Grunde erleichtert ist,
dass der Zeitpunkt dieses Neuanfangs in der Zukunft liegt und sie gegenwärtig
noch nicht bedrängt. Bis dahin erhält sie noch Schonfrist. Der Sprechaktformulierung erinnert an die an einen Schüler gerichtete Frage, der qua Status und Alter
noch nicht einer Erwerbstätigkeit nachgehen muss, was dieser denn später einmal beruflich machen möchte. Ebenso nimmt die Studierende den Zeitpunkt, mit
dem der Einstieg in den Beruf ansteht, noch nicht als unmittelbare Bedrängnis
wahr. Gleichzeitig scheint sich Lena bewusst zu sein, dass sie in dieser Zeit auf
sich selbst gestellt sein wird und ihr der praktische Unterricht durchaus einige
Anstrengung abverlangen wird. Diese mühevolle Arbeit wird im Lehramtsstudium noch nicht vorausgesetzt. Die Auseinandersetzung mit Unterrichtsstörungen
vollzieht sich vielmehr in einer handlungsentlasteten Art und Weise, die es Lena

erlaubt, sich „berieseln" zu lassen. Es scheint ihr bewusst, dass sie mit dem
Verlassen der Universität und dem Beginn des Referendariats bei null beginnt
und sich *das später alles selber erstmal erarbeiten* muss. Sie muss sich angesichts einer potenziell herausfordernden Realität schulischen Alltags die Tricks
und Kniffe selbstständig erschließen, die ihr dabei helfen, sich im Feld ihrer
beruflichen Praxis zu bewähren. Gleichzeitig scheint sie sich selbst eine Schonfrist zu gewähren, indem sie davon spricht, sich selbst alles *erstmal* erarbeiten
zu müssen. Die Erarbeitungsphase scheint sie vor der eigentlichen Ausübung
der beruflichen Tätigkeit zu konzipieren. Lena konzipiert nicht nur erste und
zweite Phase der Lehrerbildung getrennt voneinander, sondern versteht das Referendariat als zweite Phase der Erprobung. Diese selbstauferlegte Karenzzeit, in
der sie hofft, dass sie solche heiklen Situationen, mit denen sie während ihres
Praktikum konfrontiert war, vollverantwortlich bewältigen muss, ist vor dem
Hintergrund der zweiten Phase der Lehrerbildung nicht nur nachzuvollziehen,
sondern sachlogisch – obschon Referendare durchaus als Lehrkräfte eingesetzt
sind – grundsätzlich auch angemessen.

Blicken wir weiter im Gesprächsprotokoll, so mobilisiert Lena mit der Äußerung, sie müsse sich *überlegen wie ich das mache* erneut die Figur eines
strategiegeleiteten Handelns. Wie bereits im Zusammenhang bei der Schilderung
ihrer Praktikumserfahrungen („*ich muss mir hier ganz neue Dinge überlegen*", „*da
muss man sich jetzt doch noch mal was eigenes überlegen*") zeigt sich erneut die
Idee, die Bearbeitung heikler Situationen bzw. Anforderungen, die sich in der
Berufspraxis von Lehrpersonen ereignen, sei eine Frage der passenden Strategie.
Einerseits zeigt sich die Akzeptanz eines Entwicklungsverlaufs der selbsttätigen
Professionalisierung, andererseits wird mit der Idee einer abgeschlossenen Professionalität in erster Linie das Finden einer eigenen, passenden Handlungsstrategie
eingeführt. Vordergründig besteht eine recht pragmatische Sicht auf die professionelle Handlungspraxis, dennoch ist sich Lena bewusst, dass die Ausübung ihres
Berufs ihr deutlich mehr abverlangen wird als Praktikumserfahrungen während
des Studiums. Insofern bestätigt sich, was sich im Vorangegangenen angedeutet
hat: Lena brennt deshalb nicht darauf, Lehrerin zu werden, weil sie angesichts
der „brute facts" während ihres Schulpraktikums zu der Einschätzung gelangt,
dass es nicht leicht sein wird, den Anforderungen zu entsprechen, die bisweilen
an Lehrpersonen gerichtet werden.

Der folgende Sprechakt ist auf manifester Ebene eine Kritik am Lehramtsstudium, die häufig von Studierenden hervorgebracht wird, bei genauerer
Betrachtung zeigt sich darin jedoch eine Abwertung des Lehrberufs. Lena bricht
die Äußerung *und dafür hab ich tatsächlich* unvermittelt ab. Mögliche Ausführungen wie „und dafür hab ich tatsächlich nichts gelernt" deuten an, dass Lena

nun etwas äußert, was unter Studierenden Common Sense ist und was sich nun aufgrund ihrer Praktikumserfahrungen bestätigt: *und dafür hab ich tatsächlich bräucht ich die Hälfte meines Studiums nich*. Angesichts der Erfahrungen während ihres Schulpraktikums kommt die Interviewee mit Blick auf die Entwicklung einer Handlungsfähigkeit in schulischer Praxis zu der ernüchternden Erkenntnis, dass ein akademisches Studium in dem Umfang nicht erforderlich gewesen wäre. Die Quantifizierungslogik („Die Hälfte des Studiums würde auch reichen") verweist implizit auf die Adornos Ausführungen zu den Tabus über dem Lehrberuf verweist: Ausgehend von seinen Beobachtungen eines „starken Widerwillens" (Adorno 1965/1971: 70) derjenigen, die ein Lehramtsstudium absolviert haben, gegenüber dem, wozu sie ihr Studium qualifiziert, legt Adorno dar, welche unbewussten Vorstellungen – „Imagerien" (Adorno 1965/1971: 77) – über den Lehrberuf am Werke sind, die ihm letztlich ein „Aroma des gesellschaftlich nicht ganz Vollkommenen" (Adorno 1965/1971: 72) verleihen und dem Lehrer das Bild des „prügelnde(n) Schwächling(s)" (Adorno 1965/1971: 78) anhaften lassen. Adorno führt jene Imagerien über den Lehrberuf darauf zurück, dass der Lehrer in seinem berufsimmanenten Bestreben scheitern müsse, seine Schüler zu erziehen, weil seine Macht nur eine parodierte Macht und entsprechend seine „Lehrerautorität" höchst fragil sei. Es scheint, als schreibe sich in Lenas Äußerung eine Einsicht fort, auf die bereits Adorno verweist. Ihr Unbehagen angesichts der schulischen Realität, in der es anstatt zu unterrichten, vielmehr die Aufgabe einer Lehrperson ist, zu erziehen und zu disziplinieren, tritt bereits an anderen Stellen der Fallrekonstruktion deutlich hervor. Nun bestätigt sich die Erkenntnis: Für diesen Job ist kein akademisches Studium notwendig. Hierfür reicht im Grunde eine Schulung, die angehende Lehrkräfte für den Beruf „abhärtet".

Im Folgenden geraten Lenas Ausführungen ins Stocken. Nach einer kurzen Pause bekräftigt sie zunächst das Gesagte (*also s is wirklich is so*), um im Anschluss auf das von der Interviewerin im fragenden Ton eingeworfene *já* wieder zurückzurudern (*weiß ich nich*). Diese Interaktionsdynamik kann als halbherziger Versuch der Studierenden interpretiert werden, den sozialen „Kitt" zwischen ihr und der Interviewerin als Vertreterin wissenschaftlicher Praxis wiederherzustellen. Mit der Äußerung *ja find ich schon* bekräftigt Lena erneut ihre Position: Das, was benötigt wird, um im Berufsalltag bestehen zu können, ist kein so umfangreiches Studium, sondern vielmehr Erfahrung in der Praxis. Dass diese Position auf ihr Praktikumserleben zurückzuführen ist, zeigt sich in ihrem Ringen um Worte *das is einfach so da denkt man nee*. Erneut deutet sich an, dass Lena erst im Praktikum, indem sie mit der schulischen Realität konfrontiert wird, Unsicherheiten zeigt und erkennen muss, dass ihr das im Studium erworbene Wissen nicht dazu verholfen hat, den „brute facts" souverän zu begegnen, mit denen sie in schulischer Praxis konfrontiert war. Die Konfrontation mit der schulischen Realität verdeutlicht ihr, dass sie durch ein akademisches Studium für die Ausübung einer beruflichen Praxis überqualifiziert ist, deren konstitutives Moment im disziplinarischen Handeln besteht.

Lena setzt im Folgenden nun zu einem Versuch an, ihre Position „für einen solchen Job bräuchte ich im Grunde kein akademisches Studium" argumentativ zu untermauern, an. Nachdem sie also zuvor ins Stocken geraten ist, gewinnt sie, indem sie nun auf Lehrveranstaltungen und dort vermitteltes Wissen zu sprechen kommt, wieder Souveränität. Auffällig ist hier mehrerlei: An der Sprechaktformulierung *das s gab Fachdidaktik Religion* springt zunächst ins Auge, dass Lena rückblickend über ihr fachdidaktisches Studium – als sei es bereits abgeschlossen – spricht. Zweitens fällt auf, dass hier erneut die Figur einer Angebotslogik mobilisiert ist, wie sie bereits im Vorangegangenen (*also natürlich gibt s immer Unterrichtsstörung und es gibt auch schwere schwierigere Fälle*) auftaucht. Es zeigt sich erneut, dass Lena einzelne Studienanteile und Lehrveranstaltungen als Bestandteile eines Gesamtportfolios des Lehramtsstudiums konzipiert, die ihr ähnlich wie ein Unterhaltungsprogramm in einer Ferienanlage (es gab Aquafitness, Kochen und Malen) bzw. der wöchentliche Speiseplan einer Mensa (es gab vegetarisches Chili und Schnitzel) angeboten werden. Auf latenter Ebene scheint insofern erneut ihre konsumatorische Haltung auf, mit der sich die Studierende durch ihr Studium bewegt auf. Gleichzeitig zeigt sich mit der Äußerung *das war noch sinnig* die Figur einer Evaluation, wie sie allenfalls in informellen Kontexten sprachlich hervorgebracht werden kann. Verdeutlichen lässt sich dies anhand eines abendlichen Gespräches eines Ehepaares, in dem einer der Partner, von einer Schulung, an der er teilgenommen hat berichtet: „Es gab da einen Rhetorikworkshop, das war noch sinnig. Aber ansonsten ging es um Rechtliches und so weiter, das war mir dann doch zu abstrakt.". Implizit wäre damit zum Ausdruck gebracht, dass man der Schulung nicht folgen konnte oder wollte und sie insofern im Grunde subjektiv als Zeitverschwendung gedeutet hat. Die Äußerung, ein spezifischer Ausschnitt dieser Schulung sei „sinnig" gewesen, mag in dem Zusammenhang weniger Ausdruck sein, diesen als subjektive Bereicherung empfunden zu haben, denn als Zugeständnis: „dem Teil der Schulung konnte ich irgendwie noch folgen". In Bezug auf den Fallkontext verdeutlicht der Sprechakt *das s gab Fachdidaktik Religion das war noch sinnig*: Dem fachdidaktischen Studium konnte Lena deshalb etwas abgewinnen, weil sie der Lehrveranstaltung inhaltlich leicht folgen konnte und der Anspruch in subjektiv angemessener Relation zum angestrebten Beruf stand. In Lehrveranstaltungen anderer Teilstudiengänge war dies offenbar nicht der Fall. Mit Blick auf die Haltung, aus der heraus Lena also über ihr Lehramtsstudium spricht, ist ihre Äußerung in mehrerlei Hinsicht aufschlussreich: Erstens fällt auf, dass Lena nicht zwischen einzelnen Lehrveranstaltungen ihres fachdidaktischen Teil-studiengangs differenziert, sondern vielmehr zu einem Pauschalurteil gelangt. Aus einer konsumatorischen Haltung heraus ist zumindest ihr fachdidaktisches Teil-studium, vermutlich jedoch auch ihr gesamtes Studium ein diffuses Gebilde, in dem einzelne, nicht miteinander verbundene Lehrveranstaltungen angeboten wer-den. Zweitens deutet sich aus der Bewertung des fachdidaktischen Studiums als *sinnig* erneut eine Erhabenheit über den Verlauf ihres Studiums, letztlich jedoch eine Indifferenz gegenüber ihrem Studium an. Anders gesagt: Wer ein Vorgehen als sinnig bezeichnet, der steht über den Dingen und beurteilt das Geschehen im Grunde desinteressiert und mit einer gewissen Distanz. Diese Erhabenheit ver-weist erneut darauf, dass Lena durch ihr Studium nicht wirklich beeindruckt ist und sich mit Bildungsansprüchen, die dort an sie gerichtet sind, nicht identifiziert.

Im Folgenden expliziert Lena, warum sie ihr fachdidaktisches Studiums als *sinnig* beurteilt: Auf den ersten Blick erscheint die Aussage als eine zum Aus-druck gebrachte Wertschätzung fachdidaktischer Lehrveranstaltungen in Bezug auf die berufliche Praxis von Lehrpersonen. Tatsächlich lässt jene fachdidak-tische Lehre Lena im Grunde unberührt. Die Studierende entfaltet zunächst sprachlich den „Wert" fachdidaktischer Lehrveranstaltungen und deren didak-tische Ausgestaltung. Den Wert bemisst sie offenkundig daran, dass Inhalte nicht abstrakt verhandelt werden. Die implizit aufgerufene Kontrastierungsfigur ‚abstrakt – *wirklich konkret*' verweist darauf, dass sich die Lehrveranstaltung offenbar dadurch auszeichnete, einen Bezug zur „Wirklichkeit" – zur Durch-führung des schulischen Religionsunterrichts – und damit zur Berufspraxis herzustellen. Außerdem zeigt Lenas Äußerung, dass sie solchen Lehrveranstaltun-gen etwas abgewinnen kann, die sich durch Anschaulichkeit auszeichnen. Damit wird jedoch auch deutlich, dass solche Lehrveranstaltungen, die von der Studie-renden verlangen, sich einen eigenen Reim auf den Gegenstand der Lehre zu machen und so zum „emancipated spectator" (Rancière 2010: 81 ff.) zu wer-den, der nicht auf Übersetzung des Wissens durch den Lehrenden hofft, sondern vielmehr anhand dessen, was „vor ihm aufgeführt" (Rancière 2010: 85) wird, zu eigenen Verknüpfungen und Interpretationen gelangt, zumindest als mühevoll, möglicherweise aber auch als langweilig gedeutet werden.

Die Formulierung man habe *wirklich konkret denn über Sachen gesprochen*, verweist auf keine authentisch-affirmative Haltung gegenüber einer anschauli-chen, auf Praxisbezug ausgerichteten Lehre. Es zeigt sich vielmehr, dass eine solche Lehre mit wenig Interesse wahrgenommen wurde. Ähnlich dem Schüler, der nach einem Schulausflug zu einem landwirtschaftlichen Betrieb zu Hause

äußert, nur in den Ställen habe man er wirklich konkret einmal Sachen gesehen, zeigt sich auch im Fallkontext, dass die Anschaulichkeit einzelner Elemente
des Studiums keineswegs zu einem grundsätzlichen Interesse an jenen *Sachen*
führt. Es deutet sich erneut an, dass das Empfinden bestimmter Lehrveranstaltungen des fachdidaktischen Teilstudiums als positiv bewertet werden, weil sie
einem kurzweiligen Anschauungsunterricht gleichen und eine Entlastung von
einer anderen universitären Lehre bieten, die eine vertiefte Auseinandersetzung
mit wissenschaftlich-theoretischem Wissen und eine an Wissenschaft interessierte
Haltung erfordern. Selbst jene Lehre, die sich den Studierenden „anbiedert",
indem sie Praxisrelevanz suggeriert und Anschaulichkeit herstellt, schützt nicht
davor, dass die verhandelten Inhalte wie bei Lena, offenbar nicht nur sprichwört-
lich an ihr vorbeigezogen sind und als *Sachen* ein diffuses Gemengegelage bilden.
Der Mehrwert einer solchen Lehre wird im vorliegenden Fall darin gesehen, dass
sie als „Plauderstunde" und Anschauungsunterricht eine Entlastung von einem
wissenschaftlichen Studium ermöglichen, in dem Studierende mit Bildungsansprüchen konfrontiert sind, die ihnen eine an Wissenschaft interessierte Haltung
abverlangen.

Die sich mit dem vorangegangenen Sprechakt abzeichnende Figur einer Kontrastierung solcher Lehre, in der *wirklich konkret denn über Sachen gesprochen*
wird, gegenüber einer Lehre, in der abstraktes, nicht anschaulich aufbereitetes
Wissen vermittelt wird, schreibt sich nun fort, indem fachdidaktische Lehrveranstaltungen nun sprachlich in Bezug zu fachwissenschaftlicher Lehre gesetzt
werden. Lena macht die Besonderung fachwissenschaftlicher Lehre nicht etwa
an der didaktischen Ausgestaltung fest, sondern daran, wie Lehrende dort *unterwegs* sind: In der saloppen Formulierung, der erneut ein Aroma der Erhabenheit
anhaftet, zeigt sich, dass Lena zur einer Klassifizierung differenter Fach- und
Lehrkulturen über die subjektiv wahrgenommene konstitutive Verfasstheit Lehrender, möglicherweise deren Manieriertheit kommt. Mit dem Sprechakt *aber
(.) Religionsdozenten sind halt auch noch mal zum Teil ganz anders unterwegs* wird einerseits deutlich, dass Lena aus einer über den Dingen erhabenen
Expertenposition spricht. Indem es ihr lebenspraktisch zur Verfügung steht,
zwischen universitären Angeboten zu unterscheiden, gibt sie sich als versierte
Kennerin des Feldes universitärer Praxis zu erkennen. Gleichzeitig zeigt sich,
dass die Studierende aus ihrem Erleben universitärer Lehrveranstaltungen her-
aus eine Klassifizierung realitätsnaher und weltfremder Lehrendentypen ableitet.
Angesichts der bisherigen Fallrekonstruktion scheint sich zu bestätigen, dass
Lena gerade einen solchen Lehrendentypus als realitätsnah wahrnimmt, der als
„Rhetor" (Readings 2010: 320) seine Zuhörerschaft berücksichtigt und dessen
Lehrveranstaltungen mit Weber gesprochen einer „Kathedersuggestion" (Weber

1988: 491) gleichen, weil Entscheidungsfragen – wie etwa mit konflikthaften Situationen im Schulunterricht umzugehen ist – zentraler Gegenstand dieser Lehre sind. Anders verhält es sich offenbar mit einem Lehrendentypus, der als „Magister, [der] sich indifferent gegenüber der Besonderheit seiner Adressaten verhält" (Readings 2010: 321) und den Lena möglicherweise deshalb als weltfremd wahrnimmt, weil er über das Wissen seines Fachs in einer Art und Weise referiert, die weder die praktische Verwertbarkeit dieses Wissens in den Mittelpunkt rückt noch für sich beansprucht, leicht verständlich bzw. unterhaltsam zu sein[18].

Offenbar macht Lena die Frage, inwieweit Lehrveranstaltungen als subjektive Bereicherung oder zumindest als kurzweilig wahrgenommen werden, daran fest, wie sie Lehrende erlebt und deren Lehrpraxis ihren Bedürfnissen nach einem intellektuell entlasteten Studium entspricht. Wir erinnern uns: Die Studierende absolviert ihr Lehramtsstudium in einem konsumatorischen Modus. Lena favorisiert eine Lehrpraxis, die ihr Bedürfnis nach Unterhaltung befriedigt. Eine Lehrpraxis wieder, die dieses Bedürfnis nicht befriedigt, lastet sie implizit den Lehrenden an, die *zum Teil ganz anders unterwegs* sind als sie selbst und die weder am Unterhaltungswert ihrer Lehrveranstaltung interessiert sind, noch daran, Studierenden eine möglichst praxisnahe Lehre zu offerieren.

Die Annahme, dass Lena Lehrpraxis und Lehrendentypus in ein Kausalgefüge zusammenführt („Wer so unterwegs ist, der gestaltet seine Lehrveranstaltung auf eine bestimmte Art und Weise"), bestätigt sich im sich anschließenden Sprechakt. Auf die Rückfrage der Interviewerin *já* und der damit implizit realisierten handlungspragmatischen Aufforderung, die Aussage zu explizieren, reagiert Lena nun mit dem Sprechakt *joa also so das sind nochmal wieder andere Seminare.* Kontrastiert werden didaktische Settings, die einem Anschauungsunterricht gleichen, und didaktische Settings, die diesen Anspruch offenbar nicht gewährleisten. Implizit verweist Lenas Äußerung nicht nur erneut auf ihre Erhabenheit, sondern es bestätigt sich zugleich, dass sich das Differenzmerkmal nicht am teilstudiengangspezifischen Wissen bzw. daran orientiert, wie jene differente Wissensbestände über Lehrende an Studierende vermittelt werden. Das vermittelte Wissen steht demnach nicht unabhängig von einem Lehrenden für sich, sondern wird erst über den Modus der Vermittlung durch den Lehrenden als *sinnig* oder un*sinnig* wahrgenommen. Auf latenter Ebene weist die Äußerung *das sind nochmal wieder*

---

[18] Weber fürchtet im Kontext seiner Überlegungen über den Sinn der Wertfreiheit der soziologischen und ökonomischen Wissenschaften, „daß jedenfalls ein durch allzu interessante persönliche Noten erzielter Reiz den Studenten auf die Dauer den Geschmack an schlichter, sachlicher Arbeit abgewöhnen würde" (Weber 1988: 498).

andere Seminare nicht nur auf die Beobachterperspektive, die Lena auf ihr Studium einnimmt und aus der heraus sie Lehre klassifizieren kann. Es zeigt sich zugleich, dass sie angesichts der erlebten schulischen Realität und der antizipierten Berufspraxis eine Lehre als angemessen erachtet, die sie intellektuell nicht überfordert.

Die Besonderung fachwissenschaftlicher Lehre über die konstitutive Verfasstheit Lehrender, wie Lena sie erlebt, wird nun sprachlich-manifest in Bezug zu der subjektiv empfundenen Nützlichkeit jener Lehrveranstaltungen gesetzt. Die Äußerung *und da muss man auch erstmal gucken* verweist wie bereits an anderer Stelle, als Lena auf ihr Praktikumserleben zu sprechen kommt (*aber dá stand ich wirklich und hab gedacht (2) wozu hab ich eigentlich studiert*), darauf, dass sie in Konfrontation mit einer Lehre, die sich nicht durch Anschaulichkeit auszeichnet, unsicher wird. Gleichzeitig deutet der Sprechaktformulierung darauf hin, dass es ihr offenbar gelungen ist, eine handlungspragmatische Konsequenz aus dem Erleben einer Lehre abzuleiten, auf die sie sich selbst einen Reim machen muss. Indem sie äußert, *man* müsse *auch erstmal gucken wie kann man da was rausziehen* deutet sich an, dass der Umstand, mit „brute facts" ihres Studiums konfrontiert zu sein, offenbar – wie in ihrem Praktikum – nur eine kurzfristige Irritation ausgelöst hat. Dieses Erleben scheint keine aversive Haltung gegenüber einer solchen Lehrpraxis bewirkt zu haben, weil sie eine intellektuelle Überforderung sein könnte. Vielmehr scheint es, als konstituiere sich Lenas Modus Operandi des Umgangs mit „brute facts" dadurch, sich von dem Erlebten zu distanzieren, was es ihr erlaubt, in nüchterner, pragmatischer Weise nach Handlungsstrategien zu suchen, die ein unbelastetes Lehramtsstudium gewährleisten.

Mit der Formulierung *wie kann man da was rausziehen* entwickelt Lena eine eigentümliche, jedoch unter Studierenden keineswegs unübliche Figur einer technokratischen Herangehensweise an eine solche Lehre, die sie zunächst aufgrund der geringen Anschaulichkeit als irritierend wahrnimmt. Offenbar sucht Lena nach einem Zugriffsinstrument, das es ihr erlaubt, aus dem vermittelten Wissen ein subjektiv nützliches und bereicherndes Destillat zu bilden. Der Sprechakt drückt aus, dass eine Lehrpraxis, die sich dadurch konstituiert, weder auf Anschaulichkeit noch auf Verwertbarkeit für die außeruniversitäre Praxis zu zielen, eine Irritation auslöst. Außerdem zeigt sich, dass die „brute facts", die ihr in der schulischen und universitären Praxis begegnen, nach einer kurzen Irritation an Lena abprallen. Der Studierenden steht lebenspraktisch eine Handlungsstrategie zur Verfügung, die es ihr erlaubt, nach einer kurzen Irritation eine distanzierte, pragmatische Haltung zum Geschehen einzunehmen. Im Kontext der Irritation durch eine Lehre, die Lena als abstrakt und möglicherweise als realitätsfern

wahrnimmt, besteht ihre Handlungsstrategie darin, sich selbst als Subjekt zu konzeptualisieren, das einer solchen Lehre eine subjektive Sinnhaftigkeit abspricht.
Ein solches Selbstbild gründet nicht darauf, Objekt der Belehrung zu sein, sondern vielmehr ein Subjekt, dessen Aktivitätsentfaltung darin besteht, nach einer
subjektiven Bedeutung zu suchen. Dass diese Suche bisweilen erfolglos blieb,
zeigt sich im anschließenden Sprechakt *und konnt ich auch nich immer*.

Hier wird nun deutlich, dass Lena nicht damit hadert, nicht alle Lehrveranstaltungen und Lehrenden, die ihr im Feld universitärer Praxis begegnet sind, als
subjektive Bereicherung zu deuten. Lena nimmt eine pragmatische Haltung während ihres Studiums ein: Manchmal hat es ihr gefallen, manchmal eben nicht.
Diese Haltung schützt sie davor, mehr Praxis zu fordern oder die Theorielastigkeit bestimmter Lehrveranstaltungen zu beklagen und in der Folge gegenüber
ihrem Studium eine ablehnende Haltung einzunehmen. Diese Haltung verhindert
gleichzeitig, das Zugriffsinstrument zu erwerben, das notwendig wäre, um eine
auf Theoriekonzepte und Methodenwissen abzielende praxisentlastende Lehre als
subjektive Bereicherung wahrzunehmen, die darauf zielt, Methoden der wissenschaftlichen Erkenntnisgewinnung zu vermitteln und sie am wissenschaftlichen
Diskurs zu beteiligen. Das Zugriffsinstrument ist eine an Wissenschaft interessierte Haltung. Entsprechend der bisherigen Fallrekonstruktion zeichnet sich ab,
dass Lenas pragmatisch-indifferente Haltung auch diesbezüglich dominiert.

Die Rekonstruktion der vorangegangenen Sprechakte lässt darauf schließen,
dass anschaulich wahrgenommene Lehrveranstaltungen für Lena eine subjektive
Bereicherung sind, weil das Erfordernis eliminiert wird, sich mühevoll einen
Zugang zu dem dort vermittelten Wissen zu verschaffen. Vermutlich sind es
Lehrveranstaltungen, die Praxisnähe suggerieren. Lena schätzt eine solche Lehre
jedoch nicht primär die Praxisnähe, sondern vielmehr soll ihrem Bedürfnis entsprochen werden, nicht überfordert zu werden. Die Annahme, dass Lena keinerlei
ausbildungslogische Ansprüche mit ihrem Lehramtsstudium verbindet, bestätigt
sich nicht zuletzt dadurch, weil sie diese Zeit offenkundig als eine Etappe ihres
Bildungsganges deutet, in der sie von jeglichen Ansprüchen – seien es Ansprüche, Berufsfertigkeiten zu erwerben, aber auch Ansprüche, eine an Wissenschaft
interessierte Haltung zu entwickeln – befreit ist. Sie interpretiert die Anforderung,
sich selbst Routinen erarbeiten zu müssen, die ihr den Umgang mit potenziell krisenhaften Situationen im Referendariat und später als Lehrerin ermöglichen, als
Entwicklungsaufgabe des Feldes schulischer Praxis. Lena sieht es als nicht notwendig an, bereits jetzt über jenes Routinewissen zu verfügen, weil das Studium
ihr hinsichtlich der Bearbeitung berufspraktischer Anforderungen ein Moratorium
gewährt.

Die Studierende fühlt sich angesichts dessen, womit sie in ihrem Schulpraktikum konfrontiert wurde, durch ihr akademisches Studium überqualifiziert. Allein
dies führt zu einem kurzfristigen Unbehagen. Das Erleben potenziell krisenhafter Situationen während ihres Praktikums zeigt ihr, dass der Lehrberuf auch
solche Tätigkeiten umfasst, die nicht unbedingt ein Universitätsstudium, sondern vielmehr Erfahrung und Routine voraussetzen. Mit Blick auf ihr Studium
unterscheidet sie zwischen Lehrenden, die sich in der Lehrpraxis eher an Trai-
ningsformaten orientieren, und Lehrenden, deren Lehrpraxis sich offenkundig
nicht dadurch konstituiert, Studierende als angehende Lehrpersonen zu konzipieren und ihnen deshalb die Konfrontation mit Ansprüchen eines wissenschaftlichen
Studiums zu ersparen. Eine solche universitäre Lehre wird subjektiv als nicht
angemessen wahrgenommen, wenn der intellektuelle Anspruch mit Blick auf die
Anforderungen an die antizipierte Berufspraxis zu hoch erscheint. Andererseits
ist es ihr lebenspraktisch möglich, sich gleichmütig damit abzufinden, nicht alle
Studienelemente als angemessen zu deuten. Es bestätigt sich insofern, dass der
Fall Lena einen Studierendentypus repräsentiert, für den der subjektive Nutzen
ihres Studiums primär darin besteht, dass es ihr ein Moratorium gewährt.

Mit dem Sprechakt *von daher muss ich (.) da noch mal (.) irgendwie später
mir so was eigenes überlegen* drückt Lena ihre pragmatische Haltung angesichts
dessen aus, dass die universitäre Lehre keine Handlungsrezepte für die sich
anschließende Berufspraxis anbietet. Sie gelangt zu der Erkenntnis, sich eigenes
Rezeptwissen *später* im Feld schulischer Praxis erschließen zu müssen. Anhand
der Formulierung zeigt sich erneut, dass Lena die Herausbildung professioneller
Handlungsfähigkeit als „pädagogische Trickkiste" und als selbsttätig zu bewäl-
tigende Anforderung konzeptualisiert. Sie sieht sich offenkundig aufgrund ihres
Studierendenstatus und der Phase ihres Bildungsgangs, in der sie sich befindet,
von dieser Anforderung freigestellt. Es überrascht daher nicht, dass die Herausbildung pädagogischer Handlungsfähigkeit derzeit für sie noch einem diffusen
Entwicklungsplan gleicht. Die Art und Weise der Bewältigung dieser Anforderung und den Zeitpunkt vertagt Lena auf *irgendwie später*, insofern stellt die
Anforderung keine akute Bedrängnis für sie dar.

Berufspraktische Handlungsroutinen bilden sich erst durch die Konfrontation
mit Krisen beruflicher Praxis heraus. Insofern ist es durchaus nachvollziehbar,
dass die Suche nach der „pädagogischen Trickkiste" noch diffus bleibt. Lena
spricht aus einer Haltung der Erhabenheit über einen Entwicklungsverlauf, der
potenzielle Konfliktsituationen abbildet, mit denen Lehrpersonen in ihrer Berufspraxis konfrontiert werden, in universitärer Lehre zwar veranschaulicht, aber
keinesfalls durchlebt werden können. Ihr ist bewusst, dass sie erst tatsächliche
Erfahrungen wie die ihres Praktikums mit einer Realität konfrontieren, die ihr

zwar nicht behagt, an der allein sie sich jedoch die „pädagogische Trickkiste" erschließen kann.

Der sich anschließende Sprechakt *is ja auch völlig o- in Ordnung gehört auch so* bestätigt erneut Lenas Erhabenheit über den Entwicklungsverlauf ihres Bildungsprozesses, indem sie sich damit arrangieren kann, dass ihr das Lehramtsstudium nicht jenes Wissen zur Verfügung stellt, das sie benötigt, um mit potenziell krisenhaften Situationen der sich anschließenden Berufspraxis umzugehen. Implizit antwortet sie vorauseilend mit einer Beschwichtigung auf die Frage, ob ihr die fehlende Vorbereitung für die Bewältigung solcher Situationen kein Unbehagen bereitet. Dies überrascht angesichts dessen, dass Lena keine ausbildungslogischen Ansprüche an ihr Studium richtet, nicht. Im Gegenteil: Es verdeutlicht erneut, dass die Interviewee die universitärer Lehrerbildung inhärente Entwicklungslogik (auf das wissenschaftliche und mit Blick auf den Lehrerberuf handlungsentlastete Studium folgt erst das Referendariat, in dem die praktische Erprobung und deren theoriegeleitete Reflexion stattfindet) nicht nur akzeptiert, sondern im Grunde gutheißt. Es besteht ihrerseits kein Widerstand gegen die bestehende Ordnung, sondern eine billigende Inkaufnahme der Gegebenheiten: Das benötigte Handlungswissen im Umgang mit potenziell krisenhaften Situationen in ihrer beruflichen Praxis muss sich Lena selbst erschließen. Ihre billigende Inkaufnahme ist darauf zurückzuführen, dass die Trennung von erster und zweiter Phase der Lehrerbildung es Studierenden wie Lena ermöglichen, ihr Studium als Moratorium zu deuten. Allerdings muss sie am eigenen Leib erfahren, dass sie dort nicht mit praxistauglichem Rezeptwissen ausgestattet wird. Dies ist jedoch der Preis, den Lena bereit ist zu zahlen. Sie muss hierfür Situationen ausblenden, die ihr während des Praktikums widerfahren sind.

Der sich anschließende Sprechakt unterstreicht, was sich bereits zuvor angedeutet hat: Mit der Äußerung *aber da fragt man sich halt trotzdem manchmal* verweist Lena erneut darauf, dass sie die Angemessenheit des akademischen Studiums als Qualifikation für die Ausübung ihres künftigen Berufs infrage stellt. Lena schreibt ihrem Studium einen subjektiven Sinn zu, der – abgesehen von anderen Annehmlichkeiten des Studierendenlebens – eine von der Berufspraxis handlungsentlastete und anschauliche Lehre bietet. Es wird deutlich, dass das Lehramtsstudium überwiegend Lenas impliziten Bedürfnissen entspricht. Sie kann darüber hinwegsehen, dass sie bisweilen auch mit universitärer Lehre konfrontiert ist, die sie intellektuell herausfordert, weil sie nicht immer anschaulich ist. Die romantisierenden Vorstellungen über den Lehrberuf werden jedoch durch die Realität des Schulalltags erschüttert. Lena bekommt vor Augen geführt, dass pädagogisches Handeln auch disziplinierende Maßnahmen beinhaltet, wenn Schüler und Schülerinnen zum Beispiel zu spät kommen. In der Folge dominiert die

Einsicht, dass sie durch ein akademisches Studium im Grunde überqualifiziert ist. Solche Momente des „Praxisschocks" trüben jedoch nicht ihre grundsätzlich affirmative Haltung gegenüber ihrem Studium, weil sie mit der Formulierung *aber da fragt man sich halt trotzdem manchmal* eine Figur des Sinnierens mobilisiert. Ihre grundsätzliche Erhabenheit über die bestehende Ordnung, die es bedingt, auch mit einer Lehre bzw. mit Lehrinhalten konfrontiert zu sein, zu denen sie keinen Zugang findet, gerät nur punktuell ins Wanken, wenn sie mit schulischer Realität konfrontiert wird. Grundsätzlich kann sie sich jedoch damit arrangieren, mit einer praxisentlasteten universitären Lehre konfrontiert zu sein, die sich nicht durch Anschaulichkeit auszeichnet und insofern nicht als subjektive Bereicherung gedeutet wird.

Der Sprechakt *oah wozu (.) studiert man das dann so: langé*, verweist auf eine Quantifizierungsfigur, die jedoch keine Vorstellungen über messbare Anteile des Studiums enthält (*und dafür hab ich tatsächlich bräucht ich die Hälfte meines Studiums nich*), sondern auf die Dauer des Studiums abstellt. In beiden Fällen wird jedoch das Gleiche ausgedrückt: Die Äußerung erinnert an einen Schüler, der fragt, wozu er all das lernen muss, was er später nie wieder zu benötigen glaubt. Damit wird überdeutlich, dass Lena für ihr wissenschaftliches Studium kein gesteigertes Interesse hegt. Wie sich zeigt, kann sie darüber hinwegsehen, auch mit solchen Studienelementen konfrontiert zu sein, weil die subjektiv empfundenen Vorteile ihres Studiums überwiegen. Wenn allerdings Praktikumsphasen, die sie mit einer Realität schulischer Praxis konfrontieren und die offenkundig die subjektiv empfundene Attraktivität des Lehrberufs mindern, es ihr erschweren, ihr Studium als Moratorium zu genießen, dann wird ihre grundsätzlich pragmatische Akzeptanz der Gegebenheiten vorübergehend brüchig. In Konsequenz scheint sie „aufzurechnen": Wenn das Studium ihr schon vor Augen führt, dass der berufliche Alltag einer Lehrkraft kein anspruchsvolles akademisches Studium rechtfertigt, dann möge ihr das Studium doch eben jene anspruchsvollen Anteile ersparen.

In Erweiterung der Fallstrukturhypothesen konturiert sich im Fall Lena das Bild einer Studierenden, deren affirmative Haltung gegenüber dem Lehramtsstudium primär darauf gründet, es als Moratorium zu deuten. Ausgehend hiervon wird deutlich, dass die Studierende eine universitäre Lehre als Bereicherung deutet, die sie intellektuell nicht überfordert, weil sie sich durch Anschaulichkeit auszeichnet. Die affirmative Haltung ihrem Studium gegenüber basiert nicht auf einem Interesse an der Auseinandersetzung mit abstrakt vermitteltem theoretischem Wissen: Vielmehr zeichnet sich ab, dass es Lena lebenspraktisch nicht möglich ist, diese auf sie befremdlich wirkende Lehrpraxis als subjektive Bereicherung zu deuten, weil ihr dort ein Interesse an Wissenschaft und die

Bereitschaft zur Auseinandersetzung mit Bildungsansprüchen eines wissenschaftlichen Studiums abverlangt wird. Mit Blick auf die Frage nach der Haltung, aus der heraus sie über ihr Studium spricht und der Frage, inwieweit diese Haltung das Hervorbringen von Praxiswünschen begünstigt, ist zu konstatieren, dass Lena Studium und berufliche Praxis offenkundig als unverbunden aufeinander geschaltete Phasen ihres Bildungsgangs konzipiert. Sie äußert den häufig artikulierten ‚Wunsch' nach mehr Praxis selbst dann nicht, wenn sie in ihrem Praktikum mit der Realität des schulischen Alltags konfrontiert. Ein durch die Konfrontation mit schulischer Realität ausgelöster „Praxisschock" bewirkt lediglich eine kurzfristige Irritation, enttäuscht in ihrem Fall jedoch nicht ausbildungslogische Ansprüche an ihr Studium, die möglicherweise Praxiswunschartikulationen zur Folge hätten. Lena bewegt sich vielmehr pragmatisch-indifferent und in einer herausgebildeten Haltung durch ihr Studium, die vor Erwartungen, ausgebildet zu werden schützt, kehrseitig jedoch auch ein authentisches Interesse an Wissenschaft verhindert. Es steht der Studierenden zur Verfügung, Praktika selbst dann, wenn sie dort mit irritierenden Situationen konfrontiert wird, nicht als „Ernstfall" und als Unbehagen auslösenden Hinweis darauf zu deuten, noch nicht hinreichend für die pädagogische Praxis präpariert zu sein. Allerdings führt das Irritationserleben dort dazu, dass die Studierende die Sinnhaftigkeit einer solchen universitären Lehre infrage stellt, die sie mit Bildungsansprüchen eines wissenschaftlichen Studiums konfrontiert, mit denen sie sich nicht identifizieren kann. Das ansonsten gut zu unterdrückende Unbehagen gegenüber einer solchen Lehre bricht dann punktuell hervor. Hier schließt sich ein Circulus vitiosus: Immer dann, wenn Lena mit der Realität schulischer Praxis konfrontiert wird, stellt sich für sie die Frage, weshalb ihr Lehramtsstudium auch solche Lehrveranstaltungen umfasst, denen sie nichts abgewinnen kann, weil sie sie intellektuell überfordern. Ihr ist bewusst und sie akzeptiert auch die Perspektive, als Lehrerin in der beruflichen Praxis später auf sich selbst gestellt zu sein. Wenn sie jedoch in der beruflichen Praxis ohnehin auf sich allein gestellt ist und sie sich pädagogisches Handlungswissen dort erst mühsam erarbeiten muss, dann sollte das Studium nicht bereits mit schulischer Praxis und einen nicht mit einer Lehre belasten, die sie mit schwer zugänglichen und zudem in der Praxis nicht anwendungsfähigen Inhalten konfrontiert. Wenn es nach Lena ginge, müsste das Lehramtsstudium nicht „mehr Praxis", sondern „mehr Moratorium" in Form entlastender Lehre und ohne Praxisphasen für sie bereithalten.

6.3.2 Fallzusammenfassung

Der Fall Lena repräsentiert einen Studierendentypus, den wir insofern als ‚*Schützling*' bezeichnen können, weil sein Selbstbild als Studierende darauf gründet, sowohl vor Ansprüchen eines wissenschaftlichen Studiums als auch vor Ansprüchen geschützt zu sein, dort hinreichend für die Ausübung des Berufs ausgebildet zu werden. Dieser Typus bewegt sich mit einer pragmatisch-gelassenen Haltung durch sein Studium. Es bietet insbesondere ein Identifikationspotenzial, weil es in vielerlei Hinsicht ein Moratorium gewährt. Mit Blick auf handlungspraktische Ansprüche des Berufsfeldes gewährt das Studium Schutz bzw. Schonfrist im Sinne eines ‚*Bildungsmoratoriums*'[19]. Es bietet durch solche Lehrveranstaltungen, die mit der didaktischen Ausgestaltung auf Anschaulichkeit zielen, möglicherweise auch Praxisnähe suggerieren, Refugien der intellektuellen Entlastung jenseits einer Lehre, die Studierenden die Aneignung einer an Wissenschaft interessierten Haltung abverlangt. Es ist eines der zentralen Merkmale, die den Typus Schützling auszeichnen, dass sich eine Identifikation mit den Annehmlichkeiten des Studieren*status*' entwickeln kann. Wissenschaftliche Fragestellungen bzw. Methoden der wissenschaftlichen Erkenntnisgewinnung stoßen hingegen ebenso auf ein geringes Interesse wie Anforderungen an den künftigen Beruf.

Anhand der Fallrekonstruktion wird deutlich, dass der Schützling nicht mit Bildungsansprüchen im Sinne einer an Wissenschaft interessierten Haltung ausgestattet ist. Insofern ist durchaus eine Ähnlichkeit mit dem lehramtsstudentischen Idealtypus zu erkennen, der an anderer Stelle skizziert wurde (vgl. Abschnitt 3.1). Die affirmative Haltung, aus der heraus dieser Typus über praxisbezogene Lehrveranstaltungen spricht, basiert nicht auf eine Identifikation mit ausbildungslogischen Ansprüchen. Das Bemühen universitärer Lehrerbildung, ihre Wirksamkeit vermittelt über die Reproduktion schulischer Handlungsmuster, über die Anfertigung von Unterrichtsstundenentwürfen o. ä. zu unterstreichen, ist dem Schützling im Grunde gleichgültig. Eine solche Lehre kommt seinen Interessen und Ansprüchen vielmehr deshalb nahe, weil sie ihn kognitiv nicht überfordert. Der Wunsch, im Studium nicht überfordert zu werden, ist ein zentrales Merkmal des Typus Schützling. Er ist eng mit einem Interesse an Schonfrist, aber auch mit einem *Desinteresse an der „Welt der Bildung"* verknüpft (Wenzl et al.

---

[19] Zinnecker (1991) bindet in Anlehnung an Erikson mit dem Begriff des ‚Bildungsmoratoriums' die Phase der Jugend an eine Freistellung von Arbeits- und anderen gesellschaftlichen Verpflichtungen zugunsten (schulischer) Bildung. Die „Verkürzung der schulischen und universitären Durchlaufzeiten" (Zinnecker 2003: 59) wertet er als politische und ökonomische Mechanismen der Optimierung und des Rückbaus des Jugendmoratoriums.

2018: 82). Zu dieser Schlussfolgerung gelangen wir, weil dieser Typus gerade dann, wenn er mit Handlungsanforderungen pädagogischer Praxis konfrontiert ist, solche eine solche universitäre Lehre als nutzlos deutet, die Wissenschaft und Berufsfeld voneinander trennt. Das Bildungsmoratorium, von dem eingangs die Rede war, besteht im Grunde nicht deshalb, weil es als Möglichkeit zweckfreier Bildung verstanden wird, sondern weil es in der Sphäre der Bildung stattfindet.

Einer praxisbezogenen und zweckgerichteten Lehre wiederum begegnet der Schützling im Grunde allein deshalb mit einer affirmativen Haltung, weil der von ihr ausgehende Anspruch vor der Referenzfolie des im Schulpraktikum Erlebten als angemessen wahrgenommen wird. Dieser Typus wird im Schulpraktikum mit einer Situation konfrontiert, die zwar eine Perspektive auf den Lehrerberuf eröffnet, die jedoch sein Desinteresse an Bildung befeuert, die „zu erwerben nur durch Anstrengung und Interesse" (Adorno 1971: 40) möglich wäre. Ein solches Bildungsinteresse bringt der Schützling nicht auf, weil die Ausübung des Lehrerberufs diesen Anspruch nicht erfordert. Hierin reproduziert sich erneut die Schonhaltung, mit der sich dieser Lehramtsstudierendentypus durch sein Studium bewegt. Durch seine Schonhaltung schöpft der Schützling einerseits nur einen Teil der Möglichkeiten aus, die das Studium mit Blick auf Selbstbildungsprozesse und hinsichtlich der Herausbildung einer an Wissenschaft interessierten Haltung, eröffnet. Andererseits verhindert diese Schonhaltung, dass der Schützling mehr Praxis fordert und auch keine ausbildungslogischen Ansprüche hegt. Im Gegenteil: Sein Studium als Moratorium verstehend, deutet dieser Typus die Praxisphasen als Zumutung, weil er mit Anforderungen des künftigen Berufs frühestens im Referendariat konfrontiert werden möchte. Als Konfrontation mit der Realität des Lehrerberufs sind die Praxisphasen, wenngleich sie lediglich den Ernstfall simulieren, eine lästige Unterbrechung der Schonfrist, die das Studium gewährt (vgl. hierzu Abschnitt 2.2.1). Unter diesen Voraussetzungen ist der Schützling kein Kandidat für die Artikulation von Praxiswünschen. Rufe nach mehr Praxis wären nur denkbar, wenn der Schützling in der universitären Lehre keine Refugien der intellektuellen Entlastung fände.

Ursächlich ist seine fallspezifische Bewegungsdynamik durch die „universitären Parcours" (Pfaff-Czarnecka & Prekodravac 2017), dass der Schützling dem Objekt ‚Lehramtsstudium' mit einer grundsätzlich affirmativen Haltung begegnet. Sie erlaubt es ihm – trotz der Konfrontation mit der schulischen Realität und trotz Konfrontationen mit einer Lehre, in der er als wissenschaftlicher Novize adressiert ist – sein Studium als Möglichkeit des Durchlaufens selbstbestimmter Bildungsprozesse zu deuten und sich dadurch vor beruflichen oder studienbezogenen Überforderung zu schützen. Dieser Studierendentypus deutet sein Studium in erster Linie als Schonfrist. Mit diesem Selbstbild wird er nicht zögern, die

Annehmlichkeiten des Studierendenstatus für sich zu nutzen – etwa durch die
Wahl solcher Lehrveranstaltungen, die er als kognitiv entlastend einschätzt, durch
die Inanspruchnahme der Nichtanwesenheitspflicht oder aber durch die Möglichkeit, ein Auslandssemester zu machen. Wir haben es also weder mit einem dem
humboldtschen Bildungsideal entsprechendem Studierendentypus zu tun, der sich
um der „Erhöhung seiner Kräfte" (Humboldt 1793/2017:10) Willen den Wissenschaften widmet, noch haben wir es mit einem Typus zu tun, der sein Studium als
Prüfung mit Blick darauf deutet, seine berufspraktischen (möglicherweise auch
seine studienbezogenen) Fähigkeiten bestmöglich unter Beweis zu stellen, um
eine möglichst gute Abschlussnote zu erhalten. Der Schützling fühlt sich vielmehr
dem Sozialisationsraum Universität innerlich zugehörig, weil ihm die Möglichkeit
geboten wird, die „Mystifizierung" (Bourdieu & Passeron 1971: 75) seines Studiums aufrechtzuerhalten und die objektive Zukunft auszublenden, auf die dieses
Studium hinausläuft, nämlich: die Ergreifung des Berufs.

Der Schützling ist weder an der Vorbereitung auf berufsbezogenen Anforderungen noch an einem genuin wissenschaftlichen Studium, sondern in erster Linie
an seinem Moratorium interessiert. Es überrascht daher nicht, dass die Konfrontation mit einer durchaus als herausfordernd zu bezeichnenden schulischen Realität
und die Konfrontation mit universitärere Lehre, die ihm die Identifikation mit
Bildungsansprüchen abverlangt, als irritierend erlebt werden. Die Krisen bzw.
deren Konstellation, mit denen sich der Typus im und durch sein Lehramtsstudium konfrontiert sieht, entsprechen seiner spezifischen Strukturiertheit: Die erste
Krise resultiert daraus, im Schulpraktikum mit „brute facts" schulischer Realität
konfrontiert zu sein, die auf den Schützling – vermutlich nicht nur auf diesen
Typus – befremdlich wirken. Sie kann als ,*Krise durch Realitätskonfrontation*'
bezeichnet werden. Bezeichnend ist die fallspezifische Deutung und Bearbei-
tungsweise dieser Krise: Der Schützling ist in der Lage, diese Krise vorerst nur
als simulierten Ernstfall zu deuten und sie mit Beendigung des Schulpraktikums
wieder abzuschütteln. Gleichwohl deutet sich an, dass das, was sich als Realität
schulischer Praxis zeigt, ein Unbehagen gegenüber der antizipierten Berufspraxis auslöst. Auch diese Krise kann jedoch auf später vertagt werden, weil es dem
Schützling gelingt, eine innere Distanz zu den professionsbezogenen Anforderungen einzunehmen. Die Entwicklung spezifischer Fähigkeiten und die Aneignung
spezifischer Kenntnisse werden als Entwicklungsaufgaben gedeutet, die in der
Sphäre der beruflichen Praxis angesiedelt sind (vgl. Hericks 2006). Vermutlich
orientiert sich diese Lokalisierung nicht an einer Kenntnis des Luhmannschen
,Technologiedefizits', sondern vielmehr an der Konzeptualisierung des Studiums
als Moratorium und entsprechend an der Suche nach Refugien vor Ansprüchen
der Berufswelt.

Die Konzeptualisierung des Studiums als Moratorium und entsprechend die Konfrontation mit potenziell erzeugtem Unbehagen lediglich als temporäre Irritation zu deuten, kennzeichnet den Umgang mit dem zweiten Krisentypus, mit dem der Schützling konfrontiert ist. Wir können ihn als *‚Krise durch Wissenschaftlichkeitserleben'* bezeichnen. Dieser Krisentypus resultiert daraus, nicht ausschließlich mit einer auf Anschaulichkeit zielenden und als ‚praxisnah' zu bezeichnenden Lehre konfrontiert zu sein, die als nützlich, vor allem aber als leicht zugänglich wahrgenommen wird. Der Schützling erlebt auch eine Lehre, die nicht darauf zielt, eine Praxisbedeutsamkeit zu suggerieren, sondern in der Studierende als wissenschaftliche Novizen bzw. als Partizipierende an wissenschaftlichen Diskursen und wissenschaftlicher Praxis der Erkenntnisgewinnung adressiert werden (vgl. Abschnitt 2.2.2). Er sieht sich insofern durch differente Lehrkulturen mit unterschiedlichen Bildungsansprüchen konfrontiert. Er kann sich aus seiner Schonhaltung heraus mit Ansprüchen, die ihn kognitiv nicht überfordern und mit einer Lehre identifizieren, die ihm im Idealfall eine gute Unterhaltung liefert. Einer Lehre hingegen, die ihn kognitiv (über-)fordert, die eine an Wissenschaft interessierte Haltung aufseiten Studierender voraussetzt, begegnet der Schützling bestenfalls mit einer desinteressierten Haltung. Diese Haltung ist im Kontext berufsorientierter Studiengänge wie dem Lehramtsstudium vermutlich eher der Normal- als der Ausnahmefall (vgl. Abschnitt 3.1).

Wenn allerdings zusätzlich zu einer Lehre, die ihm das Tor zu einer „als fremd empfundenen intellektuellen Welt" (Wenzl et al. 2018: 74) eröffnet, das Studium auch noch eine Konfrontation mit einer als fremd empfundenen schulischen Realität für ihn bereithält, dann ruft dieser Zustand aufseiten des Schützlings ein Unbehagen hervor, das in eine Kosten-Nutzen-Rechnung mündet. Diese Rechnung führt nun allerdings nicht wie beim Typus Prüfling zu der Forderung nach ‚mehr Praxis'. Sie mündet zwar in Überlegungen, mit einem anspruchsvollen akademischen Studium für den Lehrerberuf überqualifiziert zu sein. Aufgrund seiner pragmatischen Haltung vermögen Konfrontationen mit Bildungsansprüchen einer berufspraktisch desinteressierten Lehre und mit der Berufsrealität von Lehrpersonen den Schützling allenfalls kurzfristig zu irritieren. Sie werden für ihn kein Anlass sein, die Sinnhaftigkeit seines Studiums wirklich infrage zu stellen, weil er im Gegensatz zum Prüfling in der Lage ist, das Studium als Moratorium zu deuten und insofern gegenüber Aspekten, die ihm weniger behagen, eine distanziert-erhabene Haltung einzunehmen (vgl. auch Abschnitt 6.2.2). So lange diese Deutung möglich ist und das Studium ihm genügend Refugien der intellektuellen und berufspraktischen Entlastung bietet, ist vom Schützling keine ernsthafte Kritik bzw. kein Unbehagen in Bezug auf das Lehramtsstudium zu erwarten.

6.4   Zwischenfazit: Der ‚Prüfling' und der ‚Schützling' als Varianten des lehramtsstudentischen Idealtypus

Im Prozess der Fallrekonstruktionen war es möglich, durch den Entwurf gedankenexperimenteller Lesarten nach kontrastierenden Fällen Ausschau zu halten,
die mit Blick auf das Erkenntnisinteresse der vorliegenden Arbeit aufschlussreich
erscheinen. Mit dem *Prüfling* und dem *Schützling* liegen zwei Typen Lehramtsstudierender vor, die als Varianten des an anderer Stelle entworfenen Idealtypus
interpretiert werden können. Beide haben ihr Studium vor dem Hintergrund ihrer
getroffenen Berufswahl und nicht aus einem Bildungsinteresse heraus aufgenommen; keiner von ihnen entspricht dem Typus des ‚intellektuellen Novizen',
wie er etwa bei Humboldt angelegt ist (vgl. Abschnitt 2.1). Die Rekonstruktion
beider Fälle legt nun typologisch differente Haltungen gegenüber dem Objekt
‚Lehramtsstudium' und damit differente Aneignungen des akademischen Raums
bzw. einer Studierendenrolle frei: Der Typus Prüfling begegnet dem, womit er
im Lehramtsstudium konfrontiert wird, mit einer innerlich befremdeten Haltung,
weil ihm lebenspraktisch nichts anderes zur Verfügung steht, als das Studium
als Bewährungspflicht zu deuten. Entsprechend seines Selbstbildes sieht er sich
einem inneren Druck ausgesetzt, das Studium irgendwie zu bewältigen. Diesem
Druck kann er mindestens mit Blick auf sein fachwissenschaftliches Teilstudium,
letztlich aber auch unter dem Aspekt einer eher halbherzigen Berufswahl nur
mit erheblichen Anstrengungen standhalten. Aus diesem inneren Druck heraus
gerät der Prüfling in die „Falle", „Praxisparolen" (Wenzl et al. 2018) hervorzubringen und damit seinem Unbehagen an einer solchen universitären Lehre
einen Ausdruck zu verleihen, die ihn nicht in seiner Identifikation mit pädagogischer Praxis, sondern als wissenschaftlicher Nachwuchs adressiert. Anders als
der Prüfling bringt der Typus Schützling dem Objekt ‚Lehramtsstudium' eine
grundsätzlich affirmative Haltung entgegen, weil es ihm lebenspraktisch zur
Verfügung steht, sein Studium als Moratorium zu deuten. Entsprechend seines
Selbstbildes begreift dieser Typus seinen Studierendenstatus als Legitimation, die
Studienzeit als Schonfrist zu nutzen. Es besteht weder ein ernsthaftes Interesse
an Wissenschaft noch an berufspraktisch relevantem Wissen. Der Typus sucht
vielmehr nach Refugien der Entlastung, die er offenkundig im Studium ausreichend findet. Wie der Prüfling ist allerdings auch der Schützling bisweilen mit
Bildungsansprüchen konfrontiert, die seiner Schonhaltung entgegenstehen. Diese
Bildungsansprüche, aber auch die Konfrontation mit der Realität des Lehrerberufs
lösen ein punktuelles Unbehagen aus. Sie schmälern jedoch nicht die grundsätzlich affirmative Haltung, die auf dem Moratorium beruht. Entsprechend besteht
für den Schützling kein Anlass, nach ‚mehr Praxis' zu verlangen.

Wie die beiden Fälle zeigen, haben wir es im Grunde mit Spielarten eines Typus zu tun, der an anderer Stelle als lehramtsstudentischer Idealtypus entworfen wurde und dessen zentrales Merkmal die Zielorientierung ist, aus der heraus er sein Studium aufnimmt (vgl. Abschnitt 3.1). Die beiden hier rekonstruierten Typen Lehramtsstudierender weisen ein unterschiedliches Potenzial dafür auf, Praxisforderungen bzw. Praxiswünsche hervorzubringen. Festzuhalten bleibt jedoch: Ein nicht unerheblicher Teil der Lehramtsstudierenden äußert Kritik an einer subjektiv wahrgenommenen Praxisferne des Studiums bzw. artikuliert Forderungen nach ‚mehr Praxis' (vgl. Abschnitt 3.2.2) – möglicherweise nicht trotz hergestellter Praxisbezüge, sondern gerade ausgehend von ihnen (vgl. Abschnitte 2.2.1, 2.2.2). Dies zeigt insbesondere der rekonstruierte Fall des Typus Prüfling. Eine solche Interpretation des Zusammenwirkens von Subjekt- und Objektstrukturen führt uns zu der Frage, welchen Einfluss universitäre Lehrerbildung auf studentische Praxiswünsche hat: Wenn wir zu dem Schluss kommen, dass Praxiswunschartikulationen Lehramtsstudierender nicht nur eine Entsprechung in Praxisnähe suggerierender Lehre finden, sondern in ihr womöglich ihren Nährboden haben, müssen wir die Frage stellen, wie universitäre Lehrerbildung Praxiswünschen und -forderungen Studierender in angemessener Weise begegnen kann.

Der Wunsch nach Praxis als problematische Figur lehramtsstudentischer Identifikation mit universitären Ausbildungsansprüchen. Abschließende Betrachtung und Ausblick

Die vorliegende Arbeit entstand aus der Irritation über folgendes Phänomen: Obwohl die Universitäten für Lehramtsstudiengänge umfangreiche Bezüge zur Berufspraxis herstellen – sei es durch Praktikumsphasen, sei es durch universitäre Lehre –, beklagen Lehramtsstudierende häufig die subjektiv wahrgenommene Praxisferne ihres Studiums. Im Anschluss an solche Untersuchungen, die die lehramtsstudentischen Forderungen nach mehr Praxis nicht als an die universitäre Lehrerbildung gerichtete Aufforderungen, mehr Bezüge zur Berufspraxis herzustellen, sondern vielmehr als sozialisatorisches Problem deuten, besteht das Anliegen darin, dem – scheinbaren – Widerspruch von Praxiswünschen Lehramtsstudierender einerseits und umfangreich hergestellten Praxisbezügen in den Lehramtsstudiengängen andererseits nachzuspüren. Ein solcher Forschungszugriff impliziert nicht zwangsläufig, nach Optimierungsmöglichkeiten der Professionalisierung angehender Lehrpersonen in der ersten Phase universitärer Lehrerbildung zu fragen. Dieses Vorgehen ist insofern kritisierbar, als dass es keine Antworten auf die Frage danach zu geben beansprucht, wie Universität besser *aus*bilden, wie sie bessere Bezüge zur beruflichen Praxis von Lehrpersonen herstellen und insofern Berufsfertigkeiten anbahnen kann. Mit dem gewählten Forschungszugriff ist vielmehr intendiert, die vielerorts von Lehramtsstudierenden hervorgebrachte Kritik an der wahrgenommenen Praxisferne ihres Studiums in ihrer inneren Verfasstheit und aus dem Blickwinkel des Ineinanderwirkens von Strukturen des Subjekts und des Objekts ‚Lehramtsstudium' zu untersuchen.

Die Spurensuche, von der eingangs die Rede war, führte uns zunächst zu den strukturellen Besonderheiten der deutschen Universität und der unter ihrem Dach beheimateten Lehramtsstudiengänge. Die strukturelle Besonderheit der deutschen

K. Maleyka, *Der Praxiswunsch Lehramtsstudierender revisited*, Rekonstruktive Bildungsforschung 45, https://doi.org/10.1007/978-3-658-43433-5_7

Universität besteht gegenüber den Hochschulsystemen anderer Länder wie z. B.
England, Frankreich und den USA darin, sowohl mit einem Lehr- und Aus-
bildungsanspruch als auch einem Forschungs- und Selbstrekrutierungsanspruch
ausgestattet zu sein (vgl. Stock 2014, Rüegg 2004). Das Nebeneinander beider
Ansprüche verdankt die deutsche Universität der Humboldtschen Bildungsidee
einer geistigen und sittlichen, „nur für Wenige tauglichen wissenschaftlichen
Ausbildung des Kopfes" (Humboldt 1794/2017: 6)[1], die wiederum „in engerer
Beziehung auf das praktische Leben und Bedürfnisse des Staats [steht], da sie
sich immer praktischen Geschäften für ihn [...] unterzieht" (Humboldt 1809/
2017:162)[2]. Das Nebeneinander von Forschung und Lehre wird bei Humboldt
nicht als Widerspruch, sondern als Einheit konzeptualisiert. Mit dieser Einheit korrespondiert ein Verhältnis von Lehrendem und Novizen, das sich nach
Humboldt durch die gemeinsame Verpflichtung beider auf die Sache der Wissenschaft definiert: „Beide sind für die Wissenschaft da; sein [des Lehrenden, K.M.]
Geschäft hängt mit an ihrer [der Studierenden, K.M]) Gegenwart und würde,
ohne sie, nicht gleich glücklich vonstattengehen"(Humboldt 1809/2017: 153)[3].

Dieser Vorstellung entspricht in passförmiger Weise dem Idealtypus eines an
Wissenschaft interessierten Studierenden als ‚intellektueller Novize', wie er von
Bourdieu und Passeron in der umfangreichen ethnografischen Studie des fran-
zösischen Bildungswesens entworfen wird (vgl. Bourdieu & Passeron 1971).
Wenn hier von Passförmigkeit die Rede ist, muss betont werden, dass nicht
etwa wie bei Helsper et al. (2001, vgl. auch Helsper 2008) oder Alheit (2005)
von einem milieuspezifisch bzw. biografisch erworbenen Habitus ausgegangen
wird, der es dem Subjekt verstellt oder ermöglicht, manifeste und latente Strukturen der Institution als etwas Vertrautes zu erkennen und deshalb handelnd
an sie anknüpfen zu können. Der Passungsbegriff erscheint vielmehr deshalb
geeignet, weil man ihn – ohne von milieuspezifischen oder biografischen Prä-
dispositionen, die es dem Subjekt verstellen oder ermöglichen, das Studium als
subjektive Bereicherung zu deuten – als Resonanz interpretieren kann. Mit der

---

[1] Dieser Gedanke knüpft an die geistesaristokratische Vorstellung an, die bereits von Schelling (1803) formuliert wurde. So heißt es in seiner zweiter Vorlesung über die Methode des
akademischen Studiums: „Das Reich der Wissenschaften ist keine Demokratie, noch weniger
Ochlokratie, sondern Aristokratie im edelsten Sinne. Die Besten sollen herrschen." (Schelling 1803/2010: 153). Auch Weber konzeptualisiert wissenschaftliche Schulung als „eine
geistesaristokratische Angelegenheit" (Weber 1919/1988: 587).

[2] Diese Konzeption der Beziehung von Universität und Staat kann mit Habermas als quid
pro quo an staatliche Regulative für die zugesicherte „nach innen unbeschränkte Freiheit"
(Habermas 1986: 707) der Wissenschaften interpretiert werden.

[3] Habermas spricht analog zu der Einheit von Forschung und Lehre als ‚Idee der Universität'
von einer „Einheit der Lehrenden und Lernenden" (Habermas 1986: 709).

gemeinsamen Verpflichtung auf die Sache der Wissenschaft geht einher, dass der Idealtypus des intellektuellen Novizen nicht nach dem berufspraktischen Nutzen universitärer Lehre fragt. Er wird einer wissenschaftlichen Praxis, die sich durch die Bearbeitung systematisch erzeugter „Erkenntniskrisen" (Wernet 2018: 49) auszeichnet, anstatt „fertiges" Wissen zu vermitteln, nicht mit Befremden begegnen und sich bereitwillig vom ‚intellektuellen Meister' in einen sokratischen Dialog verwickeln lassen (vgl. Oevermann 2005). Wenzl interpretiert diese Bereitwilligkeit als eine unterrichtliche Praxis, die auf eine „kooperative Unterwürfigkeit" (Wenzl 2014: 138) des Schülers angewiesen sei. Diese Unterwürfigkeit zeigt sich Wenzl folgend, nicht zuletzt in der unhinterfragten Einnahme einer an Wissenschaft interessierten Haltung. Aus dieser Haltung heraus bietet dem intellektuellen Novizen die Universität als Ort eines zweckfreien Studiums ein Identifikationspotenzial.

Das Humboldtsche Idealbild einer nach innen freien Universität, in der Meister und Novizen gemeinsam forschen und allein dadurch der reinen Wissenschaft ihren Zweck für den Staat – den allgemein und moralisch gebildeten Menschen hervorzubringen – verschafft, bekommt Risse, wenn es mit der Realität konfrontiert wird. Spätestens mit der Kopplung von Hochschulabschlüssen an akademisch lehrbare Berufe und an die höhere Beamtenlaufbahn verlagert sich nicht nur die ursprüngliche Funktion der Universität dahin, den eigenen Nachwuchs auszubilden, sondern auch Zugangsberechtigungen für das Beschäftigungssystem der außeruniversitären Welt auszustellen. Die Folgen sind ein kontinuierlicher Anstieg der Studierendenzahlen und eine veränderte Struktur der Studierendenschaft (vgl. Titze 1995). Neben dem Typus des ‚intellektuellen Novizen' ist nun zunehmend auch ein anderer Studierendentypus in Universitäten zu finden, den in erster Linie der angestrebte Beruf in die Universität führt. Die Spurensuche führt nun in Richtung des Subjekts und zu der Frage, was dieses Subjekt ‚Lehramtsstudierende' idealtypischerweise auszeichnet.

Der Typus, der mit der Kopplung von Hochschulabschlüssen an das außeruniversitäre Beschäftigungssystem seinen Weg in die Universitäten findet, nimmt sein Studium nicht aus Selbstzweck bzw. aus einer an Wissenschaft interessierten Haltung heraus auf. Es besteht nicht die Absicht, in der akademischen Welt zu verbleiben. Im Gegenteil: Die Welt der zweckfreien Bildungsansprüche ist diesem Typus im Grunde fremd. Ihm geht es allein um den Erwerb eines Zertifikats. Die zweckgerichtete Haltung und „Gedanken ans praktische Vorwärtskommen" (Adorno 1971: 46) mit Blick auf die Ergreifung eines konkreten Berufs bzw. den Einstieg in die höhere Beamtenlaufbahn verhalten sich passgenau zu einer Universität, die Bildungszertifikate verteilt. Korrespondierend bietet die Humboldtsche Idee der Universität diesem Studierendentypus kein Identifikationspotenzial. Das

Studium ist für diesen Studierendentypus eine Durchgangspassage[4], in der er bestimmte, formal vorgegebene Anforderungen abarbeitet. Auf die Implikationen, die sich hieraus ergeben, machen Bourdieu und Passeron aufmerksam, indem sie feststellen, dass dort, wo der künftige Beruf klar und eindeutig aus dem gegenwärtigen Studium erwächst, [...] die Studienpraxis unmittelbar den Berufserfordernissen, die ihr Sinn und Berechtigung zusprechen, untergeordnet [ist]" (Bourdieu & Passeron 1971: 74). Die zweckgerichtet strategische Haltung dieses Typus kommt idealiter dadurch zum Ausdruck, lediglich die formalen Anforderungen des Studiums zu erfüllen, in dem Zusammenhang auch dadurch, in der universitären Lehre nach klausurrelevanten Inhalten zu fragen, um optimal auf das Bestehen von Prüfungen vorbereitet zu sein[5]. Für Lehrende stellt der Typus bzw. dessen Haltung entweder eine Kränkung des eigenen geistesaristokratischen Anspruchs dar, oder sie nehmen eine solche Haltung nüchtern zur Kenntnis. Im ersteren Fall „beißen" sich die Interessenlagen beider Akteure und führen möglicherweise zu wechselseitigem Unbehagen aneinander. Im letzteren Fall sehen sich beide, sobald der zweckorientierte Studierendentypus seine zum Bestehen erforderlichen Prüfungsleistungen erbracht hat, nicht wieder und „stören" einander nicht.

Was wir bis hierhin verstanden haben, ist also Folgendes: In dem Maße, in dem das berufsqualifizierende Studium zum Normalmodell wird, finden wir in Universitäten zunehmend einen Studierendentypus, für den das Studium in erster Linie den Zweck erfüllt, ihm den Zugang zu einem Beruf außerhalb der akademischen Welt zu eröffnen. Ihm bietet die Universität, weil sie für ihn nur eine Durchgangspassage ist, allenfalls als Ort der Ausbildung möglicherweise auch als Ort der Vergemeinschaftung mit Peers, nicht aber als Ort der zweckfreien Bildung ein hinreichendes Identifikationspotenzial[6].

---

[4] Die akademische Welt ist für eine Vielzahl Studierender lediglich eine Durchgangspassage, die als solche auch von politischer Seite auch für diesem Zweck konzipiert worden ist. Auf diesen Aspekt macht etwa Zinnecker (2003) aufmerksam. Die Verkürzung schulischer und universitärer Durchlaufzeiten, aber auch eine stärkere Ausrichtung von Studiengängen an den Erfordernissen des Beschäftigungssystems lassen sich als Hinweis darauf interpretieren, dass der Moratoriumscharakter von Schulen und Universitäten zunehmend zugunsten einer Idee der „Optimierung von Bildungskarrieren" (Reinders 2016: 150) weicht.

[5] Adorno bezeichnet diese Haltung in seinem Aufsatz ‚Philosophie und Lehrer' kritisch als „Habitus geistiger Unfreiheit" (Adorno 1971: 44).

[6] Hinter dem Objekt ‚Studium' verbergen sich Ansprüche der geistesaristokratischen und der berufsorientierten Welt, die mit einander korrespondieren. Es ist vermutlich empirisch zwar eher selten der Fall, aber selbstverständlich grundsätzlich möglich, dass solche Studierende, die ihr Studium ursprünglich in erster Linie aus berufs- bzw. zweckorientierten Motiven aufgenommen haben, ein Interesse an Wissenschaft entwickeln und sich letztlich nach dem

Blicken wir nun auf universitäre Lehrerbildung. Die Lehramtsstudiengänge sind wie viele andere auch[7] insofern mit dem Anspruch einer Zweckorientierung ausgestattet, als dass sie auf einen spezifischen Beruf hin ausgerichtet sind und Studierenden mit dem universitären Abschluss den Weg in eine Beamtenlaufbahn ermöglichen[8]. Spezifisches Merkmal der Lehramtsstudiengänge ist es nun, neben den fachdidaktischen und den erziehungswissenschaftlichen Studienanteilen als berufs- und damit zweckorientiertes Segment auch fachwissenschaftliche Anteile, die in der Regel nicht auf einen spezifischen Beruf außerhalb der akademischen Welt zugeschnitten sind, zu umfassen. Insofern handelt es sich um eine widersprüchliche Einheit genuin ausbildungslogischer und zweckfreier Studiensegmente in einem Studiengang. Die Organisation des Lehramtsstudiums schließt diese Trias ein und entspricht wiederum den Voraussetzungen des Berufs. Gleichzeitig beruht diese Organisation auf der Annahme, dass „die wissenschaftliche Beschäftigung mit einer Handlungssphäre und die Weitergabe des wissenschaftlichen Wissens in Form eines Studiums einen Beitrag zur berufspraktischen Befähigung in dieser Handlungssphäre leisten" (Wernet 2018: 47).

Entsprechend ihrer Ausbildungsfunktion werden im Grunde seit der Integration der ersten Phase der Lehrerbildung in die Universität Debatten um das Verhältnis theoretischer und praktischer Studienanteile geführt (vgl. etwa Sandfuchs 2004). Gefordert wird ein stärkerer inhaltlicher Bezug des Lehramtsstudiums auf „Schule als Wirkungsort von zukünftigen oder bereits praktizierenden Lehrern" (Klafki 1988: 27). Diese Forderung findet nicht zuletzt Ende der 1990er Jahre Eingang in den Abschlussbericht der von der eingesetzten Kommission zur Reform der Lehrerbildung (vgl. Terhart 2000). Infolgedessen werden entsprechend der formulierten professionellen Kompetenzen curriculare Anforderungen der an universitärer Lehrerbildung beteiligten wissenschaftlichen Disziplinen definiert. Zugleich wird der Umfang der Praxisphasen ausgeweitet[9] (vgl. KMK 2004, 2008). Mit der Ausbildungsfunktion der Lehramtsstudiengänge und ihrem Zuschnitt auf einen konkreten Beruf korrespondiert, dass die Mehrheit der Studierenden nicht aus einem Interesse an Wissenschaft heraus, sondern das Studium

---

Abschluss für eine Promotion und damit potenziell für den Verbleib in der akademischen Welt entscheiden.

[7] Gemeint sind Fächer wie Rechts-, Verwaltungs-, Gesundheits-, Agrar- und Wirtschaftswissenschaften, Medizin, Maschinenbau und Ingenieurwesen, Architektur, Informatik.

[8] Vgl. hierfür die Laufbahnverordnungen der einzelnen Bundesländer.

[9] Analog hierzu wurden die Zeiten für das Referendariat verkürzt, was man durchaus als Delegation ausbildungslogischer Ansprüche in die erste Phase der Lehrerbildung interpretieren kann.

aufnehmen, weil sie – aus welchen Motiven auch immer – den Lehrerberuf anstreben, (vgl. Abschnitt 3.2.1). Eine lehramtsstudentische Haltung der zweckfreien
Aneignung der Studieninhalte scheint aus dieser Perspektive eher die Ausnahme
als die Regel. Hinsichtlich der Frage nach lehramtsstudentischen Möglichkeiten der Identifikation mit der Universität erscheint nun die Erkenntnis relevant,
dass sich universitäre Lehrerbildung dadurch auszeichnet, als berufsorientierter
Studiengang einen zweckorientierten Studierendentypus und als zweckfreies Studium Generale der Fachwissenschaften hingegen den Typus des intellektuellen
Novizen zu adressieren[10].

Die fachwissenschaftlichen Studienanteile zeichnen sich durch einen impliziten Anspruch unhinterfragter Aneignung im Sinne einer an Wissenschaft
interessierten Haltung aus. Eine solche Haltung korrespondiert zunächst nicht mit
dem Idealtypus Lehramtsstudierender, den wir im Vorangegangenen als gedankli-
ches Konstrukt entwickelt haben (vgl. Kapitel 3). Obgleich die Möglichkeit einer
zweckfreien Aneignung fachwissenschaftlicher Inhalte grundsätzlich gegeben ist,
liegt die Annahme nahe, dass sie empirisch eher selten ergriffen wird[11]. Deutlich wahrscheinlicher erscheint eine zweckorientiert-strategische Haltung, die sich
in der Bearbeitung formaler Anforderungen (der Erbringung von Prüfungsleistungen) und möglicherweise auch im Hinblick auf die Prüfungsrelevanz von
Seminarinhalten ausdrückt. Im Gegensatz zum intellektuellen Novizen, dem idealtypischen Adressaten fachwissenschaftlicher Lehre, der seine an Wissenschaft
interessierte Haltung durch rege Beteiligung am Seminardiskurs zeigt, wird sich
der Typus Prüfling eher unauffällig verhalten bzw. sich eher nicht beteiligen.
Axmacher deutet diese Form der Nichtgeltendmachung von Bildungsansprüchen
als „Widerstand gegen Bildung" (Axmacher 1990). Auch Wenzl (2018) kommt zu
einem ähnlichen Ergebnis, wenn von er einem inneren Widerstand spricht, den
Lehramtsstudierende durch Nichtbeteiligung am kommunikativen Austausch in
universitären Seminaren ausdrücken. Er betont jedoch in dem Zusammenhang die

---

[10] Wenzl verweist darauf, dass die fachliche Ausbildung von Lehrpersonen in den fachwissenschaftlichen Teilstudiengängen „tief mit dem Ideal der „reinen Wissenschaften, dass
„Erkenntnis um ihrer selbst (Parsons & Platt 1990: 147, zit. n. Wenzl 2020: 190) einen Wert
darstellt" (Wenzl 2020: 190) verbunden sei.

[11] Ein empirischer Indikator könnten fachwissenschaftliche Promotionen sein, die im
Anschluss nach einem Lehramtsstudium entstehen. Voraussetzung für das Entstehen solcher
Arbeiten wäre eine Abwendung vom ursprünglich angestrebten Beruf, möglicherweise aber
auch das Nachholen bestimmter Prüfungsleistungen, um den formalen Anforderungen für
die Zulassung zur Fachpromotion zu entsprechen. Innerhalb der im Kontext der vorliegenden
Untersuchung erhobenen Daten, die sowohl Gespräche mit Studierenden des Gymnasiallehramts als auch der Primar- und Sekundarstufenlehrämter umfassen, lässt sich dieser Typus
nicht finden.

strukturelle Differenz des universitären Seminars gegenüber dem Schulunterricht, die es Studierenden überhaupt ermöglicht, sich in eine passive Beteiligungsrolle zurückzuziehen.

Die andere Möglichkeit, Widerstand gegen den impliziten Anspruch unhinterfragter Aneignung im Sinne einer an Wissenschaft interessierten Haltung aufzubringen, besteht darin, die Relevanz der Seminarinhalte zu hinterfragen. Wir kennen die Frage „Wozu brauchen wir das?" allzu gut aus dem Kontext des Schulunterrichts. Sie verweist im Kontext universitärer Lehrerbildung im Grunde, wie Wenzl et al. herausarbeiten, auf ein Unbehagen des Subjekts „an einer intellektuellen Praxis, an der man nicht partizipieren kann oder will" (Wenzl et al. 2018: 86). Die Verwertungslogik, die der Frage inhärent ist, speist sich aus dem spezifischen „Vorsprung", den Lehramtsstudierende gegenüber Studierenden anderer berufsorientierter Studiengänge haben: Lehramtsstudierende kennen bereits ein Spektrum ihrer künftigen Berufspraxis und schätzen daher, so die Annahme, den Umfang fachwissenschaftlicher Inhalte, mit denen sie in universitärer Lehre konfrontiert sind, auch vor der Referenzfolie des schulischen Fachunterrichts, den sie selbst während ihrer Schulzeit erlebt haben, als unangemessen hoch ein. Das Unbehagen, auf das Wenzl et al. verweisen, bezieht sich auf eine Verwertungslogik, die möglicherweise vor der Referenzfolie der künftigen Berufspraxis, aber auch vor der Referenzfolie des selbst erlebten Schulunterrichts entwickelt wird. Das andere Fundament, aus dem das Unbehagen erwächst, mit Ansprüchen eines zweckfreien Studiums konfrontiert zu sein, scheint – wie der Fall Katja zeigt – eine Mélange aus kognitiver Überforderung und jenen Ressentiments, von denen in Adornos ‚Tabus über den Lehrberuf' (1971) die Rede ist[12]. Die Aufforderung, das „Schuldenken" abzulegen, erscheint einem Typus Prüfling nicht nur aus dessen zweckorientiert-instrumenteller Haltung heraus unsinnig. Sie erscheint zugleich unerfüllbar, wenn man sich selbst im Grunde aus einem Unzulänglichkeitserleben heraus als Studierende zweiter Klasse abqualifiziert[13],

---

[12] Hiermit korrespondieren die Befunde von Bernholt et al. (2018), die subjektiv als zu bewältigen wahrgenommene Leistungsanforderungen als einen der ‚Bedingungsfaktoren der Studienzufriedenheit von Lehramtsstudierenden' nennen.

[13] Wenn wir hier davon sprechen, dass sich Lehramtsstudierende selbst abqualifizieren, indem sie ein weniger anspruchsvolles Studium fordern, dann ist nicht auszuschließen, dass diese Form der Deklassifikation eine Entsprechung aufseiten Lehrender findet. Es ist durchaus denkbar, dass sie etwa in Form einer wohlwollenden Benotung Lehramtsstudierender im Vergleich zu reinen Fachwissenschaftsstudierenden stattfindet und mit Blick darauf, das Lehramtsstudierende ohnehin nicht in der akademischen Welt verbleiben, „ein Auge zugedrückt" wird. Es ist genauso denkbar, studentische Fragen nach klausurrelevanten Inhalten von Lehrenden als Kränkung ihrer Disziplin gedeutet werden und – wenn auch hinter vorgehaltener Hand – in „Schülerschelte" (Keller 2014) münden.

die letztlich einen Beruf ergreift, dessen Ausübung ein anspruchsvolles Studium
nicht erfordert[14]. Aus dieser Perspektive kann die Aufforderung, das „Schuldenken" abzulegen, auch als Aufforderung gelesen werden, sich nicht als Studierende
zweiter Klasse abzuqualifizieren. Im Fall Katja wirkt diese Aufforderung nicht als
Ermunterung, sondern vielmehr als Untermauerung des eigenen Unzulänglich-
keitserlebens und damit letztlich als Ursache für die Nichtidentifikation mit und
der inneren Distanznahme von der akademischen Welt. Kurz: Diesem Typus steht
weder Bereitschaft zur Verfügung, zweckfreien Bildungsansprüchen zu folgen,
noch sich mit einer gelassenen Haltung von diesen Ansprüchen zu distanzieren. Mit der aus einem Unzulänglichkeitserleben resultierenden Selbstabstufung
scheint wiederum die Voraussetzung für das „Problem der universitären Selbstbeheimatung im Sinne einer fehlenden Aneignung der Studierendenrolle" (Wenzl
et al. 2018) gegeben zu sein. Der Prüflingstypus unterliegt insbesondere der
Gefahr, das subjektive Selbstbild zu entwickeln, ein Studierender zweiter Klasse
zu sein, wenn die fachwissenschaftliche Lehre als eine Überforderung wahrgenommen wird. Er nimmt eine distanziert-befremdete Haltung gegenüber der
akademischen Welt ein und wird bemüht sein, mit dieser Haltung im Univer-
sitätsbetrieb nicht weiter aufzufallen, um das Studium im Modus der formalen
Abwicklung zu beenden. Der damit verbundene Widerstand, den er gegen den
Anspruch unhinterfragter Aneignung im Sinne einer an Wissenschaft interessierten Haltung hegt, wird er mit der notorischen Frage, wozu er all diese Inhalte
lernen müsse, zum Ausdruck bringen.

Beide Möglichkeiten – die Möglichkeit, ein Interesse an Wissenschaft und
an Erkenntnissen der wissenschaftlichen Disziplin zu entwickeln[15], wie auch die
Möglichkeit, eine zweckorientiert-strategische Haltung einzunehmen und lediglich die formalen Anforderungen zu erfüllen, dabei jedoch innerlich distanziert
bis desinteressiert zu bleiben – stehen Lehramtsstudierenden grundsätzlich auch
im Hinblick auf das erziehungswissenschaftliche Studium zur Verfügung. Hier
ist es genau wie im fachwissenschaftlichen Studium möglich, die Haltung eines
intellektuellen Novizen oder die Haltung eines zweckorientierten Studierendentypus einzunehmen. Es erklärt sich aus der Situierung der Erziehungswissenschaft

---

[14] Wernet und Kreuter (2007: 184) sprechen von einem systematischen „Schiasma" aus
Hochschullehrenden, die sich vom geforderten Praxisbezug in der Lehre distanzieren, und
aus Studierenden resultiert, die diesen Praxisbezug wiederum einfordern.

[15] Ein empirischer Indikator hierfür wären Promotionen im Fach Erziehungswissenschaft,
die im Anschluss an ein Lehramtsstudium entstehen und aus denen heraus der Weg möglicherweise nicht in den ursprünglich angestrebten Beruf führt.

in der Universität und in der universitären Lehrerbildung, dass eine in der erziehungswissenschaftlichen Lehre entgegengebrachte zweckorientierte Haltung dort eine andere Resonanz erfährt als im fachwissenschaftlichen Studium.

Das erziehungswissenschaftliche Studium[16] wird dem berufsorientierten Studiensegment zugeordnet[17]. Dies ließe sich präzisieren: Vogel (2020) spricht im Rückgriff auf Goffman (1967) von der „disziplinären Identität" (Vogel 2020: 147) der Erziehungswissenschaft als Zusammenspiel ihrer disziplingeschichtlichen und ihrer sozialen Identität. Für die Frage nach lehramtsstudentischen Möglichkeiten der Identifikation mit diesem Studiensegment universitärer Lehrerbildung erscheint Vogels Überlegung erkenntnisleitend. Demnach müsse sich die Erziehungswissenschaft aus ihrer disziplingeschichtlichen Identität heraus einer zu ausgeprägten Berufsorientierung erwehren, was sie jedoch aus ihrer sozialen Identität heraus – also aufgrund an sie herangetragener Erwartungen vonseiten des Wissenschaftssystems, der pädagogischen Professionen, der Bildungspolitik und der Öffentlichkeit – im Grunde nicht könne. Die „disziplinäre Identität" (Vogel 2020: 147) der Erziehungswissenschaft steht dieser Perspektive folgend ständig unter Spannung, indem sie ihre Leistungsfähigkeit in universitärer Lehre im Grunde ihrer „Erkenntnisorientierung" (Wernet 2018: 60) verdankt, diese Leistungsfähigkeit jedoch durch die Pflicht einbüßt, die eingeforderte Praxisrelevanz immer wieder neu zu bestätigen. Indem nun die Erziehungswissenschaft mit der Forderung, Praxiswirksamkeit nachzuweisen, „belastet" ist und diesen Nachweis, um ihre soziale Identität zu wahren, erbringen muss, ist sie zugleich der Ort der Einlösung berufspraktischer Ansprüche. Dieser Nachweis wird auf curricularer Ebene in umfangreichen Praxisphasen geleistet. Auf inhaltlicher Ebene erziehungswissenschaftlicher Lehre wird versucht, berufspraktischen Ansprüchen etwa durch praxisnahe Inhalte bzw. durch die Vermittlung geeigneter Methoden

---

[16] Auf die fachdidaktischen Studienanteile soll an dieser Stelle nicht eingegangen werden. Gleichwohl zeigen empirische Befunde, dass Lehramtsstudierende diesem Studiensegment im Vergleich zum fachwissenschaftlichen Studium deutlich mehr Wertschätzung entgegenbringen, die sie nicht zuletzt mit dem subjektiv wahrgenommenen Nutzen für die spätere Berufspraxis begründen (vgl. Flach et al. 1995).

[17] Sandfuchs (2004) hebt hervor, dass mit dem Prozess der Akademisierung der Lehrerbildung auch die Bedeutungszuschreibung der Erziehungswissenschaft als „Ausbildungswissenschaft" (Sandfuchs 2004: 16) zu beobachten ist. Aus diesem Verständnis heraus, welches sich nicht zuletzt aus der Tradition der Pädagogischen Hochschule herleiten lässt, rechtfertige sich die Erziehungswissenschaft aus Bedürfnissen der pädagogischen Praxis (zit. nach Flitner 1987: 167, Sandfuchs 2004: 16). Insofern geht mit der Eingliederung der Lehrerbildung in Universitäten zugleich die Begründung einer Berufswissenschaft einher, die sich nicht durch nur die Bedürfnisse der Praxis rechtfertigt, sondern ihnen gleichermaßen verpflichtet ist.

der Unterrichtsgestaltung gerecht zu werden (vgl. Wenzl 2020, vgl. Kapitel 2).
Schließlich macht sich die Suggestion der Wirksamkeit erziehungswissenschaftlicher Lehre bisweilen durch deren Abgrenzung von universitär institutionalisierten
Möglichkeiten rationaler Kommunikation und der Anpassung an schulische bzw.
pseudoschulische Interaktionsrituale fest[18] (vgl. Abschnitt 2.2.2). In dem Zusammenhang argumentieren Kollmer et al. (2021), dass erziehungswissenschaftliche
Lehre, gerade weil sie sich empirisch mal im Modus der Partizipation an
einem erziehungswissenschaftlichen Diskurs, mal im Modus der Partizipation
an einer rationalisierenden réflexion engagée oder schließlich mal im Modus
pädagogischer Regressivität vollzieht, in sich deshalb ein Integrationsproblem
für Lehramtsstudierende aufwirft, weil ihnen entsprechend der differenten Modi
differente Beteiligungsrollen zugewiesen werden. Es ist durchaus denkbar, bislang allerdings nicht hinreichend durch entsprechende Studien belegt, dass die
Frage danach, aus welchen Gründen welcher Interaktionsmodus vorliegt, ihre die
Antwort in differenten akademischen „Leitbildern" (Faust-Siehl & Heil 2001)
Lehrender hinsichtlich der Verhältnissetzung von Wissenschaft und Berufsbezug
findet. Untersuchungen, die in diese Richtung führen, versprechen aufschluss-
reiche Erkenntnisse im Hinblick auf akademische Selbstverständnisse Lehrender,
die wiederum in deren Gestaltung differenter Lehrkulturen Ausdruck finden.

Mit Blick auf die Frage nach Identifikationen mit Bildungsansprüchen des
Studiums, die sich spezifischen Typen Lehramtsstudierender zuordnen lassen und
sich in deren Haltungen ausdrücken, aus denen heraus sie über ihr Studium
sprechen, sowie der Frage danach, inwieweit diese Haltungen die Hervorbringung von Praxiswünschen begünstigen, lässt sich die Überlegung von Kollmer
et al. präzisieren. Wie sich am Fall Lena zeigt, ergibt sich aus der Heterogenität
seminaristischer Interaktionspraxis der an universitärer Lehrerbildung beteiligten
wissenschaftlichen Disziplinen und der damit verbundenen Diskontinuitätserfahrung nicht zwangsläufig ein Integrationsproblem. Gerade dem Typus ‚Schützling‘,
der zwar wie der Prüfling dem wissenschaftlichen Studium kein gesteigertes Interesse entgegenbringt, scheint es möglich, eine pragmatisch-indifferente Haltung
angesichts ihm zugewiesener, differenter Beteiligungsrollen einzunehmen. Er
deutet sein Studium als Moratorium; und zwar in beide Richtungen: In Richtung
zweckfreier und in Richtung ausbildungslogischer Ansprüche. Ähnlich wie der
bei Bourdieu und Passeron genannte Typus des ‚Dilettanten‘ (Bourdieu & Passeron 1971: 73), der im Grunde nur den „Traum vom Intellektuellen" (Bourdieu &
Passeron 1971: 73) zu verwirklichen versucht, kann der Typus des Schützlings

---

[18] Vgl. hierzu auch Dzengels Rekonstruktionen zur Figur des Schule spielens als für die
Ausbildungspraxis des Studienseminars typischer Interaktionsmodus (Dzengel 2016).

ausbildungslogische, aber auch geistesaristokratische Anforderungen aus einer inneren Abgeklärtheit heraus abfedern. Aus der Schützlingshaltung heraus wird er also die Frage nicht ernsthaft stellen, wozu er sich bestimmtes, in Lehrveranstaltungen vermitteltes Wissen aneignen soll, denn er ist in erste Linie mit seinem Studierendenstatus, aus der heraus er das Studium als Moratorium deuten kann, identifiziert. Wenzl et al. (2018) beobachten, dass die Moratoriumsperspektive, die es dem Typus Schützling ermöglicht, über wissenschaftliche, aber auch über ausbildungslogische Ansprüche erhaben zu sein, von den Lehramtsstudierenden, die Praxiswünsche äußern, nicht eingenommen wird. Diese Beobachtung festigt sich in der vorliegenden Untersuchung. Es zeigt sich, dass der Typus Schützling keinen ‚Wunsch nach mehr Praxis' (Makrinus 2013) äußert.

Der Typus ‚Prüfling' hingegen ist, wie der Fall Katja zeigt, ein Kandidat dafür, Praxiswünsche hervorzubringen. Er ist idealiter mit der Ausbildungsfunktion des Studiums und mit dem Anspruch identifiziert, qua Studienabschluss die Legitimation zur Ausübung des Lehrberufs und zum Eintritt in die Beamtenlaufbahn zu erwerben. Der Prüfling begegnet der Wissenschaft nicht nur mit einer desinteressierten, sondern zugleich mit einer innerlich widerständigen Haltung, die sich nicht zuletzt in der Einforderung nach nützlichem Wissen ausdrückt (vgl. Wenzl et al. 2018). Hinter dieser Klage steckt erstens eine Figur der Selbstabstufung und zweitens eine Figur der Responsibilisierung von Universität, sich um Möglichkeiten der besseren Integration aller Studierenden zu sorgen – auch derjenigen, die sich nicht durch eine an Wissenschaft interessierte Haltung auszeichnen. Durch die Abseitsstellung, in die sich dieser spezifische Typus[19] mit dem impliziten Wunsch nach einem weniger anspruchsvollen Studium begibt, manövriert er sich direkt in eine Sinnkrise. Das Tor zu dieser Sinnkrise wird fatalerweise durch universitäre Lehrerbildung selbst mit dem Versuch geöffnet, ausbildungslogische Ansprüche durch eine Imagerie[20] des Praxisbezugs zu erfüllen. Universitäre Lehrerbildung im Allgemeinen und Erziehungswissenschaft als berufsorientiertes Studiensegment im Speziellen können sich aus ausbildungslogischer Perspektive dem Anspruch des Praxisbezugs nicht entziehen (vgl. Wernet & Kreuter 2007, Wernet 2016). Er bürdet universitärer Lehre jedoch eine „Beweislast" (Wernet 2016: 295) auf, die sie im Sinne eines erbrachten Nachweises

---

[19] Wenzl et al. (2018) zeigen, dass dieser Typus in verschiedenen Facetten in Lehramtsstudiengängen zu finden ist.

[20] Vgl. zu der Interpretation des Praxisanspruchs als Imagerie (Wernet 2016).

ihrer Wirksamkeit für die Berufspraxis allenfalls durch eine um ihre Wissenschaftlichkeit reduzierte Gestaltung einlösen kann[21]. So machen etwa Hericks
et al. (2019) auf die Spannungssituation aufmerksam, in der sich die Universität
befindet, indem sie nach innen selbstreferenziell über Unmöglichkeiten reibungs-
loser Wirkungsketten in der Lehrerbildung kommunizieren kann, dabei gleichsam
nach außen fremdreferenziell ihre Wirksamkeit reklamiert. Mit der Herstellung
eines Praxisbezugs als Imagerie ist nun die Voraussetzung dafür geschaffen, dass
lehramtsstudentische „Problem[e] der universitären Selbstbeheimatung" (Wenzl
et al. 2018: 85) gewissermaßen an das Lehramtsstudium zurückgespielt und Aufforderungen pariert werden können, eine an Wissenschaft interessierte Haltung
einzunehmen.

Mit Blick auf die übergeordnete Fragestellung der Untersuchung danach, aus
welcher Identifikation mit Bildungsansprüchen ihres Studiums, d. h. aus welchen
Haltungen gegenüber ihrem Studium heraus Lehramtsstudierende den Wunsch
nach ‚mehr Praxis' artikulieren, zeigen die Befunde, dass es eine der Tendenz nach an Wissenschaft desinteressierte Haltung ist, die gepaart mit einer
subjektiv wahrgenommenen Überforderung mit Ansprüchen eines akademischen
Studiums zu Praxiswunschartikulationen führt. Lehramtsstudierenden wie Katja,
die an Wissenschaft desinteressiert und durch die Konfrontation mit spezifischen
Ansprüchen eines akademischen Studiums sogar überfordert sind, steht mit der
Praxisimagerie, die die universitäre Lehre selbst erzeugt, ein Blitzableiter zur
Verfügung, an dem sie ihr Unbehagen gegenüber und ihre Nichtidentifikation mit
dem Studium entladen können. Anders gesagt: Forderungen nach ‚mehr Praxis'
finden „auf der Seite der Ausgestaltung der universitären Lehre durchaus Entge-
genkommen" (Wenzl et al. 2018: 87) und erlangen genau dadurch Legitimität.
Problematisch im Hinblick auf den universitären Sozialisationsprozess ist jedoch,
dass die Artikulation eines Wunschs nach mehr Praxis einen hohen Preis hat. Der
Preis besteht darin, das Unbehagen am Studium durch die Artikulation von Praxiswünschen in eine Aufforderung an die Universität umzumünzen, man möge
Lehramtsstudierenden die Anforderungen eines anspruchsvollen wissenschaftlichen Studiums ersparen, indem sich Lehramtsstudierende als Studierende zweiter
Klasse abqualifizieren. Der Wunsch nach mehr Praxis entspricht – überspitzt formuliert – der Forderung, dem Selbstbild entsprechend als Studierende zweiter
Klasse adressiert zu werden. Damit limitieren Lehramtsstudierende gleichzeitig Möglichkeiten ihrer „universitären Selbstbeheimatung" (Wenzl et al. 2018:

---

[21] Hedtke (2020) argumentiert, ein „vereinseitigter Praxisbezug" (Hedtke 2020: 83) sei auf
schulische Praxis fixiert, infolgedessen werden „doppelte Praxisborniertheit und defizitärer
Wissenschaftsbezug [...] zum Programm der Lehrerausbildung" (Hedke 2020: 83).

85) bzw. sie verstellen sich die Möglichkeit, nun, wo sie schon einmal dort sind, zu schauen, ob es nicht doch etwas gibt, was ihr Studium zur subjektiven Bereicherung machen könnte.

Was folgt nun daraus, wenn man zu dem Schluss kommen muss, dass die Artikulation von Praxiswünschen auf Identifikationsprobleme Lehramtsstudierender mit dem, was sich ihnen als Objekt ‚Studium' zeigt, verweisen? Was folgt daraus, dass diese Identifikationsprobleme trotz der Bemühungen universitärer Lehrerbildung um eine Herstellung von Praxisbezügen noch verschärft werden? Daraus folgt zunächst einmal – auch mit Blick auf die erkenntnisleitende Fragestellung dieser Untersuchung – die Erkenntnis, dass es sich bei Wünschen Lehramtsstudierender nach einem weniger anspruchsvollen Studium und der Entsprechung dieser Wünsche in einer universitären Lehre, die sich als besonders praxisnah zu erkennen gibt, offenkundig um einen Reproduktionszirkel systematischer Selbstentwertung handelt[22].

Identitätstheoretisch gesprochen weisen sich Lehramtsstudierende des Typus Prüfling mit der Artikulation von Praxiswünschen die spezifische Identität zu, Studierende zweiter Klasse zu sein. Analog hierzu ließe sich in Bezug auf die Erziehungswissenschaft als an universitärer Lehrerbildung beteiligte Disziplin argumentieren, dass sich erziehungswissenschaftliche Lehre selbst, wenn sie als „unterrichtliche Ausbildung" (Wernet 2018: 52) vollzogen wird, um ihre erkenntniswissenschaftliche Dimension schwächt und damit gewissermaßen zu einer Destabilisierung ihrer disziplinären Identität beiträgt. Die erkenntniswissenschaftliche Dimension wahrt erziehungswissenschaftliche Lehre dann, wenn sie ausbildungslogischen Ansprüchen insofern nachkommt, als sie Lehramtsstudierenden vermittelt, was ihre disziplinären Möglichkeiten, aber auch, wo ihre disziplinären Grenzen sind[23]. Aus identitätstheoretischer Perspektive ließe sich angesichts solcher Bemühungen um Praxisbezug, die sie in praxisnah gestalteter Lehre manifestieren, argumentieren, dass gerade mit diesen Bemühungen der Resonanzboden für ein Sinnkrisenerleben Lehramtsstudierender bereitet ist.

Gegen die Erhöhung von Praxisbezügen in universitärer Lehrerbildung als Mittel, Praxisbedeutsamkeit herzustellen, ließe sich auch mit Verweis auf ihre

---

[22] Diesen Überlegungen folgend tragen zur Zirkulation dieser systematischen Selbstentwertung möglicherweise auch Positionierungen im wissenschaftlichen Fachdiskurs bei, die mit Blick auf generierte Forschungsbefunde beanspruchen, die Wirksamkeit hochschuldidaktischer Settings in Bezug auf die Förderung professioneller Kompetenzen nachzuweisen. Zu betonen ist jedoch, dass die Behauptung von Wirksamkeit nach außen vor dem Hintergrund der Ausrichtung der Studiengänge auf einen konkreten Beruf geradezu notwendig ist.

[23] Erziehungswissenschaft als empirische Wissenschaft vermag, „niemanden zu lehren, was er soll, sondern nur, was er kann und – unter Umständen – was er will" (Weber 1988: 151).

Geschichte argumentieren. Aus historischer Perspektive entsprach die Lehrerbildung bis zur einheitlichen Implementierung an Universitäten einem Zwei-
Klassen-System. Während die Ausbildung des Gymnasiallehramts von Beginn
an als wissenschaftliches Studium in Universitäten angesiedelt war und ein hohes
gesellschaftliches Ansehen besaß, fand die Ausbildung des niederen Volksschul-
lehramts in Präparandenanstalten, Seminaren und später in den Akademien statt
(vgl. Kapitel 2). Die Zweitklassigkeit der Volksschullehrer gegenüber den Gym-
nasiallehrern zeigt sich nicht zuletzt in der Stiehl'schen Regulative, in der es
heißt, die „Bestimmungen der Seminarien sei nicht, eine allgemeine Bildung
mitzutheilen, sondern die jungen Männer zu tüchtigen Elementarlehrern auszubilden"[24]. Mit der Integration der Ausbildung aller Lehrämter in Universitäten
wurde dieses Zwei-Klassen-System formal aufgehoben. Mit der Forderung nach
stärkerem Berufsbezug – nicht zuletzt nach der Modularisierung der Studiengänge
im Zuge der Bologna-Reform – und der Entsprechung dieser Forderung durch
„Entwissenschaftlichung und Verschulung [des] Studiums" (Mittelstraß 1994: 17)
ist im Grunde ein Rollback vollzogen worden. Dieser Rollback kommt weder
der Identität des Lehramtsstudiums und der Erziehungswissenschaft noch der
Identität Lehramtsstudierender, insofern sie nach mehr Praxis verlangen, in der
akademischen Welt zugute. Wenn die universitäre Lehrerbildung dem Umstand,
dass ihr „Ansehen in der Universität nicht gut ist" (Merzyn 2002: 105), entgegen-
wirken möchte, kann sie diese Absicht gerade nicht dadurch erreichen, sich dem
Schulunterricht anzugleichen. Wenn ihr darüber hinaus daran gelegen ist, Lehramtsstudierenden die Identifikation mit der akademischen Welt – selbst, wenn
sie nur eine Durchgangspassage bleibt – zu ermöglichen, dann wäre ein erster
Schritt, sich der potenziellen Wirkmächtigkeit ihrer eigenen Abstufung durch die
Suggestion von Praxisbedeutsamkeit auf Lehramtsstudierende bewusst zu werden.

---

[24] Die drei Preußischen Regulative vom 1., 2. und 3. October 1854 über Einrichtung des ev.
Seminar-, Präparanden- und Elementarschul-Unterrichts, im Auftrage zusammengestellt von
F. Stiehl, Berlin: 1854: 5, zit. n. Beckmann 1968: 50.

Literatur

Abbott, A. (1988). *The system of professions. An essay on the division of expert labor.* Chicago: University of Chicago Press.

Abels, H. (2010): *Interaktion, Identität, Präsentation. Kleine Einführung in interpretative Theorien der Soziologie.* Wiesbaden: VS.

Abels, H. (2020): *Soziale Interaktion.* Wiesbaden: Springer VS.

Adorno, T. W. (1969): *Stichworte: kritische Modelle 2.* Frankfurt a. M.: Suhrkamp.

Adorno, T. W. (1971): Philosophie und Lehrer. In. In. Kadelbach, G. (Hrsg.), *Erziehung zur Mündigkeit. Vorträge und Gespräche mit Hellmut Becker 1959–1969* (S. 29–49). Frankfurt a. M.: Suhrkamp.

Adorno, T. W. (1982): Tabus über dem Lehrberuf. In. Kadelbach, G. (Hrsg.), *Erziehung zur Mündigkeit. Vorträge und Gespräche mit Hellmut Becker 1959–1969* (S. 70–87). Frankfurt a. M.: Suhrkamp.

Alheit, P. (2005): „Passungsprobleme“: Zur Diskrepanz von Institution und Biographie – Am Beispiel des Übergangs sogenannter „nicht traditioneller“ Studenten ins Universitätssystem. In: Arnold, H., Böhnisch, L. & Schröer, W.: *Sozialpädagogische Beschäftigungsförderung. Lebensbewältigung und Kompetenzentwicklung im Jugend- und jungen Erwachsenenalter* (S. 159–172). Weinheim: Juventa.

Alheit (2016): Der „universitäre Habitus“ im Bologna-Prozess. In: Lange-Vester, Andrea (Hrsg.); Sander, Tobias (Hrsg.): *Soziale Ungleichheiten, Milieus und Habitus im Hochschulstudium* (S. 25–47). Weinheim & Basel: Beltz Juventa.

Arnold, K.-H., Gröschner, A. & Hascher, T. (2014): *Schulpraktika in der Lehrerbildung: Theoretische Grundlagen, Konzeptionen, Prozesse und Effekte.* Münster: Waxmann

Artmann, M. & Herzmann, P. (2018): Studienprojekte im Praxissemester. Forschungsfragen zwischen Erfahrungsbasierung und fachlichen Forschungslogiken. In: Artmann, M., Berendonck, Herzmann, P. & Liegmann, A. B. (Hrsg.), *Professionalisierung in Praxisphasen der Lehrerbildung. Qualitative Forschung aus Bildungswissenschaft und Fachdidaktik* (S. 56–73). Bad Heilbrunn: Klinkhardt.

Artmann, M., Berendonck, M., Hermann, P. & Liegmann, A. (2018): Professionalisierung in Praxisphasen in der Lehrerbildung. Qualitative Forschung aus Bildungswissenschaft und Fachdidaktik. Bad Heilbrunn: Klinkhardt.

Ash, M. G. (1999): *Mythos Humboldt. Vergangenheit und Zukunft der deutschen Universitäten.* Wien u. a.: Böhlau.

© Der/die Herausgeber bzw. der/die Autor(en), exklusiv lizenziert an Springer Fachmedien Wiesbaden GmbH, ein Teil von Springer Nature 2023
K. Maleyka, *Der Praxiswunsch Lehramtsstudierender revisited*, Rekonstruktive Bildungsforschung 45, https://doi.org/10.1007/978-3-658-43433-5

Axmacher, D. (1990): *Widerstand gegen Bildung*. Weinheim: Deutscher Studienverlag.

Bargel, T. & Ramm, M. (1995): *Studium, Beruf und Arbeitsmarkt. Orientierungen von Studierenden in Ost- und Westdeutschland*. Nürnberg: Beiträge zur Arbeitsmarkt- und Berufsforschung.

Barthes, R. (2010): An das Seminar. In: In: Horst, J.-C. et al. (Hrsg.), *Unbedingte Universitäten. Was ist Universität? Texte und Positionen zu einer Idee* (S. 17–26). Zürich: diaphanes.

Bayer, M., Carle, U. & Wildt, J. (Hrsg.), *Brennpunkt: Lehrerbildung. Strukturwandel und Innovation im europäischen Kontext*. Opladen: Leske + Budrich.

Becher, T. (1981): Towards a definition of disciplinary cultures. In: *Studies in Higher Education* 6(2), 109–122.

Becher, T. (1987): The Discinplinary Shaping oft the Professions. In: Clark, B. R. (Hrsg.), *The Academic Profession* (S. 271–303). Berkeley.

Becker, E. (1976): Zum Theorie-Praxis-Syndrom in der Lehrerausbildung. In: ders. (Hrsg.), *Sozialwissenschaften: Studiensituation, Vermittlungsprobleme, Praxisbezug. Orientierungshilfen für Studenten und Dozenten* (S. 37–65). Frankfurt & New York: Campus Verlag.

Beckmann, H.-K. (1968): *Lehrerseminar – Akademie – Hochschule. Das Verhältnis von Theorie und Praxis in den Epochen der Volksschullehrerausbildung*. Weinheim und Berlin: Verlag Julius Beltz.

Bergson, H. (2015): *Materie und Gedächtnis. Versuch über die Beziehung zwischen Körper und Geist*. Hamburg: Felix Meiner.

Bericht der Arbeitsgruppe „Standards für die Lehrerbildung" (2004). Zugriff am 19.05.2020 unter: https://www.kmk.org/fileadmin/veroeffentlichungen_beschluesse/2004/2004_12_16-Standards_Lehrerbildung-Bericht_der_AG.pdf

Bernstein, B. (1977): *Beiträge zu einer Theorie des pädagogischen Prozesses*. Frankfurt a. M.: Suhrkamp.

Biglan, Anthony (1973): Relationships between subject matter characteristics and the structure and output of university departments. In. *Journal of Applied Psychology* 57 (3), 204–213.

Blömeke, S. Müller, C. & Felbrich, A. (2006): Forschung – Theorie – Praxis. Einstellungen von Studierenden und Referendaren zur Lehrerausbildung. *In: Die Deutsche Schule 98 (2), 178–189*.

BMBF (2019): Verzahnung von Theorie und Praxis im Lehramtsstudium. Zugriff am 17.05.2020 unter: https://www.qualitaetsoffensive-lehrerbildung.de/de/publikationen-der-programmbegleitung-2083.html.

BMBF (2020): Profilbildung im Lehramtsstudium. Beiträge der QLB zur individuellen Orientierung, curricularen Entwicklung und institutionellen Verankerung. Zugriff am 01.11.2020 unter: https://www.qualitaetsoffensive-lehrerbildung.de/de/publikationen-der-programmbegleitung-2083.html.

Bollnow, F.-O. (1970): *Philosophie der Erkenntnis. Das Vorverständnis und die Erfahrung des Neuen*. Stuttgart: Kohlhammer.

Bommes, M., Dewe, B. & Radtke, F.-O. (1996): *Sozialwissenschaften und Lehramt. Der Umgang mit sozialwissenschaftlichen Theorieangeboten in der Lehrerausbildung*. Opladen: Leske + Budrich.

Boockmann, H. (1999): *Wissen und Widerstand. Die Geschichte der deutschen Universität*. Berlin: Siedler.

Bourdieu, P. & Passeron, J.-C. (1971): Die Illusion der Chancengleichheit. Untersuchungen zur Soziologie des Bildungswesens am Beispiel Frankreichs. Stuttgart: Ernst Klett Verlag.

Bourdieu, P. (1982): Die feinen Unterschiede. Kritik an der gesellschaftlichen Urteilskraft. Frankfurt a. Main: Suhrkamp.

Bourdieu, P. (1987): Sozialer Sinn. Kritik der theoretischen Vernunft. Frankfurt a. Main: Suhrkamp.

Bourdieu, P. (1988) Homo academicus. Frankfurt a. Main: Suhrkamp.

Bräuer, C. (2003): Wider einen falschverstandenen Praxisbezug. Ein zweifacher Weg zur professionsbezogenen Lehrerbildung. In: *Die Deutsche Schule, 95 (4)*, 490–498.

v. Brocke, B. (2001): Die Entstehung der deutschen Forschungsuniversität, ihre Blüte und Krise um 1900. In: Schwinges, R. C. (Hrsg.): *Humboldt international: Der Export des deutschen Universitätsmodells im 19. und 20. Jahrhundert* (S. 367–401). Basel: Schwabe.

Burghard, D. & Zirfas, D. (2019): *Der pädagogische Takt. Eine erziehungswissenschaftliche Problemformel.* Weinheim & Basel: Beltz Juventa.

Caselmann, C. (1949): *Wesensformen des Lehrers: Versuch einer Typenlehre.* Stuttgart: Klett.

Cooley, C. H. (1922): *Human nature and the social order.* New York: Scribner.

Combe, A. & Helsper, W. (1996): Einleitung: Pädagogische Professionalität. Historische Hypotheken und aktuelle Entwicklungstendenzen. In: ders. (Hrsg.): Pädagogische Professionalität. Untersuchungen zum Typus pädagogischen Handelns. Frankfurt a. M.: Suhrkamp.

Combe, A. & Kolbe, F. (2004): Lehrerbildung. In: Helsper, W. & Böhme, J. (Hrsg.), *Handbuch der Schulforschung* (S. 877–901). Wiesbaden: VS Verlag.

Dahrendorf, R. (1965): *Bildung ist Bürgerrecht. Plädoyer für eine aktive Bildungspolitik.* Hamburg: Nannen-Verlag.

Danko, D. (2015) Repertoire I: Bildungs-, Professions- und Arbeitssoziologie. In ders.: Zur Aktualität von Howard S. Becker. Einführung in sein Werk (S. 45–61). Wiesbaden: Springer VS.

Denzler, S., & Wolter, S. C. (2008). Selbstselektion bei der Wahl eines Lehramtsstudiums: Zum Zusammenspiel individueller und institutioneller Faktoren. In: *Beiträge zur Hochschulforschung* 30(4), 112–141.

Deutscher Bildungsrat (1970): *Strukturplan für das Bildungswesen.* Stuttgart: Ernst Klett Verlag.

Dewe, B., Ferchhoff, W. & Radtke, F.-O. (1992): Das „Professionswissen" von Pädagogen. Ein wissenstheoretischer Rekonstruktionsversuch. In Dewe, B., Ferchhoff, W. & Radtke, F.-O. (Hrsg.), *Erziehen als Profession. Zur Logik professionellen Handelns in pädagogischen Feldern* (S. 70–91). Opladen: Leske + Budrich.

Dick, A. (1994): *Vom unterrichtlichen Wissen zur Praxisreflexion. Das praktische Wissen von Expertenlehrern im Dienste zukünftiger Junglehrer.* Bad Heilbrunn: Klinkhardt.

Die Neuordnung der Volksschullehrerbildung in Preußen: Denkschrift des Preußischen Ministeriums für Wissenschaft, Kunst und Volksbildung (1925). Berlin: Weidmann.

Doff, Sabine (2019): *Spannungsfelder der Lehrerbildung. Beiträge zu einer Reformdebatte.* Bad Heilbrunn: Verlag Julius Klinkhardt.

Drerup, H. (1987): *Wissenschaftliche Erkenntnis und gesellschaftliche Praxis. Anwendungsprobleme der Erziehungswissenschaft in unterschiedlichen Praxisfeldern.* Weinheim: Deutscher Studienverlag.

Drewek, P. (2013): Lehrerbildung als universitäre Daueraufgabe – Zwischenbilanz und Perspektiven im Kontext aktueller politischer Reformen und Fortschritte der Professionalisierungsforschung. In: Gehrmann, A., Kranz, B., Pelzmann, S. & Reinartz, A. (Hrsg.), *Formationen und Transformation der Lehrerbildung. Entwicklungstrends und Forschungsbefunde* (21–35). Bad Heilbrunn: Klinkhardt.

Durkheim, É. (1965): Die Regeln der soziologischen Methode. Neuwied u. a.: Luchterhand.

Dzengel, J. (2017): *Schule spielen. Zur Bearbeitung der Theorie-Praxis-Problematik im Studienseminar*. Wiesbaden: VS Verlag.

Egloff, B. (2004): Möglichkeitsraum Praktikum. Zur studentischen Aneignung einer Phase im Pädagogik- und Medizinstudium. In. *Zeitschrift für Erziehungswissenschaft 7(2)*, 263—276.

El-Mafaalani, A. (2020): *Mythos Bildung. Die ungerechte Gesellschaft, ihr Bildungssystem und seine Zukunft*. Köln: Kiepenheuer & Witsch.

Erikson, E. H. (1971): *Identität und Lebenszyklus. Drei Aufsätze*. Frankfurt a. M.: Suhrkamp.

Evetts, J. (2003): The sociological analysis of professionalism. Occupational change in the modern world. *International Sociology, 18 (2)*, 395–415.

Faust-Siehl, G. & Heil, S. (2001): Professionalisierung durch schulpraktische Studien? In: *Die Deutsche Schule 93 (1)*, 105–115.

Fend, H. (2006): *Geschichte des Bildungswesens. Der Sonderweg im europäischen Kulturraum*. Wiesbaden: VS.

Fichte, J, G. (2010): Deducirter Plan einer zu Berlin zu errichtenden höheren Lehranstalt, die in gehöriger Verbindung mit einer Akademie der Wissenschaften stehe. In: Horst, J-C. et al. (Hrsg.): *Unbedingte Universitäten. Was ist Universität? Texte und Positionen zu einer Idee* (S. 27–45). Zürich: diaphanes

Fichten, W., Schmidt, H. & Spindler, S. (1978): *Ausbildungsverhältnisse in der einphasigen Lehrerausbildung*. Oldenburg: Zentrum für Pädagogische Berufspraxis.

Fichten, W. & Spindler (1981): *Dokumentation zur einphasigen Lehrerausbildung*. Oldenburg: Zentrum für Pädagogische Berufspraxis.

Flach, H. (1994): Lehrerbildung zwischen Wissenschaftsorientierung und Berufsbezogenheit. Historische Entwicklung und aktuelle Probleme. In: Hübner, P. (Hrsg.), *Lehrerbildung im vereinigten Deutschland. Referate eines Colloquiums zu Fragen der Gestaltung der zukünftigen Lehrerbildung* (S. 19–42). Frankfurt am M. u. a.: Peter Lang.

Flach, H., Lück, J. & Preuss, R. (1995): *Lehrerausbildung im Urteil ihrer Studenten: Zur Reformbedürftigkeit der deutschen Lehrerbildung*. Frankfurt a. M.: Lang.

Flader, D. & Geulen, D. (1989): Ingo und die Universität. Bemerkungen zum Verhältnis von Persönlichkeit und Institution. In: Kokemohr, R. & Marotzki, W. (Hrsg.), *Biographien in komplexen Institutionen. Studentenbiographien I* (S. 91–117). Frankfurt a. M. u. a.: Verlag Peter Lang.

Fock, C., Glumpler, E., Hochfeld, I., & Weber-Klaus, S. (2001). Studienwahl: Lehramt Primarstufe. Berufs- und Studienwahlorientierung von Lehramtsstudierenden. In: Glumpler, E. & Fock, C. (Hrsg.), *Frauen in pädagogischen Berufen. Band 2: Lehrerinnen* (S. 212–240). Bad Heilbrunn: Klinkhardt.

Frank, A. (1990): *Hochschulsozialisation und akademischer Habitus: eine Untersuchung am Beispiel der Disziplinen Biologie und Psychologie*. Weinheim: Dt. Studienverlag

Freud, S. (1922): *Vorlesungen zur Einführung in die Psychoanalyse*. Leipzig, Wien und Zürich: Internationaler Psychoanalytischer Verlag.

Freud, S. (1975): Psychologie des Unbewussten. In: *Studienausgabe, Bd. III*. Frankfurt a. M.: Suhrkamp.

Friebertshäuser, B. (1992): *Übergangsphase Studienbeginn. Eine Feldstudie über Riten der Initiation in eine studentische Fachkultur.* Weinheim und München: Juventa.

Friebertshäuser B. (1997): Studentische Sozialisation zwischen pädagogischem Arbeitsmarkt und universitärer Fachkultur. Geschlechtsspezifische Befunde aus einem Feldforschungsprojekt. In: Krüger, H.-H. & Olbertz J.-H. (Hrsg.), *Bildung zwischen Staat und Markt. Schriften der Deutschen Gesellschaft für Erziehungswissenschaft (DGfE) (Hauptdokumentationsband zum 15. Kongreß der DGfE an der Martin-Luther-Universität in Halle-Wittenberg 1996)* (S. 285–287). Wiesbaden: VS.

Garcia-Aracil, A. (2012). A comparative analysis of study satisfaction among young European higher education graduates. In. *Irish Educational Studies* 31(2), 223–243.

Glaser, B. G. & Strauss, A. L. (1998): *Grounded Theory. Strategien qualitativer Forschung.* Bern u. a.: Huber.

Goffman, E. (1967): *Stigma. Über Techniken der Bewältigung beschädigter Identität.* Frankfurt a. M.: Suhrkamp.

Gröschner, A. & Schmitt, C. (2010): Wirkt, was wir bewegen? – Ansätze zur Untersuchung der Qualität universitärer Praxisphasen im Kontext der Reform der Lehrerbildung. In. *Erziehungswissenschaft* 21 (40), 89–97.

Gröschner, A., & Hascher, T. (2019). Praxisphasen in der Lehrerinnen- und Lehrerbildung. In: Harring, M, Rohlfs, C. & Gläser-Zikuda, M. (Hrsg.), *Handbuch Schulpädagogik* (S. 652–664). Münster: Waxmann.

Gröschner, A. & Ulrich, I. (2020): *Praxissemester im Lehramtsstudium in Deutschland: Wirkungen auf Studierende.* Wiesbaden: Springer VS.

Groppe, C. (2012): Bildung durch Wissenschaft: Aspekte und Funktionen eines traditionellen Deutungsmusters der deutschen Universität im historischen Wandel. In: *Bildung und Erziehung, 65 (2),* 169–181.

Habermas, J. (1986): Die Idee der Universität – Lernprozesse. In: *Zeitschrift für Pädagogik 22 (5),* 703–718.

Händle, C. (1972): *Lehrerbildung und Berufspraxis. Formen und Probleme des Berufspraxisbezugs in einem projektorientierten Lehrerstudium. Gutachten zur Organisation des Berufspraxisbezugs in der integrierten Lehrerbildung in Bremen.* Weinheim: Beltz.

Hänsel, D. & Huber, L. (1996): *Lehrerbildung neu denken und gestalten.* Weinheim & Basel: Beltz Verlag.

Hascher, T. (2006): Veränderungen im Praktikum – Veränderungen durch das Praktikum. Eine empirische Untersuchung zur Wirkung von schulpraktischen Studien in der Lehrerbildung. In: Allemann-Ghionda, C. & Terhart, E. (Hrsg.): *Kompetenzen und Kompetenzentwicklung von Lehrerinnen und Lehrern* (S. 130–148). Weinheim u.a.: Beltz.

Hausendorf H. (2008): Interaktion im Klassenzimmer. In: Willems, H. (Hrsg.), *Lehr(er)buch Soziologie* (S. 931–957). Wiesbaden: VS Verlag.

Haverich, Ann Kristin (2020): *Sportlehrer*in –Werden: Rekonstruktionen über die Passungsverhältnisse von Sportstudierenden im universitären Feld der Lehramtsausbildung.* Bad Heilbrunn: Klinkhardt.

Hedtke, Reinhold (2001): *Das unstillbare Verlangen nach Praxisbezug—Zum Theorie-Praxis-Problem der Lehrerbildung am Exempel Schulpraktischer Studien.* Zugriff am

14.05.2021 unter: https://www.sowi-online.de/journal/2000_0/hedtke_unstillbare_verlan gen_nach_praxisbezug_zum_theorie_praxis_problem_lehrerbildung_exempel.html.

Hedtke, R. (2016): *Das Studium als vorübergehende Unterbrechung der Schulpraxis.* Zugriff am 09.11.2020 unter: https://pub.uni-bielefeld.de/record/2905269.

Hedtke, R. (2020): Wissenschaft und Weltoffenheit. Wider den Unsinn der praxisbornierten Lehrerausbildung. In: In. Scheid, C. & Wenzl, T. (Hrsg.), *Wieviel Wissenschaft braucht die Lehrerbildung? Zum Stellenwert von Wissenschaftlichkeit im Lehramtsstudium* (S. 79–108). Wiesbaden: Springer VS.

Helsper, W. (2001): Praxis und Reflexion. Die Notwendigkeit einer „doppelten Professionalisierung" des Lehrers. In: *journal für lehrerinnen- und lehrerbildung (3)*, 7–15.

Helsper, W., Böhme, J., Kramer, R.-T. & Lingkost, A. (2001). *Schulkultur und Schulmythos. Gymnasien zwischen elitärer Bildung und höherer Volksschule im Transformationsprozess. Rekonstruktionen zur Schulkultur 1.* Opladen: Leske + Budrich.

Helsper, W. (2007): Eine Antwort auf Jürgen Baumerts und Mareike Kunters Kritik am strukturtheoretischen Professionsansatz. *Zeitschrift für Erziehungswissenschaft, 10*(4), 567–581.

Helsper, W. (2008): Schulkulturen – die Schule als symbolische Sinnordnung. In: *Zeitschrift für Pädagogik* 54 (1), 63–80.

Helsper, W. (2015). Schulkultur revisited: Ein Versuch, Antworten zu geben und Rückfragen zu stellen. In: Böhme, J., Hummrich, M. & Kramer, R.-T. (Hrsg.), *Schulkultur. Theoriebildung im Diskurs* (S. 447 – 500). Wiesbaden: Springer VS.

Herbart, J. F. (1964): *Pädagogische Schriften.* Herausgegeben von Walter Asmus. Düsseldorf & München.

Hericks, U. & Kunze, I. (2002): Entwicklungsaufgaben von Lehramtsstudierenden, Referendaren und Berufseinsteigern. In: *Zeitschrift für Erziehungswissenschaft* 5 (3), 401–416.

Hericks, U. (2006): *Professionalisierung als Entwicklungsaufgabe. Rekonstruktionen zur Berufseinstiegsphase von Lehrerinnen und Lehrern.* Wiesbaden: VS.

Hericks, U., Meseth, W. & Saß, M. (2019): Gut geschult ins Klassenzimmer? – Universitäre Lehrerbildung zwischen Schule und Schule. In: Bietz, J., Böcker, P. & Pott-Klindworth, M. (Hrsg.), Die *Sache und die Bildung: Bewegung, Spiel und Sport im bildungstheoretischen Horizont von Lehrerbildung, Schule und Unterricht* (S. 208–226). Baltmannsweiler: Schneider Verlag Hohengehren.

Hermanns, H. (2009): Interviewen als Tätigkeit. In: Flick, U., v. Kardoff, E. & Steinke, I. (Hrsg.), *Qualitative Forschung. Ein Handbuch* (S. 360–369). Hamburg: Rowohlt.

Herrlitz, H.- G., Hopf, W. & Titze, H. (1984): Institutionalisierung des öffentlichen Schulsystems. In: Baethge, M. & Nevermann, K. (Hrsg.), *Organisation, Recht und Ökonomie des Bildungswesens. Enzyklopädie Erziehungswissenschaft, Bd. 5* (S. 55–71), Stuttgart.

Westdeutsche Rektorenkonferenz (1976): *Hochschulrahmengesetz vom 26.1.1976 – Hochschulgesetze oder entsprechende gesetzliche Regelungen der Bundesländer.* Bonn.

Hochschulrektorenkonferenz (1998): Empfehlungen zur Lehrerbildung. 186. Plenum der HRK vom 2. November 1998. Zugriff am 07.09.2020 unter: https://www.hrk.de/positi onen/beschluss/detail/empfehlungen-zur-lehrerbildung-1/.

Hoffmann, D. & Maack-Rheinländer, K. (2001): *Ökonomisierung der Bildung. Die Pädagogik unter den Zwängen des „Marktes".* Weinheim u. a.: Deutscher Studienverlag.

Homfeld, W. (1978): *Theorie und Praxis der Lehrerausbildung: Ziele und Auswirkungen der Reformdiskussion im 19. und 20. Jahrhundert.* Weinheim: Beltz.

Hopf, C. (2009a): Qualitative Interviews – ein Überblick. In: Flick, U., v. Kardoff, E. & Steinke, I. (Hrsg.), *Qualitative Forschung. Ein Handbuch* (S. 349–360). Hamburg: Rowohlt.

Hopf, C. (2009b): Forschungsethik und qualitative Forschung. In: Flick, U., v. Kardoff, E. & Steinke, I. (Hrsg.), *Qualitative Forschung. Ein Handbuch* (S. 615–632). Hamburg: Rowohlt.

Huber, L. (1991a). Sozialisation in der Hochschule. In: Hurrelmann, K.; Ulich, D. (Hrsg.), *Neues Handbuch der Sozialisationsforschung* (S. 417- 441). Weinheim/Basel: Beltz Verlag.

Huber, L. (1991b). Fachkulturen. Über die Mühen der Verständigung zwischen den Disziplinen. In: *Neue Sammlung* 31(1), 3–24.

v. Humboldt, W. (1792a/2017): Wie weit darf sich die Sorgfalt des Staates um das Wohl sein er Bürger erstrecken? In: *Schriften zur Bildung* (S. 76–97). Stuttgart: Reclam.

v. Humboldt, W. (1992b/2017): Über die öffentliche Staatserziehung. In: *Schriften zur Bildung* (S. 98–104). Stuttgart: Reclam.

v. Humboldt, W. (1794/2017): Theorie der Bildung des Menschen. In: *Schriften zur Bildung* (S. 5–12). Stuttgart: Reclam.

v. Humboldt, W. (1809a/2017): Über die innere und äußere Organisation der höheren wissenschaftlichen Anstalten in Berlin. In: *Schriften zur Bildung* (S. 152–165). Stuttgart: Reclam.

v. Humboldt, W. (1809b/2017): Antrag auf Errichtung der Universität Berlin. In: *Schriften zur Bildung* (S. 143–151). Stuttgart: Reclam.

v. Humboldt, W. (1809c/2017): Der Königsberger und der Litauische Schulplan. In: *Schriften zur Bildung* (S. 110–142). Stuttgart: Reclam.

Hurrelmann, K. & Schuck, K. D. (2007): Ist die Stadtteilschule ein zukunftsweisendes Modell? Pro und Contra. In: *Hamburg macht Schule* (19) 4, 6–9.

James, W. (1997): *Die Vielfalt religiöser Erfahrung.* Frankfurt a. M. und Leipzig: Insel Verlag.

Jeismann, K.-E. (1974): *Das preußische Gymnasium in Staat und Gesellschaft: die Entstehung des Gymnasiums als Schule des Staates und der Gebildeten 1787 – 1817.* Stuttgart: Klett.

Kant, I. (1784/1999): Beantwortung der Frage: Was ist Aufklärung. In: Brandt, H. D. (Hrsg.): Was ist Aufklärung? Ausgewählte kleine Schriften (20–27). Hamburg: Felix Meiner Verlag.

Kant, I. (1789): *Der Streit der Facultäten: in drey Abschnitten.* Königsberg: Nicolovius.

Keck, R. W. (1984): Historische Konzepte der Lehrerausbildung und Desiderate ihrer Erforschung. In: *Vierteljahresschrift für wissenschaftliche Pädagogik* (1), 161–189.

Keiner, E. & Tenorth, H.-E. (1981): Schulmänner – Volkslehrer – Unterrichtsbeamte. Ergebnisse und Probleme neuerer Studien zur Sozialgeschichte des Lehrers in Deutschland. In: *Internationales Archiv für Sozialgeschichte der deutschen Literatur* 6, 198–222.

Keller, G. (2014): *Die Schülerschelte. Leidensgeschichte einer Generation.* Freiburg i. Br.: Centaurus.

Kemnitz, Heidemarie (2004): Lehrerbildung in der DDR. In: Blömeke, S., Reinhold, P., Tulodziecki, G. & Wildt, J. (Hrsg.), *Handbuch Lehrerbildung* (S. 92–111). Bad Heilbrunn: Klinkhardt.

Keuffer, J. (2010). Reform der Lehrerbildung und kein Ende? Eine Standortbestimmung. In: *Erziehungswissenschaft*, 21 (40), 51–67.

Klafki, W. (1988): Lehrerausbildung in den 1990er Jahren – Wissenschaftsorientierung und pädagogischer Auftrag. In: Hübner, P. (Hrsg.), *Beiträge zum 12. Kongreß der Vereinigung für Lehrerbildung in Europa (A. T. E. E.) vom 7.9. bis 11.9.1987 an der Freien Universität Berlin* (S. 26–45). Berlin: Freie Universität.

Klingebiel, F., Mähler, M. & Kuhn, H. P. (2020): Was bleibt? Die Entwicklung der subjektiven Kompetenzeinschätzung im Schulpraktikum und darüber hinaus. In: Ulrich, I. & Gröschner, A. (Hrsg.), *Praxissemester im Lehramtsstudium in Deutschland. Wirkungen auf Studierende* (S. 179–207). Wiesbaden: VS.

KMK (2004): Standards für die Lehrerbildung: Bildungswissenschaften. Zugriff am 17.08.2020 unter: https://www.kmk.org/themen/allgemeinbildende-schulen/lehrkraefte/lehrerbildung.html.

KMK (2008): Ländergemeinsame inhaltliche Anforderungen für die Fachwissenschaften und Fachdidaktiken in der Lehrerbildung. Zugriff am 22.09.2020 unter: https://www.kmk.org/themen/allgemeinbildende-schulen/lehrkraefte/lehrerbildung.html.

KMK (2013): Empfehlungen zur Eignungsabklärung in der ersten Phase der Lehrerbildung. Zugriff am 10.11.2020 unter: https://www.kmk.org/fileadmin/Dateien/veroeffentlichungen_beschluesse/2013/2013-03-07-Empfehlung-Eignungsabklaerung.pdf.

KMK (2019): Sachstand in der Lehrerbildung. Zugriff am 22.09.2020 unter: https://www.kmk.org/themen/allgemeinbildende-schulen/lehrkraefte/lehrerbildung.html.

Knuth-Herzig, K., Fabriz, S., Hartig, H., Ulrich, I., & Horz, H. (2018). Wechsel und Abbruchtendenzen in Praxisphasen des Lehramtsstudiums. Ergebnisse aus der Evaluationder Schulpraktischen Studien und des Praxissemesters in Hessen. In: McElvany, N., Schwabe, F., Bos, W. & Holtappels, H. G. (Hrsg.), *Jahrbuch für Schulentwicklungsforschung* Bd. 20 (S. 199–221). Weinheim & Basel: Beltz.

König, J. & Rothland, M. (2018): Das Praxissemester in der Lehrerbildung: Stand der Forschung und zentrale Ergebnisse des Projekts Learning to Practice. In: König, J., Rothland, M. & Schaper, N. (Hrsg.), *Learning to Practice, Learning to Reflect? Ergebnisse aus der Längsschnittstudie LtP zur Nutzung und Wirkung des Praxissemesters in der Lehrerbildung* (S. 1–62). Wiesbaden: VS.

Kollmer, I. (2022.) *Die Praxis des Referates. Zur Bearbeitung der Zumutungen der Lehre.* Wiesbaden: Springer VS.

Kolbe, F. & Combe, A. (2004): Lehrerbildung. In: Helsper, W. & Böhme, J. (Hrsg.), *Handbuch Schulforschung* (S. 854–877), Wiesbaden: Springer Fachmedien.

König, J. & Rothland, M. (2018): Das Praxissemester in der Lehrerbildung: Stand der Forschung und zentrale Ergebnisse des Projekts Learning to Practice. In: König, J., Rothland, M. & Schaper, N. (Hrsg.), *Learning to Practice, Learning to Reflect? Ergebnisse aus der Längsschnittstudie LtP zur Nutzung und Wirkung des Praxissemesters in der Lehrerbildung* (S. 1–62). Wiesbaden: VS.

König, H. (2021): *Unpraktische Pädagogik. Untersuchungen zur Theorie und Praxis erziehungswissenschaftlicher Lehre.* Wiesbaden: Springer VS.

Kokemohr, R. & Marotzki, W. (Hrsg.): Vorwort. In (ders.), *Biographien in komplexen Institutionen. Studentenbiographien I* (S. 5–13). Frankfurt a. M. u. a.: Verlag Peter Lang.

Koring, B. (1986): Hochschulsozialisation und Identitätsformation. Eine Studie im Rahmen strukturalistischer Hermeneutik. In: Kokemohr & Marotzki (Hrsg.): *Biographien in komplexen Institutionen. Studentenbiographien I* (S. 17–69). Frankfurt a. M. u. a.: Peter Lang.

Korthagen, F. A. J. (2010): Situated learning theory and the pedagogy of teacher education: Towards an integrative view of teacher behavior and teacher learning. In. *Teaching and Teacher Education* 26 (1), 98–106.

Kramer, R.-T. (2020): Typenbildung in der Objektiven Hermeneutik – Über Theoretisierungspotenziale einer Rekonstruktionsmethode. In: Ecarius, J. & Schäffer, B. (Hrsg.): Typen-bildung und Theoriegenerierung. Methoden und Methodologien qualitativer Bildungs- und Biographieforschung (S. 89–104). Opladen u. a.: Budrich.

Krappmann, L. (2010): *Soziologische Dimensionen der Identität.* Stuttgart: Klett-Cotta.

Krüger, A.-K., Loser, F., Rasch, J., Terhart, E. & Woitossek, A. (1988): *Lernprozesse in schulpraktischen Studien.* Universität Osnabrück.

Künsting, J. & Lipowsky, F. (2011). Studienwahlmotivation und Persönlichkeitseigenschaften als Prädiktoren für Zufriedenheit und Strategienutzung im Lehramtsstudium. In. *Zeitschrift für Pädagogische Psychologie* 25 (2), 105–114.

Kuhlemann, F.-M. (1992): *Modernisierung und Disziplinierung: Sozialgeschichte des preußischen Volksschulwesens 1794 – 1872.* Göttingen: Vandenhoeck & Ruprecht.

Kunze, K. & Stelmaszyk, B. (2004): Biographien und Berufskarrieren von Lehrerinnen und Lehrern. In: Helsper, W. & Böhme, J. (Hrsg.), *Handbuch der Schulforschung* (S. 795–812). Wiesbaden: VS Verlag.

Leonhardt, T., Fraefel, U., Jünger, S., Kosinar, J., Reintjes, C. & Richinger, B. (2016): Between the practices of science and profession – Studies on professional practice as a third space in teacher education. In. *ZFHE* 11(1), 79–98.

Lerche, Thomas; Weiß, Sabine; Kiel, Ewald (2013): Mythos pädagogische Vorerfahrung. In. *Zeitschrift für Pädagogik* 59 (5), 762–782.

Liebau, E. & Huber, L. (1985): Die Kulturen der Fächer. In: *Neue Sammlung* 25 (X), 315–339.

Liebsch, K. (2013): Theorie und Praxis. In: A. Scherr (Hrsg.), *Soziologische Basics.* Wiesbaden: Springer VS, S. 253–259.

Lindblom-Ylänne, S., Trigwell, K., Nevgi, A. & Ashwin, P. (2006): How approaches to teaching are affected by discipline and teaching context. In: *Studies in Higher Education* 31 (3), 285–298.

Loer, T. (2008): Normen und Normalität. In: Willems, H. (Hrsg.), *Lehr(er)buch Soziologie. Für die pädagogischen und soziologischen Studiengänge. Band 1: Grundlagen der Soziologie und Mikrosoziologie* (S. 165–184). Wiesbaden: VS.

Lohmann, I., Mielich, S., Muhl, F., Pazzini, K.-J., Rieger, L., Wilhelm, E. (2011): Schöne neue Bildung? Zur Kritik der Universität der Gegenwart. Bielefeld: transcript.

Lueddeke, G. R. (2003): Professionalising Teaching Practice in Higher Education: A study of disciplinary variation and 'teaching-scholarship'. In: *Studies in Higher Education* 28 (2), 213–228.

Luhmann, N. & Schorr, E. (1982): *Zwischen Technologie und Selbstreferenz.* Frankfurt a. M.: Suhrkamp.

Makrinus, L. (2013): *Der Wunsch nach mehr Praxis. Zur Bedeutung von Praxisphasen im Lehramtsstudium.* Wiesbaden: VS.

Mead, G. H. (1934): *Mind, Self and Society from the Standpoint of a Social Behaviourist.* Chicago: University of Chicago.

Mead, G. H. (1968): *Geist, Identität und Gesellschaft aus Sicht des Sozialbehaviourismus.* Frankfurt a. M.: Suhrkamp.

Mead, G. H. (1969a): *Philosophie der Sozialität. Aufsätze zur Erkenntnisanthropologie.* Frankfurt a. M.: Suhrkamp.

Mead, G. H. (1969b): *Sozialpsychologie.* Neuwied a. Rhein und Berlin: Luchterhand.

Mead, G. H. (1987a): *Gesammelte Aufsätze.* Band 1. Frankfurt a. M.: Suhrkamp.

Mead, G. H. (1987b): *Gesammelte Aufsätze.* Band 2. Frankfurt a. M.: Suhrkamp.

Merzyn, G. (2002): *Stimmen zur Lehrerausbildung. Ein Überblick über die Diskussion.* Hohengehren: Schneider Verlag.

Merzyn, G. (2004): *Lehrerausbildung – Bilanz und Reformbedarf. Ein Überblick über die Diskussion zur Gymnasiallehrerausbildung, basierend vor allem auf Stellungnahmen von Wissenschafts- und Bildungsgremien sowie auf Erfahrungen von Referendaren und Lehrern.* Baltmannsweiler: Schneider Verlag Hohengehren.

Meyer, H. (2003): Zehn Merkmale guten Unterrichts. Empirische Befunde und didaktische Ratschläge. In: *PÄDAGOGIK* 10 (03), 36–43.

Meyer-Drawe, K. (1990): *Illusionen von Autonomie. Diesseits von Ohnmacht und Allmacht.* München: Peter Kirchheim.

Mittelstraß, J. (1994): *Die unzeitgemäße Universität.* Frankfurt a. M.: Suhrkamp.

Mollenhauer, K. (1974): Wissenschaft und Praxis – Vorbemerkungen zu einer Wissenschafts- und Hochschuldidaktik. In: Ulich, K. (Hrsg.), *Aktuelle Konzeptionen der Hochschuldidaktik* (S. 63–78). München: Ehrenwirth Verlag.

Monitor Lehrerbildung (2013): Praxisbezug in der Lehrerbildung – je mehr desto besser? Zugriff am 17.6.2021 unter: https://www.monitor-lehrerbildung.de/export/sites/default/.content/Downloads/Monitor_Lehrerbildung_Praxisbezug_10_2013.pdf

Müller-Fohrbrodt, G., Cloetta, B. & Dann, H.-D. (1978): *Der Praxisschock bei jungen Lehrern: Formen, Ursachen, Folgerungen. Eine zusammenfassende Bewertung theoretischer und empirischer Erkenntnisse.* Stuttgart: Klett.

Müller, S. F. & Tenorth, H.-E. (1984): Professionalisierung der Lehrertätigkeit. In: Baethge, M. & Nevermann, K. (Hrsg.), *Organisation, Recht und Ökonomie des Bildungswesens. Enzyklopädie Erziehungswissenschaft.* Bd. 5 (S. 153–171). Stuttgart.

Multrus, F. (2004): *Fachkulturen. Begriffsbestimmungen, Herleitung und Analysen. Eine empirische Untersuchung über Studierende deutscher Hochschulen.* Konstanz: Universitätsverlag.

Multrus, F., Simeaner, H. & Bargel, T. (2012). *Studienqualitätsmonitor. Datenalmanach 2007–2010. Hefte zur Bildungs- und Hochschulforschung (64). Arbeitsgruppe Hochschulforschung.* Universität Konstanz: Konstanz.

Multrus F., Majer, S., Bargel, T. & Schmidt, M. (2017). Studiensituation und studentische Orientierungen. 13. Studierendensurvey an Universitäten und Fachhochschulen. Bundesministerium für Bildung und Forschung (Hrsg.). Berlin. Zugriff am 29.7.2019 unter: https://www.bmbf.de/de/der-studierendensurvey-1036.html.

Neugebauer, M. (2013). Wer entscheidet sich für ein Lehramtsstudium und warum? In. *Zeitschrift für Erziehungswissenschaft* 16, 157–184.

Nolle, T., Bosse, D. & Döring-Seipel, E. (2014): Eignungsabklärung und Lern- und Entwicklungsziele von Studierenden in Praxisphasen der universitären Lehrerbildung. In: Arnold,

K.-H., Gröschner, A. & Hascher, T. (Hrsg.), *Schulpraktika in der Lehrerbildung. Theoretische Grundlagen, Konzeptionen, Prozesse und Effekte* (S.176–292): Münster & New York: Waxmann.

Oelkers, J. (1996): Die Rolle der Erziehungswissenschaft in der Lehrerbildung. In: Hänsel, D. & Huber, L. (Hrsg.), *Lehrerbildung neu denken und gestalten* (S. 39–53). Weinheim & Basel: Beltz Verlag.

Oelkers, J. (1999): Studium als Praktikum? Illusionen und Aussichten der Lehrerbildung. Zugriff am 12.11.2020 unter http://www.sowi-onlinejournal.de/lehrerbildung/oelkers.htm.

Oesterreich, D. (1987): Vorschläge von Berufsanfängern für Veränderungen in der Lehrerbildung. In: *Zeitschrift für Pädagogik* 33 (6), 771–786.

Oevermann, U. (1975): *Zur Integration der Freudschen Psychoanalyse in die Programmatik einer Theorie der Bildungsprozesse.* Zugriff am 26.09.2020 unter: http://publikationen.ub.uni-frankfurt.de/frontdoor/index/index/docId/4946.

Oevermann, U., Allert, T., Gripp, H., Konau, E., Krambeck, J., Schröder-Caesar, E., Schütze, Y. (1976): Beobachtungen zur Struktur der sozialisatorischen Interaktion. In: Auwärter, M., Kirsch, E. & Schröter, K. (Hrsg.): Seminar: Kommunikation, Interaktion, Identität (S. 371–403). Frankfurt a. M.: Suhrkamp.

Oevermann, U., Allert, T., Konau, E. & Krambeck, J. (1979): Die Methodologie einer „objektiven Hermeneutik" und ihre allgemeine forschungslogische Bedeutung in den Sozialwissenschaften. In: Soeffner, H.-G. (Hrsg.), *Interpretative Verfahren in den Sozial- und Textwissenschaften* (S. 352–434). Stuttgart: J. B. Metzlersche Verlagsbuchhandlung.

Oevermann, U., Allert, T. & Konau, E. (1980): Zur Logik der Interpretation von Interviewtexten. Fallanalyse anhand eines Interviews mit einer Fernstudentin. In: Heinze, T., Klusemann, H. W. & Soeffner, H. G. (Hrsg.), *Interpretationen einer Bildungsgeschichte. Überlegungen zur sozialwissenschaftlichen Hermeneutik* (S. 15–69). Bensheim: päd. extra.

Oevermann, U. (1981): *Fallrekonstruktionen und Strukturgeneralisierungen als Beitrag der objektiven Hermeneutik zur soziologisch-strukturtheoretischen Analyse.* Zugriff am 25.07.2020 unter: http://publikationen.ub.uni-frankfurt.de/files/4955/Fallrekonstruktion-1981.pdf.

Oevermann, U. (1986): Kontroversen über sinnverstehende Soziologie. Einige wiederkehrende Probleme und Mißverständnisse in der Rezeption der ‚objektiven Hermeneutik'. In: Aufenanger, S. & Lenssen, M. (Hrsg.), *Handlung und Sinnstruktur. Bedeutung und Anwendung der objektiven Hermeneutik* (S. 19–83). München: Kindt.

Oevermann, U. (1991): Genetischer Strukturalismus und das sozialwissenschaftliche Problem der Erklärung der Entstehung des Neuen. In: Müller-Doohm, S. (Hrsg.), *Jenseits der Utopie. Theoriekritik der Gegenwart* (S. 267–336). Frankfurt a. M.: Suhrkamp.

Oevermann, U. (1993): Die Objektive Hermeneutik als unverzichtbare methodologische Grundlage für die Analyse von Subjektivität. Zugleich eine Kritik der Tiefenhermeneutik. In: Jung, T. & Müller-Doohm, S. (Hrsg.), *„Wirklichkeit" im Deutungsprozeß. Verstehen und Methoden in den Kultur- und Sozialwissenschaften* (S. 106–189). Frankfurt a. M.: Suhrkamp.

Oevermann, U. (1996): Konzeptualisierung von Anwendungsmöglichkeiten und praktischen Arbeitsfeldern der Objektiven Hermeneutik. Manifest der objektiv hermeneutischen Sozialforschung. Unveröffentlichtes Manuskript. Frankfurt a. Main.

Oevermann, U. (2000): Die Methode der Fallrekonstruktion in der Grundlagenforschung sowie der klinischen und pädagogischen Praxis. In: Kraimer, K. (Hrsg.), *Die Fallrekonstruktion. Sinnverstehen in der sozialwissenschaftlichen Forschung* (S. 58–156). Frankfurt a. M.: Suhrkamp.

Oevermann, U. (2001): Die Philosophie von Charles Sanders Pierce als Philosophie der Krise. In: Wagner, H.-J. (Hrsg.), *Objektive Hermeneutik und Bildung des Subjekts* (S. 209–254). Weilerswist: Velbrück Wissenschaft.

Oevermann, U. (2002): *Klinische Soziologie auf der Basis der Methodologie der objektiven Hermeneutik – Manifest der objektiv hermeneutischen Sozialforschung.* Zugriff am 15.07.2021 unter: http://www.ihsk.de/publikationen/Ulrich_Oevermann-Manifest_der_objektiv_hermeneutischen_Sozialforschung.pdf.

Oevermann, U. (2003a): Regelgeleitetes Handeln, Normativität und Lebenspraxis. In: Loer, T. & Neuendorff, H. (Hrsg.), *'Normalität' im Diskursnetz soziologischer Begriffe* (S. 183–217). Heidelberg: Synchron.

Oevermann, U. (2004a): Sozialisation als Prozess der Krisenbewältigung. In: Geulen, D. & Veith, H. (Hrsg.), *Sozialisationstheorie interdisziplinär. Aktuelle Perspektiven* (S. 155–181). Stuttgart: Lucius & Lucius.

Oevermann, U. (2004b): Das wirklich Neue wird im Keim erstickt. Interview mit Denis Hänzi. In: *soz:mag #5*, 43–46. Zugriff am 20.08.2020 unter http://sozmag.soziologie.ch/05/sozmag_05_interview.pdf

Oevermann, U. (2004c): Objektivität des Protokolls und Subjektivität als Forschungsgegenstand. In: *Zeitschrift für qualitative Bildungs-, Beratungs- und Sozialforschung*, 5 (2), 311–336.

Oevermann Ulrich (2005): Wissenschaft als Beruf. Die Professionalisierung wissenschaftlichen Handelns und die gegenwärtige Universitätsentwicklung. In: *Die Hochschule: Journal für Wissenschaft und Bildung 14 (1)*, 15–51.

Oevermann, U. (2006): Wissen, Glauben, Überzeugung. Ein Vorschlag zu einer Theorie des Wissens aus krisentheoretischer Perspektive: In: Tänzler, D., Knoblauch, H. & Soeffner, H.-G. (Hrsg.), *Neue Perspektiven der Wissenssoziologie* (S. 79–119). Konstanz: UVK Verlagsgesellschaft.

Oevermann, U. (2009): Biographie, Krisenbewältigung und Bewährung. In: Bartmann, S., Fehlhaber, A., Kirsch, S. & Lohfeld, W. (Hrsg.), *„Natürlich stört das Leben ständig". Perspektiven auf Entwicklung und Erziehung* (S. 35–55). Wiesbaden: VS.

Oevermann, U. (2016): „Krise und Routine" als analytisches Paradigma in den Sozialwissenschaften. In: Becker-Lenz, R.; Franzmann, A.; Jansen, A. & Jung, M. (Hrsg.), *Die Methodenschule der Objektiven Hermeneutik* (S. 43–114). Wiesbaden: VS.

Paris, R. (2001): Machtfreiheit als negative Utopie. Die Hochschule als Idee und Betrieb. In: Stölting, E. & Schimank, U. (Hrsg.), *Die Krise der Universitäten* (S. 194–222), Wiesbaden: Springer Fachmedien.

Parsons, T. (1971): *The System of Modern Societies.* Englewood Cliffs: Prentice Hall.

Parsons, T. & Platt, G. M. (1973): *The American University.* Cambridge: Harvard University Press.

Patry, J.-L. (2014). Theoretische Grundlagen des Theorie-Praxis-Problems in der Lehrer/innenbildung. In: Arnold, K. H., Gröschner, A. & Hascher, T. (Hrsg.), *Schulpraktiker in der Lehrerbildung/Pedagogical field experiences in teacher education* (S. 29–44). Münster: Waxmann.

Paulsen, F. (1902/1966): *Die deutschen Universitäten und das Universitätsstudium.* Hildesheim: Olms.

Pfaff-Czarnecka, J. & Prekodravac, M. (2017): Dynamiken des Studierens: Zum Konzept des universitären Parcours. In: Pfaff-Czarnecka, J. (Hrsg.), *Das soziale Leben der Universität* (S. 61–90), Bielefeld: Transcript.

Pfeifer, W. (1993) *Etymologisches Wörterbuch des Deutschen.* 2. Auflage. Berlin: Akademie-Verlag.

Picht, G. (1964): *Die deutsche Bildungskatastrophe: Analyse und Dokumentation.* Olten & Freiburg i. B.: Walter.

Pierce, C. S. (1968): On a New List of Categories. *Proceedings of the American Academy of Arts and Sciences* Vol. 7. Boston and Cambridge: Welch, 287–298.

Plöger, W. & Anhalt, E. (1999): *Was kann und soll Lehrerbildung leisten? Anspruch und „Realität" des erziehungswissenschaftlichen Studiums in der Lehrerbildung.* Weinheim: Deutscher Studienverlag.

Popper, K. R. (1995): *Alles Leben ist Problemlösen. Über Erkenntnis, Geschichte und Politik.* München und Zürich. Piper.

Porsch, R. (2019): Berufswahlüberprüfung in Praxisphasen im Lehramtsstudium: unvermeidbar und ergebnisoffen. Befunde einer Längsschnittuntersuchung. In. *Die Deutsche Schule* 111 (2), 132–148.

Radtke, F.-O. (1996): *Wissen und Können – Grundlagen der wissenschaftlichen Lehrerbildung. Die Rolle der Erziehungswissenschaft in der Erziehung.* Opladen: Leske + Budrich.

Radtke, F.O. (2004). Der Eigensinn pädagogischer Professionalität jenseits von Innovationshoffnungen und Effizienzerwartungen. Übergangene Einsichten aus der Wissensverwendungsforschung für die Organisation der universitären Lehrerbildung. In: Koch-Priewe, B., Kolbe, F.-U. & Wildt, J. (Hrsg.), *Grundlagenforschung und mikrodidaktische Reformansätze zur Lehrerbildung* (S. 99–149). Bad Heilbrunn: Klinkhardt.

Rancière, J. (2010): The Emancipated Spectator. Ein Vortrag zur Zuschauerperspektive. In: Horst, J.-C. et al. (Hrsg.), *Unbedingte Universitäten. Was ist Universität? Texte und Positionen zu einer Idee* (S. 81–86). Zürich: diaphanes.

Ratzki, A. (2009): Verlockende Zweigliedrigkeit. Kritische Anmerkungen zum Hamburger Schulkonzept. In: *PÄDAGOGIK* 61 (9), 46–49.

Readings, B. (2010): Der Schauplatz des Lehrens. In: Horst, J.-C. et al. (Hrsg.), *Unbedingte Universitäten. Was ist Universität? Texte und Positionen zu einer Idee* (S. 311–330). Zürich: diaphanes.

Reh S., Schelle C. (2006) Biographieforschung in der Schulpädagogik. In: Krüger H.-H., Marotzki W. (Hrsg.), *Handbuch erziehungswissenschaftliche Biographieforschung* (S. 391–411). Wiesbaden: VS Verlag.

Reichertz, J. (2009): Abduktion, Deduktion und Induktion in der qualitativen Forschung. In: Flick, U., v. Kardoff, E. & Steinke, I. (Hrsg.), *Qualitative Forschung. Ein Handbuch* (S. 276–286). Hamburg: Rowohlt.

Reichwein, R. (1981): Identität und postsekundäre Sozialisation in soziologischer Sicht. In. Sommerkorn, I. (Hrsg.), *Identität und Hochschule. Probleme und Perspektiven studentischer Sozialisation* (S. 107–184). Hamburg: AHD.

Reinders, H. (2016): Vom Bildungs- zum Optimierungsmoratorium. In: *Discourse. Journal of Childhood and Adolescence Research* (2), 147–160.

Reintjes, C. & Bellenberg, G. (2012): Überprüfung der Eignung für den Lehrerberuf durch Selbsterkundung, Beratung und Praxiserleben? – Das Eignungspraktikum in NRW aus der Perspektive der Praktikanten. In: Bosse, D., Criblez, L. & Hascher, T. (Hrsg.), *Reform der Lehrerbildung in Deutschland, Österreich und der Schweiz. Teil 1: Analysen, Perspektiven und Forschung* (S. 187–210). Immenhausen: Prolog-Verlag.

Retelsdorf, J. & Möller, J. (2012). Grundschule oder Gymnasium? Zur Motivation ein Lehramt zu studieren. In. *Zeitschrift für Pädagogische Psychologie* 26 (1), 5–17.

Rosenbusch, H. S., Sacher, W. & Schenk, H. (1988): *Schulreif? Die neue bayerische Lehrerbildung im Urteil ihrer Absolventen.* Frankfurt a. M., Bern, New York: Peter Lang.

Rosenthal, G. (2011): *Interpretative Sozialforschung: Eine Einführung.* Weinheim: Juventa.

Rothland, M. (2014a): Wer entscheidet sich für den Lehrerberuf? In: Terhart, E., Bennewitz, H. & Rothland, M. (Hrsg.), *Handbuch der Forschung zum Lehrerberuf* (S. 319–348). Münster & New York: Waxmann.

Rothland, M. (2014b): Warum entscheiden sich Studierende für den Lehrerberuf? Berufswahlmotive und berufsbezogene Überzeugungen von Lehramtsstudierenden. In: Terhart, E., Bennewitz, H. & Rothland, M. (Hrsg.), *Handbuch der Forschung zum Lehrerberuf* (S. 349–385). Münster & New York: Waxmann.

Rudolph-Petzold, K. (2018): *Studienerfolg und Hochschulbindung.* Wiesbaden: VS.

Rüegg, W. (2004): Themes and Patterns. In: A History of the University in Europe, Vol. III. Universities in the Nineteenth and Early Twentieth Century (1800 – 1945) (S. 3–31). Cambridge: University Press.

Sacher, W. (1988): Praktika und Praxisbezogenheit im Studium. In: Rosenbusch, H. S., Sacher, W. & Schenk, H. (Hrsg.), *Schulreif? Die neue bayerische Lehrerbildung im Urteil ihrer Absolventen* (S. 121–176). Frankfurt a. M.: Lang.

Sandfuchs, Uwe (2004): Geschichte der Lehrerbildung in Deutschland. In: Blömeke, S., Reinhold, P., Tulodziecki, G. & Wildt, J. (Hrsg.), *Handbuch Lehrerbildung* (S. 14–37). Bad Heilbrunn: Klinkhardt.

Schaeper, H. (1997): *Lehrkulturen, Lehrhabitus und die Struktur der Universität. Eine empirische Untersuchung fach- und geschlechtsspezifischer Lehrkulturen.* Weinheim: Deutscher Studienverlag.

Schaeper, H. (2008): Lehr-/Lernkulturen und Kompetenzentwicklung: Was Studierende lernen, wie Lehrende lehren und wie beides miteinander zusammenhängt. In: Zimmermann, K., Kamphans, M. & Meth-Göckel, S. (Hrsg.), *Perspektiven der Hochschulforschung* (S. 197–213). Wiesbaden: VS.

Scharlau, I. & Huber, L. (2019): Welche Rolle spielen Fachkulturen heute? In: *die hochschullehre* (5), 315–352.

Schelling, F. W. J. (1803/2010): Vorlesungen über die Methode des akademischen Studiums. In: Horst, J.-C. et al. (Hrsg.). *Unbedingte Universitäten. Texte und Positionen zu einer Idee* (S. 133–154). Zürich: diaphanes.

Schleiermacher, F. D. (1809/2010): Gelegentliche Gedanken über Universitäten im deutschen Sinn. Nebst einem Anhang über eine neu zu errichtende. In: Horst, J.-C. et al. (Hrsg.). *Unbedingte Universitäten. Texte und Positionen zu einer Idee* (S. 59–79). Zürich: diaphanes.

Schmitt, L. (2010): *Bestellt und nicht abgeholt: soziale Ungleichheit und Habitus-Struktur-Konflikte im Studium.* Wiesbaden: VS.

Schubarth, W., Speck, K., Seidel, A., Kamm, C., Kleinfeld, M. & Sarrar, L. (2011): Evidenz-basierte Professionalisierung der Praxisphasen in außeruniversitären Lernorten: Erste Ergebnisse des Forschungsprojekts ProPrax. In: Schubarth, W., Speck, K. &Seidel, A. (Hrsg.), *Nach Bologna: Praktika im Studium – Pflicht oder Kür? Empirische Analysen und Empfehlungen für die Hochschulpraxis* (S. 79–212). Potsdam: Universitätsverlag.

Schubarth, W., Gottmann, C. & Krohn, M. (2014): Wahrgenommene Kompetenzentwicklung im Praxissemester und dessen berufsorientierende Wirkung: Ergebnisse der ProPrax-Studie. In: Arnold, K.-H., Gröschner, A. & Hascher, T. (Hrsg.), *Schulpraktika in der Lehrerbildung. Theoretische Grundlagen, Konzeptionen, Prozesse und Effekte* (S.237–256): Münster & New York: Waxmann.

Schulze-Krüdener, J. & Homfeldt, H.-G. (2001): Praktika: Pflicht oder Kür? Perspektiven und Ziele der Hochschulausbildung zwischen Wissenschaft und Beruf. In: *Pädagogischer Blick 9 (4)*, 196–206.

Schüssler, R., Keuffer, J., Günnewig, K. & Scharlau, I. (2012): „Praxis nach Rezept?" Subjektive Theorien von Lehramtsstudierenden zu Praxisbezug und Professionalität. In: Bosse, D., Criblez, L. & Hascher, T. (Hrsg.), *Reform der Lehrerbildung in Deutschland, Österreich und der Schweiz. Teil 1: Analysen, Perspektiven und Forschung* (S. 141–164). Immenhausen: Prolog Verlag.

Schüssler, R. & Günnewig, K. (2013): Praxisbezug hoch im Kurs... Heterogene Praxiskon-zepte von Lehramtsstudierenden. In: Hessler, G., Oechsle, M. & Scharlau, I. (Hrsg.), *Studium und Beruf: Studienstrategien – Praxiskonzepte – Professionsverständnis. Per-spektiven von Studierenden und Lehrenden nach der Bologna-Reform* (S. 197–212): Bielefeld: transcript Verlag.

Schüssler, R., Schöning, A. Schwier, V., Schicht, S., Gold, J., & Weyland, U. (2016): For-schendes Lernen im Praxissemester – Zugänge, Konzepte, Erfahrungen. Bad Heilbrunn: Klinkhardt.

Schütze, S. (2014): Das preußische Regulativ für den Seminarunterricht von 1854 – Stan-dards für die Lehrerbildung? In: *Die Deutsche Schule 106 (4)*, 324–343.

Soeffner, H.-G. (2009): Sozialwissenschaftliche Hermeneutik. In: Flick, U., v. Kardoff, E. & Steinke, I. (Hrsg.), *Qualitative Forschung. Ein Handbuch* (S. 164–174). Hamburg: Rowohlt.

Steltmann, K. (1986): Probleme der Lehrerausbildung. Ergebnisse einer Lehrerbefragung. In: *Pädagogische Rundschau 40*, 353–366.

Stichweh, R. (1996): Professionen in einer funktional differenzierten Gesellschaft. In: Combe, A. & Helsper, W. (Hrsg.), *Pädagogische Professionalität. Untersuchungen zum Typus pädagogischen Handelns* (S. 49–69). Frankfurt. a. M.: Suhrkamp.

Stichweh, R. (2005): Wissen und die Professionen in einer Organisationsgesellschaft. In: Klatetzki, T. & Tacke, V. (Hrsg.): *Organisation und Profession* (S. 31–44). Wiesbaden: Springer VS.

Stiller, E. (2017): Das Praxissemester in NRW – neue Wege in der Ausbildung. In: Barsch, S., Dziak-Mahler, M., Hoffmann, M. & Ortmanns, P. (Hrsg.), *Fokus Praxissemester. Das Kölner Modell kritisch beleuchtet – Werkstattberichte* (S. 4–10). ZfL Köln.

Stock, H. (1979): *Integration der Lehrerausbildung in die Universität. Chance oder Nieder-gang?* Göttingen: Vandenhoeck & Ruprecht.

Stock, M. (2013): Hochschulentwicklung und Akademisierung beruflich Rollen. Das Bei-spiel der pädagogischen Berufe. In: *die hochschule (1)*, 160–172.

Stock, M. (2014): „Überakademisierung". Anmerkungen zu einer aktuellen Debatte. In: *die hochschule* (2), 22–37.

Stölting, E. & Schimank, U. (2005): *Die Krise der Universitäten*. Wiesbaden: Springer Fachmedien.

Teichler, U. (1987). *Hochschule – Studium – Berufsvorstellungen. Eine empirische Untersuchung zur Vielfalt von Hochschulen und deren Auswirkungen*. Bad Honnef: Bock.

Teichler, U. (2013): Hochschule und Arbeitswelt. In: Hessler, G., Oechsle, M. & Scharlau, I. (Hrsg.): *Studium und Beruf* (S. 21–39). Bielefeld: transcript.

Terhart, E. (1992): Lehrerausbildung: Unangenehme Wahrheiten. *Pädagogik* (9), 32–35.

Terhart, E., Czerwenka, K., Ehrich, K., Jordan, F. & Schmidt, H. J. (1994): Berufsbiographien von Lehrern und Lehrerinnen. Frankfurt a.M. & Bern: Peter Lang.

Terhart, E. (2000): *Perspektiven der Lehrerbildung in Deutschland. Abschlussbericht der von der Kultusministerkonferenz eingesetzten Kommission*. Weinheim & Basel: Beltz.

Terhart, E. (2001): *Lehrerberuf und Lehrerbildung. Forschungsbefunde, Problemanalysen, Reformkonzepte*. Weinheim & Basel: Beltz.

Terhart, E. (2004): Struktur und Organisation der Lehrerbildung in Deutschland. In. Blömeke, S.; Reinhold, P.; Tulodziecki, G. & Wild, J. (Hrsg.), *Handbuch Lehrerbildung* (S. 37–59). Bad Heilbrunn: Klinkhardt.

Terhart, E. (2011): Lehrerberuf und Professionalität. Gewandeltes Begriffsverständnis – neue Herausforderungen. In: Helsper, W. & Tippelt, R. (Hrsg.): *Pädagogische Professionalität. Zeitschrift für Pädagogik, Beiheft 57* (S. 202–224). Weinheim u. a.: Beltz

Titze, H., unter Mitarbeit v. Herrlitz, H.-G., Müller-Benedict, V., & Nath, A. (1995): *Handbuch der deutschen Bildungsgeschichte. Bd. I Hochschulen. Teil 2 Wachstum und Differenzierung der deutschen Universitäten 1830–1945*. Göttingen: Vandenhoeck & Ruprecht.

Topsch, W. (2004): *Grundwissen für Schulpraktikum und Unterricht*. Weinheim: Beltz.

Tugendhat, E. (1981): *Selbstbewußtsein und Selbstbestimmung. Sprachanalytische Interpretation*. Frankfurt a. M.: Suhrkamp.

Ulich, K. (1978): *Lehrerberuf und Schulsystem: sozialpsychologische Beiträge für die Lehrerbildung*. München: Ehrenwirth.

Ulich, K. (1996): Lehrer/-innen-Ausbildung im Urteil der Betroffenen. In: *Die Deutsche Schule* 88. (1), 81–97.

Ulich, K. (2004). *«Ich will Lehrer/in werden». Eine Untersuchung zu den Berufswahlmotiven von Studierenden*. Weinheim: Beltz.

Ulrich, I. & Gröschner, A. (2020): *Praxissemester im Lehramtsstudium in Deutschland: Wirkungen auf Studierende*. Wiesbaden: VS.

Vogel, P. (2020): Strukturwandel als Identitätsbalance der Disziplin? Ein Gedankenexperiment. In. Binder, U. & Meseth, W. (Hrsg.), *Strukturwandeln in der Erziehungswissenschaft. Theoretische Perspektiven und Befunde* (S. 141–156). Bad Heilbrunn: Klinkhardt.

Wagner, H.-J. (1999): *Rekonstruktive Methodologie. George Herbert Mead und die qualitative Sozialforschung*. Opladen: Leske + Budrich.

Wagner, H.-J. (2001): *Objektive Hermeneutik und Bildung des Subjekts*. Weilerswist: Velbrück Wissenschaft.

Weber, M. (1988): *Gesammelte Aufsätze zur Wissenschaftslehre*. Tübingen: J. C. B. Mohr.

Webler, W.-D. & Otto, H.-U. (1991): Akademische Lehre im Funktionsgeflecht der Hochschule. In: Webler & Otto (Hrsg.): *Der Ort der Lehre in der Hochschule. Lehrleistungen, Prestige und Hochschulwettbewerb* (S. 9–19). Weinheim: Deutscher Studienverlag.

Weiß, S., Braune, A., Steinherr, E., & Kiel, E. (2009). Studium Grundschullehramt: Zur problematischen Kompatibilität von Studien-/Berufswahlmotiven und Berufsvorstellungen. In. *Zeitschrift für Grundschulforschung,* 2 (2), 126–138.

Weiß, S., Braune, A., & Kiel, E. (2010). Studien- und Berufswahlmotive angehender Lehrkräfte. Sind Gymnasiallehrer/innen anders? In. *Journal für Lehrerinnen- und Lehrerbildung,* 10 (3), 66–73.

Wenzl, T., Wernet, A. & Kollmer, I. (2018): *Praxisparolen. Dekonstruktionen zum Praxiswunsch on Lehramtsstudierenden.* Wiesbaden: VS.

Wenzl, T. (2018): Bildungsanspruch und Interaktionswirklichkeit: Eine vergleichende Analyse der Interaktionsordnungen im klassenöffentlichen Unterricht und im universitärem Seminar. In: Kleeberg-Niepage, A. & Rademacher, S. (Hrsg.): Kindheits- und Jugendforschung in der Kritik (S. 171–193), Wiesbaden: Springer VS.

Wenzl, T. (2020): Ärzte, Anwälte – Lehrer? Erkenntnisorientierung als spezifischer Berufsbezug des Lehramtsstudiums. In. Scheid, C. & Wenzl, T. (Hrsg.), *Wieviel Wissenschaft braucht die Lehrerbildung? Zum Stellenwert von Wissenschaftlichkeit im Lehramtsstudium* (S. 177–214). Wiesbaden: Springer VS.

Wernet, A. & Kreuter, V. (2007): Endlich Praxis? Eine kritische Fallrekonstruktion zum Motiv des Praxiswunsches in der Lehrerbildung. In: Schubarth, W., Speck, K. & Seidel, A. (Hrsg.): *Endlich Praxis! Die zweite Phase der Lehrerbildung. Potsdamer Studien zum Referendariat* (S. 183–196). Frankfurt a. M. u. a.: Lang.

Wernet, A. (2009): *Einführung in die Interpretationstechnik der Objektiven Hermeneutik.* Wiesbaden: VS.

Wernet, A. (2016): Praxisanspruch als Imagerie: Über Lehrerbildung und Kasuistik. In: Hummrich, M., Hebenstreit, A., Hinrichsen, M. & Meier, M. (Hrsg.), *Was ist der Fall? Kasuistik und das Verstehen pädagogischen Handelns* (S. 293-312). Wiesbaden: Springer VS.

Wernet, A. (2018): Der Praxisanspruch der Lehrerbildung als Irritation einer erziehungswissenschaftlichen Lehre. In: Böhme, J., Cramer, C. & Bressler, C. (Hrsg.), *Erziehungswissenschaft und Lehrerbildung im Widerstreit?! Verhältnisbestimmungen, Herausforderungen und Perspektiven* (S. 47–61). Bad Heilbrunn: Klinkhardt.

Wernet, A. (2019): Wie kommt man zu einer Fallstrukturhypothese? In: Funcke, D. & Loer, T. (Hrsg.): *Vom Fall zur Theorie. Auf dem Pfad der rekonstruktiven Bildungsforschung* (S. 57–84). Wiesbaden: Springer VS.

Wernet, A. (2020): Identitätskrise, Transformation und Ausdrucksgestalt: Zum rekonstruktionsmethodologischen Problem des „Gewordenseins". In: Thiersch, S. (Hrsg.), *Qualitative Längsschnittforschung: Bestimmungen, Forschungspraxis und Reflexionen* (S. 127–145). Opladen: Barbara Budrich.

Weyland, U. & Wittmann, E. (2010): *Expertise. Praxissemester im Rahmen der Lehrerbildung. 1. Phase an hessischen Hochschulen.* Berlin: DIPF.

Weyland, U. (2012): *Expertise zu den Praxisphasen in der Lehrerbildung in den Bundesländern.* Hamburg: Landesinstitut für Lehrerbildung und Schulentwicklung.

Wimmer, M. (2005): Die überlebte Universität. Zeitgemäße Betrachtungen einer „unzeit-gemäßen" Institution. In: Liesner, A. & Sanders, O. (Hrsg.): *Bildung der Universität. Beiträge zum Reformdiskurs* (S. 19–41). Bielefeld: transcript.

Winter, M. (2011): Praxis des Studierens und Praxisbezug im Studium. Ausgewählte Befunde der Hochschulforschung zum „neuen" und „alten" Studieren. In: Schubarth, W., Speck, K. & Seidel, A., (Hrsg.), *Nach Bologna: Praktikum im Studium – Pflicht oder Kür? Empirische Analysen und Empfehlungen für die Hochschulpraxis* (S. 7–43). Potsdam: Universitätsverlag.

Wissenschaftsrat (2001): *Empfehlungen zur künftigen Struktur der Lehrerbildung.* Köln: Wissenschaftsrat.

Wittpoth, J. (1994): *Rahmungen und Spielräume des Selbst. Beiträge zur Theorie der Erwachsenensozialisation im Anschluß an George H. Mead und Pierre Bourdieu.* Frankfurt a. M.: Verlag Moritz Diesterweg.

Wolff, S. (2009): Wege ins Feld und ihre Varianten. In: Flick, U., v. Kardoff, E. & Steinke, I. (Hrsg.), *Qualitative Forschung. Ein Handbuch* (S. 334–349). Hamburg: Rowohlt.

Zinnecker, J. (1991): Jugend als Bildungsmoratorium. In. Melzer, W., Heitmeyer, W., Liegle, L. & Zinnecker, J. (Hrsg.), *Osteuropäische Jugend im Wandel* (S. 9–25): Weinheim: Juventa.

Zinnecker, J. (2003): Jugend als Moratorium. Essay zur Geschichte und Bedeutung eins Forschungskonzepts. In. Reinders, H. & Wild, E. (Hrsg.): *Jugendzeit – Time Out? Zur Ausgestaltung des Jugendalters als Moratorium als Moratorium* (S. 37–64). Opladen: Leske + Budrich.

Printed in the United States
by Baker & Taylor Publisher Services